집은 결코 혼자가 아니다

집은 결코
혼자가 아니다

생물학자의 집 안 탐사기

롭 던 ‖ 홍주연 옮김

NEVER HOME ALONE : From Microbes to Millipedes, Camel Crickets, and Honeybees, the Natural History of Where We Live
by Rob Dunn

Copyright © 2018 by Rob Dunn
Korean Translation Copyright © 2020 by Kachi Publishing Co., Ltd.
Korean edition is published by agreement with Basic Books, an imprint of Perseus Books, LLC, a subsidiary of New York, New York, USA. through Duran Kim Agency, Seoul. All rights reserved.

이 책의 한국어판 저작권은 듀란킴 에이전시를 통한 Perseus Book Group과의 독점계약으로 (주)까치글방에 있습니다. 저작권법에 의하여 한국 내에서 보호를 받는 저작물이므로 무단전재 및 무단복제를 금합니다.

역자 홍주연(洪珠姸)

연세대학교 생명공학과를 졸업하고 서울대학교 대학원에서 미술이론 석사과정을 수료했다. 해외 프로그램 제작 PD와 영상 번역가로 일하면서 영화, 드라마, 다큐멘터리의 번역과 검수 및 제작을 담당했다. 현재 번역에이전시 엔터스코리아에서 출판기획자 및 전문 번역가로 활동 중이다. 옮긴 책으로는『생명의 위대한 역사』,『비주얼 씽킹』,『당신이 알지 못했던 걸작의 비밀』,『페미다이어리』등 다수가 있다.

편집, 교정_권은희(權恩喜)

집은 결코 혼자가 아니다 : 생물학자의 집 안 탐사기

저자 / 롭 던
역자 / 홍주연
발행처 / 까치글방
발행인 / 박후영
주소 / 서울시 용산구 서빙고로 67, 파크타워 103동 1003호
전화 / 02·735·8998, 736·7768
팩시밀리 / 02·723·4591
홈페이지 / www.kachibooks.co.kr
전자우편 / kachibooks@gmail.com
등록번호 / 1-528
등록일 / 1977. 8. 5
초판 1쇄 발행일 / 2020. 5. 20
    2쇄 발행일 / 2020. 8. 25
값 / 뒤표지에 쓰여 있음
ISBN 978-89-7291-713-7 03470

이 도서의 국립중앙도서관 출판예정도서목록(CIP)은 서지정보유통지원시스템 홈페이지(http://seoji.nl.go.kr)와 국가자료종합목록 구축시스템(http://kolis-net.nl.go.kr)에서 이용하실 수 있습니다.
(CIP제어번호 : CIP2020018253)

모니카, 올리비아, 오거스트
그리고 우리와 함께 살았던 모든 종들에게

차례

프롤로그

실내 인간

어린 시절, 나는 집 밖에서 자랐다. 나의 여동생과 나는 요새를 짓고, 구덩이를 파고, 길을 내고, 덩굴을 붙잡고 그네를 탔다. 집 안은 잠을 자거나, 밖이 너무 추워서 손가락이 얼어버릴 것 같을 때에만 들어와서 노는 곳이었다(우리가 살던 미시간 주의 시골은 봄이 시작되고 한참이 지나도 그 정도로 추웠다). 그러나 우리가 사는 곳은 집 밖이었다.

그 시절 이후 세상은 완전히 바뀌었다. 요즘 아이들은 주로 실내에서 자란다. 아이들의 하루는 한 건물에서 다른 건물로 이동하는 짧은 시간들로 나뉜다. 절대 과장이 아니다. 이제 일반적인 미국 어린이들은 하루의 93퍼센트를 실내나 차 안에서 보낸다. 단지 미국 아이들뿐만이 아니다. 캐나다, 유럽, 아시아의 아이들의 조사 결과도 비슷하다.[1] 이런 세태를 한탄하려고 꺼낸 이야기가 아니라, 이런 변화가 인류의 문화적 진화의 완전히 새로운 단계를 보여준다는 사실을 지적하려는 것이다. 우리는 호모 인도루스(Homo indoorus), 즉 '실내 인간'이 되었거나 혹은 되어가고 있다. 이제 우리가 사는 세계는 주택과 아파트의 벽 안, 야외보다는 복도나 다른 집들과 연결된 경우가 더 많은 그 벽 안에 한정되어 있다. 이런 변화를 고려한다면 어떤 생물종이 실내에서 우리와 함께 살고 있는지, 그들이 우리의 삶에 어떤 영향을 미치고 있는지를 알아내는 일이 급선무일 것이다. 하지만 실제로 우리가 알아낸 사실들은 극히 일부분에 불과하다.

미생물학의 발달 초기부터 우리는 집 안에서 살고 있는 다른 생물들의 존재를 알고 있었다. 그 당시 그런 생물들을 연구하던 사람들 중에 안톤 판 레이우엔훅이 있었다. 그는 자신의 집 안과 몸, 그리고 이웃들의 집 안과 몸에서 어마어마한 수의 생명체들을 발견했다. 그리고 강렬한 기쁨과 경외심에 사로잡혀서 이 종들을 연구했다. 그러나 레이우엔훅이 죽은 이후 한 세기가 지나도록 아무도 그의 연구를 이어가지 않았다. 그러다가 마침내 집 안에 사는 일부 종이 질병을 일으킬 수 있다는 사실이 발견되자, 초점은 그런 종들, 즉 병원체로 옮겨갔다. 그에 따라 대중의 인식도 크게 달라져서 우리는 우리와 함께 살아가는 종들을 전부 해로운 것, 죽여야 하는 것들로 생각하게 되었다. 이런 변화로 많은 목숨을 구하기도 했지만 그 정도가 지나친 나머지 아무도 집 안의 다른 생물들을 알아보거나 연구하려고 하지 않았다. 몇 년 전, 이 모든 상황이 바뀌었다.

내가 이끄는 팀을 비롯해서 여러 연구진들이 실내의 생물들을 신중히 재검토하기 시작했다. 우리는 집 안의 생물들을 마치 코스타리카의 우림이나 남아프리카의 초원에 사는 생물들을 다루듯이 연구했다. 그러자 놀라운 결과가 나왔다. 우리는 집 안에서 수백 종 정도를 발견하리라고 예상했는데, 계산 방법에 따른 차이를 감안한다고 해도 최소 20만 종 이상의 생물이 발견된 것이다. 그중 많은 종은 미생물이었지만 크기가 큰데도 미처 발견하지 못했던 종들도 있었다. 숨을 깊게 들이마셔보자. 여러분이 숨을 한 번 들이마실 때마다 산소와 함께 수백 혹은 수천 종의 생물이 폐포 깊숙이 들어올 것이다. 이제 앉아보자. 여러분이 어디에 앉든 그 주변은 떠다니고, 뛰어다니고, 기어다니는 수천 종의 생물들로 가득할 것이다. 우리는 결코 혼자가 아니다.

어떤 종들이 우리와 함께 살고 있을까? 물론 눈에 보일 정도로 큰 종들도 있다. 전 세계적으로 수십, 수백 종의 척추동물과 그보다 더 많은 종류의 식물이 실내에서 살아가고 있다. 척추동물과 식물보다 종류가 더 다양하고, 육안으로도 보이는 종류에는 절지동물, 곤충, 그리고 그 친척들이 있다. 절지동물보다 더 다양하고, 크기는 대개 더 작지만 항상 그렇지만은 않은 종류는 진균이다. 진균보다 작아서 육안으로는 전혀 보이지 않는 세균도 있다. 집 안에서 발견되는 세균의 종은 지구상에 있는 조류와 포유류의 종보다 그 수가 더 많다. 바이러스는 세균보다 크기가 더 작다. 동식물을 감염시키는 세균과 바이러스 외에 세균을 공격하는 특수한 바이러스인 박테리오파지(bacteriophage)도 있다. 우리는 이 생물들을 따로따로 연구하지만, 사실 이들은 집 안에 함께 들어오는 경우가 많다. 예를 들면 우리 집 현관으로 들어오는 개의 몸에는 벼룩이 붙어 있고 그 벼룩의 몸 안에는 진균과 세균들이 있으며 그 세균을 숙주 삼아 살아가는 박테리오파지가 있다. 『걸리버 여행기(Gulliver's Travels)』의 저자인 조너선 스위프트는 "모든 벼룩에게는 그 벼룩의 피를 빠는 더 작은 벼룩이 붙어 있다"라고 썼다. 그러나 스위프트도 이 정도일 줄은 몰랐을 것이다.

이런 생물들에 관해서 듣고 나면 집 안을 박박 닦아 청소하고 싶은 마음이 들지도 모른다. 그러나 또다른 놀라운 사실이 있다. 동료들과 함께 집 안의 생물을 연구하면서 나는 수없이 다양한 집에 사는 수많은 종들 가운데 다수가 우리에게 유익할 뿐만 아니라 심지어 필요하기도 하다는 사실을 발견했다. 그중 일부는 우리 몸의 면역체계의 작동을 돕는다. 어떤 종들은 병원체나 해충과 경쟁하여 그들을 통제하는 데에 도움을 준다. 새로운 효소나 약물의 재료가 될 가능성이 있는 종도 많다. 몇몇 종은 새로운 종류의 맥주와 빵의 발효를 도와줄 수 있다. 수돗물 속의 병원체 서식을 막아주는 등 인간에게 유익한 친환경적인 작용을 하는 생물도 수천 종이나 된다. 집 안에 사는 생물은 대부분 무해하거나 유익하다.

안타깝게도 과학자들이 집 안 생물들 다수의 유익함, 더 나아가 필요성을 발견하기 시작했을 무렵, 사회 전반에서는 실내를 멸균 상태로 만들려는 노력이 더욱 강화되었다. 집 안의 생물들을 죽이기 위해서 애를 쓰기 시작하자 의도하지는 않았지만 충분히 예측 가능했던 결과로 이어졌다. 살충제와 항균제를 비롯해 집 안을 바깥세상과 완전히 분리시키기 위한 방법들은 그런 공격에 취약한 유익한 종들까지 죽이거나 몰아낸다. 우리도 모르는 사이에 독일 바퀴벌레, 빈대, 그리고 치명적인 MRSA(methicillin-resistant *Staphylococcus aureus* : 메티실린 내성 황색포도알균)처럼 내성을 지닌 종들을 도와주고 있는 셈이다. 단지 이런 종들의 생존에 유리한 조건을 조성하는 데에 그치는 것이 아니라 진화 속도까지 빠르게 해주고 있다. 실내에서 인간과 함께 사는 종들의 진화 속도는 지구상 어느 곳에서보다 빠르다. 아마도 지구 역사상 가장 빠른 속도일 것이다. 우리는 비용을 들여가며 집 안 생물들의 진화 속도를 높여주고 있다. 반면 이렇게 진화하여 한층 더 위험해진 종들과 경쟁해야 할 약한 종들은 사라져버린다. 이런 변화의 영향을 받는 면적이 어

그림 P. 현재 맨해튼의 실내 면적은, 그 바닥 면적으로만 따지면 실제 지리적 면적의 거의 3배에 달한다. 도시 인구가 계속 늘어나고 인구 밀도가 높아지면서 곧 세계 인구의 대부분이 실제 토지보다 실내 바닥 면적이 더 넓은 지역에서 살게 될 것이다. (Figure adapted from NESCent Working Group on the Evolutionary Biology of the Built Environment et al., "Evolution of the Indoor Biome," *Trends in Ecology and Evolution* 30, no. 4 [2015]: 223-232.)

마어마함은 말할 것도 없다. 실내는 지구상에서 가장 빠르게 성장하는 생물군계로서, 이제는 실외의 일부 생물군계보다도 그 규모가 커졌다.

특정 장소를 예로 들어 설명하면 더 쉬울 것이다. 뉴욕, 그중에서도 맨해튼을 생각해보자. 위의 그림은 맨해튼의 토지 면적을 나타낸 것이다. 크기가 큰 원은 실내의 바닥 면적이고, 작은 원은 흙으로 이루어진 실외의 바닥 면적이다. 현재 맨해튼의 실내 바닥 면적은 흙으로 이루어진 실외 바닥 면적보다 세 배나 넓다. 실내에서는 어떤 종이든 풍부한 양의 먹이(우리의 몸, 우리의 음식, 우리의 집)와 쾌적하고 안정적인 기후를 누릴 수 있다. 이런 환경을 갖춘 실내는 결코 불모지가 될 수 없다. 자연은 진공을 혐오한다는 말이 있다. 그러나 정확한 말은 아니다. 자연은 진공을 집어삼킨다는 말이 더 적절할지도 모르겠다. 어떤 종이든 경쟁자가 없는 서식지와 먹이를 찾아내면 마치 밀려드는 파도처럼 빠르게 문 아래와 방의 구석으로 숨어들고, 수납장과 침대 속으로 기어들어올 것이다. 우리가 바랄 수 있는 최선은 우리에게 해로운 종보다는 유익한 종들로 실내를 채우는 것이다. 하지만 그러려면 이미 실내에 들어와 있는 종들을 알아야 한다. 약 20만 종에 달하는 그 생물들에 관해 우리는 거의 아는 것이 없다.

이 책은 집 안에서 우리와 함께 살고 있을 가능성이 높은 생물들과 그 생물들이 변화하는 방식을 다룬다. 집 안의 생물들은 우리의 비밀, 우리의 선택, 그리고 우리의 미래를 보여준다.

우리의 건강과 행복에 영향을 미치는 이 생물들은 수수께끼로 가득 차 있으며, 숭고함과 위대함으로 반짝이는 존재들이기도 하다. 우리는 집 안에 사는 종들의 대부분을 아직 모르고 있지만 적어도 그중 일부는 알아냈다. 우리가 알아낸 사실들을 들으면 여러분도 놀랄 것이다. 우리 곁에서 먹고 번식하며 번성하는 종들에 관한 그 어떤 사실도 겉보기와는 다르기 때문이다.

1

경이

내가 오랫동안 연구를 해온 까닭은 내가 지금 누리는 찬사를 위해서가 아니라 내 안에 누구보다도 많이 품고 있던 지식에 대한 갈망 때문이었습니다. 또한 언제든 놀라운 무엇인가를 찾아냈을 때는 그러한 발견을 종이에 기록하여 모든 뛰어난 사람들에게 알리는 것이 의무라고 생각해왔습니다.

─안톤 판 레이우엔훅, 1716년 6월 12일자 편지 중에서

집 안의 생물들에 관한 연구의 단 하나의 기원을 찾을 수는 없지만, 1676년 네덜란드 델프트에서의 하루가 그것과 가까울 것이다. 그날 안톤 판 레이우엔훅은 후추를 사기 위해서 자신의 집에서 한 블록 반 떨어진 시장으로 향했다. 그는 천천히 걸어서 어시장과 푸줏간, 그리고 시청을 지나쳐 어느 노점상에서 후추를 구입하고 상인에게 고맙다고 말한 다음 집으로 돌아왔다. 집에 도착한 레이우엔훅은 후추를 음식에 뿌리지 않았다. 대신 물을 채운 찻잔에 9그램 정도의 이 검은 물질을 조심스럽게 넣었다. 그리고 물에 잠긴 상태로 두었다. 말린 후추 열매가 부드러워지면 쪼개서 그 안에 든 무엇이 매운 맛을 내는지 알아보기 위해서였다. 이후 몇 주일간 레이우엔훅은 몇 번이고 후추 열매의 상태

를 확인했다. 그리고 3주일쯤 지났을 때 중대한 결정을 내리게 된다. 후추 물의 샘플을 추출하여 자신이 직접 만든 가느다란 유리관 안에 집어넣은 것이다. 물은 놀라울 정도로 뿌옇게 보였다. 레이우엔훅은 렌즈 하나를 금속 프레임에 고정시켜 만든 일종의 현미경으로 그것을 관찰했다. 이 장치는 후추 물이나 그가 나중에 만드는 법을 익히게 되는 고체 박편처럼 반투명한 물질을 관찰할 때에 특히 유용했다.[1]

렌즈를 통해서 후추 물을 들여다보자 뭔가 특이한 것이 보였다. 그것이 무엇인지를 알아내는 데에는 여러 가지 기교가 필요했다. 밤에는 촛불을 이리저리 옮겨보았고, 창문으로 들어오는 빛에 의지해서 관찰할 때에는 레이우엔훅 자신이 이리저리 이동해보기도 했다. 관찰한 샘플의 개수도 여러 개였다. 그러던 1676년 4월 24일, 마침내 그것이 명확하게 보였다. 레이우엔훅의 눈에 들어온 광경은 정말 특별했다. 그의 표현에 따르면, "다양한 종류의 아주 작은 생물들이 엄청난 수로 존재했다." 그는 전에도 현미경으로만 보이는 생물을 본 적이 있었지만 이렇게 작은 생물들은 처음이었다. 레이우엔훅은 일주일 후에 이 과정을 여러 가지 방법으로 반복했다. 갈아놓은 후추로도 해보고 빗물에 젖은 후추로도 해보고 다른 양념으로도 시도했다. 모두 찻잔 속에 담가두었던 물질들이었다. 매번 관찰할 때마다 더 많은 생물들이 보였다. 인간이 처음으로 세균을 목격한 순간이었다. 그것도 어느 주방에나 흔히 있는 후추와 물 속에서. 레이우엔훅은 자신의 집 안에 있는 소규모의 야생 세계에 발을 들인 것이었다. 그동안 누구도 본 적 없었던 생물들의 세계였다. 그가 본 것을 다른 사람들이 믿어줄지가 의문이었다.

레이우엔훅이 자신의 집이나 다른 곳에서 주변의 생물들을 현미경으로 관찰하기 시작한 것은 약 10년 전인 1667년일 것이다. 그가 후추

물 속에서 세균을 발견한 순간은 그의 집 안과 일상을 수백, 어쩌면 수천 시간 탐색한 끝에 찾아온 행운이었다. 기회는 준비된 자를 찾아가지만 집념이 있는 사람을 더 선호한다. 과학자에게 집념은 자연스러운 것이다. 그것은 집중력과 끊임없는 호기심이 결합될 때에 생겨나며, 누구든 사로잡을 수 있다.

레이우엔훅은 전통적인 의미의 과학자는 아니었다. 그는 고향인 델프트에 있는 상점에서 직물을 취급하고 옷감, 단추, 그밖의 관련 부속물을 판매하며 생계를 유지했다.[2] 처음에는 자신의 렌즈로 옷감의 가는 실들을 관찰하는 것으로 시작했을 가능성이 높다.[3] 그러다가 어떤 동기에 의해서 집 안의 다른 물체들도 관찰하기 시작했을 것이다. 어쩌면 로버트 훅이 쓴 책 『마이크로그라피아(*Micrographia*)』를 보았을지도 모른다.[4] 레이우엔훅은 네덜란드어밖에 몰랐기 때문에 훅의 글은 읽을 수 없었겠지만, 훅이 자신의 현미경으로 본 것들을 묘사한 그림에서 영감을 받았을 수도 있다.[5] 우리가 아는 레이우엔훅의 성격으로 미루어볼 때, 그가 그 그림들을 본 이후 1648년에 출간된 최초의 네덜란드어-영어 사전을 이용해서 훅이 쓴 글들을 단락 하나하나 해석해보았을 가능성도 쉽게 상상할 수 있다.

레이우엔훅이 자신이 만든 현미경으로 관찰을 시작했을 무렵, 다른 과학자들은 이미 현미경을 이용해서 집 안에 사는 생물들의 세세한 모습을 발견한 뒤였다. 훅을 비롯한 이 과학자들은 벼룩의 다리, 파리의 눈, 그리고 훅의 집에 있는 책 표지 위에서 자라고 있던 털곰팡이(*Mucor*)의 기다란 포자낭 등 생명의 틈새에 존재하고 있었으나 전에는 몰랐던 패턴, 알려진 세계 너머의 또다른 세계를 보여주는 패턴들을 찾아냈다. 이런 발견들은 한번도 보지 못했을 뿐 아니라 상상조차 하지 못했던 상세한 사실들을 알려주었다. 오늘날에도 같은 배율의 현미경으로 같은 종을 관찰하지만 우리의 경험과 17세기 사람들의 경험은 전혀 다를 것이다. 물론 직접 보게 되면 놀랍기는 하지만 우리는 이미 현미경으로만 볼 수 있는 세계가 존재한다는 것을 알고 있기 때문이다. 현미경 관찰 초기의 과학자들에게 그런 경험은 훨씬 더 놀라운 일이었다. 살아 있는 세계의 모든 표면에 휘갈겨 쓰여 있는, 그동안 아무도 보지 못했던 은밀한 메시지들을 발견하는 것과도 같았다.

자신의 집 안팎에 존재하는 생물들을 현미경으로 들여다본 레이우엔훅 또한 새로운 세부들을 발견했다. 그도 벼룩을 관찰하면서 훅의 묘사와 비슷한 그림들을 그렸는데, 대신 그는 훅이 놓친 것들까지 보았다. 예를 들면 그는 모래알 크기만 한 벼룩의 정낭을 보았고, 심지어 그 안에 있는 정자들을 자신의 정자와 비교해보기까지 했다.[6] 탐색을 계속하면서 그는 전에는 본 적 없었던 생명체, 현미경 없이는 전혀 볼 수 없는 생명체들을 발견하기 시작했다. 이것은 그때까지 보지 못했던 세부가 아니었다. 레이우엔훅의 발견은 좀더 중요한 것이었다. 우리가 원생생물(protist)이라고 부르는, 오로지 크기로만 하나로 묶일 수 있는 다양한 단세포 생물들을 발견한 것이다. 이 생물들은 몸이 둘로 나뉘기도 하고, 움직이기도 했다. 일부는 크고, 일부는 작고, 일부는 털이 나 있고, 일부는 매끈하고, 일부는 꼬리가 있고, 일부는 꼬리가 없고, 일부는 표면에 달라붙어 있고, 일부는 자유롭게 돌아다니는 등 종류도 다양했다.

레이우엔훅은 델프트의 지인들에게 자신의 발견을 알렸다. 그에게는 생선 장수, 외과의사, 해부학자, 귀족 등 다양한 친구들이 많았다. 그 친구들 중에 레이우엔훅의 이웃에 살던 레흐니르 더 흐라프가 있었다. 더 흐라프는 서른두 살에 나팔관의 기능을 발견하는 등 젊은 나이에 이미 큰 업적을 이룬 학자였다. 레이우엔훅의 발견에 깊은 인상을 받은 더 흐라프는 당시 갓 태어난 아이를 잃고 슬픔에 빠져 있던 중이었음에도 불구하고 1673년 4월 28일, 런던의 왕립학회 총무인 헨리 올덴버그에게 레이우엔훅을 대신하여 편지를 보냈다. 이 편지에서 더 흐라프는 레이우엔훅이 훌륭한 현미경을 만들었다는 사실을 알리며 올덴버그와 왕립학회가 그에게 그의 현미경과 기술을 이용해서 연구할 만한 구체적인 과제를 줄 것을 촉구했다. 그리고 레이우엔훅이 자신의 발견에 관해서 적은 메모들도 동봉해서 보냈다.

이 편지를 받은 올덴버그는 레이우엔훅에게 다시 편지를 보내서 그의 설명에 함께 붙일 그림을 요청했다.[7] 더 흐라프가 비극적으로 목숨을 거둔 8월에 레이우엔훅은 답장을 보내서 곰팡이의 물리적 형태, 벌의 침, 벌의 머리, 벌의 눈, 이(louse)의 몸 등 자신 말고는 훅을 비롯한 어떤 과학자들도 보지 못했던 것들에 관해서 더 자세히 설명했다. 한편 더 흐라프가 레이우엔훅 대신 보냈던 첫 번째 편지는 5월 19일, 세계에서 두 번째로 역사가 깊은 과학 잡지이자 당시에 창간 8년째를 맞은 『왕립학회 철학회보(*Philosophical Transactions of the Royal Society*)』에 발표되었다. 이것을 시작으로 레이우엔훅의 여러 편지들이 발표되었는데 이것은 지금으로 치면 블로그에나 올라올 법한 글들이었다. 편집이 엄밀하지도 않았고, 항상 체계적이지도 않았다. 지엽적이고 반복적인 내용도 많았다. 하지만 아무도 본 적이 없었던 집 안과 마을 곳곳의 작은 세계에 대한 매일의 관찰 결과는 귀중했다. 1676년 10월 9일에 보낸 18번째 편지에 레이우엔훅은 후추 물의 관찰 결과를 적었다.[8]

레이우엔훅은 후추 물 속에서 원생생물을 보았다. 다양한 종류의 단세포 생물을 포함하는 원생생물은 세균보다는 동식물, 균류와 더 가까운 관계이다. 레이우엔훅은 세균을 먹이로 삼는 속(屬)인 보도(*Bodo*), 키클리디움(*Cyclidium*), 보르티켈라(*Vorticella*)에 속하는 것으로 추정되는 생물들을 묘사했다. 보도에는 기다란 채찍 같은 꼬리(편모)가 달려 있고, 키클리디움은 이리저리 흔들리는 털(섬모)에 덮여 있으며, 보르티켈라는 길쭉한 줄기로 고체 표면에 몸을 고정시키고 물을 걸러서 양분을 섭취한다. 하지만 그는 또다른 것도 발견했다. 후추 물 속에서 그의 계산으로는 너비가 모래알의 100분의 1 정도 되고 부피는 100만 분의 1 정도되는 굉장히 작은 생물을 발견한 것이다. 지금의 우리는 이렇게 작은 생물이라면 세균일 수밖에 없다고 알고 있다. 그러나 1676년까지는 아무도 세균을 본 적이 없었다. 대단한 발견이었다. 기쁨에 들뜬 레이우엔훅은 재빨리 왕립학회에 이 사실을 알렸다.

> 이것은 제가 자연에서 발견한 모든 경이로운 것들 중에서도 가장 경이로운 것입니다. 저로서는 지금까지 하나의 작은 물방울 안에 수천 개의 생물이 모여서 각자 자기만의 방식으로 움직이는 모습만큼 근사한 광경을 본 적이 없기 때문입니다.[9]

왕립학회는 레이우엔훅이 그동안 보낸 17통의 편지를 흡족해했지만, 후추 물에 관한 편지는 그 정도가 지나쳐서 진실이 아닌 상상의 영역으로 들어갔다고 생각했다. 특히 로버트 훅이 난색을 표했다. 『마이크로그라피아』의 성공 덕분에 현미경 관찰의 왕으로 여겨지던 훅도 그렇게 작은 생물은 한번도 본 적이 없었다. 훅과 왕립학회의 또다른 존경받는 회원인 니어마이아 그루는 레이우엔훅의 관찰을 재연해보기로 했다. 실

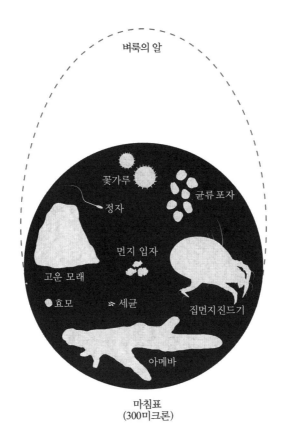

벼룩의 알

꽃가루

균류 포자

정자

먼지 입자

고운 모래

집먼지진드기

효모　　세균

아메바

마침표
(300미크론)

그림 1.1　레이우엔훅이 자신의 현미경으로 관찰한 다양한 생물 또는 입자들의 크기와 이 문장의 끝에 찍힌 마침표의 크기를 비교해보았다. (by Neil McCoy.)

험을 계획하고 재연하는 것도 학회의 일이었다. 대개는 간단한 시연으로 이루어졌다. 하지만 이번에는 시연 목적뿐 아니라 레이우엔훅이 보고한 결과가 사실인지 아닌지를 알아보기 위해서 이루어진 실험이었다.

니어마이아 그루가 가장 먼저 레이우엔훅의 관찰을 재연해보았다. 결과는 실패였다. 다음에는 훅이 나섰다. 그도 레이우엔훅이 후추, 물, 현미경으로 실행한 단계들을 하나하나 반복했지만 아무것도 보지 못했다. 훅은 투덜거리고 비웃었다. 하지만 한 번 더 시도했다. 이번에는 더 애를 썼다. 더 좋은 현미경도 제작했다. 세 번째 시도에서 훅과 왕립 학회 회원들은 드디어 레이우엔훅이 보았던 것들을 보기 시작했다. 그 동안 왕립학회는 올덴버그가 영어로 번역한 레이우엔훅의 후추 물 관 련 서한을 출간했다. 그리고 왕립학회가 레이우엔훅의 관찰 결과를 승 인하면서 세균에 대한 과학적 연구, 즉 세균학이 시작되었다. 그러니까 이 학문은 주방에서 흔히 볼 수 있는 후추와 물속에서 발견된 세균, 즉 실내 세균의 연구로부터 시작되었다.

3년 후, 레이우엔훅은 후추 실험을 다시 시도했는데, 이번에는 후추 물을 밀봉된 관 안에 넣어두었다. 세균들은 이 관 안에 존재하는 산소 를 모두 소모한 후에도 계속 자라나 거품을 일으키기 시작했다. 산소 없이도 자라고 분열하는 혐기성 세균의 존재를 발견한 것이다. 레이우 엔훅은 자신의 집 안에 사는 생물을 연구하면서 또다시 새로운 발견을 해냈다. 일반적인 세균의 연구, 그리고 그중에서도 특히 혐기성 세균의 연구는 모두 집 안 생물들의 관찰로부터 시작되었다.

이제 우리는 세균이 산소가 있든 없든, 덥든 춥든 모든 표면과 모든 생물의 몸 안, 공기 중, 구름 속, 심지어 해저에까지, 때로는 얇고 때로 는 두터운 층을 이루며 존재한다는 것을 안다. 수만 종의 세균이 밝혀 졌고 그 외에도 수백만, 어쩌면 수조 가지 종이 더 존재할 것으로 짐작 된다. 그러나 1677년, 레이우엔훅과 왕립학회 회원들이 발견한 세균은 그때까지 알려진 유일한 세균이었다.

레이우엔훅의 연구에 관해서는 과거에도, 현재에도 마치 그가 단지 새로운 도구를 이용해서 주변의 세계를 관찰함으로써 새로운 세계를 발견했을 따름인 것처럼 이야기되고는 한다. 그럴 때면 현미경과 렌즈에만 온통 초점이 맞춰지지만 현실은 더욱 복잡하다. 오늘날에도 레이우엔훅이 사용했던 것과 같은 배율의 현미경을 카메라에 고정시켜서 집 주변을 관찰할 수는 있지만 그와 같은 방식으로 세계를 볼 수는 없을 것이다. 레이우엔훅의 발견은 단지 그가 잘 만든 렌즈를 장착한 훌륭한 현미경을 다양하게 가지고 있었던 덕분이 아니라 그의 인내심, 끈기, 그리고 기술적 능력 덕분이었다. 마법을 일으킨 것은 현미경이 아니라 현미경을 사용하는 레이우엔훅의 신중한 손길과 호기심으로 가득한 정신의 조합이었다.

레이우엔훅은 어느 누구보다도 이런 세계를 보는 능력이 뛰어났지만 그 이면에는 다른 사람들에게는 불가능해 보일 정도로 힘든 노력이 필요했다. 따라서 왕립학회 회원들은 레이우엔훅이 발견한 세계를 보았음에도 불구하고 그 연구를 진지하게 이어가지 못했다. 훅은 레이우엔훅이 관찰한 미생물의 존재를 확인한 후에 자신의 현미경을 이용해 약 6개월간 그 미생물들을 계속 관찰했다. 그러나 그것이 끝이었다. 훅과 다른 과학자들은 이 새로운 세계를 레이우엔훅에게 맡겨두었다. 레이우엔훅은 작은 세계의 우주비행사가 되어 자신밖에 이해하지 못하는 것처럼 보이는 다양하고 정교한 영역을 홀로 탐사해야 했다.

그후 약 50년간, 레이우엔훅은 주변의 모든 것을 관찰한 결과를 체계적으로 기록했다. 델프트와 다른 지역에 관한 기록(보통 친구들이 가져다준 샘플을 관찰한 결과였다)도 남겼지만, 특히 자신의 집 안의 살아 있는 생물들을 자세히 관찰했다. 마주치는 것들마다 놀라웠다. 홈통 속의 물, 빗물, 눈이 녹은 물을 들여다보고 자신과 이웃들의 입 속 미생물도 관찰했다. 살아 있는 정자를 (몇 번이고) 관찰하고 그것이 다른 종의 정자와 어떻게 다른지를 밝히기도 했다. 구더기가 지저분한 곳에서 자연적으로 생겨나는 것이 아니라 파리의 알에서 나온다는 사실도 알아냈다. 진딧물의 몸 안에 알을 낳는 말벌의 종류를 최초로 기록했으며, 말벌 성체가 겨울이면 활동 속도가 느려지다가 정지됨으로써 생존한다는 사실을 최초로 발견했다. 장기간의 헌신적인 연구를 통해서 레이우엔훅은 많은 종류의 원생생물과 더불어 저장 액포(storage vacuole),[10] 근육의 가로무늬를 최초로 발견했으며, 치즈 껍질, 밀가루 등 온갖 사물 속에 사는 생물들의 존재를 확인했다. 그는 90년의 삶 중에서 50년을 찾고, 보고, 궁금해하고, 발견하기를 끊임없이 반복하며 보냈다. 레이우엔훅은 마치 갈릴레오처럼 감탄하고 영감을 얻었다. 하지만 갈릴레오가 우주를 관측하며 별들과 행성들이 자신의 실험 결과대로 움직이는 것을 보면서 만족했던 것과 달리 레이우엔훅은 자신이 찾아낸 세계를 손으로 직접 만질 수 있었다. 물속의 생물을 발견한 후에는 그 물을 마실 수 있었고, 식초 속의 생물을 발견한 후에는 그 식초를 쓸 수 있었으며, 자기 몸 위의 생물을 발견한 후에는 그 몸으로 살아갈 수 있었다.

레이우엔훅이 묘사한 생물들의 현재 명칭을 알기는 어렵기 때문에 그가 얼마나 많은 생물을 보았는지는 확신할 수 없지만 수천 종 이상을 발견했음은 분명하다. 그러나 레이우엔훅과 현재 집 안 생물들의 연구를 직선으로 연결할 수는 없다. 그가 사망한 이후 집 안 생물들에 관한 연구는 버려진 것이나 다름없었다. 레이우엔훅이 대중에게 영향을 미치기는 했지만 더 흐라프가 세상을 떠난 이후 델프트에는 더 이상 그의 진정한 동료라고 할 만한 사람이 남아 있지 않았다.[11] 말년에는 딸이 연구를 도와주었지만 그녀도 아버지의 사망 후에는 관찰을 그만두었다. 레이우엔훅의 딸은 아버지의 표본과 현미경을 보관해두기만 하고 사용하지 않았다. 그녀가 사망한 후에는 레이우엔훅의 유언에 따라 경매에 부쳐졌다. 이렇게 해서 그의 현미경 대부분이 사라졌다. 레이우엔훅이 관찰을 하던 정원은 델프트의 확장된 경계의 일부가 되었다. 그의 영감이 처음 피어났던 어린 시절의 집은 19세기에 황폐화되어 무너졌고, 지금은 그 자리에 학교 운동장이 들어서 있다. 그가 그토록 많은 발견을 했던 집 또한 무너졌다.[12] 그 자리에 명판이 세워지기는 했지만 나중에 잘못된 위치임이 밝혀졌다. 그 실수를 만회하기 위해서 또다른 명판이 설치되었는데 그 위치도 아주 정확하지는 않다(한두 집 정도 거리만큼 떨어져 있다).

훗날 과학자들이 마침내 인체 표면과 집 안에 사는 생물들에 관해서 다시 새롭게 연구를 시작했지만 레이우엔훅이 연구하던 시절로부터 이미 100년 이상이 지난 이 무렵은 일부 미생물종이 질병을 일으킬 수 있다는 사실이 발견된 후였다. 이런 종들은 병원체라고 불렸다. 병원체가 질병을 일으킨다는 배종설(germ theory)은 루이 파스퇴르가 주창한 것이다(다만 미생물이 인간에게 질병을 일으킬 수 있다는 것을 파스퇴르가 증명했을 때에는 미생물이 농작물 병해의 원인이 될 수 있다는 사실이 이미 밝혀진 뒤였다). 배종설의 등장과 함께 실내 미생물 연구의 중심은 병원체가 되었다. 레이우엔훅도 미생물종이 문제를 일으킬 수 있다는 사실을 눈치챘던 듯하다(그는 일부 미생물이 좋은 포도주를 질 나쁜 식초로 만든다는 사실을 밝혀냈다). 다만 그는 자신이 보는 생물의 대부분이 무해할 것이라고 생각했다. 사실 그의 생각은 옳았다. 전 세계의 세균 중에서 자주 질병을 일으키는 종은 50종을 넘지 않는다. 겨우 50종이다. 나머지 종은 인간에게 무해하거나 유익하다. 거의 모든 원생생물, 심지어 바이러스(바이러스 또한 델프트에서 발견되었지만 1898년에야 그 존재가 알려졌다)조차 마찬가지이다. 그러나 보이지 않는 세계에 병원체가 존재한다는 사실이 알려지자 실내의 모든 미생물에 대한 전쟁이 선포되었다. 우리와 가까운 곳일수록 전투는 더욱 치열했다. 후추 열매, 홈통의 물 등 평범한 집 안의 곳곳에서 발견되는 신기한 생물들에 관한 연구는 외면당했다. 시간이 지나면서 이런 경향은 더욱 강해졌다.

1970년대에는 집 안에서 이루어지는 모든 연구의 초점이 병원체와 해충 통제에 맞춰졌다. 집 안을 연구하는 미생물학자들의 과제는 병원체를 죽이는 것이었다. 미생물학자들뿐만이 아니었다. 집 안을 연구하는 곤충학자들은 곤충을 죽이는 법을 연구했다. 집 안을 연구하는 식물학자들은 꽃가루를 없애는 법을 연구했다. 후추를 연구하는 식품학자들은 그것이 식중독의 원인은 아닌지를 연구했다. 우리는 우리 주변의 생물들이 보여줄 수 있는 경이로움의 가능성을 잊어버렸으며 그 종들이 전염병만 유발하는 것이 아니라 우리에게 도움이 될 수도 있다는 사실은 생각조차 하지 않았다. 이것은 큰 실수였으며, 우리는 최근 들어서야 이것을 바로잡기 시작했다. 우리 주변의 생물들을 좀더 총체적으로 바라보기 위한 첫 번째 큰 걸음이 시작된 곳은 우리가 사는 집과는 전혀 관계가 없어 보이는 장소들, 바로 미국의 옐로스톤 국립공원과 아이슬란드의 온천이었다.

2

지하실의 온천

호기심과 공포—후자는 우리를 두려움에 빠뜨리는 동시에 우리를 사로잡아
도저히 외면할 수 없게 만든다—는 발견의 원동력이다.
이상한 것, 작은 것, 무시해버리고 싶은 것들을 받아들여라.
—브룩 보렐, 『빈대는 어떻게 침대와 세상을 정복했는가(*Infested: How the
Bed Bug Infiltrated Our Bedrooms and Took Over the World*)』

2017년 봄, 나는 아이슬란드에서 미생물에 관한 다큐멘터리를 촬영하
고 있었다.[1] 우리는 부글거리며 끓어오르는 뜨거운 유황 간헐천 옆에
여러 번 서야 했다. 카메라 앞에서 그 간헐천을 가리키며 생명의 기원
에 관해서 이야기하기 위해서였다. 그러다 어느 순간 간헐천 옆에 혼자
남겨져서 나를 데리러올 트럭을 기다리게 되었다.[2] 촬영 스태프들은 때
로 가차 없다. 혼자 있게 된 나는 간헐천에 대해서 곰곰이 생각해보았
다. 추운 날이었다. 나는 유황냄새를 맡으면서도 간헐천 옆에 계속 서
있었다. 그러면 몸이 따뜻해졌다. 지각 아래의 화산활동으로 데워진 물
이 지면의 갈라진 틈에서 끓어오르고 있었다. 어떤 곳에서는 지구가 지
각 변동을 일으키고 있다는 사실을 잊기 쉽다. 우리가 밤하늘에 쉽게

무심해지듯이 말이다. 하지만 아이슬란드에서는 아니다. 이 섬은 동부와 서부가 서서히 갈라져 나가고 있으며, 그 결과 암석과 토양 위에 커다란 균열들이 생겨 있다. 가끔은 화산이 격렬하게 폭발하여 하늘이 어두워지기도 한다. 그리고 내 옆에 있던 것과 같은 간헐천들이 매일 땅 위로 부글거리며 끓어오른다. 그리고 그 안에는 생물들이 살고 있다. 이 생물들은 여러분이 상상하는 것 이상으로 우리의 집 안에서 일어나는 일과 관계가 깊다.

따뜻한 간헐천에서 번성하고 있는 이 생물종들이 발견된 것은 1960년대의 일이었다. 당시 인디애나 대학교의 토머스 브록은 옐로스톤 국립공원과 더불어 내가 서 있던 곳에서 얼마 멀지 않은 장소들에서도 연구를 수행했다. 브록은 간헐천 주변에 노란색, 빨간색, 분홍색에서부터 녹색, 보라색에 이르기까지 다채로운 색으로 펼쳐져 있는 무늬들에 매료되었다. 브록은 이런 무늬가 단세포 생물들의 작품일 것이라고 생각했다.[3] 그리고 그 생각은 옳았다. 이 종들에는 세균뿐만 아니라 고세균도 포함되어 있었다. 고세균은 세균과는 완전히 다른 영역의 생명체로, 세균만큼이나 오래되고 독특한 생물이다.[4] 또한 브록은 간헐천에서 사는 많은 종들이 "화학 영양 생물(chemotroph)"이라는 사실을 발견했다. 간헐천의 화학적 에너지를 생물학적 에너지로 변환할 수 있는 종들이라는 뜻이다. 태양의 도움 없이도 생명이 아닌 것에서 생명을 만들어내는 것이다.[5] 이 미생물들은 광합성 능력이 진화하기 오래 전부터 존재했을 가능성이 높다. 이들의 군집은 지구 초기의 군집과 유사하며, 지구의 가장 오래된 생화학적 작용을 재현한다. 나는 그런 생물들이 내 몸을 따뜻하게 데워주는 간헐천 주변에 단단히 엉겨붙어 자라고 있는 것을 보았다.

그러나 간헐천에는 또다른 생물들도 있었다. 시아노박테리아(Cyano-bacteria)는 뜨거운 물속에서 광합성을 하며 살아간다. 브록은 부글거리는 물속에서 다른 세균의 세포나 파리의 사체처럼 이리저리 휩쓸려 다니는 유기물질들을 먹고 사는 세균도 찾아냈다. 찌꺼기를 먹고 사는 이 생물들은 겉보기에는 그다지 흥미로워 보이지 않았다. 브록이 연구 중이던 화학 영양 생물들과 달리 이들은 화학적 에너지를 생명으로 바꾸지 못하고 다른 종의 살아 있거나 죽은 조각들을 먹고 산다. 하지만 연구 끝에 브록은 이들이 단지 새로운 종일 뿐만 아니라 완전히 새로운 속(屬)에 속한다는 사실을 알아냈다. 그는 이 속을 테르무스(*Thermus*)라고 부르기로 하고, 여기에 이들의 서식지를 나타내는 아쿠아티쿠스(*aquaticus*)라는 종명을 붙였다. 포유류나 조류의 경우는 새로운 속의 발견은 말할 것도 없이 새로운 종의 발견도 충분히 뉴스거리가 된다.[6] 그러나 세균은 아니다. 새로운 종류의 세균을 찾는 것은 그리 어려운 일이 아니다. 게다가 미생물학자들이 가장 먼저 주목하는 특징들만 살펴보면 이 새로운 종, 테르무스 아쿠아티쿠스에는 흥미로울 것이 전혀 없어 보였다. 이들은 포자를 형성하지 않고, 세포는 노란색 막대 형태였으며, 그람 음성(gram-negative : 그람 염색은 1884년, 덴마크의 미생물학자 그람이 개발한 염색법으로, 세포벽의 구성에 따라서 세균을 분류할 수 있게 해주는 방법이다. 그람 염색 시 보라색으로 염색되는 세균을 그람 양성균, 빨간색으로 염색되는 세균을 그람 음성균이라고 한다/옮긴이)이었다. 하지만 또다른 특징이 있었다.

브록이 실험실에서 테르무스 아쿠아티쿠스를 본 것은 배지의 온도를 섭씨 70도 이상으로 올렸을 때였다. 이 생물들이 선호하는 온도는 그보다 더 높았으며 80도 이상에서도 살 수 있었다. 물의 끓는점은 100도이며 고도가 높은 곳에서는 더 낮아진다. 브록은 지구상에서 가장 열에 강한 세균을 길러낸 것이었다.[7] 그가 나중에 밝혔듯이, 이 생물을 발견하는 것 자체는 어렵지 않았다. 다만 아무도 그렇게 높은 온도에서 미생물을 기르려는 시도를 한 적이 없었을 뿐이다. 실험실들에서는 온천의 샘플들을 55도에서 배양했는데 이런 환경은 테르무스 아쿠아티쿠스가 자라기에는 너무 추웠다. 후속 연구를 통해서 아주 높은 온도에서만 자랄 수 있는 세균과 고세균들의 세계가 드러났다. 이런 미생물들은 우리가 일반적으로 생활하는 환경에서는 살 수 없다.

왜 집을 주제로 삼은 책에서 테르무스 아쿠아티쿠스의 이야기를 하는 것일까? 간헐천이나 온천은 그 온도와 조건이 매우 독특해 보이지만, 사실 우리 주변에서도 유사한 환경을 찾을 수 있기 때문이다. 브록의 연구실에 있던 한 학생은 테르무스 아쿠아티쿠스나 그와 비슷한 세균들이 우리 곁에 숨어서 함께 살고 있을지도 모른다고 생각했다. 그 생각을 시험해보기 위해서 그 학생과 브록은 연구실에 있던 커피메이커에서 샘플을 채취했다. 테르무스가 살 수 있을 만큼 온도가 높은 기계였다. 그들의 연구에 큰 도움을 주는 기계였던 만큼 만약 그곳에서 찾아낸다면 정말이지 딱 좋았을 것이다. 하지만 거기에는 없었다.

브록은 뜨거운 액체가 포함되어 있을 만한 장소들을 물색했다. 인간의 몸도 그중 하나였다. 인체는 온천만큼 뜨겁지는 않지만 열이 오르는 순간을 기다리며 버티고 있는 세균들이 존재할지도 몰랐다. 누가 알겠는가? 직접 확인해보는 것은 어렵지 않았다. 브록은 인간의 타액 샘플을 제작했다(한 이메일에서 그는 그것이 자신의 몸에서 채취한 샘플이 아니라고 부인했지만 그 말은 과학자들의 행동을 관찰해온 나의 경험으로 볼 때 '맞다'는 뜻이다). 하지만 침에서 테르무스 아쿠아티쿠스를 배양해보려던 브록의 시도는 실패로 돌아갔다. 인간의 치아와 잇몸도 확인했지만(레이우엔훅이 했을 법한 일이다), 테르무스 아쿠아티쿠스는 물론이고 어떤 호열성 세균도 없었다. 브록이 연구하던 건물인 조던 홀의 온실 속 선인장도 확인했지만 역시 없었다. 어쩌면 테르무스 아쿠아티쿠스는 정말로 온천에서만 살 수 있는 세균일지도 몰랐다.

마지막으로 브록은 한 곳을 더 확인했다. 바로 조던 홀의 실험실에 공급되는 온수였다. 브록의 실험실은 가장 가까운 온천으로부터 약 300킬로미터 떨어져 있었다. 그런데 그곳의 수돗물 안에서 테르무스 아쿠아티쿠스로 보이는 미생물이 발견되었다. 굉장히 놀라운 사실이었다. 브록은 온수기가 이 미생물의 서식지일지도 모른다고 생각했다. 수돗물은 따뜻했지만 온천만큼 뜨겁지는 않았기 때문이다. 온수기 자체는 거의 완벽한 환경일 것이다. 온수기 안에 사는 세균이 의도하지 않게 가끔씩 수돗물을 타고 내려오는 것일 수도 있었다.

인디애나 대학교의 또다른 연구자들인 로버트 라메일리와 제인 힉슨이 조던 홀 주변에서 호열성 세균들의 샘플을 추가로 채집했다. 그 결과 열에 강한 세균을 한 종류 더 찾아냈다. 이것은 브록이 발견한 테르무스 아쿠아티쿠스와 유사했지만 동일하지는 않았기 때문에 일단 테르무스 X-1이라고 부르기로 했다.[8] 테르무스 아쿠아티쿠스와 달리 황색이 아니고 투명했으며 성장 속도는 테르무스 아쿠아티쿠스보다 빨랐다. 라메일리는 이것이 테르무스 아쿠아티쿠스의 새로운 균주일지도 모른다고 추측했다. 어쩌면 테르무스 아쿠아티쿠스의 황색 색소는 외부에 노출된 온천이 받는 햇빛으로부터 자신을 보호하기 위해서 적응한 결과일지도 몰랐다. 테르무스 X-1은 건물 내부의 수원(水源)을 서식지로 삼은 후, 불필요하게 에너지만 소모하는 색소 생산 능력을 잃어버린 균주일 수도 있었다. 그 무렵 위스콘신 대학교에 있던 브록은 실내에 사는 테르무스 속을 좀더 자세히 연구해보아야겠다는 결론을 내렸다.

브록은 자신의 연구실 기술자인 캐스린 보일런과 함께 위스콘신 대학교 근처의 주택과 빨래방에 설치된 온수기들을 조사했다. 빨래방 안의 온수기는 주택에 설치된 것보다 크기가 크고, 꾸준히 사용되기 때문에 호열성 미생물이 있을 가능성이 더 높아 보였다. 브록과 보일런은 온수 탱크의 배수구를 열고 내용물을 조사했다. 온수기 안의 온도는 온천만큼 높게 올라갈 수 있다. 게다가 모든 수돗물에는 유기물질이 포함되어 있기 때문에 테르무스 아쿠아티쿠스가 살기에 충분한 환경이 될 수 있었다.

100년도 더 전에 생태학자 조지프 그리넬은 한 종이 살아가는 데에 필요한 조건을 생태적 지위(niche)라는 용어로 설명했다. niche라는 단어는 '둥지를 틀다'라는 뜻의 중세 프랑스어 nicher에서 유래했다. 원래 고대 그리스와 로마에서 조각상 등의 물건을 전시할 수 있도록 벽 안쪽으로 움푹 들어가 있는 공간, 즉 벽감을 가리키던 말이다.[9] 벽감이 조각의 크기에 꼭 들어맞듯이 온수기 안의 온도와 양분도 테르무스 아쿠아티쿠스에게 꼭 맞아 보였다. 하지만 어떤 종이 살 수 있는 환경이라고 해서 반드시 그 종이 살고 있는 것은 아니다. 과학자들은 어떤 종의 기본 지위(그 종이 살 수 있는 조건)와 실현 지위(실제로 그 종이 살고 있는 조건)를 구별한다. 테르무스 아쿠아티쿠스의 기본 지위에는 온수기가 포함되지만 그것이 실현되느냐는 또다른 문제인 것이다.

그런데 그 안에 있었다. 브록과 보일런은 마그마에 노출된 간헐천과 인디애나 대학교 조던 홀의 수돗물뿐만 아니라 위스콘신 주 매디슨 근방의 주택과 빨래방에 설치된 온수기 안에서도 테르무스 속의 종을 찾아냈다. 게다가 그 온수기 안에서 발견된 세균들은 지금까지 발견된 그 어떤 생물보다도 높은 온도를 견딜 수 있었다. 브록은 테르무스 속의 종들을 찾기 위해서 지구 끝까지 다녀왔지만 자신의 연구실 근처에 있는 빨래방에서도 같은 종을 발견할 수 있었던 것이다.[10]

브록의 연구 이후 온수기 안에 사는 테르무스 아쿠아티쿠스에 관한 논문을 발표한 과학자는 없다. 그러나 아이슬란드의 온수 안에서 테르무스 속의 새로운 종이 발견되었다.[11] 브록과 보일런이 온수기에서 발견한 종과 마찬가지로 색소가 없는 이 종은 테르무스 X-1이 아닌 테르무스 스코토둑투스(*Thermus scotoductus*)라고 불리게 되었다.[12] 펜실베이니아 주립 대학교의 대학원생인 레지나 빌피스제스키는 이 종이 온수기 안에 가장 많이 사는 종인지를 알아내기 위해서 몇 년간 여러 온수기에서 샘플을 채취했다. 실험 결과, 그녀의 생각이 맞는 듯했다. 빌피스제스키는 미국 전역의 온수기에서 테르무스 스코토둑투스를 발견했다. 그녀가 샘플을 채취한 온수기 100개 중 35개에서 테르무스 스코토둑투스가 나왔다. 빌피스제스키의 연구는 아직 끝나지 않았지만 이미 새로운 의문들이 생겨났다. 왜 이 종은 온수기 안에 살고 있으며, 어떻게 그 안에서 살게 되었을까? 열에 강해서 온천에서도 살 수 있는 다른 세균들은 왜 온수기 안에 살고 있지 않을까? 왜 오래된 온수기들 안에는 온천에서처럼 다채로운 미생물들이 살고 있지 않을까? 이 질문들에 대한 답은 아직 알아내지 못했다.

나는 다른 지역의 온수기 안에는 다른 종류의 호열성 세균들이 살고 있을지도 모른다고 생각한다. 멀리 떨어진 뉴질랜드나 마다가스카르의 온수기에서는 아주 독특한 종들이 발견될지도 모른다. 하지만 아직은 알 수 없다. 레이우엔훅의 연구와 마찬가지로 브록의 연구를 이어가는 사람들도 거의 없기 때문이다.[13] 빌피스제스키가 유일하다. 우리는 테르무스 스코토둑투스가 우리의 삶 또는 우리의 온수기에 (긍정적이든 부정적이든) 어떤 영향을 미치는지 모른다. 또한 온수기 안의 이 세균들이 우리에게 유용한 어떤 속성을 지니고 있는지도 모른다. 어떤 서식지에서는 독성 크롬을 무독성으로 만드는 능력이 있는 듯 보이는 테르무스 스코토둑투스가 발견되기도 했다.[14] 하지만 테르무스의 발견은 집 안 생물 연구의 역사에서 핵심적인 역할을 했다. 레이우엔훅의 시대 이후 집 안의 생태계가 우리의 생각보다 더 다양하며, 그토록 많은 주목을 받아온 병원균들 이외에도 수많은 종으로 가득하다는 사실을 분명히 깨닫게 해주었기 때문이다. 게다가 온수기 안의 테르무스는 현대적인 실내 환경 덕분에 우리 주변에서 살지 않던 종들이 우리가 모르는 사이에 실내로 들어왔을지도 모른다는 사실을 알려준다. 결국 테르무스의 존재는 집 안의 생물들을 대상으로 한 더 폭넓은 탐색의 계기가 되었다. 나 같은 사람들이 테르무스가 더 큰 세계의 일부일지도 모른다는 가능성을 생각하게 만든 것이다. 집 안에는 가장 추운 지방만큼 추운 환경도 있고 가장 더운 지방만큼 더운 환경도 있다. 전 세계 환경의 축소판이 그 안에 존재한다. 미생물들이 실내의 극단적인 환경들을 찾아내어 서식하고 있지만 그동안 아무도 찾아보지 않았을 가능성도 크다. 집 안 생물 연구의 다음 혁명은 새로운 기술이 출현한 후에야 가능했다. 페트리 접시에서 배양할 수 없는 미생물도 확인할 수 있는 기술, 테르무스의 독특한 생태 그 자체에 의존하는 기술이었다.

우리는 지금까지 대부분의 세균은 실험실에서 자랄 수 없다고 생각해왔다. 지금도 이들을 "배양 불가능한" 것은 마찬가지이다. 그들에게 어떤 양분이나 환경이 필요한지 모르기 때문에 샘플을 채취해도 눈으로 볼 수가 없다. 미생물학 역사의 대부분 동안 이런 종들을 연구할 수 없었다는 뜻이다. 영리하고 끈질긴 생물학자들이 그들에게 필요한 조건들을 알아내어 배양 불가능한 종을 배양 가능하게 만들어야만 했다. 테르무스 속의 종들도 마찬가지였다. 토머스 브록이 고온에서 길러보기 전까지는 그들을 볼 수 없었다. 그런데 최근에 우리 주변의 배양 불가능한 생물들을 볼 수 있는 기술이 발달함으로써 우리가 기르는 법을 모르는 종도 연구하고 이해할 수 있게 되었다. 브록의 테르무스 아쿠아티쿠스와 그 유사 종들의 발견이 여기에 적잖은 역할을 했다.[15]

현재 우리가 배양 불가능한 종을 찾아내고 동정(同定)하는 데에 사용하는 주요한 도구는 사실 일련의 실험 단계이다. 이 단계는 보통 "파이프라인"이라고 불린다. 파이프라인이라는 말 자체는 단순히 순서대로 진행되는 단계를 뜻한다.[16] 파이프라인의 시작 부분에 샘플을 넣으면 반대쪽에서 샘플 안에 존재하는 종들, 살아 있거나 휴면 상태이거나 이미 죽은 모든 종의 목록이 도출되는 것이다. 이 파이프라인에 대해서는 더 자세히 알아볼 필요가 있다. 우리의 연구에도 이 방법을 반복해서 사용하기 때문이다.

파이프라인은 샘플로 시작된다. 먼저 실험실에 들어온 샘플을 액체 한 방울이 든 작은 튜브 안에 넣는다. 이 샘플은 흙일 수도 있고 배설물일 수도 있고 물일 수도 있다. 무엇이든 세포와 DNA가 들어 있거나 혹은 들어 있을 가능성이 있는 물질일 것이다. 튜브 안에 넣는 액체에는 비누, 효소, 그리고 마치 달걀을 깨듯이 세포를 열어서 세균의 유전 암호인 DNA를 꺼낼 수 있도록 도와주는 모래알만 한 크기의 작고 둥근 유리구슬들이 포함되어 있다. 이 튜브를 밀봉하고 열을 가하고 흔들

어서 원심분리를 한다. 그러면 무거운 구슬과 대부분의 세포 조각들은
튜브 아래쪽으로 가라앉고 밀도가 낮은 기다란 DNA 가닥은 위로 떠올
라 수영장에 뜬 파리 사체들을 건져내듯이 떠낼 수 있게 된다.[17] 이 모
든 절차는 매우 간단해서 졸고 있는 학생들로 가득한 기초 생물학 실험
시간에도 할 수 있다. 학생들 중 일부는 대부분의 지시 사항을 무시하
는데도 말이다.

  그 결과로 얻은 (즉, 세포에서 "추출한") DNA를 기초로 각기 다른
생물의 종을 알아내려면 그 DNA를 읽어야 한다. 이 과정을 과학자들은
염기 서열 분석(sequencing)이라고 부른다. 여기서부터는 쉽지 않다. 현
미경이 관찰하려는 물체를 확대해서 보여준다면, 염기 서열 분석은
DNA 안에 든 보이지 않는 정보를 읽기 위해서 먼저 그 양을 늘린다.
DNA의 양을 늘려서 유전 암호인 DNA의 뉴클레오타이드를 읽을 수
있도록 만드는 것이다. 바이러스를 제외한 모든 생물의 DNA는 이중
나선으로 되어 있다. 상보적인 두 개의 가닥이 일종의 분자 지퍼에 의
해서 결합된 형태이다. 두 개의 가닥을 풀어서 각 가닥을 복제하고, 그
과정을 반복하면 조작과 해독에 충분한 양을 만들 수 있다는 사실은
이미 오래 전부터 알려져 있었다. DNA 가닥은 열을 이용해서 분리할
수 있다. 거기까지는 쉬웠다. DNA의 각 가닥을 복제하는 데에는 중합
효소(polymerase)가 필요하다. 인간의 세포를 포함한 모든 세포가 DNA
를 복제할 때에 사용하는 효소이다. DNA의 두 가닥을 분리해서 중합효
소와 시발체(primer : 중합효소에게 DNA의 어떤 부분을 복제할지를 알
려주는 DNA 조각), 그리고 약간의 뉴클레오타이드를 첨가하면 복제가
시작된다. 문제는 DNA 가닥이 분리될 정도의 고온에서는 중합효소도
파괴된다는 것이었다. 이 문제를 해결할 수 있는 매우 손이 많이 가고

비용도 많이 드는 방법은 매번 열을 가한 후에 중합효소와 시발체를 새로 첨가하는 것이었다. 이 방법은 효과가 있었지만 지나치게 속도가 느렸기 때문에 세균을 연구하는 미생물학자들의 대부분은 당분간 배양 가능한 종에만 초점을 맞추고 배양 불가능한 미지의 세균은 무시하는 쪽을 택했다.

그런데 해결책이 등장했다. 바로 테르무스 아쿠아티쿠스였다. 테르무스 아쿠아티쿠스의 중합효소는 고온에서 활동이 가능한 정도가 아니라, 고온에서 가장 활발하게 활동한다. 우리에게 필요했던 바로 그 중합효소였다. 브록이 테르무스 아쿠아티쿠스를 발견하고 몇 년 뒤에 이 종의 중합효소(일명 "Taq")를 고온에서 DNA에 첨가하면 빠른 복제가 가능하다는 사실을 알게 되었다. 열에 강한 중합효소를 사용해서 DNA를 복제하는 이러한 과정을 중합효소 연쇄 반응(PCR)이라고 부른다. 별로 중요하지 않은 과학 이론처럼 보일지도 모르지만 아동의 친자 확인 검사든, 토양 샘플 안의 세균 검사든, 전 세계에서 행해지는 거의 모든 유전자 검사의 핵심을 이루는 방법이다. 온천과 온수기 안에서 발견된 세균들은 집 안의 독특한 생물들을 탐구하기 위한 동기가 되어주었을 뿐만 아니라 현대 과학 연구 전반에서 이런 탐구 수행에 필요한 효소를 제공하고 있다.[18]

과학자, 기술자, 임상의들이 중합효소 연쇄 반응으로 어느 유전자를 복제하고, 복제된 DNA를 어떻게 해독하느냐는, 그들의 연구 목표와 사용되는 기술의 종류에 따라 다르다. 특정 샘플 안의 모든 세균을 동정하는 연구에서는 대체로 16S rRNA 유전자를 복제한다. 이것은 세균과 고세균의 기능에 무척 중요해서 지난 40억 년간 거의 변화하지 않은 유전자이다. 따라서 과학자들이 어떤 세균이나 고세균을 연구하든 이 유전자가 존재하리라는 점을 확신할 수 있다. 이 유전자는 종에 따라서 달라지지만, 알아볼 수 없을 정도로 많이 달라지지는 않는다. 다량으로 복제된 이 유전자의 해독에 사용되는 기술은 매우 다양하다. 그중 일부는 복제되거나 앞으로 복제될 샘플 안에, 표지된 뉴클레오타이드를 추가하는 방법을 쓴다. 뉴클레오타이드의 표지로는 염기 서열 분석기로 읽을 수 있는 물질을 붙인다. 분석기는 뉴클레오타이드의 시작 부분인 시발체를 먼저 읽은 다음 이후의 염기들을 읽어나간다. 샘플 안에 든 수십억 개에 달하는 DNA 사본 모두를 이렇게 읽어서 복제된 DNA의 암호 하나하나를 전부 기록한 어마어마한 양의 데이터 파일을 생성한다. 그런 다음 이 사본들을 유사성에 따라 그룹별로 묶고 이 염기 서열 그룹의 암호를 다른 연구의 데이터베이스들에 포함된, 이미 알려진 종들의 유전자 서열과 비교한다.[19] 이 방법은 계속해서 변화하고 있지만 변하지 않는 것이 한 가지 있다. 매년 비용이 저렴해지고 간편해진다는 사실이다. 손에 들 수 있는 소형 염기 서열 분석기의 보급도 멀지 않았다(사실 이미 존재하지만 DNA 분석 시에 오류 확률이 높다. 시간이 지나면 이런 단점도 개선될 것이다).

테르무스 아쿠아티쿠스 덕분에 우리는 이제 채취한 샘플을 "염기 서열 분석 파이프라인"에 넣어 그 안에 살아 있거나 혹은 죽은 생물들의 종류를 알아낼 수 있게 되었다. 그 종들을 볼 수 없거나 기를 수 없어도 상관없다. 생물학자들은 흙, 바닷물, 구름, 배설물 등 어떤 곳에 있는 생물이든 밝혀낼 수 있으며, 배양 가능한 종뿐 아니라 아직 배양 방법을 알아내지 못한 수많은 종들도 마찬가지이다. 내가 대학원생이던 시절에는 상상도 할 수 없던 일이었지만, 지금은 일상이 되었다.[20] 약 10년 전쯤 나는 동료들과 함께 이러한 기술을 이용해서 집 안의 생물들을 연구하기로 결심했다. 그 무렵에는 문틀에 묻은 흙, 수돗물 한 방울, 혹은 옷장 안의 옷에서 샘플을 채취하여 그 속에 든 DNA를 해독함으로써 샘플 안에서 사는 거의 모든 종을 저렴한 비용으로 동정하는 일이 가능해졌다. 레이우엔훅은 주변의 생물들을 자신이 만든 단일 렌즈로 관찰했다. 우리는 주변의 생물들을 염기 서열 분석 파이프라인에 넣는다. 처음에는 무엇을 발견하게 될지 전혀 몰랐지만 결과는 놀라웠다. 그토록 많은 종들이 있다는 사실도 놀라웠고 그것들을 우리가 몰랐다는 점도 놀라웠다.

3

보이지 않는 세계

우리가 침대 밑에서 괴물을 찾는 일을 그만둔 것은
그 괴물들이 우리 안에 있음을 깨달았을 때이다.
―찰스 다윈

집 안의 생물들을 알고자 하는 나의 탐구는 어느 열대우림에서 시작되
었다. 나는 대학교 2학년 시절의 얼마간을 코스타리카에 있는 라 셀바
생물학 연구소에서 보냈다. 내가 맡은 일은 나수티테르메스 코르니게
르(*Nasutitermes corniger*)라는 흰개미를 연구하던 콜로라도 대학교 볼더
캠퍼스 대학원생 샘 메시어의 연구를 돕는 것이었다. 흰개미 종의 일개
미들은 숲속의 죽은 나뭇가지와 나뭇잎을 먹고 사는데, 이런 먹이에는
탄소만 풍부할 뿐 질소는 부족하다. 그래서 이 개미들은 부족한 질소를
보충하기 위해서 공기 중에서 질소를 흡수하는 세균을 장 내에 키운다.
병정개미들은 기다란 주둥이에서 일종의 송진 같은 물질을 분비하여
일개미와 여왕개미, 왕개미, 유충이 모여서 이룬 군체를 다른 개미나
개미핥기 같은 적으로부터 방어한다. 이들은 주둥이가 너무 길어 혼자
서는 먹이를 먹지 못하기 때문에 일개미가 공급해주거나 장내 세균이

공기 중에서 흡수한 영양분으로 살아가야 한다. 그런데 혼자서는 살아가지 못하는 이런 병정개미들이 어떤 군체에는 많은 반면, 어떤 군체에는 거의 없다. 샘은 개미핥기의 공격을 지속적으로 받은 군체가 더 많은 병정개미들을 만드는지 알고 싶어했다. 샘의 가설을 입증하는 방법은 쉬웠다. 개미핥기를 흉내내어 일부 흰개미 둥지에만 공격을 가해보는 것이었다. 바로 이것이 내가 맡은 일이었다. 나는 마체테 칼을 들고 매일 흰개미 둥지들을 돌아다녔다.

스무 살짜리의 자아 안에 아직 숨어 있던 어린 소년에게는 참으로 즐거운 일이었다. 마체테를 이리저리 휘두르며 산길을 돌아다닐 수 있었으니 말이다. 내 안의 어린 과학자에게는 훨씬 더 즐거운 일이었다. 나는 샘이 지칠 때까지 과학에 관한 이야기를 떠들었다. 점심과 저녁식사 시간에도 다른 과학자들이 지칠 때까지 떠들어댔다. 그러다 더 이상 내 질문에 대답해줄 사람이 없어지면 밖으로 나가 걸었다. 밤이 되면 헤드램프와 손전등, 예비 손전등을 가지고 걸어다녔다.[1] 밤의 숲은 생명의 소리와 생명의 냄새로 가득했지만 손전등 불빛에 비춰진 것들만 볼 수 있었다. 마치 불빛이 그 아래에 드러난 생물들을 창조하는 것 같았다. 나는 뱀과 개구리, 포유류의 안광을 구별할 수 있게 되었다. 나뭇잎과 나무껍질을 참을성 있게 관찰하여 그 속에 새똥과 비슷한 모양으로 숨어 있는 커다란 거미와 여치, 벌레들을 찾아내는 법도 배웠다. 독일인 박쥐 연구자를 졸라서 그물로 박쥐를 잡으러 가는 길에 몇 번 따라가기도 했다. 나는 광견병 백신을 맞지 않은 상태였지만, 그는 신경 쓰지 않았다. 무모한 스무 살이었던 나도 신경 쓰지 않았다. 그는 나에게 박쥐들을 구별하는 법을 알려주었다. 나는 꿀을 먹는 박쥐, 곤충을 먹는 박쥐, 과일을 먹는 박쥐의 종류를 배웠다. 새를 잡아먹는 거대한 열대아메리카위흡혈박쥐(*Vampyrum spectrum*)를 목격하기도 했는데, 이 박쥐는 워낙 커서 그물도 찢어버리곤 했다. 비록 입증할 수는 없더라도 나는 관찰을 바탕으로 나만의 가설들을 세울 수 있게 되었다. 우리가 알아낼 수 있는 것의 상당수가 아직 알려지지 않았다는 사실이 나를 매료시켰다. 또한 인내심만 있으면 거의 모든 통나무나 나뭇잎 아래에서 무엇인가를 발견할 수 있다는 사실에 푹 빠져버렸다.

코스타리카에서의 체류 기간이 끝나갈 무렵 샘은 나의 도움으로 마체테 공격을 더 자주 받은 흰개미 군집이 더 많은 병정개미들을 낳는다는 사실을 입증했다.[2] 그 연구는 그렇게 끝났지만 그곳에서의 경험은 계속해서 나에게 영향을 미쳤다. 나는 그후 10년간 볼리비아, 에콰도르, 페루, 오스트레일리아, 싱가포르, 타이, 가나 등지의 열대우림을 드나들며 마치 어떤 큰 그림을 그리려는 사람처럼 숲속을 돌아다녔다. 온대 지방으로 돌아와서 미시간, 코네티컷, 테네시 등에서 지내고 있노라면 또다시 누군가가 나에게 공짜 비행기 표와 새로운 임무, 콩과 쌀 요리를 잔뜩 먹을 수 있는 기회를 제안해왔고, 그러면 나는 어느새 다시 정글에 가 있곤 했다. 시간이 지나자 나는 열대우림에서 얻었던 것과 같은 종류의 발견과 기쁨을 사막이나 온대림에서도 얻을 수 있게 되었다. 심지어 뒷마당에서도 그런 발견을 해내기 시작했다. 뒷마당으로의 이동은 베누아 게나르라는 학생이 우리 연구실에 들어오면서 시작되었다. 개미에 푹 빠져 있던 베누아는 노스캐롤라이나 주의 주도인 롤리에 온 후에는 끊임없이 숲속에서 개미를 찾아다녔다. 그러다 결국 우리 둘 다 알지 못했던 종을 발견했다. 도입종으로 아무도 모르는 사이에 롤리에서 번성하고 있던 왕침개미(*Brachyponera chinensis*)였다.[3] 베누아는 이 개미들이 다른 곤충에게서는 볼 수 없는 행동 양식을 보인다는 것을 발견했다. 예를 들면, 수렵개미 한 마리가 먹이를 발견하면 다른 개미들이 찾아올 수 있도록 페로몬으로 흔적을 남기는 것이 아니라 둥지로 돌아와서 다른 수렵개미를 붙들어 먹이 앞으로 데려간 다음 "먹이 여기 있어!"라고 말하기라도 하듯이 그 위에 던져놓는 것이다.[4] 베누아는 왕침개미의 원래 서식지인 일본으로 가서, 그곳에서 왕침개미와 친척관계인 완전히 새로운 종을 발견했다. 여러 도시들과 그 변두리를 포함해서 일본 남부 지역 대부분에 퍼져 있었지만 알려지지 않았던 종이었다.[5] 이 발견은 시작에 불과했다.

그 무렵, 캐서린 드리스콜이라는 한 고등학생이 롤리에 있는 우리의 연구실을 찾아왔다. 캐서린은 호랑이를 연구하고 싶어했다. 하지만 호랑이를 연구하지 않던 베누아와 나는 호랑이 대신 "호랑이개미"라 불리는 디스코티레아 테스타케아(Discothyrea testacea)를 찾아보라고 말했다. 사실 호랑이개미라는 이름은 우리가 지어낸 것이었고 아무도 이 개미의 살아 있는 군체를 발견한 적은 없었지만, 그 사실은 캐서린에게 말하지 않았다. 캐서린은 그 개미를 찾으러 나갔다. 나는 그녀가 그 개미를 찾는 도중 다른 무엇인가에 흥미를 가지게 될 것이라고 생각했다. 그러나 캐서린은 "호랑이개미"를 찾아냈다. 심지어 내 연구실과 사무실이 있는 건물 뒤편의 땅 속에서였다. 열여덟의 나이에 디스코티레아 테스타케아의 살아 있는 여왕개미를 처음으로 발견한 사람이 된 것이다.[6] 곧 우리는 자신들의 집 뒷마당에서 개미들을 채집해줄 어린 학생들을 모집하기 시작했다.[7] 단지 롤리뿐 아니라 미국 전역의 아이들이 뒷마당에서 개미 샘플을 채집할 수 있도록 키트도 제작했다. 그러자 발견율이 빠르게 높아졌다. 여덟 살짜리 아이가 위스콘신에도 왕침개미가 있다는 사실을 알아냈다. 또다른 여덟 살짜리는 워싱턴 주에서 발견했다.

왕침개미가 미국 남동부 너머에까지 퍼져 있다는 사실은 아무도 몰랐던 것이었다.

아이들을 참여시킨 뒷마당 개미 연구는 연구실에 변화를 불러왔다. 우리는 더 많은 일반인의 도움을 받기 시작했다. 처음에는 수십 명이었다가, 수백 명, 곧 수천 명이 자신들이 사는 곳을 뒤지게 되었다. 일반인들과 함께 새로운 발견을 해낸 후에 우리는 실내에 사는 생물들도 연구하기 시작했다. 사람들의 도움으로 많은 지역의 뒷마당에서 새로운 종과 새로운 행동 양식을 찾아내는 일은 정말 신났다. 이런 발견은 사람들의 일상과 직접적으로 연관되어 있었기 때문이다. 우리는 사람들에게 그들 주변에 아직 남아 있는 미스터리의 존재를 일깨워주고 있었다. 나는 내가 스무 살에 코스타리카에서 경험했던 전율, 그리고 아직 발견할 것들이 남아 있다는 사실을 알았더라면 그보다 어렸을 때 미시간에서도 경험할 수 있었을 전율을 많은 사람들에게 느끼게 해주고 싶었다. 우리의 연구를 도와주는 사람들이 일상적으로 생활하는 공간, 즉 '실내의 야생'에서 새로운 종과 행동 양식을 발견할 수 있다면 훨씬 더 흥미진진하리라고 생각했다.

실내 생물 연구의 대부분은 해충과 병원균에 초점을 맞추고 있어서 다른 종을 간과했을 가능성을 상상하기는 쉬웠다. 당시에도 이곳저곳에서 해충이나 병원균이 아닌 흥미로운 실내 종들에 관해서 개별적인 연구를 진행한 과학자들이 있었지만(온수기 안의 테르무스 스코토둑투스 연구도 그중 하나였다), 모두 대규모의 집중적인 연구가 아닌 소규모의 일회성 연구들이었다. 현장 연구소의 실내를 연구하는 현장 연구소 같은 것은 없었다. 나는 집 안을 연구할 팀을 꾸렸다. 이 팀은 그후 계속 규모가 커져서 전 세계의 과학자들뿐만 아니라 일반인들까지도 참여하게 되었다. 그중에는 성인도 있고 아이도 있고 가족도 있었다. 레이우엔훅이 느꼈던 발견의 흥분과 광기를 함께할 사람들이었다. 준비는 거의 다 되어 있었다. 남아 있는 한 가지 문제는 어디에서 시작할지, 어떻게 찾을지를 결정하는 것이었다. 우리는 세균부터 시작하기로 했다. 나는 샘 메시어와 함께 나수티테르메스 코르니게르 종의 흰개미를 연구한 후부터 둥지를 이루어 사는 세균에 흥미를 가지고 있었다. 우리가 사는 집이야말로 큰 둥지가 아니겠는가? 육안으로는 볼 수 없는 세균과 그밖의 미생물들 속에서 엄청난 발견을 할 수 있을 것 같았다. 하지만 이런 종들을 연구하려면 단일 렌즈 현미경으로는 부족했다. 시대가 바뀌어 있었다. 이때 콜로라도 대학교 볼더 캠퍼스의 미생물학자(샘 메시어가 다녔던 바로 그 대학과 학과)인 노아 피어러가 등장했다. 노아는 우리가 실내의 생물들을 볼 수 있는 도구를 제공했다. 그는 DNA를 기초로 먼지 안에 있는 종들을 동정할 수 있었으며, 그들의 염기 서열을 분석하여 우리 곁에 살고 있고 호흡을 통해서 들이마시면서도 보지 못했던 생물들을 밝힐 수 있었다.[8]

노아는 전문 교육을 받은 토양 미생물학자로서 그 분야와 잘 맞는 기질을 가졌다. 그는 흙에 매료된 사람이다. 내가 열대우림에서 경이로움을 느끼듯이 그는 흙 속에서 발견에 몰두한다. 다행히 노아는 다른 곳에 있는 생물들에도 호기심을 느낀다("주의를 **빼앗긴다**"가 더 맞는 표현일지도 모르겠다). 다만 그 크기가 곰팡이 포자보다 크지 않아야 한다. 개미나 도마뱀에 관한 이야기를 시작하면 그는 곧 지루한 기색을 보인다. 어느 곳에 사는 미생물을 연구하든 노아는 레이우엔훅처럼 평범한 도구를 새로운 방식으로 활용하는 천재성을 보여준다. 레이우엔훅이 현미경을 발명했다고 말하는 경우가 많은데 사실은 그렇지 않다.

그가 특별한 현미경을 가지고 있었다는 이야기도 사실이 아니다. 레이우엔훅의 현미경이 특별했던 이유는 그것을 사용한 레이우엔훅이 특별했기 때문이다. 마찬가지로 노아의 연구가 특별한 이유는 그가 샘플 안 미생물의 종을 밝히기에 적합한 훌륭한 도구를 가지고 있기 때문이 아니라(물론 가지고 있기는 하지만), 그가 그 도구와 기술을 이용해서 다른 사람들이 놓친 것을 찾아내는 방식이 특별하기 때문이다. 노아는 집 안에서 채취한 샘플 안에 존재하는 DNA의 염기 서열 분석을 통해서 그 안에 사는 종들을 밝혀낸다. 노아와 그의 연구실 동료들은 각 샘플에서 채취한 DNA를 테르무스 아쿠아티쿠스의 효소를 사용해 다량으로 복제한 다음, 샘플 내 모든 종이 공통적으로 지니고 있는 특정 유전자의 서열을 분석한다. 그렇게 함으로써 과학자들이 배양법을 아는 종뿐 아니라 아무도 배양하지 못했던 종들도 알아볼 수 있다. 노아와 일반인들의 도움을 받으면 집 안에 있는 모든 생물을, 그것이 살아 있든, 죽었든, 휴면 중이든, 분열 중이든 가리지 않고 찾아낼 수 있을 것이 분명했다.

우리는 일반인들을 모집해서 40채의 집 내부에 있는 10종류의 서식지에서 샘플을 채취할 계획을 세웠다. 내가 어릴 때부터 살아온 노스캐롤라이나 주 롤리에 있는 집들만 대상으로 삼았다. 일단 어디에서든 시작은 해야 했는데, 롤리만큼 내가 그 실내 환경을 잘 아는 곳이 없었기 때문이다. 우리는 냉장고 안에서 샘플을 채취하기로 결정했다. 냉장고 안의 음식이 아니라 그 음식과 함께 자라는 생물들을 찾기 위해서였다. 우리는 집 안과 집 밖의 문틀, 침대의 베갯잇, 변기, 문고리, 주방 조리대에 묻은 먼지 샘플을 채취했다. 정확히 말하면 참가자들에게 채취를 부탁했다.

우리는 먼저 참가자들[9]에게 집 안 서식지에서 샘플을 채취하는 데에 사용할 면봉을 보냈다. 사용한 면봉에는 해나 홈스가 "붕괴된 세계의 조각들"이라고 부른 것들이 묻게 된다. 소량의 페인트, 옷감, 달팽이 껍질, 소파 섬유, 개털, 새우 껍질, 마리화나 잔여물, 그리고 사람의 피부 등등. 그리고 그 안에 살아 있거나 죽은 세균들도 있을 것이다.[10] 참가자들은 이 면봉들을 튜브 안에 넣고 밀봉하여 노아의 실험실로 보낸다. 그곳에서는 각 샘플 안에 든 거의 모든 종의 세균을 동정할 수 있다. 노아의 실험실은 우리가 먼지 속에 숨은 생물들을 볼 수 있게 해주는 빛과 같았다.

나는 노아가 집 안의 생물 연구에서 무엇을 기대했는지는 잘 모른다. 하지만 우리가 처음 연구를 시작할 무렵 학술 문헌들을 통해서 어떤 내용들이 알려져 있었는지, 17세기 레이우엔훅의 연구 이후 우리가 무엇을 알게 되었는지는 이야기할 수 있다. 1940년대 초반부터 여러 연구들을 통해서 인체의 세균들을 집 안 여기저기에서 찾을 수 있다는 사실이 밝혀졌다. 우리 몸의 세균들은 인간이 가장 많은 시간을 보내는 장소, 특히 변기 시트, 베갯잇, 리모컨 등 맨살이 닿는 장소에서 번성한다. 이런 연구들은 콜리플라워 안에 있는 분변성 세균, 베갯잇 속의 피부 병원균 등 유해한 종을 찾아내고 박멸하는 데에 초점을 맞추었다. 문제가 되지 않는 종들은 별 관심을 받지 못했다. 좀더 최근인 1970년대에는 집 안에서 다른 유형의 종들이 발견되었다. 온수기 안의 테르무스와 배수구에 숨어 있던 특이한 세균들이 여기에 포함된다. 이런 새로운 연구 결과들은 우리가 집 안에서 다양한 종류의 새로운 생물 형태를 찾아낼 수 있을지도 모른다는 가능성을 암시해주었다. 그리고 실제로 그러했다.

그림 3.1 제시카 헨리가 DNA 샘플을 원심분리기에 넣고 돌릴 준비를 하고 있다. 환경 샘플에서 분리한 DNA의 염기 서열 분석을 위한 단계 중의 하나이다. (by Lauren M. Nichols.)

40채의 집에서 우리는 약 8,000종에 달하는 세균을 찾아냈다. 아메리카 대륙에 사는 조류와 포유류 종의 수와 비슷한 숫자였다. 인체에 사는 잘 알려진 종들 외에도 여러 가지 생물 형태들이 발견되었고 그중 일부는 굉장히 독특했다. 40채의 집이라는 나뭇잎을 뒤집어 그 아래에 숨은 야생의 세계를 찾아낸 것이다. 이 종들 대부분이 과학계에 알려진 그 어떤 종과도 달랐다. 새로운 종, 심지어 새로운 속도 있었다. 나는 다시 한번 밀림에 마음을 빼앗겼다. 다만 이번에는 일상 속의 밀림이었다.

우리는 더 많은 사람들을 참여시켜 더 많은 집에서 샘플을 채취해보기로 했다. 시간이 다소 걸리기는 했지만 그 당시 집안 생물 관련 연구에 야심차게 자금을 지원하기 시작했던 슬로언 재단을 설득하여 더 폭넓은 연구에 대한 지원을 약속받았다. 그리고 미국 전역에서 1,000명을

더 모집하여 집 안의 총 4군데에서 면봉으로 샘플을 채취해줄 것을 부탁했다.[11]

우리는 1,000채의 집에서 채취한 샘플에서도 다시 한번 세균들을 찾아냈다. 두 번째 샘플에서도 롤리에서 찾은 것과 비슷한 종들을 보게 되리라고 예상하기 쉬운데, 실제로 어느 정도는 그러했다. 롤리에서 찾아낸 종들의 대다수는 플로리다의 주택 안에도, 심지어 알래스카의 주택 안에도 있었다. 하지만 지역마다, 집집마다 롤리에서 보지 못했던 새로운 종들이 있었다. 우리는 총 8만여 종의 세균과 고세균을 발견했다. 롤리에서 채취한 첫 번째 샘플에서 발견된 종보다 그 수가 10배나 많았다.

우리가 찾아낸 8만 종에는 생명의 오래된 분과들이 거의 모두 포함되어 있었다. 세균과 고세균의 다양한 종(種, species)을 묶은 것이 속(屬, genus)이고, 이 속을 묶은 것이 과(科, family), 과를 묶은 것이 목(目, order), 목을 묶은 것이 강(綱, class), 강을 묶은 것이 문(門, phylum)이다. 일부 문은 그 역사가 매우 오래되었지만 거의 접하기 어렵다. 하지만 집 안에서는 지구에 알려진 거의 모든 문의 세균과 고세균을 찾아낼 수 있었다. 우리는 10년 전만 해도 존재하는지조차 몰랐던 문의 생물들을 베개나 냉장고에서 발견했다. 지구상에 존재하는 생명의 다양성과 그 생명의 역사 앞에서 겸허해지는 순간이었다. 집 안의 생물들을 제대로 이해하려면 수만 종의 역사를 더 자세히 연구할 필요가 있었다(우리는 아직 거기까지 도달하지는 못했다. 수십 년은 더 걸릴 것이다). 하지만 그런 연구를 시작하기 전부터 이미 커다란 패턴, 즉 이 거대한 생물들의 무리를 좀더 이해하기 쉽게 묶을 수 있는 방법이 보이기 시작했다.

우리가 집 안에서 찾아낸 세균들 중에는 이미 주목을 받고 있던 종들도 있었다. 바로 인체의 세균들이었다. 그러나 이 종들의 대부분은 병원균이 아니라 우리가 살아 있는 동안에도 우리 몸은 계속해서 천천히 떨어져 나가고 있다는 불편한 현실에 의지해서 살아가는 잔사식생물(殘渣食生物)들이다. 우리는 어디를 가든 구름처럼 많은 수의 생물들을 흔적으로 남긴다. 우리가 집 안을 돌아다닐 때면 탈락(desquamation)이라는 현상에 의해서 피부 각질들이 떨어져 나간다. 우리가 매일 떨어뜨리는 각질의 수는 약 5,000만 개에 달한다. 수천 마리의 세균들이 이 공중에 떠다니는 각질을 먹고 산다. 이 세균들은 각질을 낙하산 삼아 우리 몸에서 눈처럼 꾸준히 떨어져 내린다. 침과 같은 여러 가지 체액, 이곳저곳에 흘린 찌꺼기들에도 우리 몸의 세균들이 남는다. 그 결과 우리가 집 안에서 시간을 보내는 장소들마다 우리의 흔적이 남게 된다. 집 안의 어디를 연구하든 우리가 발을 들인 곳이라면 우리가 생활하면서 남긴 미생물들을 찾을 수 있다.[12]

우리가 가는 곳마다 세균들을 남긴다는 것은 놀라운 사실이 아니다. 이것은 피할 수 없는 일이기도 하고, 대부분의 경우 무해하거나 혹은 적어도 현대적인 쓰레기 처리시설과 "깨끗한" 식수(이 말의 의미에 대해서는 나중에 더 이야기하겠다)가 제공되는 환경에서라면 무해하다. 우리가 의자에 앉았을 때, 거기에 남는 종들의 대부분은 짧은 생애 동안 우리가 떨어뜨린 것은 무엇이든 먹어치우는 유익하거나 무해한 세균들이다. 우리가 음식을 소화하고 필요한 비타민을 생성하도록 도와주는 장내 세균이 여기에 속한다. 몸 전체에 서식하면서 병원균과 싸워서 이길 수 있도록 도와주는 피부 세균도 마찬가지이다. 겨드랑이의 세균도 피부에 닿는 병원균을 물리칠 수 있도록 도와준다. 이제는 우리가 어디를 가든 남기는 이 미생물들에 관한 연구도 수백 가지나 나왔다.

뉴스에서도 이런 연구 결과를 흔히 볼 수 있다. 인간의 몸에 사는 세균은 휴대전화에서도, 지하철 기둥에서도, 문고리에서도 발견된다. 우리가 집단을 이루어 사는 곳이면 어디에서든 그들을 찾을 수 있다. 앞으로도 언제나 그럴 것이고, 그것은 문제가 아니다.

샘플 안에서는 우리 몸에서 떨어져 나온 조각들과 관련된 종뿐 아니라 우리가 먹는 음식의 부패와 관련된 종들도 발견되었다. 이런 종들은 당연하게도 냉장고와 도마에 가장 많았지만 그밖의 장소들에서도 발견되었다. 텔레비전에서 채취한 샘플 가운데 하나는 거의 대부분 음식과 연관된 세균들로만 이루어져 있었다. 때로 우리는 그런 샘플이 의미하는 바를 추측해야 한다. 과학은 수수께끼로 가득하다.[13] 그러나 집 안에서 발견되는 종들이 단지 우리의 음식을 썩게 만들고 우리 몸의 느린 쇠락에 의지해서 살아가는 종들뿐이라면, 과학적으로 별로 놀라운 사실은 아니었을 것이다. 그것은 마치 코스타리카에 가서 우림에 나무가 있다는 사실을 "발견하는" 것이나 마찬가지이다. 하지만 인체나 썩은 음식과 관련된 미생물들이 전부는 아니었다.

더 자세히 조사한 결과, 우리는 브록이 찾았을 법한 종류의 미생물, 세균, 고세균들도 찾아냈다. 극한의 환경을 '애호하고' 그 안에서 번성하는 극한 생물들이었다. 여러분이 사는 집은 고세균이나 세균 크기의 생물들에게 극한의 환경이 될 수 있다. 이런 환경의 대부분은 우리가 의도치 않게 만들어낸 새로운 서식지들이다. 집 안에는 가장 추운 툰드라만큼 낮은 온도의 냉장고와 냉동고가 있다. 가장 뜨거운 사막보다 뜨거운 오븐도 있다. 물론 온천만큼 뜨거운 온수기도 있다. 또한 샤워도 빵처럼 산성이 매우 높은 환경도 있을 수 있고, 치약, 표백제, 세제처럼 알칼리성이 높은 환경도 있을 수 있다. 이런 극단적인 환경에 심해, 빙

하, 또는 외딴 소금 사막에서만 사는 것으로 생각되었던 종들이 살고 있었다.

식기세척기의 세제 통은 더운 환경, 건조한 환경, 습한 환경을 견뎌내는 미생물들로 가득한 독특한 생태계이다.[14] 오븐 안에는 매우 높은 열도 이겨낼 수 있는 세균들이 있다. 최근에는 실험실이나 병원에서 장비를 소독할 때에 사용하는 매우 뜨거운 기계인 고압 멸균기 안에서도 생존할 수 있는 고세균 종이 발견되었다.[15] 오래 전 레이우엔훅은 후추 안에 독특한 생물이 살 수 있음을 증명했다. 우리는 소금 안에서 같은 사실을 발견했다. 갓 구입한 소금 안에는 보통 사막의 소금 평원이나 원래 바다였던 지역에서만 발견되는 세균들이 들어 있다. 배수구에도 다른 곳에서 볼 수 없는 종들이 살고 있으며, 그중에는 세균과 더불어 작은 나방파리들, 배수구의 세균을 먹고 사는 나방파리의 유충들도 있다(나방파리는 여러분도 자주 볼 것이다. 날개가 하트 모양이고 그 위에 레이스 같은 무늬가 있는 곤충이다). 말랐다가 젖었다가 다시 마르기를 반복하는 샤워기 헤드의 관은 보통 늪에서나 볼 수 있는 독특한 미생물들의 막으로 덮여 있다. 이런 새로운 생태계는 대개 물리적 규모가 작다. 또한 그곳에 사는 종들에게 적합한 환경의 범위가 좁은 경우가 많다. 매우 까다로운 조건이 필요한 종들이기 때문에 발견하지 못하고 놓치기 쉽다. 실외의 특정한 조건에서만 살아가는 종들을 놓치기 쉬운 것과 마찬가지이다. 예를 들면 캐서린이 찾아냈던 "호랑이개미"를 발견하기 어려운 이유는 그들이 거미가 땅 속에 숨겨놓은 알 껍질 안에서만 살기 때문이다.

집 안에서의 중대한 발견은 극한의 환경에서 사는 생물들에서 끝나지 않았다. 또다른 종류의 생물들도 있었다. 일부 주택에서만 발견되며,

어디에나 흔하지는 않지만 우리가 발견한 생물학적 다양성의 큰 부분을 차지하는 종들이었다. 이들은 야생의 숲이나 초원과 관련된 종들로 주로 흙 속, 식물의 뿌리, 나뭇잎, 혹은 곤충의 내장 안에서 발견된다. 이런 야생의 생물들이 가장 흔한 곳은 실외와 실내의 문지방이었으며, 그밖에도 일부 주택의 이런저런 서식지들에서 발견되었다. 이 종들은 흙과 같은 물질을 타고 안으로 들어와 공중을 떠다니며 살고 있을 수도 있다. 휴면 상태일 수도 있고, 먹이를 기다리고 있을 수도, 죽었을 수도 있다. 실외에서 사는 종들 가운데 어떤 종이 실내로 들어오느냐는 실외의 조건에 달려 있는 듯하다. 집 밖의 세계가 자연 상태에 가까울수록 공중을 떠다니다가 문에 정착하는 생물들도 야생적이다.[16] 이렇게 떠다니다가 집 안으로 들어오는 야생종들을 우리와 상관없는 무단침입자들이라고 생각하기 쉽지만 이것은 매우 잘못된 생각이다.

여러분이 지금 이 순간에도 호흡을 통해서 들이마시고 있는 각각의 생물들에 관해서, 그리고 집 안에 실외 세균들과 그밖의 생물들(절지동물, 곰팡이 등)이 들어왔을 때 일어나는 일들에 관해서 이야기하기 전에 잠깐 쉬어가도록 하자. 먼저 우리가 집 안에서 찾고 있는 생물들의 배경을 짧게 살펴보도록 하겠다. 여러분과 집 안에서 함께 살고 있는 생물들을 제대로 이해하려면 이들을 더 긴 역사, 즉 집의 역사와 관련지어 바라보아야 한다.

　선사시대의 인류는 대부분 나뭇가지와 나뭇잎으로 지은 잠자리에서 잠을 잤다. 이 사실은 현대 유인원들의 삶을 근거로 추론할 수 있다. 우리는 이 유인원들과 같은 조상의 후손이다. 유인원마다 서로 다른 특징들은 우리의 공통 조상에 관해서 알려주는 바가 거의 없지만, 그들이 모두 공유하는 특성은 우리의 조상들도 가졌을 가능성이 높다. 현생 유인원들은 나뭇가지와 나뭇잎을 느슨하게 엮어 잠자리를 만든다. 침팬지도 보노보도 고릴라도 오랑우탄도 마찬가지이다.[17] 유인원들은 보통 잠자리를 만들어 하룻밤 자고 난 후에 버린다. 이들은 이런 잠자리를 집보다는 침대로 이용한다. 잠깐 동안만 머물 장소에 만드는 이런 침대들은 "합숙소"라고 불리기도 한다.

최근에는 노스캐롤라이나 주립대학교의 나의 연구실 소속 대학원생인 메건 토메스가 침팬지 잠자리에서 사는 세균과 곤충들을 연구했다. 누구든 이런 잠자리에는 침팬지의 몸에 사는 세균이든, 침팬지를 이용하기 위해서 숨어든 더 큰 종이든 침팬지와 관련된 생물들로 가득할 것이라고 예상할 수 있을 것이다. (나무늘보의 몸에는 털 속에 숨어 사는 절지류와 조류들로 구성된 하나의 생태계가 형성되어 있다.[18] 침팬지의 몸도 그렇지 않겠는가?) 털진드기, 먼지진드기, 어쩌면 딱정벌레나 거미딱정벌레가 숨어 있을지도 모른다. 인간의 침대에서는 이런 생물들이 발견된다.[19] 우리는 잠을 자는 동안 우리 몸에서 떨어져 나간 물질들이 만든 생태계에 노출된다. 그런데 메건은 침팬지의 잠자리에는 거의 대부분 주변 환경, 즉 흙이나 나뭇잎에서 온 세균들뿐이라는 사실을 발견했다.[20] 메건이 샘플을 채취한 시기가 우기인지 건기인지에 따라 세균의 종류가 달라졌을 뿐이다. 우리 조상들이 처음 집을 짓기 시작하기 전까지 잠자리에서 발견되던 생물들도 같은 종류였을 가능성이 높다. 즉, 우리 조상들이 수백만 년 동안 노출되어온 세균은 계절과 장소에 따라 그 조합이 달라지는 환경 세균이었을 것이다.

하룻밤 사용하는 잠자리보다 좀더 영구적인 보금자리를 원한 우리 조상들은 일단 동굴 안으로 들어갔을지도 모른다. 그러나 결국에는 집을 짓기 시작했다. 조상들이 지은 건축물의 가장 오래된 흔적은 프랑스 니스 지방의 해변에 있는 테라 아마타에서 찾을 수 있다.[21] 고고학자들은 이곳에서 해변을 따라 늘어서 있는 20채 이상의 집의 흔적을 찾아냈다. 그중 가장 보존 상태가 좋은 집은 재로 덮인 바닥을 돌들이 둥글게 둘러싸고 있는 형태로, 바닥에는 지붕을 지탱하는 데에 사용했던 기둥의 자국이 남아 있다. 또한 돌들의 주변에는 땅에 원형으로 말뚝을 박고 안쪽으로 구부려 방을 만들려고 한 흔적들이 있다. 이 집들은 30만년 전도 넘는 과거에 고대 호미니드들이 지은 것이다(아마도 호모 하이델베르겐시스[Homo heidelbergensis]였을 것이다).[22] 이런 집들이 얼마나흔했고, 얼마나 다양했으며, 언제 처음 등장했는지에 관해서는 거의 알려진 것이 없다. 고고학적 기록이 말해주는 것은 많지 않고, 단서들이 여기저기 흩어져 있을 뿐이다. 예를 들면 남아프리카에는 14만 년 된 호미니드(이 경우에는 현생 인류)들의 주거지가 있다. 남아프리카의 7만 년 된 또다른 유적에도 잠자리가 남아 있다.[23] 어쨌든 분명한 것은 적어도 우리 조상들의 일부는 바깥세상과 조금이라도 분리된 실내에서 잠을 잤다는 사실이다.

약 2만 년 전, 전 세계 곳곳에 집터가 등장하기 시작했다. 집은 거의 대부분 원형에 반구형 지붕이 덮인 형태였다. 워낙 단순한 집이어서 흰 개미 여왕과 왕이 자신의 방을 직접 짓는다고 해도 비슷한 형태였을 것이다. 어떤 곳에서는 나뭇가지로 지었고, 어떤 곳에서는 진흙으로 지었다. 북극 지방에서는 매머드 뼈로 짓기도 했다. 그중 일부는 수명이 짧아서 단 며칠 혹은 몇 주일 정도만 사용되었다. 하지만 이런 집들에서도 이미 우리 주변을 둘러싼 생물종들의 변화가 시작되고 있었을 것으로 짐작된다. 이런 변화를 보여주는 가장 좋은 증거는 우리 조상들이 사용했던 것과 비슷한 집에서 살고 있는 현대인들을 연구해보면 얻을 수 있다. 예를 들면 브라질 아마존의 아추아르족이 지은, 벽이 뚫려 있고 야자수로 지붕을 얹은 전통 가옥 안에는 환경 세균들이 대부분이다.[24] 그와 비슷하게 메건 토메스도 나미비아 북부 힘바족의 집들은 그저 돔 하나가 서 있는 형태에 불과하지만 사람들이 요리를 하는 곳보다 잠을 자는 곳에 더 다양한 미생물들이 있다는 사실을 발견했다. 단순한 형태의 집이라도 그 안에서는 인체 미생물이 증가하는 경향이 있다. 그러나 힘바족과 아추아르족의 집 안에는 마치 침팬지의 잠자리처럼, 인체 미생물들뿐만 아니라 집 주변의 공기 중만큼 다양한 환경 세균들도 있다. 현대의 힘바족, 아추아르족의 집에서는 실내 미생물의 수가 늘어났지만 환경 미생물들도 여전히 존재하는 것이다. 이 집들이 과거 인류의 주거지와 완벽하게 같다고는 할 수 없다. 하지만 프랑스의 테라 아마타에서 발견되는 것과 같은 우리 조상들의 집은 적어도 환경 미생물에 더 많이 노출되었다는 점에서는 아추아르족이나 힘바족의 집과 유사했으리라고 가정해도 무방할 듯하다.

원형의 집만 짓던 인류는 약 1만2,000년 전부터 사각형의 집을 짓기 시작했다. 사각형의 집은 원형의 집보다 사용할 수 있는 내부 공간은 적었지만 같은 집을 여러 채 짓기에는 더 편했다. 많은 수의 집을 나란히, 혹은 층층이 쌓아 지을 수 있었다. 원형 집에서 사각형 집으로의 변화는 사람들이 농사를 짓고 더 큰 무리를 이루어 살기 시작한 거의 모든 곳에서 일어났다. 이런 변화를 통해서 집 안은 바깥세상으로부터 조금 더 격리되었다. 실내와 실외는 더욱 뚜렷하게 구분되었다. 그렇다고 구식 집이 완전히 사라진 것은 아니었다. 원형의 집과 사각형의 집이 공존했다.

다시 1만2,000년 후로 돌아가자. 오늘날 대부분의 사람들은 도시에서 살고, 이런 경향은 더욱 가속화되고 있다. 도시에서는 점점 더 많은 사람들이 아파트에서 살게 되었다. 외부의 세균이 아파트 안으로 들어오기 위해서 거쳐야 하는 거리는 때로 매우 길다. 아파트의 창문이 계속 닫혀 있다면 세균은 계단을 오르고, 복도를 지나고, 여러 문들을 지나쳐 재빨리 안으로 들어가야 한다. 우리는 완전히 살균된 세계를 만들 수 있으리라고 상상한다. 그러나 공원과 멀리 떨어져 있고 늘 창문이 닫혀 있는 아파트 안에 우리는 인체의 부스러기, 음식물의 찌꺼기, 그리고 심지어 건물의 부스러기와 연관된 세균들이 주를 이루는 세계를 만들어놓았다. 한때 인류는 주변의 미생물이 전부 환경 미생물이고 우리가 앉거나 잠을 자는 장소에 남긴 인체의 흔적들은 너무 미세해서 찾아보기도 힘들 정도인 보금자리에서 살았다. 현재 일부 아파트들에서는 자연 환경의 흔적을 거의 찾아볼 수 없다. 하지만 여기에 핵심이 있다. 우리의 연구 결과에 따르면, 아파트 안의 생물들도 주택 안의 생물들과 마찬가지로 그 종류가 다양하다. 어떤 주거 공간은 자연 환경과 완전히 분리되어 있고, 다른 공간은 오늘날 힘바족이나 아추아르족의 집처럼 덜 분리되어 있다. 우리에게는 실내 생물의 다양성을 결정할 수 있는 선택권이 있다.

나의 경험상, 자신의 집 안에 수천 종의 세균이 함께 살고 있다는 사실을 알게 되었을 때—그것이 바위에 사는 종이든 극한의 환경에 사는 종이든 야생의 숲과 흙 속에 사는 종이든—사람들이 보이는 반응은 세 가지 중 하나이다. 나와 자주 어울리는 미생물학자들은 처음보다는 좀 더 놀라지만 그다지 흥분하지는 않는다. "8만 종? 더 많을 줄 알았는데.

겨울에도 샘플 채취해봤어? 개의 몸에서도?" 미생물학자들은 알려지지 않은 것들이 얼마나 흔하고 그 수가 어마어마하게 많은지를 매일 접하는 사람들이다 보니 그런 사실에 무감각해져 있다. 일단 이런 부류의 사람들은 신경 쓰지 말자.

그밖의 어떤 사람들은 경외심을 느낀다. 나도 마찬가지이다. 나는 다른 사람들에게도 그런 경외심을 일깨워주고 싶다. 상상하기 힘들 정도로 다양한 생물들 속을 걸어다니는 것은 경이로운 일이다. 우리가 집 안에서 만나게 되는 다양한 미생물들이 진화하는 데에는 40억 년이 걸렸다. 집집마다 우리가 전혀 알지 못하는 미지의 종들로 가득하다. 어떤 종은 수백만 년 동안 우리와 함께 살아왔을지도 모르고, 다른 어떤 종은 좀더 최근에야 현대인의 삶 구석구석에 파고들기 시작했을지도 모른다. 굳이 집 밖으로 나가지 않아도 아직 발견되지 않은 것들이 사방에 널려 있다. 새로운 종, 새로운 현상, 새로운 모든 것들이 말이다.

그러나 대부분의 사람들은 혐오감을 느낀다. 어떻게 아느냐고? 우리가 집 안에서 어떤 발견을 하게 되면 그 사실을 거주자들에게 알려주기 때문이다. 그러면 그들은 이메일로 질문을 보낸다. 나는 그런 질문들을 받는 일이 즐겁다. 그중에는 내가 코스타리카의 라 셀바 생물학 연구소에 있었을 때, 현장의 생물학자들에게 물어보던 것과 비슷한 질문들도 있다. "이 종에 대해서 우리는 얼마나 알고 있나요? 이 생물들은 어떤 일을 하나요?" 보통 내가 해줄 수 있는 대답은 열대 지방의 생물학자들이 내게 해주던 대답과 유사하다. "모릅니다. 직접 연구해보셔야 해요." 또는 "우리도 모릅니다. 함께 연구해봅시다." 하지만 이런 질문들에는 다음과 같은 말이 따라붙을 때가 많다. "그러니까 우리 집 먼지 안에 수많은 세균이 살고 있다는 거군요. 어떻게 하면 싹 없앨 수 있죠?" 이런 질문에 대한 답은 "그러면 안 된다"이다.

우리가 원하는 이상적인 집 안의 상태는 일종의 정원과도 같다. 정원에서 우리는 잡초와 해충을 죽이고, 기르고 싶은 종들을 돌본다. 집 안에서 우리가 없애야 하는 생물은 질병 또는 심지어 죽음까지도 불러올 수 있는 종들이다. 그러나 그런 종은 생각보다 훨씬 더 드물다. 채 100종도 되지 않는 바이러스, 세균, 원생생물이 전 세계에 존재하는 거의 모든 전염병을 일으킨다. 우리는 각자 손을 씻음으로써 분변성 미생물이 배설물에서 손과 입으로 옮겨가지 않도록 막는다. 손을 씻어도 피부를 덮고 있는 두터운 미생물 층은 영향을 받지 않는다. 최근에 붙은 미생물만 씻겨나갈 뿐이다. 또한 개인적으로 백신 접종을 함으로써 병원균을 막기도 한다. 정부와 보건 당국은 여러 가지 정책을 시행하고 기반시설을 구축하여 병원균이 제거된 (하지만 미생물을 모두 제거하지는 않은) 식수를 제공함으로써 해로운 미생물종을 막는 데에 힘을 보탠다. 황열병이나 말라리아처럼 곤충에 의해서 전파되는 병원균 통제를 지원하기도 한다. 그리고 의사들은 병원균을 다른 방법으로는 통제할 수 없을 때 (혹은 그럴 때에만) 항생제를 투여한다. 해로운 종을 통제하기 위한 이런 방법들이 합쳐져서 지금껏 수억 명의 목숨을 구했고 적절히만 활용한다면 앞으로도 계속 그럴 수 있을 것이다.

그러나 이런 방법들은 해로운 종을 목표로 할 때에 가장 큰 효과를 발휘한다. 의도치 않게 다른 종들(예를 들면 집 안에 사는 약 79,950종의 세균들)을 죽이게 되면 부정적인 결과를 가져올 수 있다. 나는 이 책에서 집 안에 사는 다양한 생물들을 모두 박멸하려고 할 때, 어떤 일이 일어나는지를 여러 번 언급할 것이다. 일단은 그런 시도를 할수록 위험한 종들이 확산되고 번성하고 진화하기 더 쉬워지며, 우리의 면역체계도 정상적으로 작동하기가 더 어려워진다는 말만 해도 충분할 것이다. 대부분의 경우 생물 다양성이 높을수록 더 건강한 환경이다. 특히 야생의 토양과 숲속이 그렇고, 그보다는 덜하지만 위험한 종만 통제한다면 여러분의 집 안도 마찬가지이다. 간단히 말할 수 있는 문제는 아니지만(생물학에서 간단한 문제란 없다) 대부분 그렇다고 할 수 있다.[25]

여기까지 이야기해도 어떤 사람들은 "그래도 그것들을 다 없애버릴 거야"라고 말한다. 우리 몸과 집 안에 비병원성 미생물들이 있을 때의 이점 중의 하나는 병원균과의 싸움을 도와준다는 것이다. 집 안의 세균을 전부 없애면 병원균도 없어질 테니 미생물들이 여러분을 대신해서 싸울 필요도 없어질 것이라고 생각할지도 모른다. 많은 청소용 제품들은 (진짜 강하고 해로운 종만 남기고) 세균의 99퍼센트를 없애준다고 광고하지만 그래도 마지막 1퍼센트는 남는다. 이 정도의 박멸을 정말 시도했을 때에 얻을 수 있는 실내 공간의 예로 국제우주정거장(ISS)이 있다. ISS는 집 안에서 모든 세균을 제거하려고 할 경우에 여러분이 얻게 될 결과를 보여주는 완벽한 예이다.

초기의 미국 항공우주국(NASA)은 미생물이 우주로 가는 것을 막는 것이 중요하다고 생각했다. 처음에는 우주왕복선이 우연히 지구의 미생물을 태양계로 옮기거나[26] 외계의 생물을 지구로 가져올 가능성을 우려했다. 이 문제는 지금도 NASA 행성 보호국의 주된 관심사이다. 그러나 시간이 지나면서 NASA의 과학자들은 우주왕복선, 그리고 나중에는 ISS에 탑승하게 될 비행사들이 병원균과 함께 장기간 갇혀 있어야 하는 상황 또한 염려하게 되었다. 우주의 환경 자체는 NASA 쪽에 유리했다. 우주에서 온 생물이 우주왕복선이나 ISS로 들어와 살게 될 가능성은 없었다. 지구에 있는 집에서 창문을 열면 외부의 미생물이 들어온다. 하지만 ISS의 해치를 열면 진공 상태인 우주가 사람을 포함해서 주변의 모든 생물들을 빨아들인다. 또한 ISS 내부의 총 공기량은 일반 주거 공간, 예를 들면 아파트 건물에 비하면 상대적으로 적어서 습도와 공기 흐름을 제어하기 더 쉽다. 게다가 NASA는 ISS로 운반할 식량과 물자를 살균할 수 있는 최첨단 시설도 지었다. 간단히 말해서 여러분의 집을 ISS보다 더 생물이 없는 상태로 만들 수 있는 가능성은 거의 없다. 그렇다면 ISS에도 인간 외에 다른 생물이 살고 있을까?

ISS에 사는 생물들에 대해서는 그동안 상세한 연구가 이루어져왔으며 지금도 진행되고 있다. 최근에는 우리가 롤리의 주택들을 연구할 때 사용했던 것과 같은 방법으로 ISS의 생물들을 찾는 연구가 이루어지기도 했다. 이것은 우연이 아니다. 2013년, 우리가 40채의 주택을 연구한 결과를 발표한 지 얼마 되지 않았을 때, 캘리포니아 대학교 데이비스 캠퍼스의 미생물학자 조너선 아이젠이 내게 편지를 보내서 우리가 사용한 방법으로 ISS에서 샘플을 채취해도 될지를 문의해왔다. 우리가 집 안에서 샘플을 채취해줄 참가자들을 모집했던 것처럼 그는 우주비행사들에게 샘플 채취를 부탁할 생각이었다. 같은 면봉을 사용하여 비슷한 장소들에서 샘플을 채취하도록 하되, 몇 가지 사항만 변경하기로 했다. 우리는 공중을 날아다니다 집 여기저기에 내려앉는 생물들을 조사하기 위해서 참가자들에게 문틀의 먼지에서 샘플을 채취해달라고 부탁했다. 하지만 중력이 약한 ISS의 환경에서는 먼지가 내려앉지 않기 때문에 우주비행사들은 문틀 대신 공기 필터에서 샘플을 채취했다. 연구 동의서(과학자들이 데이터를 검토할 수 있도록 허가해주는 서류)의 양식도 우리가 사용한 것과 유사했지만 딱 한 가지가 달랐다. 지구에 위치한 집 안의 연구는 샘플 조사 결과를 익명으로 유지한다(참가자들이 각자 자신의 집을 조사한 결과를 볼 수는 있지만 다른 사람의 결과는 볼 수 없다). ISS에서는 그렇게 할 수 없었다. 우주비행사들의 신원을 익명으로 유지하기란 불가능했기 때문이다. 당시 ISS에 거주하던 사람들은 NASA의 우주비행사 스티브 스완슨, 릭 마스트라치오, 러시아의 우주비행사 올레크 아르테미예프, 알렉산드르 스크보르초프, 미하일 티유린, 그리고 지휘관인 일본 우주항공연구개발기구 소속의 와카타 고이치였다. ISS의 샘플 채취는 와카타 고이치가 맡았다. 그가 샘플을 채취한 면봉들은 지구로 돌아와서 캘리포니아 대학교 데이비스 캠퍼스에 있는 조너선의 연구실로 옮겨졌고, 조너선의 제자인 제나 랭이 분석을 맡았다.

초기 연구 결과로는 ISS에 환경 세균이 거의 없었다. 숲과 초원에 사는 야생종도 없었고 식품과 관련된 종도 없었다. ISS의 생물들을 없애는 것이 목표였다면 결과는 성공적이었다. 그런데 세균이 아예 없는 것은 아니었다. 사실 풍부한 수로 존재했다. 그중 거의 대부분은 한 가지 종류, 바로 우주비행사들의 몸과 관련된 세균들이었다. 이것이 ISS 초기 연구의 핵심적인 결과였다. 랭의 연구에서도 이 점은 그대로였다. 우리는 이 사실을 다시 확인하고 장소별로 살펴보기 위해서 ISS의 세균들과 다른 서식지, 특히 롤리의 주택 40채에서 발견된 세균들의 분포도를 만들어보았다. 이 분포도에서 세균의 종류가 비슷한 샘플들은 서로 가까이 붙어 있고, 덜 비슷한 샘플들은 더 멀리 떨어져 있다. 내가 롤리의 집들에 관해서 이미 이야기했던 사실들을 이 분포도에서도 발견할 수 있을 것이다. 문지방의 샘플들에는 실내와 실외의 종이 모두 포함되며 이 종들은 서로 유사한 경향이 있다. 주방의 샘플들에는 주로 식품과 관련된 세균들이 무리를 지어 있다. 베갯잇과 변기 시트의 샘플은 그 종류가 서로 다르지만 여러분이 바라는 것만큼 다르지는 않을지도 모른다. ISS의 샘플은 발견된 장소에 상관없이 전부 분포도의 가장 아래쪽에 위치해 있다. 지구에서 유사한 정도로 따지면, 베갯잇이나 변기 시트와 가까울 것이다.[27]

베갯잇과 변기 시트의 샘플처럼 ISS의 샘플에도 분변성 미생물들이 포함되어 있었다. 랭은 그 안에서 대장균(*Escherichia coli*)과 엔테로박테르(*Enterobacter*)와 가까운 종들을 발견했다.[28] 또한 지구에서는 거의 연구된 적이 없어서 이름조차 없는 분변성 세균도 발견했다. 현재 이 종은 "미분류 리케넬라케아이/S24-7"이라고 불리고 있다. ISS의 샘플은 변기 시트나 베갯잇의 샘플과 동일하지는 않았다. 베개 샘플보다는 타액과 관련된 세균이 더 적고, 변기 샘플보다는 피부와 관련된 세균이 더 많았다. 기존의 연구에 따르면 ISS에는 발냄새를 유발하는 세균인 고초균(*Bacillus subtilis*)이 아주 흔했다. 랭도 그런 세균들을 발견했지만 그보다 겨드랑이 냄새의 원인 세균인 코리네박테륨(*Corynebacterium*)을 더 많이 발견했다. 고초균과 코리네박테륨이 많으니 ISS에서 플라스틱, 쓰레기, 그리고 체취가 섞인 냄새가 난다는 사실도 놀라운 일은 아닐 것이다.[29] 지구에서는 남자들이 사는 집에서 겨드랑이 세균인 코리네박테륨이 더 많이 발견되는 경향이 있다. 당시 ISS에는 남자들만 살고 있었다. 이 사실은 ISS와 지구상 주택의 또다른 차이를 떠올리게 한다. ISS에는 질 속에 흔한 세균들, 이를 테면 락토바실루스(*Lactobacillus*)에 속하는 종들이 상대적으로 적었다. 이러한 현상의 원인을 샘플 채취 당시 ISS에 여성이 없었다는 사실에서 찾을 수도 있을 것이다.

거의 모든 측면에서 ISS의 세균들은 지구의 집에서 환경적 영향을

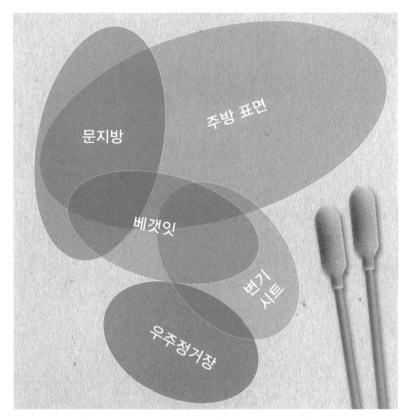

그림 3.2 각 타원은 우리가 연구한 롤리의 주택, 그리고 최근 연구된 국제우주정거장 (ISS)의 서로 다른 샘플 채취 장소들을 나타낸 것이다. 타원이 클수록 그 서식지의 세균 구성이 샘플별로 차이가 큰 것이다. 그리고 두 타원의 위치가 가까울수록 세균 구성이 유사한 것이다. 그림의 아래쪽에 있는 서식지에는 인체 세균이 우세한 경향이 있고, 우측 상단의 서식지에는 식품과 관련된 세균이 많으며, 좌측 상단의 서식지에는 토양 등 다른 환경에 서식하는 세균들이 많다. (by Neil McCoy.)

전부 제거할 경우 볼 수 있는 종류의 세균들이다. 여러분이 온 집 안을 박박 닦고 문과 창문, 출입구를 전부 닫을 때에 얻을 수 있는 결과가 바로 ISS인 것이다. 그뿐만이 아니다. ISS의 서로 다른 장소에서 채취 한 샘플들은 모두 서로 유사했다. 모든 세균이 온갖 장소에 고루 퍼져 있었다. 이 점만 보면 ISS는 진흙이나 나뭇잎으로 지은 작은 전통가옥과 유사하다. 하지만 한 가지 차이점이 있다. 나미비아에 있든 아마존에 있든 이런 작은 전통가옥 안의 미생물들이 전체적으로 서로 비슷한 경향이 있는 것은 환경 미생물들이 어디에나 존재하기 때문이다. 그러나 랭이 연구한 ISS의 각기 다른 장소에서 채취한 샘플들이 서로 유사한 이유는 이 장소들이 모두 인체와 관련된 세균들로 덮여 있었기 때문이다. 중력이 상대적으로 희박하거나 존재하지 않고, 다른 생물들이 없기 때문에 이러한 세균들이 전체적으로 고르게 분포되어 있었다. 여러분이 집 안을 박박 닦으면 얻을 수 있는 결과가 바로 이것이다. 이는 맨해튼의 아파트들과 다를 것 없는 환경이다. 우리를 비롯한 여러 연구자들이 그런 아파트들을 연구하기 시작했을 때에 한 가지 문제가 발견되었다. 무엇인가가 있어서가 아니라 없어서 문제였다. 이 문제는 우리의 몸에서 떨어지는 세균을 제외한 거의 모든 생물들을 제거한 후, 하루에 23시간씩 외출하지 않을 때에 일어나는 결과와 관련이 있다.

4

결핍이 부르는 병

거리마다 썩어가는 쥐의 시체들이 파이프를 통해서 쏟아져나와 모든 것을 집어삼켰다.……쥐들은 배를 하늘로 향한 채 사과 껍질과 아스파라거스 줄기, 양배추 심들 사이를 떠다녔다.……그것은 마치 넓게 퍼진 충치나 상한 위장을 채운 가스, 과음한 사람의 토사물, 병든 동물의 말라버린 땀, 요강의 시큼한 독소와도 같았다.……배설물들이 곯아버린 거리를 따라 눈사태처럼 굴러 내려오면서……밤의 냄새를 뿜어냈다.
—「르 피가로(*Le Figaro*)」

1800년대에 콜레라가 갑작스럽게 세계를 덮쳤다. 1816년, 인도에서 시작된 이 전염병은 중국을 통해서 퍼져나가며 10만 명이 넘는 사람의 목숨을 앗아갔다. 두 번째 유행은 1829년에 시작되어 유럽 전체로 퍼졌으며, 30년이 지나서 잠잠해졌을 때에는 러시아에서부터 뉴욕에 이르기까지 수십만 명이 사망한 뒤였다. 그리고 1854년에 콜레라는 다시한번, 이번에는 전 세계적으로 번지기 시작했다. 이 도시 저 도시에서 가족들이 한꺼번에 죽어갔고 그들의 시체가 수레에 겹겹이 쌓였다. 러시아에서만 100만 명이 넘는 사람들이 사망했다. 매일 직장과 가족의 일상생활로 떠들썩하던 공동주택 건물들이 텅 빈 껍데기처럼 변했다.

출생자보다 사망자 수가 더 많아진 도시들도 있었다. 생태학자들은 이민을 통해서만 인구가 유지될 수 있는 경우를 완곡한 용어로 **인구 싱크**(population sink)라고 부른다.[1] 도시들은 인간의 목숨이 배수구를 따라 쓸려 내려가는 싱크대와 같았다.

　사람들은 콜레라 전파의 원인이 공기가 품은 독기(毒氣)라고 생각했다. 독기설은 콜레라를 비롯한 여러 질병의 원인이 악취를 풍기는 공기, 특히 밤공기라고 보는 이론이었다. 웃음거리로 치부하기 쉬운 개념이지만 논리적인 생각이기도 하다. 악취가 질병과 관련이 있는 경우가 많다는 생각이 담겨 있기 때문이다. 진화생물학자들은 불쾌한 냄새와 질병의 관계에 대한 지식이 아주 오래 전부터 인간의 무의식 속에 박혀 있었다고 주장한다.[2] 오랜 진화를 거치는 동안, 혐오스럽다고 생각하는 냄새들을 피하는 편이 우리 조상들의 생존 확률을 더 높여주었을 것이다.[3] 시체 냄새를 피하면 시체에 사는 병원균에 감염될 위험을 줄일 수 있었을 것이고, 배설물의 냄새를 피하면 배설물에 사는 병원균에 감염될 위험을 줄일 수 있었을 것이다. 독기라는 개념도 거의 본능이라고 할 만큼 오래된 것이다. 불행히도 도시가 발달하면서 부패의 냄새와 질병의 관계에 대한 지식은 더 이상 쓸모가 없게 되었다. 모든 것이 나쁜 냄새를 풍겼다. 냄새로부터 도망치는 방법은 도시를 벗어나는 것뿐이었고, 이것은 부자들만이 그 비용을 감당할 수 있는 해결책이었다.

　콜레라의 진짜 원인을 알아내려는 시도는 수십 년간의 헛수고, 그리고 눈앞에 있는 데이터에 충분히 주의를 기울이지 않았던 과학자들과 대중의 전반적인 무능력으로 요약된다. 그러나 19세기 중반, 런던의 존 스노라는 사람만은 다른 사람들보다 좀더 주의를 기울이고 있었다. 스노는 콜레라의 원인이 공기가 아니라 한 사람의 배설물에서 다른 사람

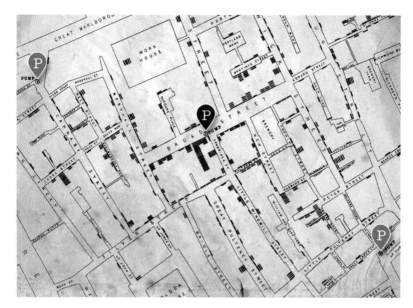

그림 4.1 존 스노가 1854년, 런던 소호에서 콜레라 사망자가 나온 위치를 표시하여 만든 지도를 재현한 것. 검은색 막대는 사망자를 나타내고, P라는 글자는 급수 펌프의 위치를 나타낸다. 스노는 이 지도를 통해서 브로드 가 우물 근처에서 살거나 그 물을 마신 사람들 대부분이 사망했음을 밝혀냈다. (존 스노의 원본 지도[1854]를 바탕으로 존 매켄지가 재현한 그림[2010]을 변경한 것.)

의 입으로 전달되는 일종의 "병균"이라고 생각했다. 그리고 배설물에서는 냄새가 나도 병균 자체에서는 나지 않는다고 생각했다. 사람들은 이 생각을 마음에 들어하지 않았다. 독기설에 어긋나기도 했고, 역겹기도 했다. 그러던 1854년, 헨리 화이트헤드 목사의 연구를 기초로 스노는 런던 소호 지구에서 사람들이 콜레라에 걸린 장소와 걸리지 않은 장소에 관한 데이터를 수집했다. 소호는 콜레라로 특히 큰 타격을 입었다.

스노는 소호 주민들이 사망한 장소가 하나의 커다란 구역에 몰려 있다는 사실을 깨달았다. 그리고 그 이유도 알아냈다. 그 구역에 사는 모든 사람들이 브로드 가(현재의 브로드윅 가)에 있는 같은 우물의 물을 사용했던 것이다. 브로드 가의 우물을 사용하지 않는 가정에서도 사망자가 나왔지만 알고 보니 이들은 자신들이 평소에 가던 우물에서 악취가 나자 브로드 가의 우물물을 조금이라도 마셨던 것으로 밝혀졌다. 스노는 브로드 가의 우물이 발병 원인임을 밝히기 위해서 최근에 소호에서 콜레라로 사망한 이들의 위치를 표시한 지도를 작성했다.

스노는 자신이 만든 지도를 근거로 사람들이 병에 걸린 원인은 브로드 가 우물의 오염이며, 따라서 이 우물의 펌프 손잡이를 제거하면(즉 우물을 폐쇄하면) 소호 지구의 사망자 발생을 막을 수 있을 것이라고 주장했다.[4] 그의 말은 옳았다. 그러나 동시대인들이 그의 생각을 받아들이는 데에는 몇 년이 더 걸렸다. 그동안 소호를 덮친 콜레라는 자연적으로 약화되었다.[5] 나중에야 그 우물 옆에 있던 오물통 속의 오래된 기저귀들 때문에 우물물이 오염되었다는 사실이 밝혀졌다. 몇 년 후, 폐결핵의 원인균인 결핵균(Mycobacterium Tuberculosis)을 발견하기도 했던 미생물학자 로베르트 코흐가 콜레라의 원인균인 콜레라균(Vibrio cholerae)을 찾아냈다. 인도에서 진화한 이 병원균이 런던과의 무역 과정에서 퍼져나가 1800년대 초에 전 세계를 휩쓸었던 것이다.

이런 오염을 근절하기 위해서 도시를 재건할 방법을 찾아내는 데에 또 수십 년이 걸렸다. 런던에서 즉각적으로 나온 해결책은 오염 가능성이 적은 먼 곳에서 식수를 끌어오는 것이었다. 스노의 발견 이후 런던을 비롯한 여러 도시들이 분뇨의 처리 과정을 적극적으로 관리하기 시작했다. 전부는 아니지만 일부 도시에서는 식수도 관리하기 시작했다. 이로써 수억, 어쩌면 수십억 명의 목숨을 구할 수 있었다.[6] 한 사람의 배설물에서 다른 사람의 입으로 병원균이 옮겨가는 것을 막은 것이 효과를 발휘했다.

스노의 영향으로 역학 분야에서는 질병의 전파 위치를 표시한 지도가 흔히 쓰이게 되었다. 이 분야를 공부하는 학생들은 스노의 지도가 질병의 전파를 그림으로 나타낸 최초의 시도였다고 배운다(실은 그렇지 않다). 또한 질병이 처음 발생했을 가능성이 높은 지역과 그 이유를 파악하게 해주는 지도의 힘에 대해서도 배운다. 일반적으로 역학에서 지도를 사용할 때의 목표는 특정한 병원균이 언제, 어디에 존재하는지를 표시하고, 그 원인을 추론하는 것이다. 지도는 상관관계를 보여줄 뿐이지만 역학자들이 인과관계와 이유, 경로를 추측하는 데에 도움을 준다. 하지만 지도가 우리의 무지를 배신할 수도 있다. 1950년대에 새로운 종류의 질병들이 발발하자, 바로 그런 일이 일어났다.

염증성 소화기 질환인 크론병과 천식, 알레르기, 다발경화증이 여기에 속했다. 우리 몸에 온갖 문제와 고장을 일으키는 불쾌한 병들이었다. 이 질병들은 모두 이런저런 만성적인 염증과 연관이 있었다. 그런데 무엇이 이 염증을 일으켰을까?

이 질병들은 유전적인 이유로만 발생하는 병이라기에는 너무 새로웠다. 게다가 런던에서 발생한 콜레라처럼 지리적인 위치와 관계가 있었는데 그 양상이 독특했다. 콜레라와 달리 이 질병들은 공중보건 체계와 기반시설이 잘 갖춰진 지역에서 더 많이 발생했다. 부유한 지역의 사람들일수록 이런 질병에 더 많이 걸리는 것처럼 보였다. 이런 패턴은 우리가 존 스노의 시대부터 가지고 있었던 "병균"과 지리적인 관계에 대한 지식과는 맞지 않는 것이었다. 그러나 이 질병들의 분포도를 통해서 지리적 관계 등 여러 가지 요소들을 살펴볼 때에는 여전히 스노와 같은 방식을 사용해도 좋을 것이다. 스노였다면 먼저 질병 분포도를 통해서 발병 원인에 대한 가설들을 세운 다음 그 가설들을 검증할 수 있는 자연 실험 사례들을 찾았을 것이다. 그리고 가장 유력한 가설의 시험 결과가 만족스럽게 나오면 다시 한번 지도를 이용해서 자신의 생각이 맞았음을 증명했을 것이다. 그때부터 비로소 실제 발병 원인의 생물학적 특성을 연구할 수 있다. 새로운 질병들에 대해서도 같은 방식으로 접근해야 했다. 우선 누군가가 가설을 세워야 했고, 자연 실험을 기초로 그 가설들을 검증해야 했다.

이런 새로운 질병의 원인으로 의심되는 것은 새로운 종류의 병원균, 냉장고, 심지어 치약까지 다양했다. 그런데 일카 한스키라는 생태학자가 속한 연구진은 전혀 다른 곳에 원인이 있다고 주장했다. 특정한 세균에 노출되는 것이 문제가 아니라 노출되지 않는 것이 문제라는 주장이었다. 한스키는 원래 쇠똥구리 연구의 세계적인 권위자로, 만성질환과 세균에 관한 이야기에 등장할 만한 인물은 아니었다. 그 사연은 그의 자서전에 장(章)별로 소개되어 있다. 한스키는 2014년부터 자신의 삶을 서둘러 기록하기 시작했다. 2014년 3월에 그가 친구들에게 이야기했듯이 암으로 죽어가고 있었기 때문이다. 한스키는 후대를 위해서 자신이 생물계에서 가장 중요하다고 생각하는 것들을 기록으로 남기고 싶었다.

한스키의 자서전을 읽는 독자들은 그의 인생을 단계별로 따라갈 수 있다. 한스키는 언제나 섬과 같은 좁은 서식지들에 매료되었다. 처음에는 배설물 무더기를 연구했다. 쇠똥구리에게 동물의 똥무더기는 발견하자마자 재빨리 차지해야 하는 섬과 같다. 한스키는 자신의 배설물이나 죽은 물고기를 미끼로 사용해서 쇠똥구리들을 유인했다. 그리고 보르네오의 물루 산을 오르내리며 그렇게 잡은 쇠똥구리들로, 여러 종이하나의 똥무더기를 두고 경쟁할 때와 그런 경쟁이 없을 때를 결정하는 일반적인 규칙을 연구했다. 그런 후에는 핀란드 남부의 올란드 제도에서 글랜빌표범나비(*Melitaea cinxia*)라는 종을 관찰하기 시작했다. 한스키는 이 나비 종을 이용해서 희귀종들이 좁은 서식지에서 성쇠하는 양상들을 연구했다. 그는 수십 년간 4,000개가 넘는 구역에서 이 나비와 이 나비에 서식하는 기생충, 병원균들을 추적했다(지금도 이 추적 연구는 계속되고 있다). 이 연구를 통해서 한스키는 서식지가 얼마나 좁아지고 고립되어야 그곳에 사는 종들이 멸종되는지를 수치로 나타낼 수 있는 수학적 모델을 개발했다. 그후에는 왜 특정한 나비 종의 어떤 개체들은 서식지가 단편화되어도 번성할 수 있는지에 흥미를 가졌다. 그리고 이렇게 좋은 조건의 좁은 서식지에서 번성할 수 있는 능력과 관련이 있는 것으로 보이는 유전자들을 발견했다. 이러한 현장 연구와 가설, 예측, 실험에 기초한 발견들을 통해서 한스키는 2011년, 생태학 분야의 노벨상이라고 할 수 있는 크라포르드 생물학상을 수상했다.

시간이 지날수록 한스키의 연구 분야는 쇠똥구리 전체에서 하나의 나비 종으로, 그리고 그 종의 유전적 변종으로 점점 집중되어갔다. 그러다 갑자기 인간의 만성 염증성 질환을 연구하기 시작했다. 우연한 만남이 변화를 가져왔다. 2010년, 한스키는 핀란드의 탁월한 전염병학자인 타리 하텔라의 만성 염증성 질환에 관한 발표를 보았다.[7] 하텔라가 다루는 주제는 한스키가 그때까지 연구하거나 실제로 목격해왔던 것들과는 전혀 달랐다. 적나라하고 충격적이었다. 하텔라는 만성 염증성 질환의 발생이 증가하는 현상을 설명하면서, 이 질병들이 1950년대 이후 20년마다 2배씩 증가했으며 부유한 국가에서 더 많이 발생한다는 사실을 보여주었다. 이런 증가 현상은 지금도 계속되고 있다. 예를 들면 미국에서는 지난 20년간 알레르기가 50퍼센트 증가했고, 천식은 약 33퍼

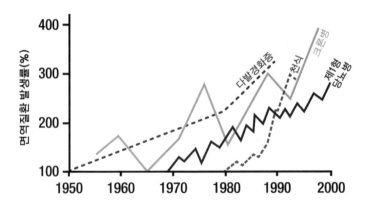

그림 4.2 1950년과 2000년 사이에 면역질환의 발생률은 꾸준히 증가했으며 지금도 계속 증가하고 있다. (Jean-Francois Bach, *New England Journal of Medicine* 347 [2002]의 그림을 수정한 것.)

센트 증가했다. 가난한 국가들이 도시 개발에 많이 투자할수록 염증성 질환이 증가하는 경향도 볼 수 있었다. 세계적으로 나타나는 이런 패턴은 놀랍고도 우려스러운 현상이었다. 하텔라가 그린 그래프의 상승선은 설명만 따로 붙지 않았다면 주가 상승이나 인구 증가, 버터 가격의 인상을 나타낸 것처럼 보였다. 그러나 사실은 지독한 만성질환이 실내에 숨어들고 있음을 보여주는 선이었다. 하텔라는 지도를 통해서 이 질병들이 흔한 장소와 그렇지 않은 장소들을 보여주었다.

하텔라는 이런 질병들의 원인이 병원균이 아니라고 주장했다. 배종설이 아니라 그 반대에 가까웠다. 하텔라는 사람들이 자신들에게 필요한 미생물에 노출되지 못하기 때문에 병에 걸리는 것이라고 생각했다. 스노가 우물 속의 어떤 오염 물질이 콜레라를 유발하는지 몰랐던 것처럼 하텔라도 사람들에게 필요한 미생물이 무엇인지는 몰랐다. 한스키는 그 지도들을 보면서 거기에 무엇이 빠져 있는지를 떠올렸다. 하텔라가 보여준 지도와 경향은 한스키 자신이 전 세계적으로 오래된 숲들이 소실되면서 쇠똥구리, 나비, 새 등의 다양성이 줄어드는 현상에 관해서 발표할 때에 보여주었던 지도와 경향을 거꾸로 뒤집은 것처럼 보였다. 시간이 흐를수록 생물 다양성은 감소하고, 만성질환은 더 흔해지는 것처럼 보였다. 그뿐만 아니라 생물 다양성이 (특히 사람들의 일상과 실내 생활에서) 거의 대부분 사라진, 발전된 지역에서는 이런 질병들이 더 흔하게 나타났다. 한스키는 어쩌면 사람들의 삶에서 결핍되어 병을 유발하는 것은 하나의 종이 아니라 더 넓은 범위의 무엇일지도 모른다고 생각했다. 결핍된 것은 생물 다양성 그 자체였다. 척추동물의 역사, 어쩌면 동물 전체의 역사를 통틀어 처음으로 결핍된 것은 바로 야생의 자연이었다. 그것이 우리가 사는 주택과 뒷마당, 맨해튼의 아파트, 국제우주정거장(ISS) 모두에 공통적으로 없는 것이었다.

이 무렵 하텔라는 이미 생물 다양성과 질병의 관계에 관해서 생각하고 있었다. 비록 객관적인 데이터만큼이나 비유에 의존하고 있었지만 말이다. 2009년, 하텔라는 핀란드 나비의 다양성이 줄어든 장소에서 만성 염증성 질환이 더 많이 발생한다는 점을 지적한 논문을 쓰기도 했다. 그는 이 논문에 자신이 좋아하는 나비들(코이노님파 엘바나, 에레비아 니발리스, 카락세스 야시우스, 볼로리아 폴라리스, 토마레스 노겔리이 외에 대여섯 종)의 사진을 실었다. 이 종들에게 필요한 서식지가 줄어들고 단편화되어 이들이 멸종되기 시작했을 때, 인간도 병에 걸리기 시작했다.[8] 나비들은 실외의 야생과 실내의 야생 사이의 밀접한 관계, 그리고 그것이 사라졌을 때의 결과를 보여주는 지표였다. 콜레라 등의 병원균과 같은 자연의 한 부분과 단절되는 것은 인간에게 이로울 수 있다. 하지만 현재 인류는 실제로 위협이 되는 몇몇 종뿐 아니라 인간에게 이로운 종을 포함하는 모든 다양한 생물종들과 분리되고 말았다.

하텔라가 한스키에게 먼저 연락을 취하여, 두 사람은 함께 대화를 나누게 되었다. 전에도 만난 적이 있는 사이였다. 오래 전에 취미로 나비 사진을 찍던 하텔라가 한스키에게 연구 대상으로 글랜빌표범나비를 추천해주었다. 다시 만난 두 사람은 서로 잘 맞는다는 사실을 한 번 더 깨달았다. 두 사람 모두 나비를 사랑했고, 여기에 또다른 공통의 관심사가 더해졌다. 바로 생물 다양성의 상실과 만성 염증성 질환의 증가, 그리고 실외 생활에서 생물 다양성이 더 적은 실내 생활로 변화해가는 사회적 흐름이었다.[9] 두 사람의 생각이 맞다면 이런 흐름들은 서로 관련이 있었으며 상황은 더욱 나빠지기만 할 것이 분명했다. 생물 다양성에 대한 위협은 점점 커지고 있고, 우리는 다양한 생물들로부터 멀어져서 완전한 실내 생활자로 바뀌어가고 있기 때문이다. 하텔라는 한스키를 자신의 연구실 모임에 초대했다. 그곳에서 한스키는 미생물학자이자 앞으로 중요한 동료가 될 레나 본 헤르첸을 만났다. 모임의 분위기는 팔의 털이 곤두설 정도로 격앙되었다. 한스키는 후에 자서전에서 평생 가장 신나는 공동 연구에 참여하게 된 기분이었다고 썼다. 세계의 중요한 요소들이 곧 규명될 것처럼 보였다.

스노가 물속의 배설물이 콜레라를 일으키는 무엇인가를 퍼뜨리고 있다고 주장했을 때, 그는 그것이 정확히 무엇인지 알지 못했다. 마찬가지로 한스키, 하텔라, 본 헤르첸도 생물 다양성 손실의 어떤 측면이 질병을 일으키는지는 알지 못했다. 그러나 이런 손실이 어떻게 질병을 일으키는지에 관해서는 몇 가지 아이디어를 가지고 있었다. 다양한 생물과의 접촉이 건강과 관련이 있을 가능성은 이미 수십 년 전부터 면역 건강과 더 일반적인 맥락 모두에서 논의되어왔다. E. O. 윌슨은 바이오

필리아(biophilia) 가설을 통해서 인간은 선천적으로 생물 다양성을 선호하며, 그것이 결핍되면 정신 건강이 나빠진다고 주장했다.[10] 로저 울리히는 자연이 스트레스를 줄여준다고 주장했고, 스티븐 캐플런은 다양한 생물과의 접촉이 집중 시간을 늘려준다고 주장했다.[11] 자연 결핍 장애 이론은 이런 가설에서 더 나아가 생물 다양성이, 그리고 더 넓게는 자연이 어린이의 학습 능력과 정신 건강을 증진시킨다고 본다.[12] 이 이론들은 생물 다양성의 결핍이 감정적, 심리적, 지적으로 우리를 아프게 만든다고 본다. 한스키와 하텔라도 이런 연구들의 영향을 받았지만, 그 이상의 무엇인가가 있다고 생각했다. 두 사람은 생물 다양성의 결핍이 우리의 면역체계 또한 "아프게" 만들어서 고장 낸다고 생각했다. 그들이 더 직접적인 영향을 받았다고 생각하는 쪽은 만성 자가 면역질환이 지나치게 깨끗하고 위생적인 생활과 관련이 있다는 가설과 일련의 연구들이었다. 1989년에 이 "위생 가설"을 처음 주장한 사람은 런던 세인트 조지 대학교의 전염병학자인 데이비드 스트래천이었다. 스트래천은 현대인의 깔끔함이 우리의 삶에 꼭 필요한 접촉들을 막고 있다고 주장했고,[13] 한스키와 하텔라는 그것이 생물 다양성, 즉 다른 생물들과의 접촉이라고 생각했다.

인간의 면역체계는 마치 소규모의 정부처럼 여러 부서로 이루어져 있고, 명령과 결과의 사슬로 체계화되어 있으며, 언제나 그렇지는 않지만 대부분 지켜지는 규칙의 지배를 받는다. 만성 염증성 질환은 두 가지 경로와 관련되어 있다. 우리가 오래 전부터 알고 있던 경로는 집먼지진드기의 단백질이든 치명적인 병원균이든, 하나의 물질(항원)이 들어오면 피부나 장, 폐 속의 면역세포가 그것을 감지해서 이 항원을 공격할지 말지를 결정하는 일련의 신호들을 발생시키는 과정이다. 둘 중 어느 쪽이든 호산구(eosinophil)와 같은 백혈구에 의존한다. 공격 반응이 시작되면 세포에서 세포로 신호들이 전달되면서 여러 종류의 백혈구들을 불러모으고, (전부는 아니지만 일부의 경우) 특정한 면역 글로불린 E(immunoglobulin E, IgE) 항체를 생성한다. IgE 항체는 항원을 기억했다가 그 항원이 다시 나타날 때마다 결합한다. 여기서 중요한 것은 이 경로가 항원을 감지한 후에 공격을 할지 여부와 미래에 공격하기 쉽도록 기억해둘지 여부를 결정한다는 것이다. 이것이 제대로 이루어지면 면역체계가 병원균에 빠르게 대응할 수 있고, 그렇지 않을 경우 엉뚱한 물질을 공격해서 알레르기, 천식 등의 염증성 질환을 일으키게 된다. 또다른 경로는 호산구와 같은 백혈구들이 모이는 것을 막고, IgE 항체가 아무 항원에나 반응하지 못하게 차단함으로써 면역 반응의 균형을 유지한다. 이 독립된 경로(고유의 반응기, 조절 물질, 신호 분자들을 가진다)가 인체의 평화를 유지해준다. 대부분의 항원은 위험하지 않다. 흔하게 존재하며 평범한 환경과의 접촉과 관련이 있거나 피부, 폐 또는 장에 사는 종들은 특히 그렇다. 인체에 그 점을 상기시키는 것이 이 평화 유지 경로의 역할이다. 스트래천을 비롯한 연구자들은 이 평화 유지 경로, 즉 면역체계를 진정시키는 이성적인 목소리가 일상적인 접촉에 의해서 충분히 활성화되지 못하고 있다고 주장했다. 다만 이들은 도시의 아이들 혹은 지나치게 "깨끗한" 아이들에게 결핍된 것이 무엇인지, 정확히 어떤 것의 결핍이 이런 조절 능력의 부족으로 이어지는지는 설명하지 못했다. 한스키, 하텔라, 본 헤르첸은 주변 환경과 집 안, 몸의 다양한 생물과의 접촉이 면역체계의 평화 유지 경로가 정상적으로 작동할 수 있도록 도와준다고 생각했다. 다양한 생물과 접촉하지 못하면 면역체계가 소수의 집먼지진드기, 독일바퀴벌레, 곰팡이, 심지어 자기 몸의 세포처럼 위험하지 않은 항원에 대해서도 IgE 항체를 생성하고 염증을 유발하는 것이다. 야생종에 충분히 노출되지 않은 아이들의 몸에서는 조절 경로가 제 역할을 다하지 못하여 알레르기와 천식, 그밖의 다른 질환들이 발생한다. 혹은 그런 것으로 추정되었다. 하지만 이런 생각이 아무리 흥미롭다고 해도 일단은 검증을 거쳐야 했다.

이런 아이디어를 어디에서 어떻게 검증할 것인가에 관한 논의는 거의 언제나 한 곳으로 결론이 났다. 바로 현대의 핀란드였다. 핀란드에서는 제2차 세계대전이 끝난 이후 일종의 자연 실험이 이루어지고 있었다. 핀란드 전역에서 만성 염증성 질환의 발병률이 증가했는데 단 한 곳만 예외였다. 한때 핀란드의 영토였으나 지금은 러시아에 속해 있는 카렐리아 지역이었다. 제2차 세계대전 이전까지 핀란드와 소련의 국경에 위치한 카렐리아는 핀란드의 지배를 받았다. 전후에는 핀란드와 소련의 국경이 새롭게 설정되어 이 지역이 반으로 나뉘면서 같은 혈통의 주민들이 러시아인과 핀란드인으로 나뉘어 서로 다른 미래를 가지게 되었다.

오늘날, 러시아령 카렐리아인들의 수명은 교통 사고, 알코올 중독, 흡연, 그리고 이 문제들이 다양한 조합으로 복합되어 상대적으로 짧은 편이다. 핀란드령 카렐리아에서는 이런 원인들로 인한 사망이 더 적다. 일반적으로 러시아령 카렐리아인들의 상황이 더 좋지 않다. 그러나 핀란드령 카렐리아인에게는 러시아인들이 잘 걸리지 않는 질병이 흔하다. 바로 만성 염증성 질환이다. 천식, 고초열, 습진, 비염은 러시아보다 핀란드에서 3배에서 10배가량 더 많이 발생했고, 지금도 마찬가지이다. 고초열과 땅콩 알레르기는 러시아령 카렐리아인들에게서 찾아볼 수 없는 질환이다.[14] 반면 핀란드령 카렐리아는 만성 염증성 질환이 그 어느 때보다 흔해진 세계 각지의 축소판이라고 할 수 있다. 전쟁 이후 핀란 드령 카렐리아인들은 세대를 거듭할수록 이전 세대보다 염증성 질환 발생률이 점점 더 증가했다. 하지만 국경 너머 그들의 친척인 러시아령 카렐리아인들은 아니었다.

하텔라와 본 헤르첸은 카렐리아 프로젝트라는 이름으로 10년에 가까운 시간 동안 국경 양쪽에 사는 카렐리아인들의 삶을 비교했다. 특정 알레르기와 연관된 IgE 항체에 대한 혈액 검사와 집중적인 조사를 기초로 이들은 두 집단의 알레르기 발생률 차이를 증명할 수 있었다. 더 중요한 것은 그들이 핀란드령 카렐리아인들의 발병 원인이 환경 미생물과의 접촉 결핍이라고 확신하게 되었다는 것이다.

러시아령 카렐리아인들은 약 50년에서 100년 전의 조상들과 거의 같은 방식으로 살아가고 있다. 이들은 중앙 냉난방 설비가 없는 작은 시골집에서 소와 같은 가축들과 매일 접촉하며 생활하고, 조그만 텃밭에서 대부분의 작물을 재배한다. 식수로는 그들의 집 아래에 있는 지하수와 연결되는 우물물이나 근처에 있는 라도가 호수의 표층수를 사용한다. 이 지역은 여전히 대부분이 숲으로 이루어져 있고, 생물 다양성이 높다. 핀란드령 카렐리아인들은 이와는 매우 다른 환경에서 산다. 이들은 생물 다양성이 훨씬 낮은, 좀더 발전된 마을과 도시에서 산다. 러시아령 카렐리아인들에 비해 핀란드령 카렐리아인들은 외부와 격리된 실내에서 더 많은 시간을 보낸다. 이들이 사는 환경은 오래된 숲속의 오솔길보다는 ISS의 내부에 더 가깝다.

하텔라와 본 헤르첸은 학생들과 함께 핀란드령 카렐리아에서 자라는 어린아이들의 일상에서 식물과 관련된 일부 미생물이 결핍되어 있다는 사실을 발견했지만 이 모든 퍼즐 조각을 연결하지는 못하고 있었다. 여기에 한스키가 참여하면서 실외 생물 다양성(나비든 식물이든 뭐든 간에)의 결핍이 실내 생물 다양성의 결핍으로 이어지고, 이것이 면역체계에 호산구를 너무 많이 생성시켜서 그 결과 만성 염증성 질환이 발생한다는 주장으로 발전시키게 되었다. 레나 본 헤르첸이 주도하여 집필한 논문에서 과학자들은 이 아이디어를 "생물 다양성 가설"[15]이라고 불렀고, 이것을 함께 검증하기 시작했다.

아이들이 집 안과 뒷마당에서 접촉하게 되는 생물의 다양성을 실험 조건에 맞춰 변화시킨 후에 수십 년간 그 아이들을 추적하는 것이 이상적인 방법일 터였다. 이론상으로는 가능하지만 실제로는 비용이 너무 많이 들고 오래 걸리는 방법이었다. 또다른 방법은 러시아 카렐리아인과 핀란드 카렐리아인의 생활과 접촉 정도를 비교하는 것이었지만, 이것은 그 당시에는 불가능한 일이었다. 그래서 한스키, 하텔라, 본 헤르첸은 제3의 방법을 쓰기로 했다. 하텔라와 본 헤르첸이 2003년부터 연구해왔던 핀란드 내 한 지역에 초점을 맞추는 것이었다. 이들은 이 지역에서 생물 다양성이 적은 집 안에서 사는 10대(14–18세)들이 알레르기와 천식에 더 취약한 면역체계를 가지고 있는지를 실험해보기로 했다.

가로 세로가 각각 100킬로미터인 정사각형의 구역이 선택되었다. 그 안에는 작은 도시도 있고 서로 다른 크기의 마을들, 외따로 떨어져 있는 집들도 있었다. 하텔라와 본 헤르첸은 이 지역의 주택들을 무작위로 선택했다. 이렇게 선택된 집에 사는 거의 모든 가족들이 오랫동안 이사를 한 적이 없었기 때문에 이들 가정의 십대들도 현재 사는 집에서 어릴 때부터 자라온 아이들이었다(다른 많은 지역에서는 불가능한 일이었다). 더 다양한 조건의 지역이나 더 많은 수의 지역을 선택하지 않았다고 비판할 수도 있을 것이다. 비판할 만한 점은 많았다. 그러나 생태학자 댄 잔젠이 종종 말한 것처럼,[16] 라이트 형제도 뇌우 속에서는 비행을 하지 않았다. 한스키, 하텔라, 본 헤르첸은 실험과 관련이 없는 요소들을 최대한 통제할 수 있으며, 이미 가지고 있는 데이터를 보충해나갈 수 있는 장소에서 연구를 시작했던 것이다.

연구진은 십대들 각자의 알레르기 검사를 실시했다. 그리고 그들의 집 뒷마당과 피부의 생물 다양성을 측정했다. 연구자들은 뒷마당과 피부의 생물 다양성이 적은 십대일수록 알레르기 유병률이 높을 것이라고 예측했다. 생물 다양성은 뒷마당에 사는 여러 종류의 외래 식물, 자생 식물, 희귀한 자생 식물의 수를 세어 측정했다. 식물마다 각자 연관된 세균과 곰팡이, 심지어 연관된 곤충까지 있으므로 식물들의 수를 세는 것은 십대들이 접촉하게 될 다른 생물들의 규모를 간단하게 파악할 수 있는 하나의 방법이었다. 식물은 (미생물과 달리) 눈에 보이며, (나비나 새와 달리) 움직이지 않기 때문에 그 수를 세기가 더 쉽다.[17] 피부 세균의 다양성은 글씨를 쓰는 손의 팔뚝 중간 지점에서 측정했다. 세균의 다양성을 기록하는 방식은 우리가 롤리의 주택들에서 사용했던 것과 같았다. 마지막으로 알레르기는 십대들의 혈액 내 IgE 항체 기능을 통해서 측정했다. 일반적으로 IgE가 많을수록 알레르기도 많이 발생한다. IgE 수치가 높은 십대들을 대상으로 고양이나 개, 쑥 같은 특정 항원에 대한 알레르기 검사도 실시했다.

연구는 간단했으며 각 연구자마다 맡은 역할이 있었다. 하텔라는 혈액 샘플의 알레르기 검사를 맡았고, 본 헤르첸은 피부 샘플 내의 세균 군집 측정을 맡았으며, 한스키는 샘플 채취와 식물 다양성 검사를 맡았다. 분석은 모두가 함께했다. 중대한 발견을 이룰 수도 있는 연구였지만, 어떤 측면에서는 설득력이 없어 보이기도 했다.

데이터를 분석하던 한스키와 동료들은 기대감에 들뜨면서도 불안했다. 십대들이 사는 집의 식물 다양성이 정말 중요한 것일까? 과학자들이 최대한 많은 요소들을 통제하기는 했지만 인간 건강의 차이를 예측하는 일은 까다롭기로 악명이 높다. 한스키에게는 특히 힘든 일이었다. 그는 인간이 쇠똥구리와 나비보다 연구하기가 훨씬 더 힘들다는 사실을 곧 깨달았다. 실험을 해볼 수도 있었지만 패턴을 찾아내지 못하면 아무 의미도 없는 연구였다. 어쩌면 더 많은 나라의, 혹은 더 많은 십대들을, 혹은 더 오랫동안 연구해야 할지도 몰랐다.

그러나 한스키, 하텔라, 본 헤르첸이 발견한 사실은 놀라울 정도로 명백했다. 뒷마당에 희귀한 자생 식물이 더 다양하게 자라는 집에서 사는 십대들의 피부에는 다른 종류의 세균들이 살고 있었다. 세균의 다양성도 더 높았는데 특히 토양과 관련된 세균들이 그러했다. 아마도 아이들이 뒷마당에 있을 때 몸에 내려앉았거나 열린 문과 창문을 통해서 집 안으로 들어와서 그 안에서 활동하거나 혹은 잠들어 있는 아이들에게 붙었을 것이다. 또한 뒷마당에 희귀한 자생 식물이 더 많이 자라고 피부의 세균도 더 다양한 아이들의 알레르기 유병률이 더 낮았다. 어떤 알레르기든 마찬가지였다.[18] 과학자들은 아직 한 번의 실험도 하지 않고 그저 상관관계를 관찰만 해본 상태였지만, 그 결과는 가설과 완벽하게 일치했다.

특히 감마프로테오박테리아(Gammaproteobacteria)라는 세균은 식물의 다양성이 높을 때에 더 다양하게 존재했고, 알레르기가 적은 십대들에게 더 많았다. 약 40년 전쯤에는 이와 같은 종류의 세균이 인간의 피부에서 계절에 따라 서로 다른 수로 관찰되었다.[19] 메건 토메스가 침팬지의 잠자리에서 채취한 샘플 속의 감마프로테오박테리아 수도 계절에 따라 달라졌다. 한스키, 하텔라, 본 헤르첸은 감마프로테오박테리아가 공간에 따라서도 달라진다는 사실을 발견했다. 이번에도 알레르기를 일으키는 원인은 고양이든, 개든, 말이든, 자작나무 꽃가루든, 큰조아재비든, 쑥이든 상관없었다. 어느 쪽이든 감마프로테오박테리아, 특히 아키네토박테르속(Acinetobacter)에 속하는 세균의 종류가 다양할수록 알레르기 유병률이 낮았다. 후속 연구에서 한스키와 하텔라는 다른 연구진과 함께 (다시 한번 핀란드에서) 피부에 아키네토박테르가 많은 사람일수록 면역체계에서 면역적 평화 유지와 관련된 물질이 더 많이 생성된다는 사실을 밝혀냈다.[20] 실험실에서 쥐에게 아키네토박테르를 투여했을 때에도 같은 물질이 생성되었다.[21]

세균의 다양성, 특히 아키네토박테르의 존재가 알레르기를 막는 데에 도움이 된다는 생각을 추가로 검증할 수 있는 방법은 러시아령 카렐리아와 핀란드령 카렐리아에 사는 십대들의 피부 세균을 비교해보는 것이었다. 하텔라가 이 연구를 별도로 진행했다. 집 뒷마당의 생물 다양성은 핀란드령 카렐리아보다 러시아령 카렐리아 쪽이 더 높을 것이 분명했다. 실제로 그러했다. 피부의 생물 다양성도 핀란드령보다 러시아령 쪽이 더 높을 것으로 예상되었다. 이 또한 실제로 그러했다. 마지막으로 아키네토박테르의 수도 핀란드령에 사는 십대보다 러시아령에 사는 십대의 피부에 더 많을 것으로 예상되었는데, 역시 실제로도 그러했다.[22]

우리는 한스키, 하텔라, 본 헤르첸의 연구 결과를 통해서 다양한 자생식물과의 접촉과 그런 다양성이 피부의 감마프로테오박테리아에 (그리고 폐와 장에 사는 다른 세균들에게도) 미치는 영향 사이의 직접적인 관계, 그리고 이것이 면역체계의 평화 유지 경로를 활성화시켜서 염증을 막아준다는 사실을 확인할 수 있다.[23] 우리는 수천만 년 동안 별 노력 없이도 그런 접촉을 할 수 있었다. 감마프로테오박테리아는 야생 식물뿐 아니라 우리가 기르는 식용 작물에도 다양하게 존재한다. 이 세균들은 씨앗과 과일, 줄기와 공생하는 존재이다. 우리는 이들을 들이마시고, 먹고, 그 사이를 걸어다녔다. 그러다가 감마프로테오박테리아가 없는 실내로 들어온 것이다. 저온에 보관되는 식용 작물에서는 이 세균을 찾기가 어렵다. 가공한 식용 작물에서도 볼 수 없다. ISS에는 전무했고, 우리가 연구했던 대부분의 아파트에서도 보기 힘들었다. 정원과 실내의 화분, 신선한 과일과 채소에 감마프로테오박테리아가 다양하게 존재한다면 유용할 수도 있었다.[24] 과학자들이 감마프로테오박테리아의 구체적인 역할을 알아보려면 뒷마당 식물의 다양성을 변화시키고, 집 안에 다양한 식물들을 들이고, 가족들에게 살균한 (혹은 하지 않은) 과일과 채소를 먹이면서, 이런 변화들이 수 년에 걸쳐서 면역 건강을 어떻게 변화시키는지 조사해보아야 할 것이다. 스노가 우물 펌프의 손잡이를 없앤 것과 비슷하지만, 반대로 다양한 생물들이 실내로 들어오게 만드는 것이다. 그러나 아직까지 시도된 적은 없다.[25] 다만 이것과 비슷한 한 연구가 도움이 되었다. 아미시파의 아이들과 후터파의 아이들, 그리고 쥐를 이용한 연구였다.

아미시파와 후터파는 모두 18, 19세기에 미국으로 이주했다. 유전적인 배경이 유사한 사람들이다. 특히 천식에 걸리기 쉬운 성질에 영향을 미친다고 알려져 있는 유전자를 공유한다. 문화적으로도 대체로 비슷한 생활을 한다. 같은 독일 농작물을 먹고, 대가족을 꾸리며, 백신 접종을 하고, 가공하지 않은 우유를 마신다. 그밖의 다른 생활방식도 놀랍도록 유사하다. 양쪽 모두 텔레비전을 비롯하여 어떤 종류의 전자제품도 사용하지 않는다. 동물을 애완용으로 기르지도 않는다. 이들이 동물을 기르는 것은 일을 시키기 위해서이다. 양쪽 모두 외부인과 결혼하면 공동체를 떠나야 한다. 한눈에 보더라도 이들은 같은 유전자, 생활방식, 경험을 가지고 있다. 아미시파와 후터파 사이의 가장 큰 생물학적 차이는 후터파가 산업적 농업방식을 받아들였다는 것이다. 후터파는 트랙터를 몰고, 살충제를 쓰고, 상대적으로 적은 종류의 농작물을 기른다. 반면 아미시파의 농장은 언제나 그랬던 것처럼 말과 인간의 노동력을 사용한다. 아미시파의 아이들은 후터파의 아이들보다 동물, 밭, 흙과 좀더 직접적으로 접촉하며 자란다. 또한 아미시파 주택의 앞문은 헛간 문에서 15미터 정도밖에 떨어져 있지 않은 반면, 후터파의 집과 농장은 서로 멀리 떨어져 있다. 이런 차이에 대한 한스키, 하텔라, 본 헤르첸의 이론대로 아미시파 사람들에게는 천식이 드물다. 반면 후터파는 미국의 어떤 집단보다도 천식 발병률이 높다. 후터파 아이들의 23퍼센트가 천식을 앓고 있다. 그리고 뒷마당에 야생종 식물이 드문 핀란드 아이들처럼 후터파의 아이들은 일반적인 항원들에 대항하는 혈액 속 IgE 항체의 수치가 높다. 이 IgE 항체의 차이는 면역학적 차이라고 할 만한 정도는 아니다.

　최근 시카고 대학교와 애리조나 대학교의 과학자들과 임상 전문가들이 이끄는 대규모의 연구팀이 아미시파 아이들과 후터파 아이들의 면역체계를 비교했다. 아미시파와 후터파 아이들의 혈액 샘플을 자세히 연구한 시카고 대학교의 연구진은 세균의 세포벽과 관련된 물질이 침입했을 때에 아미시파 아이들의 혈액에서 신호 전달 물질인 사이토카인(cytokine)이 더 적게 생성된다는 사실을 발견했다. 또한 아미시파 아이들의 백혈구는 그 종류와 양이 달랐다. 염증과 가장 관련이 깊은 백혈구인 호산구가 더 적었으며, 호중구(neutrophil) 또한 쉽게 말해서 무차별적으로 공격할 가능성이 더 적은 종류였다. 면역체계 억제와 관련된 백혈구인 단핵구(monocyte)는 더 많이 가지고 있었다. 요약하자면 후터파 아이들의 혈액이 학교 운동장의 불량배들 같다면, 아미시파 아이들의 혈액은 온순했다.

시카고 대학교와 애리조나 대학교의 팀은 아미시파의 집에서 나온 먼지와 그 속의 미생물이 면역체계에 미치는 영향을 알아보기 위해서 면역질환이 있는 개체에 그 먼지를 투여해보기로 했다. 윤리적인 이유로 사람을 실험 대상으로 삼을 수는 없었지만 쥐라면 가능했다. 과학자들은 알레르기성 천식과 유사한 만성 염증성 질환을 앓고 있는 쥐들을 길러냈다. 이 쥐들은 달걀 단백질과 접촉하면 천식 증상을 보인다. 이들에게 달걀 단백질은 마치 슈퍼맨에게 크립토나이트와 같은 약점이다. 연구팀은 천식이 있는 쥐들을 세 그룹으로 나누어 실험했다. 한 그룹에게는 한 달 동안 2, 3일에 한 번씩 콧속에 달걀 단백질을 분사했다. 한 그룹에게는 달걀 단백질과 후터파 가정의 침실에서 나온 먼지를 섞어 같은 횟수로 분사했다. 나머지 한 그룹에게는 달걀 단백질과 아미시파의 침실에서 나온 먼지를 섞어서 분사했다(아미시파 집의 먼지에는 후터파 집의 먼지보다 세균의 종류가 더 많은 것으로, 즉 생물 다양성이 더 높은 것으로 밝혀졌다). 달걀 단백질을 분사한 쥐들은 천식과 유사한 알레르기 반응을 일으켰다. 이것은 당연한 일이었다. 달걀 단백질과 후터파 침실의 먼지를 분사한 쥐들은 그냥 달걀 단백질만 투여한 쥐보다 더 심한 알레르기 반응을 보였다. 그렇다면 달걀 단백질과 아미시파 침실의 먼지를 섞어 분사한 쥐는 어떻게 되었을까? 이들은 달걀

에도 알레르기 반응을 거의 보이지 않았다. 아미시파 먼지의 생물학적 다양성이 쥐의 발병을 막아주었을 뿐만 아니라 이틀에 한 번씩 그들의 최대 약점인 달걀 단백질에 노출되면서도 건강을 유지할 수 있게 해준 것이다.[26] 핀란드 연구팀은 (헬싱키 도심의 주택이 아닌) 핀란드 시골의 헛간에서 채취한 먼지를 사용하여 쥐에게서 비슷한 결과를 얻을 수 있었다.[27] 천식 환자에게 아미시파의 침실이나 핀란드인의 집 뒷마당을 킁킁거리며 먼지를 들이마시라는 뜻은 아니다(허락을 받지 않았다면 더욱더 안 된다). 그러나 다양한 생물과 야생을 좀더 접하라고 권유할 수는 있을 것이다.

아미시파 집의 먼지에 든 특별한 물질은 감마프로테오박테리아였을지도 모른다. 한스키와 동료들의 이론대로라면 이 세균이 (피부보다는) 폐의 평화 유지 경로를 활성화시켰을 것이다. 그러나 폐와 장 속에서 이러한 효과를 유발한 것이 감마프로테오박테리아가 아니라 후벽균 (Firmicutes)이나 의간균(Bacteroidetes) 같은 또다른 종류의 세균 혹은 특수한 진균이었다고 해도, 이 연구가 우리에게 더욱 폭넓은 통찰을 제공하는 것은 마찬가지이다. 그리고 이 통찰은 실제 관찰 결과만큼이나 연구자들이 처음에 품은 의문과 관련이 있다. 즉 식물뿐만 아니라 동물이나 그 어떤 생물이라도 다양한 종류와의 접촉이 감소하면, 감마프로테오박테리아를 포함한 이로운 세균에 노출될 확률 또한 감소한다는 것이다. 이것을 확률론적인 문제로 생각할 수도 있다. 건강하려면 특정한 수 이상의 세균종에 노출되어야 한다고 생각해보자. 만약 그렇다면 (그리고 우리가 대부분의 세균을 어디에서 찾아야 할지 모른다고 할 때) 동식물이나 토양과 많이 접촉할수록 그 중요한 세균들과 접하게 될 가능성도 높아질 것이다. 더 적은 종류에 노출될수록 체내의 면역체계를 올바른 방식으로 활성화시켜서 호산구의 생성을 막아주는 유익한 세균과 접촉할 가능성도 낮아질 것이다. 하지만 확률은 확률일 뿐이다. 매우 다양한 생물들과 접촉하면서도 필요한 세균을 얻지 못할 수도 있다. 아미시파 아이들 중에도 러시아령 카렐리아의 아이들처럼 알레르기가 있는 경우가 있다. 다만 그 비율이 낮을 뿐이다.

물론 우리에게 필요한 세균이 정확히 무엇인지 알아내서 그것에 지속적으로 노출될 수 있는 환경을 만든다면 훨씬 더 만족스러울 것이다. 그렇게 되기 전까지 만성 염증성 질환에 대한 우리의 이해도는 독기설보다 겨우 한 단계 더 나아간 수준일 것이다. 거기에서 다시 한 단계 더 나아가는 데에는 시간이 걸릴 수도 있다. 대변 이식을 생각해보라. 장내 생태계에 클로스트리듐 디피실레(*Clostridium difficile*) 같은 해로운 병원균이 침입했을 때에 가장 좋은 치료법은 대변 이식이다. 이 시술을 받는 환자에게는 먼저 고용량의 항생제를 투여한다. 그런 다음 건강한 사람의 대변과 그 대변에 있는 미생물을 이식하여 환자 몸속의 생태계를 복원하는 것이다. 이 방법은 효과가 있다. 많은 사람들이 대변 이식으로 장내 생태계를 되살려 클로스트리듐 디피실레의 번성을 막음으로써 목숨을 건질 수 있었다. 의사들에게 대변 이식은 다른 치료법이 거의 없는 환자들에게 쓸 수 있는 고마운 방법이었다. 미생물학자들 또한 미래를 보여주는 혁신적인 방법이라고 칭송해왔다. 그러나 이것은 우리에게 어떤 종이 꼭 필요한지를 아직 모른다는 사실을 인정하는 것이기도 하다. 더 많은 것을 알게 되기 전까지 가장 좋은 방법은 모든 것을 되살려 장을 재가동하고 다시 자연 그대로의 상태로 만드는 것이다.

과학자들은 예측하고 검증하는 것을 좋아한다. 과학에서 가장 예측이 쉬운 부분 중 하나는 사회정치학적 측면이다. 나는 향후 10년간 만성 염증성 질환을 직접 치료할 수 있는 다양한 약과 치료법이 나올 것이라고 예상한다. 어떤 과학자들은 가장 중요한 결핍 요소가 특정한 종류의 촌충, 구충 등이라고 계속해서 주장할 것이고, 또 어떤 과학자들은 감마프로테오박테리아라고 주장할 것이다. 특정한 종의 세균과 접촉하지 못하는 것이 문제라고 주장하는 이들도 있을 것이다. 연구실마다 주장하는 종이 다르겠지만 말이다. 어떤 사람들은 그 세균들이 음식에 들어 있어야 한다고 할 것이고, 또 어떤 사람들은 물속에 더 필요하다고 할 것이다. 한편 누군가는 어떤 사람들이 남들보다 이런 질병에 더 잘 걸리게 만드는 유전자를 찾을 것이다. 사람마다 각자의 유전적 배경에 따라 각기 다른 미생물과의 접촉이 필요하다는 사실이 밝혀질 것이다. 그러나 유전학자들은 이런 연구에서 자신들이 대부분 백인 남자 대학생들의 샘플을 연구해왔으며, 정말 다양한 사람들을 연구하게 되면 이야기가 더 복잡해지리라는 사실을 (비교적 늦게) 깨닫게 될 것이다. 결국 사람들이 건강하게 생활하기 위해서 필요한 미생물, 혹은 미생물과의 접촉은 그들이 사는 곳과 심지어 문화에 따라 다른 것처럼 보일 것이다. 어쩌면 사람들이 어떻게 해야 할지를 알려주는 완벽한 규범 모형이 나올지도 모른다. 성공을 장담할 수는 없지만, 그것을 만들기 위해서 계속 노력해야 한다. 스노가 콜레라의 전파 방식을 알아냈을 때에 바로 그런 모형이 유용했다. 콜레라를 일으키는 비브리오 콜레라의 존재를 밝히고, 식수의 안전성을 확인하기 위해서 상수도 검사를 할 수 있게 되자 더 좋은 결과를 얻을 수 있었다.

명확한 해결책이 나올 때까지는 현재 상태에서 문제를 인식하고 완벽하지는 않더라도 확실히 더 나은 대안적 접근법을 선택할 수 있다. 현재 우리는 과거와는 매우 다른 종들에 노출되어 있고, 접촉하는 종의 수도 훨씬 더 줄어들었다. 우리 주변의 생물 다양성이 감소했으며, 대부분의 시간을 실내에서만 보내기 때문이다. 우리는 실내의 생물 다양성을 점점 더 감소시키고 있다. 그 결과 크론병, 천식, 알레르기, 다발경화증 등의 질병들이 훨씬 더 흔해졌다. 그렇다면 우리의 아이들에게 무엇을 해줄 수 있을까? 다양한 미생물과 접촉할 수 있는 기회를 제공하고, 그렇게 함으로써 그들이 필요한 미생물들에 노출될 수 있는 가능성을 높여야 한다. 생태학적 복권을 더 많이 구입할수록 당첨 확률도 높아진다.

여러분의 집 밖에 다양한 식물들을 심고, 그 식물들과 접촉하기를 바란다. 식물들을 돌보고, 관찰하라. 그 위에 누워 낮잠을 자라. 실내에 다양한 식물들을 기르는 것도 비슷한 이득을 가져다줄지 모른다. 정원을 가꾸고 흙을 만져라. 아니면 아미시파의 방식대로 뒷문 근처에 소를 한 마리 길러도 좋다. 건강에 도움이 될지도 모르고 손해볼 일도 없을 것이다. 또한 우리에게 가장 필요한 종들이 미래에도 계속 존재할 수 있도록 해야 한다. 우리는 하텔라가 2009년에 말했던 것처럼 "나비들을 보살펴야 한다." 이것은 우리에게 필요한 종이 무엇인지 확실히 알게 될 때까지 우리 주변의 전반적인 생물 다양성을 지켜야 한다는 뜻이다. 나비를 구하는 것은 우리 자신을 위해서이다. 나비를 구하는 것은 나비들이 다양하게 번성하는 곳에 미생물들도, 그리고 우리에게 필요할지도 모르지만 아직은 연구되지 않은 종들도 번성할 수 있기 때문이다. 나비를 구하는 것은 일카 한스키에게 경의를 표하는 일이기도 하다. 한스키는 나비에 대한 사랑을 간직한 채 2016년 5월 10일, 세상을 떠났다. 그는 죽는 순간까지도 세계의 작동 원리에 대한 관심을 놓지 않았다. 그는 나비의 날갯짓이 기후를 바꾸지는 못하더라도, 나비들 혹은 나비와 많은 세균들이 의존해서 사는 식물들이 멸종하면 인간도 병에 걸릴 수 있다는 사실을 알고 있었다. 우리가 건강하려면 다양한 생물들이 필요하다. 우리의 집 안과 뒷마당에도, 어쩌면 샤워기 헤드 안에도 필요할지 모른다.

5

생명의 냇물에서 하는 목욕

바닷속에는 우리가 생각했던 것보다 더 많은 극미동물
혹은 극히 작은 물고기들이 있다고 보아야 한다.
—안톤 판 레이우엔훅

나는 필요하든 필요하지 않든, 한 달에 한 번 목욕을 한다.
—엘리자베스 1세

포도주 속에는 지혜가 있고, 맥주 속에는 자유가 있고, 물속에는 세균이 있다.
—스코틀랜드 덤프리스의 한 술집 벽에 적힌 문구

1654년, 암스테르담에서 렘브란트는 냇물에서 목욕을 하는 한 여인을 그렸다. 여인은 우아한 붉은색 로브를 바위에 걸쳐놓고, 그 안에 입고 있던 잠옷이 젖지 않도록 무릎 위로 들어올린 채 물속으로 걸어가고 있다. 밤의 어둠을 배경으로 물에 잠겨가는 여인의 피부가 빛난다. 고대 로마와 그리스 초기의 작품들을 연상시키는 그림이다. 냇물 속으로 걸어가는 여인은 한 세계에서 또다른 세계로 들어가는 중이다. 미술사학자들은 이 여성의 이동이 비유적이라고 분석한다.[1] 그러나 나 같은 생물학자에게는 생태학적인 이동이기도 하다. 물속으로 들어가면서 여인은 갑작스럽게 완전히 새로운 미생물과 어류, 그밖의 생물들에 노출된다. 우리는 물이 깨끗하며, 그 안에 아무것도 없을 것이라고 생각하지만 여러분이 몸을 씻고, 헤엄을 치고, 마셨던 모든 물은 생물들로 가득 차 있었다.

렘브란트가 그린 냇물은 암스테르담 근처의 작은 운하나 개울로 보인다. 여인은 아마도 렘브란트의 연인, 헨드리키에 스토펠스일 것이다. 렘브란트가 특정한 장소의 물을 묘사하려고 한 것이 아니라 해도 자신이 본 적 있고 아는 곳을 참고하거나 거기에서 영감을 얻었을 것이다. 이 물이 그로부터 10여 년 후에 인근에 있는 델프트 지역의 물과 유사했으리라고 가정한다면, 레이우엔훅이 자신의 집 앞 수로에 살고 있다고 묘사했던 것과 유사한 미생물들이 포함되어 있었을 가능성이 높다. 물론 오늘날 우리가 접하는 물은 렘브란트의 연인이 접하던 물과 매우 다를 것이다. 다르다는 것은 현재의 물속에는 생물이 없다는 뜻이 아니라 여러분이 욕조 안이나 샤워기 아래로 들어갈 때에 델프트에서는 드물었던, 완전히 다른 형태의 생물들에 뒤덮인다는 뜻이다. 최근에 나는 이런 종들에 대해서 자주 생각하게 되었다.

모든 것은 맨 처음 나와 함께 집 안의 먼지를 연구했던 콜로라도 대학교의 동료 노아 피어러가 프로젝트 아이디어가 있다면서 내게 이메일을 보낸 2014년 가을에 시작되었다. 그는 우연히 샤워기 헤드의 미스터리에 사로잡히게 되었다고 했다. "같이 할래요?" 그는 내가 무엇을 해야 하는지 설명하기도 전에 물었다. "사람들에게 샤워기 헤드 얘길 계속해왔는데, 더 연구해봐야겠어요. 재미있을 거예요." 그 다음에는 어떤 발견을 해야 하는지에 관한 짧은 대화가 이어졌다. 노아는 자신의 아이디어를 간략하게 요약하고, 나머지는 내가 알아서 짐작하리라고 생각했다. "마음대로 해도 상관없어요." 그가 말했다. 그 말은 다음과 같은 뜻이었다. "만약 같이 하지 않겠다면 중요한 걸 놓치는 거예요. 그 사실을 절대로 잊지 못하게 만들어주겠어요. 그래도 싫으면 같이 안 해도 돼요. 하지만 만약 하겠다면 어서 진행합시다."[2]

간략한 내용은 이러했다. 집 안으로 공급되어 샤워기 헤드로 쏟아져 나오는 수돗물은 살아 있는 물이다. 레이우엔훅은 우물물과 빗물 안에서 세균과 원생생물을 발견했다. 후속 연구자들도 마찬가지였다. 수돗물도 빗물과 다를 바 없이 생물들로 가득하다. 내가 1년 중 대부분을 보내는 덴마크의 수돗물 속에서는 작은 갑각류도 발견할 수 있다.[3] 그리고 1년 중 나머지 시간을 보내는 롤리의 수돗물에서는 델프티아 아키도보란스(Delftia acidovorans)라는 세균종이 꽤 자주 발견된다.[4] 델프티아는 레이우엔훅이 델프트의 흙에서 처음 발견한 종으로 물속에 포함되어 있는 미량의 금을 농축시켜 침전시키는 능력이 있다. 이들은 독특한 유전자 덕분에 구강 청결제 (또는 방금 구강 청결제로 헹궈낸 입) 속에서도 번성할 수 있다. 오래 전부터 알려져 있던 이런 사실들도 물론 흥미롭지만 이런 것은 노아가 새롭게 알게 된 사실도, 그가 초점을 맞추는 부분도 아니었다. 노아의 흥미를 끈 것은 물이 일반적인 수도관과 샤워기 헤드를 통과해서 지나갈 때에 두터운 생물막(biofilm)이 형성된다는 사실이었다. **생물막**은 과학자들이 끈적끈적한 미생물 덩어리를 어렵게 부르는 말이다.

생물막은 하나 이상의 세균종 개체들이 적대적인 환경(끊임없이 자신들을 쓸어버리려고 하는 물의 흐름도 여기에 포함된다)으로부터의 자기 보호라는 공통의 목표를 위해서 모여서 형성한 것이다. 세균들은 자신들의 배설물로 생물막의 기초 구조를 만든다.[5] 말하자면 세균들이 여러분의 수도관 안에 힘을 합쳐 똥을 싸서, 쉽게 부수기 힘든 복잡한 탄수화물로 이루어진 아파트를 짓는 것이다. 노아는 샤워기 헤드의 생물막 안에 살고 있는 종들을 연구하고 싶어했다. 수돗물에서 양분을 얻는 이 종들은 수압이 충분히 높을 때면 물방울의 미세한 입자에 섞여서 우리의 몸과 머리카락을 적시고 코와 입 속으로 튀어 들어간다.[6] 노아가 이들을 연구하고 싶어하는 이유는 단지 흥미롭기 때문이 아니라 일부 지역에서 이 세균들이 점점 더 많은 질병을 일으키는 것처럼 보였기 때문이다.

질병을 일으키는 생물막 속의 세균은 미코박테륨속(*Mycobacterium*)에 속하는 종들이다. 미코박테리아는 비브리오 콜레라처럼 물에 의해서 전파되는 병원균들과는 다르다. 수돗물 안에서 발견되는 미코박테륨 종의 일반적인 서식지는 사람의 몸이 아니라 수도관 자체이다. 수도관을 좋아하는 이 미코박테리아는 평소에는 유해하지 않다. 이들이 문제를 일으키기 시작하는 것은 우연히(그들의 관점에서 본다면 사고에 의해서) 인간의 폐 속으로 들어갔을 때이다. 그 안에서 미코박테리아와 더불어 우리가 집 안에 만들어놓은 새로운 서식지들과 연관된 (예를 들면 레지오넬라 같은) 몇 가지 다른 병원균들이 우리가 보통 생각하는 병원균과는 아주 다른 종류의 문제를 일으킨다. 이것은 우리가 집과 도시를 짓는 방식과 관련이 있다.

샤워기 헤드 안의 미코박테륨 종들은 보통 NTM이라고 불린다. NT는 "비결핵성(nontuberculous)"의 약자이고 M은 "미코박테리아"의 약자이다. 여기에서 추론할 수 있겠지만 다른 미코박테륨 종들은 결핵성이다. 즉, 이들은 결핵균(미코박테륨 투베르쿨로시스)과 그들의 가까운 친척이다. 역사상 가장 끔찍한 괴물이라고 하면 우리는 바이킹 전설에 나올 법한, 입 냄새가 지독하고 여러 개의 팔이 있어서 방패와 장검을 들고 맞서 싸워야 하는 야수들을 떠올릴 것이다. 그러나 과거의 진짜 악마들은 결핵균과 비슷한 모습을 하고 있었다. 육안으로는 보이지 않았으니 그 괴물들이 불러온 결과가 곧 그들의 모습이었고, 그것은 끔찍한 죽음들이었다.

미코박테륨 투베르쿨로시스는 인간에게 결핵을 일으키는 세균이다. 1600-1800년대에 유럽과 북아메리카의 성인 5명 중 1명이 결핵으로 사망했다.[7] 결핵균은 오래 전부터 인간과 우리의 멸종한 친척들, 조상들과 관계를 맺었던 것으로 보인다. 위험한 병원균 형태가 진화한 것은 현생 인류가 아프리카를 떠났을 무렵이었다(인류가 만든 집의 뚜렷한 흔적이 최초로 남은 시기이며, 우리가 서로의 몸에 기침을 더 많이 하기 시작한 시기이기도 하다). 미코박테륨 투베르쿨로시스는 인류와 함께 퍼져나갔다. 우리가 염소와 젖소를 키우게 되면서, 그 동물들에게도 이 균이 전파되었다. 완전히 다른 몸속에서 고유의 면역체계와 맞서게 된 결핵균들은 염소의 몸에서는 미코박테륨 카프라이(*Mycobacterium caprae*)로, 젖소의 몸에서는 미코박테륨 보비스(*Mycobacterium bovis*)로 진화했다. 우리가 쥐에게 전파한 미코박테륨 투베르쿨로시스는 쥐의 면역체계를 이용할 수 있는 형태로 진화했다. 물개의 몸에서도 또다른 형태로 진화했다. 이 세균들은 물개와 함께 700년경, 아메리카로 이동하여 아메리카의 원주민들을 감염시켰으며, 또다른 특화된 형태로 진화했다.[8]

각 경우마다 세균들은 새로운 숙주의 몸에서 더욱 번성할 수 있는 독특한 특성들을 진화시켰다. 물개의 몸과 면역체계는 인간과 다르기 때문에 특별한 기술이 필요했다. 쥐나 염소, 젖소의 몸과 면역체계에서도 마찬가지였다. 미생물들은 계통별로 이런 기술들을 진화시켰다. 심지어 인간을 감염시키는 병원균은 숙주가 속한 집단별로 각기 다르게 적응해간 것으로 보인다(결핵은 비교적 젊은 사람들에게도 치명적이기 때문에, 그런 집단들 또한 병원균에 적응하는 결과로 이어졌다). 미코박테륨 투베르쿨로시스는 다윈이 연구했던 핀치의 부리 모양 차이와 다를 바 없이 우아한 진화의 원리를 보여주는 전형적인 사례이다.

1940년대에 처음 개발된 항생제 덕분에 우리는 미코박테륨 투베르쿨로시스와의 싸움에서 진정한 승리를 거둘 수 있게 되었다. 그러나 오늘날에는 대부분의 항생제에 내성을 가진 결핵균주도 많다. 한때 의학계의 빛나는 은제 탄환이었던 우리의 무기는 이제 목검 정도로 보일 뿐이다. 내성균주들은 우리의 예상대로 점점 퍼져나가고 있다. 이것은 우리가 미코박테리아 계통에 적극적으로 관심을 가져야 한다는 사실을 뜻한다. 샤워기 헤드에서 발견되는 비결핵성 미코박테리아가 미코박테륨 투베르쿨로시스처럼 우리를 이용할 수 있도록 적응해가는 것을 막을 방법은 없다. 그들은 우리의 수도관 속에서 번성할 수 있도록, 더 나아가 우리 몸 속에서 번성할 수 있도록 적응해갈지도 모른다.

지금까지 비결핵성 미코박테리아로 인한 감염 위험은 폐의 구조가 특이한 사람이나 낭포성 섬유증 환자처럼 면역력이 약한 사람들에게만 높았다. 이들에게 비결핵성 미코박테리아는 피부와 눈 감염뿐만 아니라 폐렴과 비슷한 증상까지 일으킬 수 있다. 안타깝게도 미국에서 비결핵성 미코박테리아에 의한 감염 위험은 전반적으로 증가하는 추세이지만 이런 감염이 얼마나 자주 일어나고, 얼마나 더 늘어나고 있는가는 지리적 위치에 따라서 다르다. 다른 곳보다 유난히 감염률이 높아 보이는 지역들이 있다. 캘리포니아와 플로리다 같은 지역에서는 감염이 흔한데, 미시간 같은 지역에서는 드물다. 이런 차이는 지역마다 미코박테

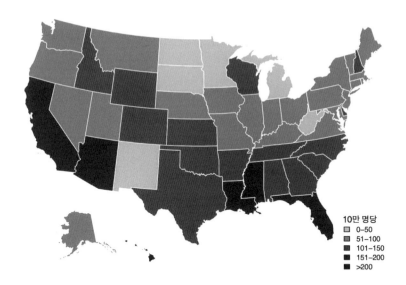

10만 명당
☐ 0–50
◻ 51–100
■ 101–150
■ 151–200
■ >200

그림 5.1 1997년부터 2007년 사이 미국의 65세 이상 성인에게서 채취한 샘플들 가운데 비결핵성 미코박테리아 폐질환 유병률을 보여주는 지도. 하와이, 플로리다, 루이지애나는 미코박테리아 감염이 가장 흔한 주이다. 스노가 콜레라 발생 지도를 작성했을 때와 마찬가지로, 우리가 미코박테리아에 관한 미스터리를 푸는 데에도 비결핵성 미코박테리아 감염과 미코박테륨 종 발생 지역들을 지도로 나타내는 과정이 필수적이다. (Data from J. Adjemian, K. N. Olivier, A. E. Seitz, S. M. Holland, and D. R. Prevots, "Prevalence of Nontuberculous Mycobacterial Lung Disease in U.S. Medicare Beneficiaries," *American Journal of Respiratory and Critical Care Medicine* 185 [2012]: 881–886.)

륨 종의 수나 종류가 달라서일 수도 있다. 예를 들면 플로리다의 종은 오하이오의 종과 달라 보이는데, 어쩌면 이것이 중요할지도 모른다.[9] 또한 감염을 일으키는 미코박테륨 종은 보통 샤워기 헤드에서 발견되는 것과 같은 종류이고, 흙이나 다른 야생 서식지의 종류와는 다르다.[10]

앞에서 이야기한 것과 같은 미코박테리아에 관한 정보를 기초로 나는 노아가 어떤 방식으로 샤워기 헤드의 끈적이는 미생물 덩어리 속으로 뛰어들 생각인지를 추측할 수 있었다. 롤리의 주택 40채를 연구한 이후 노아와 나는 반복적으로 협업 방식을 함께 만들어왔기 때문이다. 어쨌든 "샤워기 헤드의 미스터리"라는 그의 표현에 넘어간 나는 한두 문장으로 간단하게 각국 샤워기 헤드의 샘플 채취를 맡겠다는 답장을 보냈다.[11] 그렇게 해서 샤워기와 샤워기 헤드의 생태에 관한, 어쩌면 사상 최대 규모일 수도 있는 연구가 시작되었다. 신뢰를 바탕으로 한 시작이었다. 나는 노아가 무엇인가에 흥분하고 있다면 십중팔구 정말 흥미로운 일일 것이라고 믿는다.[12] 과학 분야에서의 신뢰에 관해서 이야기하는 사람은 본 적이 없지만, 내가 매일 실험실에서 하는 일들에는 신뢰가 영향을 미친다. 현대 과학에서는 사회적 교류가 큰 부분을 차지한다. 연구자가 가장 신뢰하는 사회적 그룹, 전적으로 믿는 동료들 사이에서는 연구 속도가 더 빨라진다. 모든 것이 더 빠르게 진행되기 때문이다. 반대로 대부분의 과학자들에게는 신뢰하지 않거나 아직 신뢰 관계가 형성되지 않은 동료들도 있기 마련이다. 이들과의 협업은 더 느리고 신중하게 이루어지며, 상대가 한밤중에 내놓는 무모한 계획에 호응할 가능성도 더 낮다. 나는 노아를 신뢰하기 때문에 그와 함께라면 무모해 보이는 계획에도 언제든 동참할 용의가 있다. 우리는 대여섯 번의 커다란 프로젝트(딱정벌레의 겨드랑이, 배꼽, 주택 40채의 미생물, 주택 1,000채의 미생물, 전 세계의 과학 수사 등에 관한 연구였다)를 함께 수행했다. 목록만 보더라도 알 수 있듯이, 아주 특이한 연구도 많았지만 노아와 함께하면 더 수월했다.

2014년 초, 나는 덴마크의 동료들과 함께 덴마크 아동들의 도움을 받아 여러 학교의 냉수기와 수도꼭지에서 흘러나오는 생물들의 샘플을 채취하는 프로젝트를 위한 데이터 수집을 막 마친 후였다. 그 결과 물 속에 사는 생물들에 관해서는 조금 알게 되었지만 샤워기 헤드라는 특수한 환경에 관해서는 아직 모르는 것이 많았다. 우리는 덴마크의 수돗물에서 수천 종의 세균을 발견했다. 미국을 비롯한 다른 나라들의 수돗물 연구 결과와 비슷했다. 우리와 다른 연구자들이 수돗물에서 발견한 종들에는 세균, 아메바, 선충, 심지어 다리가 많은 소형 갑각류도 포함되어 있었다. 수돗물은 생물 다양성이 높지만 생물량, 즉 생물들의 총질량은 적다. 수돗물에는 (세균들에게조차) 양분이 될 만한 것이 많지 않기 때문이다. 영양적으로는 일종의 액체로 된 사막과 같아서 많은 종이 그 안에서 생존하고 있지만 번성하지는 못한다. 그런데 샤워기 헤드 안의 생물막은 다르다.

샤워기 헤드를 통해서 흘러나오는 물은 보통 따뜻하다. 이런 조건은 세균이 자라기에 유리하다. 또한 사용하지 않을 때에 웅덩이로 고여 있는 시간이 길다(이것은 세균의 수분이 마르지 않게 해준다). 이런 조건에서 세균과 다른 미생물들이 샤워기 헤드 안의 관을 따라 생물막을 형성하면, 그들에게 필요한 환경이 마련되는 것이다. 이런 환경에서 미생물들은 마치 해면처럼 자신들을 지나쳐 흘러가는 모든 것을 빨아들일 수 있다. 물이 더 많이 흐를수록 더 많은 것을 빨아들인다. 물 한 방울 안에 존재하는 양분은 변변치 않지만 샤워기 헤드를 통해서 대량으로 흘러나오는 수돗물 안에 존재하는 양분을 모두 더하면 상당한 양이 된다. 그 결과 샤워기 헤드의 생물량은 수돗물 생물량의 두 배 이상 된다. 그리고 이 생물량을 이루는 종의 숫자는 수돗물보다 훨씬 적어서 수백 종 혹은 수십 종 정도에 그친다.[13] 이들이 종별로 각자의 역할을 수행하면서 비교적 안정적인 생태계를 형성한다. 생물막 안에는 레이우엔훅이라면 "물속을 휘젓고 다니는 창(槍)"이라고 표현했을 포식 세균들이 헤엄쳐 다니기도 한다. 현재 여러분의 샤워기 헤드 안에서도 이 작은 "창들"이 다른 세균에 달라붙어 구멍을 뚫은 다음 화학물질을 분비하여 소화시키고 있을 것이다. 샤워기 헤드의 생물막에는 이러한 "창들"을 먹는 원생생물, 이 원생생물을 먹는 선충, 그리고 일반적인 균류들이 살아가고 있다. 여러분이 샤워를 할 때면 이런 먹이 그물들이 여러분을 향해 쏟아진다. 식사 중에 방해를 받아 놀란 생물들이 (여러분의 식사가 아니라 그들의 식사를 뜻한다. 물론 여러분의 식사 중에도 떨어져 내리겠지만) 퍼덕거리며 매일 여러분의 몸으로 쏟아지고 있다.

미국의 일반적인 샤워기 헤드 안에는 수조 개의 미생물 개체가 든 생물막이 약 0.5밀리미터 두께로 쌓여 있다. 미스터리인 것은 왜 어떤 샤워기 헤드 안에는 미코박테리아가 많고, 어떤 곳에는 아예 없는가이다. 우리가 처음 연구를 시작했을 때에는 아무도 이 차이를 설명할 수 없었다. 샤워기 헤드처럼 알려진 것이 거의 없는 생태계에 관해서 연구할때, 내가 그 첫 단계를 직관적으로 결정하는 방법은 거의 언제나 같다. 다른 과학자들처럼 나의 직관도 내가 받은 과학적 훈련, 내가 잘하는것, 내가 좋아하는 것들을 토대로 형성된다. 내가 언제나 가장 먼저 알고 싶어하는 것은 왜 생물의 온갖 속성들(개체 수, 다양성, 영향력 등)이 지역에 따라서 달라지는가이다. 샤워기 헤드에 한해서라면 가장 생물다양성이 높은 샤워기 헤드 안에는 얼마나 많은 종이 있고, 그런 샤워기 헤드는 어느 지역에 있는지 알고 싶었다. 그리고 미코박테리아에 관해서는 특정 종의 속성과 개체 수가 지역에 따라 어떻게 달라지는지 알고 싶었다. 그런 차이의 패턴을 알게 될 때까지는 다음 단계로 나아가는 것이 무의미하다. 우리가 무엇을 설명해야 하는지를 모르는 상태이기 때문이다(반대로 어떤 과학자들은 이런 단계를 연구의 일부로 간주하지도 않는다. 샤워기 헤드만큼이나 과학자들도 각기 다르다는 뜻이다).

우리 연구의 첫 단계는 세계 각지의 사람들을 모집하여 샤워기 헤드에서 채취한 샘플을 보내달라고 요청하는 것이었다. 그 다음에는 나의 연구실 동료들이 샘플 채취자들에 관한 데이터를 정리하기로 했다. 샘플은 노아의 연구실로 보내고, 그곳의 기술자들이나 박사후 연구원들이 DNA 염기 서열 분석을 통해서 각 샘플에 들어 있는 미코박테리아나 레지오넬라증의 원인인 레지오넬라 프네우모필라(Legionella pneumophila) 등 문제를 일으킬 만한 종들을 비롯한 세균과 원생생물의 대략적인 목록을 만들 예정이었다. 그 다음에는 노아의 학생인 매트 게버트가 미코박테륨 종마다 각기 다른 것으로 알려진 특정 유전자(hsp65)를 해독하여 샘플 안에 존재하는 미코박테리아의 종을 알아낸다. 그리고 샘플을 다른 연구자들에게도 보내서, 샤워기 헤드 안의 미생물들을 배양하여 전체 게놈의 염기 서열을 분석하는 등 여러 가지 연구를 진행한다. 그런 식으로 우리는 세계 곳곳의 샤워기 헤드 안에 존재하는 모든 생물학적 분류군의 목록을 만들 생각이었다. 하지만 일단 사람들을 설득하여 샤워기 헤드의 샘플을 확보해야 했다.

우리는 소셜 네트워크를 활용해서 연구 참가자들을 모집했다. 트윗을 올리고, 블로그에 글을 썼다. 친구들과 동료 연구자들에게 연락을 했다. 그리고 다시 트윗을 올렸다. 많은 사람들이 관심을 가지고 지원해주었다. 우리는 샘플 채취 키트를 보낼 준비를 했다. 하지만 그 전에 연구 계획서를 읽어본 사람들이 우리에게 질문을 보내기 시작했다. 수천 명의 연구 참가 예정자들과 대화를 나눠보면 특정한 주제에 대해서 우리가 무엇을 알고 무엇을 모르는지, 연구 계획서의 내용은 충분히 명확했는지를 빠르게 알 수 있다. 수천 명의 사람들이 한꺼번에, 그 전까지는 신경을 쓰지 않았던 것에 주의를 기울이기 시작했다. 이런 초기 단계에서 무엇인가 새로운 사실을 깨닫게 될 수도 있다. 비록 기대하는 방식으로는 아닐지 몰라도 말이다. 우리는 곧 우리가 샤워기 헤드의 지역별 특징을 제대로 알지 못했다는 사실을 깨달았다. 우리가 초기에 연구했던 미국의 샤워기 헤드는 위쪽의 나사를 풀면 그 안의 찌꺼기를 (샤워기 찌꺼기에 눈이 있다면 곧 마주칠 수 있을 정도로) 바로 보고 면봉으로 샘플을 채취할 수 있었다. 우리는 유럽인들에게도 이렇게 해 줄 것을 요청했다. 하지만 나라마다 사람들이 주로 사용하는 샤워기 헤드가 다르다는 사실을 생각하지 못했다. 불만을 품은 독일인들이 이메일을 보내서 우리가 독일의 샤워기에 대해서 아무것도 모른다는 점을 지적하기 시작했다. 독일의 욕실에 설치된 샤워기 헤드는 신축성 있는 호스에 영구적으로 부착되어 있었다(알고 보니 대부분의 다른 유럽 국가들도 마찬가지였다. 독일인들만 이메일을 보냈지만 말이다). 이런 종류의 샤워기 헤드에서 샘플을 채취하는 방법은 우리의 연구 계획서에는 포함되어 있지 않았다. 독일인들은 우리에게 그 사실을 알려주려고 편지를 썼다. 나에게도 이메일을 보내고, 내 연구실의 여러 동료들에게도 보냈다. 우리가 빠르게 답장을 하지 않으면 학과의 행정 보조인 수전 마르샬크에게도 보냈다. 수전도 빠르게 답을 주지 않으면(애초에 그녀에게 보낼 일도 아니었다) 이 프로젝트와 관계가 없는 다른 사람들에게도 보냈다. 학장에게도, 부학장에게도 보냈다.[14] 화가 난 이메일 항의자들에게 한계란 없었다. 결국 우리는 유럽의 샤워기 헤드에 맞춰 연구 계획서를 변경했다. 그리고 얼마 후에 미국과 유럽의 샤워기 헤드의 차이는 호스뿐만이 아니라는 사실을 알게 되었다.

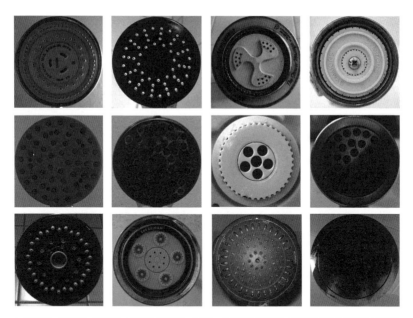

그림 5.2 다양한 모양의 샤워기 헤드들. 우리는 이렇게 다양한 샤워기 헤드들에서 미생물 샘플을 채취했다. 다양한 크기의 이 구멍들을 통해서 미생물들이 쏟아진다. (by Tom Magliery, flickr.com/mag3737.)

샤워기는 대단히 현대적인 도구로, 우리가 처음 그 아래에 서기 시작했을 때에는 예상하지 못했던 복잡한 영향을 인체에 미친다. 포유류의 역사 대부분 동안, 우리의 조상들은 샤워나 목욕을 하지 않았다. 아마 헤엄도 자주 치지 않았을 것이다. 어쩌면 서투르게 몸을 닦았을지도 모른다. 고양이는 혀로 몸을 깨끗이 한다. 고양이보다는 덜 철저한 편이지만 개도 그렇게 한다. 그러나 이렇게 몸을 씻는 모습을 잠깐만 떠올려보더라도(등 아래를 혀로 핥으려고 시도해보라) 인류의 역사에서 이런 방법은 이미 오래 전에 불가능해졌으리라는 것을 알 수 있다. 인간이 아닌 영장류들은 서로의 털을 손질해주지만 이런 행동은 대개 이(louse)일 수도 있는 (또는 아닐 수도 있는) 이물질을 떼어주기 위한 목적이다. 일부 포유류들은 흙이나 진흙 속에서 구르기도 하지만,[15] 이 또한 미생물이나 냄새를 없애기 위해서라기보다는 이와 같은 기생충을 제거하기 위한 목적이 더 커 보인다. 일본원숭이들은 온천에서 목욕을 하는데 이는 몸을 따뜻하게 데우기 위함이다.[16] 사바나에 사는 침팬지들도 가끔 물에 들어가지만 날이 너무 더울 때에만 그러는 것으로 보아 몸을 식히기 위해서인 듯하다. 우림에 사는 침팬지들은 굳이 물에 들어가지 않는다.[17] 즉 야생 포유류들의 행동으로 볼 때, 우리의 먼 조상들의 삶에서도 목욕이 큰 부분을 차지했을 것으로 보이지는 않는다.

우리 인류의 좀더 가까운 과거를 돌아보면, 물에 들어가서 하는 진짜 목욕은 최근에야 발달했으며 생각 이상으로 문화와 시대에 따라서 그 형태가 다양했다. 목욕은 역사가 반드시 진보, 또는 적어도 우리가 상상하는 형태의 진보, 다시 말해서 과거의 사회가 현재 우리의 생활방식을 향해 꾸준히 변화해온 과정만은 아니라는 사실을 증명하는 인간 문화의 특성들 가운데 하나이다.[18] 메소포타미아인들은 목욕을 즐기지 않았다. 고대 이집트인들도 마찬가지였다. 인더스 계곡에 세워진 도시 한 가운데에는 "대목욕탕"이 있었지만, 사람들이 그것을 어떻게 이용했는지는 알 수 없다. 매일 목욕을 하는 용도였을 수도 있고, 사제가 일종의 세정식(洗淨式)을 행하던 시설이었을 수도 있다.[19] 어쩌면 소를 잡아먹기 전에 도살하던 장소였을 수도 있다. 고고학은 이렇게 까다로운 학문이다. 서양 문화권에서 최초로 목욕을 도입한 이들은 고대 그리스인들이었다. 그리스의 목욕 문화는 로마인들에 의해서 더욱 발전했다. 표면적으로만 보면 목욕을 선호하던 그리스-로마 문화는 현재 우리의 문화와 다를 바가 없다. 바로 목욕을 단순한 위생적인 절차 이상의 더 훌륭한 무엇인가로 여기고, 심지어 신성시하는 문화였다. 우리는 로마인들의 목욕탕을 보면서 우리의 욕조를 떠올린다. 우리도 로마인들과 다를 것이 없다(로마인은 축구 대신 검투사들의 싸움을 즐겼고, 벌거벗은 황제들이 타조와 싸우는 행사를 개최했다는 점만 빼면 말이다).[20] 깨끗한 삶은 좋은 삶이며, 고전기 아테네 이후 서양 문화권의 사람들이 추구해 왔던 삶이다. 이것은 우리 문화와 그들 문화의 연결 고리이다. 몸을 잘 씻으면서 사는 삶은 좋은 삶이다. 우리는 매일 아침 눈을 뜨면 샤워기 아래에 서면서 무의식적으로 이런 주문을 외운다.

그러나 그리스와 로마인들이 모두 벌거벗고 물속에서 시간을 보내는 일을 가치 있게 생각하는 목욕 문화를 가지고 있었다고 해도, 그 물 자체는 투명하게 맑은 것과는 거리가 멀었을 가능성이 높다. 현재 영국 웨일스 뉴포트 남부의 칼리언에 남아 있는 로마 목욕탕 유적의 배수구는 닭 뼈, 돼지 발, 돼지 갈비, 양고기 조각으로 꽉 막힌 채 발굴되었다. 이것이 목욕을 즐기며 먹던 "가벼운 간식들"이었다. 로마인들은 보통 목욕을 건강에 이로운 것으로 간주했고 몇몇 질병의 치료법으로 추천하기까지 했지만, 상처가 있는 사람들에게 더러운 물이 질병을 일으킬 수 있으니 목욕을 삼가라는 경고는 하지 않았다.[21] 로마 시대의 목욕물은 질병을 예방하기보다는 유발했을 가능성이 더 높다.[22]

물의 상태가 어떻든 로마인들은 그들의 후손들보다는 목욕을 더 자주 했을 것이다. 서로마 제국과 로마 자체가 멸망하면서 이 지역으로 들어온, 빛나는 벨트 버클을 차고 콧수염을 기른 서고트족은 목욕을 즐기지 않았다. 로마의 멸망 후에는 전반적으로 글을 덜 읽고, 덜 쓰고, 수도 시설 등의 기반시설은 더 줄어들고, 목욕도 덜 하는 방향으로 변화했다. 이러한 변화는 꾸준히 지속되었다. 국지적, 단기적인 예외들을 제외하면 서로마 제국이 멸망한 350년경부터 1800년대까지, 다시 말해서 거의 1,500년간 이어졌다는 뜻이다.[23] 이 시기의 유럽인들은 목욕을 거의 하지 않았으며, 많은 이들은 심지어 목욕하는 방법마저 잊어버렸다. 로마인들은 목욕용 비누를 만들어 썼지만, 그후 많은 지역에서는 비누 자체를 거의 사용하지 않았기 때문에 비누 제작에 필요한 노하우도 잊혔다. 1791년, 니콜라 르블랑이라는 프랑스의 화학자가 저렴한 가격으로 소다회(탄산수소나트륨)를 만드는 방법을 개발했는데, 이것을 지방과 섞으면 단단한 비누를 만들 수 있었다. 그러나 더 효과적인 이 비누조차 여전히 사치품이었다. 비누를 쓰든 쓰지 않든 목욕 자체가 기껏해야 한 달에 한 번 하는 일이었고, 그보다 더 하지 않는 사람들도 많았기 때문이다. 꼭 일반인들만 목욕을 하지 않은 것은 아니었다. 유럽의 국왕과 여왕들도 목욕을 연중행사라고 이야기하고는 했다.[24]

이렇게 서로마 제국의 멸망은 후대에 여러 가지 영향을 미쳤고, 그중 일부는 르네상스 시대 이후로도 오랫동안 이어졌다. 르네상스 시대에 미술과 과학은 다시 태어났지만 목욕은 그렇지 못했다. 물속에 발목까지 담그고 있는 렘브란트의 사랑스러운 연인도 그런 행동을 자주 하지는 않았을 것이다. 어쩌면 물속에 그다지 깊이 들어가지도 않았을지 모른다. 목욕은 보통 손과 발을 씻는 것일 뿐 몸 전체를 씻을 필요는 없었다. 그리고 그녀가 발을 담그고 있던 물이 요강의 내용물을 비우던 물과 동일했을 가능성이 높다는 사실을 생각할 때, 차라리 씻지 않은 부분이 씻은 부분보다 더 위생적이었을지도 모른다. 명백하게 낭만적으로 보이는 장면에서 낭만을 제거하는 일은 생태학자들의 몫이다.

기나긴 목욕의 역사에서 우리가 궁금한 점은 왜 일부 사람들이 목욕을 다시 하게 되었는가이다. 최근까지도 대부분의 사람들은 목욕을 하지 않았다. 그들의 몸에서는 겨드랑이에 사는 코리네박테륨속 세균 등 피부에서 자라는 세균들이 만드는 냄새가 났을 것이다. 도시는 항상 사람들의 겨드랑이에서 올라오는 악취로 가득했을 것이며, 여기에 필적할 만한 냄새는 오직 다른 신체 부위에서 나는 더 나쁜 냄새들뿐이었을 것이다. 거의 언제나 지독한 냄새가 났겠지만 특히 옷을 자주 빨지 않을 경우 더 심했을 것이다. 현대인의 사고로는, 사람들이 기회만 생기면 목욕을 하거나 몸에 물을 끼얹었을 것이라고 상상하기 쉽다. 하지만 그들은 그러지 않았다. 레이우엔훅도, 렘브란트도 그러지 않았다. 그러다가 1800년대에 들어 일부 사람들이 다시 한번 정기적으로 몸을 씻기 시작했다. 네덜란드에서도 다른 곳과 마찬가지로 그런 변화가 일어났는데, 그에 관한 연구는 많이 이루어져 있다. 변화의 이유는 위생과는 별 관계가 없고, 오히려 부와 기반시설과 더 관련이 있었다.

1800년대 초반, 네덜란드의 도시들에서 사용되던 물은 대부분 수로의 물과 저장해놓은 빗물, 드물게는 우물물이었다. 그 무렵 도시의 지표수와 여러 마을의 수로들은 분뇨와 산업 쓰레기로 오염되어 있었다. 이런 오염은 얕은 우물들에도 영향을 미쳐서, 물에서 나는 냄새가 너무 심해 마실 수 없을 지경이 되었다(훗날 런던 소호의 콜레라 발생 시기의 상황과 같았다). 형편이 넉넉한 사람들만이 빗물을 받아둘 수 있었고, 보통은 이 물도 매일 사용하기에는 충분하지 않았다. 결국 몇몇 네덜란드 도시들이 호수 물과 도시 외곽의 지하수를 퍼올려 도심으로 끌어오는 체계로 바꿔나가기 시작했다. 처음 이것을 시도한 도시들 중에는 암스테르담, 로테르담이 있었다. 암스테르담에는 도시 자체의 지하수가 부족했기 때문에 시민들이 사용하고, 항구를 떠나는 배들에 싣기에도 충분한 양의 물을 끌어와야 했다. 로테르담에는 지하수가 충분했지만 수위가 낮을 때에는 수로 안의 압력이 낮아 분뇨를 도시 밖으로 밀어낼 수가 없었다. 즉, 식수 등 일상적인 용도로 쓰기 위해서라기보다는 분뇨를 바다로 내보내기 위해서 물을 끌어올 필요가 있었다.

수도관을 통해서 도시에 물이 공급되기 시작하자 물은 상품이 되었다. 부자들은 돈을 주고 이 수도관이 자신들의 땅으로 곧장 연결되도록 했다. 중류층은 거기서 나오는 물을 구입했다. 얼마 지나지 않아 물뿐 아니라 물을 이용해야 하는 모든 것이 부의 상징이 되었다. 변기의 냄새를 씻어낼 수 있는 것은 특권이었다. 자주 씻어서 몸에서 냄새가 나지 않는 것도 특권이었다. 부자들은 집 안에 배설물을 흘려보낼 수 있는 변기를 설치했고, 그보다는 좀더 천천히 욕조도 마련하기 시작했다. 이런 추세는 한 번 시작되자 멈추지 않았다. 유럽의 도시들에서 변기를 사용하거나 목욕을 할 수 있는 사람은 부자였고, 자주 씻지 못하는 것은 가난하거나 깨끗한 물이 부족한 사람의 특징이 되었다.[25] 곧 "청결해지는" 새로운 방법으로 샤워가 발명되었다. 그후 이 청결함의 감각은 세균이 질병을 옮긴다는 이론, 그리고 질병을 유발한다는 미생물들과 거리를 두고자 하는 우리의 욕구와 연결되었다. 깨끗해지고자 하는 우리의 욕구와 깨끗해지기 위해서 우리가 들이는 돈은 매년 증가해왔다. 우리가 지저분하다는 사실을 설득하는 데에 여념이 없는 거대산업이 그런 욕구에 더욱 불을 붙였다. 우리는 몸을 문질러 씻고, 스프레이 제품들을 사고, 진지하게 샤워기 아래에 서고, 씻은 후에는 몸에 크림을 바른다. 우리는 끊임없이 새로운 방식과 더 많은 제품들로 몸을 깨끗하게 하고, 씻고 난 후에는 몸에서 꽃과 과일, 사향 냄새가 나게 하려고 어마어마한 돈을 쓰고 있다.

우리 몸, 또는 물 자체가 "깨끗하다"는 것이 어떤 것인지에 관해서는 거의 이야기되지 않는다. 19세기 후반에 네덜란드나 런던에서 *깨끗하다*

는 것은 물에서 냄새가 나지 않으며, 그 물과 비누로 몸을 씻었을 때 몸에서도 냄새가 나지 않는다는 뜻이었다. 비브리오 콜레라 같은 병원 균이 질병을 일으킨다는 사실이 밝혀지자, **깨끗하다**는 것은 물속에 그런 병원균이 없는 (또는 적어도 드문) 상태를 뜻하게 되었다. 그후에는 특정한 독소가 위험한 수준의 농도로 존재하지 않는 상태도 의미하게 되었다. **깨끗하다**는 단 한번도 아무것도 없는 상태를 뜻한 적이 없었으며, 앞으로도 그럴 일은 없을 것이다. 샤워기에서 여러분의 몸으로 쏟아지던 물, 여러분이 몸을 담갔던 욕조 안의 물, 여러분이 잔이나 병에 담아 마셨던 모든 물은 언제나 생물들로 가득 차 있었다.[26] 집 안의 상황도 대부분 마찬가지이다. 각 집의 수돗물마다 다른 것은 생물들의 존재 여부가 아니라 그 생물들의 구성, 즉 어떤 종이 있고 그 종들이 어떤 작용을 하는가이다. 이런 구성은 여러분이 쓰는 물이 애초에 어디에서 오느냐에 달려 있다.

물과 그 안의 생물들이 우리가 사는 집으로 오게 되는 과정은 간단하면서도 엄청나게 복잡하다. 여기서 간단한 부분은 실내의 배관이다. 수도관은 집 안으로 들어와 두 갈래로 갈라진다. 하나의 관은 물을 데우는 온수기와 이어지고, 이 관과 나란히 붙은 또다른 관으로는 데워지지 않은 물이 흐른다. 그리고 이 한 쌍의 수도관이 다시 갈라져서 수도꼭지와 샤워기 헤드로 연결된다.

　복잡한 부분은 물이 여러분의 집에 도착하기 전까지 일어나는 일들이다. 물의 이동 경로는 주로 여러분이 사는 지역에 따라 결정된다. 세계의 많은 지역에서 물은 집 아래에 있는 대수층과 연결된 우물이나, 대수층의 물을 끌어오는 지역 상수도를 통해서 공급된다. 대수층은 지하수(지하수는 말 그대로 지하에 있는 물을 뜻한다)를 보유하고 있는 암석 속 공간을 어렵게 부르는 말이다.[27] 대수층 안의 지하수는 빗물이 고여서 이루어진 것이다. 빗물이 숲의 나무, 초원의 풀, 들판의 농작물에 떨어지면 이것이 지형에 따라 몇 시간, 며칠, 혹은 몇 년에 걸쳐 흙 속으로 서서히 스며든다. 땅 속으로 깊이 들어갈수록 물의 침투 속도는 점점 느려진다. 아주 깊은 곳에서는 물의 움직임이 매우 느려져서 대수층 안의 물이 수백 년, 어쩌면 수천 년 된 것일 때도 있다. 우물을 깊이 파면 자연 그대로의 오래된 물에 닿는다. 이 물을 곧장 집 안으로 끌어올리거나 정수 처리장으로 보낸다. 많은 지역의 정수 처리장에서는 물 속의 큰 찌꺼기(나뭇가지, 진흙 등)를 제거하고 약간의 처리를 더 거친 뒤에 물을 지하의 수도관을 통해서 가정에 공급한다.

물에 병원체가 없고 (혹은 그 농도가 아주 낮고) 질병을 일으킬 수 있는 독소의 농도가 충분히 낮다면(그 농도는 독소의 종류에 따라서 다르다) 마셔도 안전하다. 대수층이 깊고 오래되었을수록 물에 병원체가 없어서 생물학적으로 안전한 식수일 가능성이 더 높다. 전 세계 지하수의 대부분은 시간과 지질학적 특성, 생물 다양성 덕분에 별 처리 없이 마셔도 안전하다. 지질학적 특성이 물의 안전성에 영향을 미치는 이유는 일부 유형의 토양과 암석이 지표수의 병원체가 퍼지는 것을 막아주기 때문이다. 지하수의 생물 다양성도 병원체를 죽이는 데에 도움이 된다. 지하수 안에 존재하는 생물들의 종류가 많을수록 병원체가 살아남기 어렵다. 만약 병원체가 세균이라면 먹이, 에너지, 공간을 두고 다른 생물과 경쟁해야 한다. 지하수 안의 다른 세균들이 생산하는 항생물질도 이겨내야 한다. 브델로비브리오속(Bdellovibrio) 종들 같은 포식 세균이나 원생생물에게 잡아먹히지 않도록 피해 다니기도 해야 한다. 섬모충류(레이우엔훅이 물에서 발견했던 것과 같은 종류) 한 마리는 하루 동안 주변 세균의 8퍼센트를 먹어치울 수 있다. 깃편모충류는 먹성이 더 좋아서, 하루에 주변 세균의 최대 50퍼센트를 먹어치우기도 한다.[28] 병원체는 세균을 공격하는 바이러스인 박테리오파지에 감염되는 것도 피해야 한다. 이러한 생태계의 먹이사슬 맨 위에 있는 생물은 대개 단각류나 등각류 같은 작은 절지동물들이다. 이들은 동굴 속 동물들처럼 색소와 시각을 잃고 촉각과 후각에 의지해서 돌아다닌다. 그중에는 수백만 년간 고립된 채 거의 변화하지 않았기 때문에 살아 있는 화석이라고 불리는 종들과 다른 지역에서는 찾아볼 수 없는 고유종들도 있다. 이런 동물들은 보통 생물 다양성이 높고, 종마다 각자의 기능을 수행하고 있는 지하수에만 존재한다. 따라서 이들의 존재 자체가 물의 안전성을 보여주는 지표로 간주된다.[29]

지하수 생태계의 생물들은 어쩐지 우리와는 동떨어져 있고, 이해하기 어렵고, 머나먼 곳에서 긴 장대와 드릴과 그물을 든 과학자들만 연구하고 있을 것처럼 느껴진다. 그러나 지구상 세균 생물량의 40퍼센트 정도가 지하수에 있는 것으로 추정된다. 무려 40퍼센트이다! 어떤 곳에서는 지하수 생태계가 광대한 골짜기, 개울, 지하 저수지들과 연결되어 있고, 또 어떤 곳에서는 지하의 섬들처럼 고립되어 있다. 특정 지역의 지하수에 있는 생물의 종류는 그 물이 어디에 있고, 얼마나 오래되었고, 다른 지하수계와 연결되어 있는지 혹은 분리되어 있는지에 크게 좌우된다. 바다 위의 섬마다 독특한 종이 살고 있는 것처럼 각 지하수계마다 다른 곳에서는 볼 수 없는 고유의 종들이 살고 있는 것으로 보인다. 네브라스카의 심층수와 아이슬란드의 심층수가 다른 이유는 그 물들의 근원인 대수층에 살고 있는 생물들이 수백만 년 동안 서로 다른 경로를 따라 진화해왔기 때문이기도 하다.

살균 처리를 하지 않은 지하수를 마신다고 하면 이상해 보일지도 모른다. 그러나 많은 사람들이 그렇게 하고 있다. 대부분의 우물물은 살생물제(biocide) 처리를 하지 않으며 덴마크, 벨기에, 오스트리아, 독일 등의 도시 용수도 마찬가지이다. 예를 들면 빈의 도시 용수는 카르스트 지대의 대수층에서 아무 처리도 거치지 않은 채 바로 흘러나온다. 뮌헨의 도시 용수는 인근 하곡(河谷)의 다공성 대수층에서 파이프를 통해서 곧장 끌어올려져 수도꼭지로 나온다. 생물과 시간에 의한 물의 자연 여과는 인간에게도 엄청난 이득이 된다. 이것을 위해서는 자연이 제 역할을 할 수 있는 넓은 공간이 확보되어야 한다. 강 유역이 자연 그대로 보존되어 있어야 하고, 시간도 필요하다. 지하수가 인간에 의해서 병원체와 독소로 오염되어 있어서도 안 된다. 안타깝게도 많은 지역에서 우리는 자연이 제 할 일을 할 수 있는 야생의 땅을 충분히 확보하지 못했거나, 지하수를 오염시켰으며, 혹은 단지 많은 인구에게 공급할 만큼 지하수의 양이 충분하지 못한 곳도 있다. 그런 상황에서는 인간의 재주로 저수지와 강, 또는 다른 수원에서 안전한 식수를 확보해야 한다. 인간의 재주는 유용하지만 자연을 대체하기에는 조금 부족하다.

인간의 재주는 주로 살생물제에 의존한다. 1900년대부터 일부 지역의 정수 처리장에서 병원체 통제를 위해서 염소나 클로라민(chloramine)을 이용해서 물속의 세균을 죽이기 시작했다. 대수층이 오염된 지역에서는 이런 처리가 필요했다. 점점 늘어나는 인구에 맞춰 공급하기에는 대수층이 부족해서, 깊은 곳의 오래된 물이 아니라 런던의 템스 강처럼 얕은 강이나 호수, 저수지의 물을 끌어와야 하는 많은 지역도 마찬가지였다. 미국에서는 이제 모든 도시의 정수 처리장에서 살생물제 처리를

그림 5.3 독일 일부 지역의 지하수에서 살고 있는 단각류인 니파르구스 바유바리쿠스 (*Niphargus bajuvaricus*). 이 표본은 독일 노이에르베르크에서 채집, 촬영된 것이다. 만약 여러분이 물을 마시는 컵에 이 다리 많은 종이 담겨 있다면, 여러분의 수돗물이 흘러나오는 대수층이 건강하며 생물 다양성이 높다는 의미이다. (Günter Teichmann, Institude of Groundwater Ecology, Helmholtz Center Munich, Germany.)

한다.[30] 게다가 미국의 수도관은 유럽 대륙이나 다른 지역의 수도관보다 오래된 것이 많기 때문에 물이 새거나 안에서 고이곤 한다.[31] 자연의 대수층에서는 오래된 물이 더 좋은 물이지만 수도관 안에서는 반대이다. 수도관 안에 물이 고이면 병원체가 자라기 좋은 환경이 된다. 이에 대처하기 위해서 미국의 정수 처리장에서는 보통 유럽의 비슷한 시설에서 사용되는 것보다 더 많은 살생물제를 사용한다. 염소를 쓰기도 하고, 클로라민을 쓰기도 하고, 때로는 섞어서 쓰기도 한다. 정수 처리장에는 복잡한 기술이 사용되기도 하지만, 대부분 모래, 탄소, 막(membrane)을 통과시키는 일련의 여과 단계 또는 오존 처리, 살생물제 처리 등을 통한 물속 생물 제거에 의존한다는 점에서는 아주 단순하다고 할 수 있다.[32] 살생물제로 소독을 하더라도 물속에 아무것도 남지 않는 것은 아니다. 그 안에는 약한 종들이 죽은 후에 살아남은 강한 종들과 약한 종들의 사체, 약한 종들이 먹던 먹잇감들이 떠다닌다.

생태학자들이 지난 100년간 배운 사실이 있다면, 어떤 종을 죽이고 그 종이 먹던 먹잇감을 남겨두면 강한 종들은 경쟁자들의 죽음으로 만들어진 공백 상태에서 오히려 더 번성한다는 것이다. 생태학자들은 이런 상태를 "경쟁 해방(competitive release)"이라고 부른다. 경쟁에서 해방된 종들은 흔히 기생과 포식으로부터도 해방된다. 수도관 안에서는 염소나 클로라민에 내성이 있거나 혹은 조금이라도 더 강한 종이 번성할 것이라고 추측할 수 있다. 미코박테륨 종은 일반적으로 염소와 클로라민에 대한 내성이 매우 강하다.

노아와 나는 다른 동료들과 함께 샤워기 헤드 연구의 데이터들을 검토하면서, 정수 처리를 거치지 않은 지하수, 정수 처리를 거친 미국의 수돗물, 정수 처리를 거친 유럽의 수돗물 간의 차이를 염두에 두었다. 의학자들은 통제가 덜 되고, 처리를 덜 거쳤으며, 자연의 변덕에 좀더 취약한 우물물에 미코박테리아가 더 많을 것이라고 예측해왔다. 그러나 생태학자인 노아와 나, 그리고 나머지 팀원들은 반대의 가능성도 고려해야 했다. 미코박테리아는 사실 정수 처리를 거친 수돗물이 나오는 샤워기 헤드, 특히 미국처럼 정수 처리장에서 염소나 클로라민을 사용하는 지역의 샤워기 헤드 안에 더 많을지도 모른다고 말이다. 미코박테리아는 상대적으로 염소와 클로라민에 대한 내성이 강하다. 살생물제 처리를 통해서 수돗물 종들의 대부분은 죽겠지만 거기에 미코박테리아는 포함되지 않을 것이다. 우리는 이 가설에 맞는 선례를 찾아냈다. 샤워기 헤드 안의 세균에 관한 한 연구에서 덴버의 샤워기 헤드를 표백제로 세척한 결과 미코박테륨 종의 수가 3배나 증가했다는 사실을 언급한 바 있었던 것이다.[33] 하나의 사례이기는 했지만 흥미로웠다.

데이터를 검토하면서 우리는 샤워기 헤드 샘플들 안의 미코박테리아가 기껏해야 대여섯 종쯤 되리라고 예상했다. 그리고 그런 종들이 여러 번의 의학 연구를 통해서 배양되었으리라고 생각했다. 그러나 우리가 발견한 것은 10여 종이나 되었고, 그중 상당수는 학계에 알려지지 않은 종이었다. 샤워기 헤드에 어떤 종이 사느냐는 어느 정도 지역과 관계가 있어 보였다. 유럽에는 북아메리카와는 다른 종들이 살고 있었다(단지 샤워기 헤드의 종류가 달라서만은 아니었다). 하지만 미국 내에서도 미시간에 사는 종과 오하이오에 사는 종은 달랐으며, 플로리다에 사는 종과 하와이에 사는 종도 달랐다. 그 이유는 물이 나오는 대수층의 차이 때문일 수도 있고, 수원이 대수층인지 지표수인지의 차이 때문일 수도 있고, 기후나 지형적인 영향 때문일 수도 있다.

샤워기 헤드 속에 존재하는 미코박테륨 종들이 서로 다른 이유를 설명하기는 어려웠지만, 그 수는 좀더 예측하기 쉬웠다. 우리는 각 연구 참가자들의 집에 나오는 수돗물의 염소량을 측정했다. 미국의 도시 용수를 사용하는 집의 수돗물 속 염소 농도는 우물물을 쓰는 집에 비해 15배나 높았다. 우리는 그 정도 차이면 결과에 영향을 미치기에 충분하다고 생각했다. 그런데 그 영향은 우리의 예상보다 훨씬 더 컸다. 미국의 도시 용수 속 미코박테리아는 우물물에 비해 두 배나 많았다. 도시 용수를 사용하는 일부 샤워기 헤드 안의 세균은 90퍼센트가 미코박테륨 종이었다. 반면 우물물을 쓰는 집의 샤워기 헤드 안에는 미코박테륨 종이 없는 경우가 많았다. 그런 집의 샤워기 헤드 안 생물막에는 미코박테리아 대신 다른 종류의 세균들이 매우 다양하게 포함되어 있었다. 미국과 마찬가지로 유럽에서도 우물물을 쓰는 샤워기 헤드의 미코박테리아 수가 적었다. 하지만 유럽에서는 도시 용수를 쓰는 집의 샤워기 헤드 안에도 미코박테리아의 수가 적었다(미국 도시 용수의 절반 정도였다). 유럽의 도시 용수는 살생물제 처리를 아예 하지 않는 경우가 많으므로 예상 가능한 결과였다. 우리 연구의 샘플에서 유럽의 수돗물에 남아 있는 염소는 미국의 수돗물에 남아 있는 염소보다 11배나 적었다. 우리가 이 결과에 관해서 숙고하는 동안, 스위스 연방 해양과학기술 연구소의 케이틀린 프록터가 우리가 발견한 사실과 매우 유사한 연구 결과를 발표했다. 프록터와 그녀의 동료들은 전 세계 76가구의 샤워기 헤드와 연결된 호스 속의 생물막들을 비교 분석했다. 그리고 물을 소독하지 않는 도시들(덴마크, 독일, 남아프리카 공화국, 스페인, 스위스 등)에서 채취한 샘플의 생물막이 더 두껍지만(더 미끌거리지만), 물을 소독하는 도시들(라트비아, 포르투갈, 세르비아, 영국, 미국 등)에서 채취한 샘플은 생물 다양성이 더 낮고 미코박테리아가 더 많은 경향이 있다는 사실을 발견했다.

지금까지 우리가 얻은 결과도 케이틀린 프록터의 연구 결과와 일치하며, 일부 정수 처리장에서 살생물제를 사용하여 많은 종을 죽이는 것이 오히려 미코박테리아가 번성할 수 있는 환경을 조성하는 것이라는 우리의 가설과도 일치한다. 만약 그렇다면 최신식 정수 처리기술이 그러한 처리를 거치지 않은 대수층(혹은 적어도 안전하다고 여겨지는 대수층)에서 나오는 물보다 오히려 인간에게 덜 유익한 미생물들로 가득한 수돗물을 만들고 있는 것이다. 우리는 집집마다 미코박테리아 수가 그토록 차이가 나는 이유를 설명할 수 없었다. 하지만 우리는 염소와 클로라민의 사용이 일반적으로 샤워기 헤드 안의 미코박테리아 수를 증가시키며, 그럴 경우 사람들이 미코박테리아에 감염될 가능성도 높아진다는 가설을 세웠다. 우리의 분석 결과, 미국 특정 주의 샤워기 헤드 안에 있는 병원균주와 미코박테륨 종의 수를 통해서 그 주의 미코박테리아 감염률, 그리고 그림 5.1에서 볼 수 있는 것과 같은 패턴을 충분히 예측할 수 있었다. 하지만 이 이야기에는 반전이 있다. 크리스토퍼 로리의 연구가 그중 하나이다.

로리는 20년간 미코박테륨속의 한 종인 미코박테륨 바카이(*Mycobacterium vaccae*)를 연구해왔다. 그와 동료들은 이 종과 접촉하면 쥐와 인간의 뇌에 있는 신경 전달 물질인 세로토닌의 생산이 촉진된다는 사실을 발견했다. 세로토닌의 증가는 행복감 증가, 스트레스 완화와 연결된다. 로리는 적어도 쥐의 경우, 미코박테륨 바카이를 접종한 개체의 스트레스 회복력이 더 높아진다는 사실을 증명했다. 그는 동료인 독일의 슈테판 레버와 함께 평균 크기의 수컷 쥐들에게 미코박테륨 바카이를 접종했다. 그런 다음 이 세균을 접종하지 않은 평균 크기의 수컷 쥐들(통제집단)과 함께 덩치가 엄청나게 크고 공격적인 수컷 쥐가 있는 우리 안에 넣었다. 그후 이 수컷들의 혈액에서 스트레스 관련 물질의 수치를 측정했다. 통제 집단의 쥐들은 오줌을 싸고, 대팻밥에 파묻혀 작게 끽끽대고, 모든 스트레스 테스트에서 높은 수치를 보였다. 반면 미코박테륨 바카이를 접종받은 수컷들은 스트레스를 전혀 받지 않았다. 현재 군인들이 전쟁에 나가기 전에 외상후 스트레스 장애 위험을 줄이기 위해서(그들이 정신적 외상을 입을 정도의 스트레스에 노출될 것은 거의 확실하다) 미코박테륨 바카이를 접종하는 방법에 관한 논의가 진행 중이다. 말도 안 되는 이야기처럼 들리지만, 로리의 이 연구는 발표 초기부터 아주 중요한 연구로 인정받았다. 2016년, 뇌 행동 연구 재단의 지원을 받은 연구자들이 기고한 500건의 논문들 가운데 가장 뛰어난 10편 중 1편으로 선정되기도 했다.[34] 로리는 자신이 미코박테륨 바카이에서 발견한 것과 비슷한 효과가 있는 미코박테륨 종이 더 많을지도 모른다고 생각한다. 확실하게 알아보는 방법은 하나씩 검증해보는 것뿐인데, 로리가 지금 그 일을 하고 있다. 그는 우리가 샤워기 헤드에서 얻은 미코박테리아들을 배양하여 미코박테륨 바카이와 같은 습성을 보이는 또 다른 종이 있는지 확인 중이다. 만약 그런 종이 있다면, 샤워기 헤드에서 여러분의 몸으로 쏟아지는 미코박테륨 종의 일부가 여러분의 스트레스 완화에 도움을 주고 있을지도 모른다.

샤워기 헤드는 여러분의 집에서 가장 단순한 생태계에 속한다. 일반적인 샤워기 헤드에는 10여 종, 기껏해야 수백 종이 살고 있다. 로리의 연구는 그런 조건에서조차 어떤 미생물이 유익하고 어떤 미생물이 해로운지를 분류하는 일은 불쾌하고, 복잡하고, 어렵다는 사실을 일깨워준다. 미코박테리아의 어떤 균주는 병을 일으킬 수도 있고, 어떤 균주는 행복감을 가져다줄 수도 있다. 어떤 종류인지를 확실하게 알아내기 전까지 우리가 얻은 결과는 연구 참가자들에게 (어쩌면 여러분에게도) 매우 불만족스러울 것이다. 우리에게도 불만족스럽기는 마찬가지이다. 과학이란 그런 것이다. 사람들은 우리가 기쁨과 호기심을 동력으로 연구를 한다고 생각할지도 모르지만 그런 감정은 일부분일 뿐이고 가끔은 불만에 가득 차 있을 때도 있다. 해답을 모른다는 사실이 너무너무 짜증이 나서 연구를 하기도 한다. 그 대상이 샤워기 헤드처럼 바로 눈앞에 있는 것이라고 해도 우리는 어쨌든 연구실로 돌아가 연구를 계속해야 한다. 정확히 무슨 일이 벌어지고 있는지를 아무도 모른다는 사실이 우리를 밤에도 깨어 있게 만든다.

그렇다면 샤워기 헤드를 도대체 어떻게 해야 할까? 그것은 우리도 모른다. 다만 나의 생각을 이야기해볼 테니 1년 후쯤 그 생각이 옳았는지를 다시 확인해주기 바란다. 나는 일부 미코박테륨 종은 유익할 수도 있지만, 일반적인 종들은 특히 면역력이 약화된 사람들에게 약간의 문제를 일으킬 수 있다고 생각한다. 그리고 우리가 물에 있는 생물들을 박멸하려고 노력함으로써 미코박테륨 종의 경쟁자들을 더 많이 없앨수록 이런 해로운 종도 더 많아질 것이라고 본다. 우리는 대체로 금속 재질보다 플라스틱 재질의 샤워기 헤드 안에 미코박테륨 종이 더 적다는 사실을 발견했다. 이것은 플라스틱을 분해할 수 있는 세균들이 미코박테리아와의 경쟁에서 승리했기 때문일지도 모른다(케이틀린 프록터도 샤워기 헤드의 호스에서 비슷한 패턴을 발견했다). 마지막으로 나는 몸을 씻기에 가장 안전한 물은 갑각류를 포함하여 다양한 생물들이 살고 있는 지하의 대수층에서 나오는 물이라고 생각한다. 대수층에 사는 갑각류는 물의 더러움이 아니라 건강함을 보여주는 지표이다. 문제는 이런 대수층을 이루려면 시간과 공간, 다양한 생물이 필요하다는 것이다. 또한 오염도 일어나지 않아야 한다. 이것이 대도시들이 유념해야 할 교훈이다. 앞으로도 우리는 수돗물에 있는 모든 것들을 없애려고 할 테지만, 안타깝게도 그러면 우리가 우리의 몸으로 쏟아지기를 원하지 않는 강한 종들(미코박테륨, 레지오넬라 등)에게 유리한 환경을 만들어주게 될 것이다. 한편 우리는 좀더 자세한 연구를 통해서 천연 대수층이 어떤 원리로 수계 안에 독소와 병원체가 쌓이는 것을 막아주는지를 알아내게 될 것이다. 그리고 그 원리가 밝혀지면 천연 대수층을 모방한 환경을 조성하려고 할 것이다. 처음에는 성과가 없더라도 더 나은 방법을 천천히 찾아낼 것이며, 그 비결은 생물 다양성을 중요하게 여기고 자연이 우리보다 훨씬 더 효과적으로 해내는 일들을 가치 있게 생각하는 태도일 것이다. 여러분이 가끔씩 새 샤워기 헤드를 구입해야 하는가에 관해서는 아직 대답할 수 없다. 하지만 이 책을 읽은 여러분은 아마도 집의 샤워기 헤드를 교체하지 않을까 싶다.

6

너무 많아서 생기는 문제

어둠 속에 숨어 있는 괴물이 없다면 바다가 무슨 의미가 있겠는가?
—베르너 헤어초크

일반적으로 우리는 우리가 먹을 수 있는 생물이 아닌 한, 번성하는 종을 싫어하는 경향이 있다. 지구의 대부분을 우리가 장악하고 있기 때문에, 번성하는 종은 거의 언제나 우리에게 피해를 끼치기 때문이다. 그들은 우리를 먹거나, 우리의 식량을 먹거나, 우리가 만든 것을 먹는다. 예를 들면 우리가 지은 집 같은 것들 말이다. 우리가 처음 집을 짓기 시작했을 때부터 집을 갉아먹는 종들은 존재했다. "아기 돼지 세 마리" 이야기에서는 돼지를 쫓던 늑대가 집을 무너뜨렸다. 현실에서 우리의 집을 무너뜨리는 생물은 보통 늑대보다는 훨씬 작지만 그만큼 위험한 종들이다. 어떤 종이 집을 위협하느냐는 그 집이 지어진 방식과 장소에 달려 있다. 돌로 지은 집은 수천 년씩 유지된다. 초기 문명의 건축물 중 일부가 지금까지 남아 있는 것도 그래서이다. 진흙으로 지은 집도 주변 환경만 건조하다면 오래 간다. 그러나 우리가 사는 집의 대부분은 죽은 나무로 지어지며, 죽은 나무는 많은 종들의 먹잇감이다. 물론 흰개미도 나무를 갉아먹는 종에 속한다. 이들의 장 속에는 목재의 소화를 돕는 특별한 세균들이 있다. 그러나 뭐니 뭐니 해도 진정한 파괴의 달인은 진균(fungi)이다.

진균은 건조한 집에서는 눈에 잘 띄지 않지만 벽이나 바닥에 물을 쏟으면 자라기 시작한다. 습기를 먹어치우며 천천히 번져가는 진균의 균사가 오래된 나무의 세포 하나하나에 구멍을 뚫어 여는 소리를 실제로 들을 수 있다면 꽤 무시무시할 것이다. 진균은 균사를 이용해서 양분을 섭취하고 이동한다. 한 부위에서 균사를 수축시키고 다른 부위에서 확장시키는 방식으로 장소를 옮기며, 느릿느릿 기어다닌다. 진균에게 여러분 집의 벽은 영양분으로 가득 찬 공간이다. 이들은 충분한 습기와 시간만 있다면 목조 주택의 거의 전부를 먹어치울 수 있다. 진균은 나무를 먹고, 짚도 먹는다(먼지 안에 있는 소량의 양분을 놓고 세균과 경쟁을 하기도 한다). 수백 년의 시간만 주어진다면 벽돌과 돌도 부술 만한 양의 화학물질을 분비할 것이다. 성장과 함께 진균의 모든 활동은 규모가 커진다. 나무와 종이를 더 빠르게 분해하고, 포자든 독소든 뭐든 간에 더 많이 생산한다. 일부 진균은 개체 수만 많으면 집 한 채를 통나무 하나 분해하듯이 흙으로 만들어버릴 수도 있다. 하지만 그런 일이 일어나기 오래 전부터 또다른 문제들을 일으킨다. 진균류와 잘못 접촉하면 위험할 수 있다. 일부 진균은 알레르기와 천식을 유발한다. 독성 검은곰팡이라고도 불리는 스타키보트리스 카르타룸(Stachybotrys chartarum)은 집 안에서 엄청난 양으로 증식할 수 있는데, 그럴 경우 인간도 피해를 입는다.

이 눈에 잘 띄는 곰팡이는 우리가 잘 아는 집 안의 진균 중 하나이다. 스타키보트리스 카르타룸은 보기 드문 종이 아니다. 집에서 이 종을 보았다고 하면 대부분의 주택 전문가들이 여러분에게 곰팡이 제거 업체에 연락하라고 조언할 것이다. 그런 업체들은 여러분의 집 안에서 눈에 보이는 모든 스타키보트리스 카르타룸을 제거할 것이다. 여러분의 책들을 닦고 또 닦고 심지어 버리기도 하고, 여러분의 옷에 특수 처리를 하거나 어쩌면 그것 또한 버릴지도 모른다. 이런 희극이 끊임없이 반복되고 있다. 주인공과 세부 사항만 바뀔 뿐이다. 악역은 늘 똑같지만 실제로 벌어지고 있는 일이 터무니없이 불확실하다는 사실 또한 그대로이다.

나도 진균에 대해서 몇 년 동안 공부하고 생각해왔지만, 비르기테 안데르센을 만나기 전까지는 스타키보트리스 카르타룸에 대해서 제대로 알지 못했다. 비르기테는 집 안 진균의 전문가이다. 그녀의 연구 주제는 두 가지로, 무엇이 집 안의 건축자재를 먹어치우는가, 그리고 대부분의 사람들이 유해하다고 생각하지만 그녀에게는 매력적인 그런 종들이 애초에 어떻게 집 안으로 들어오게 되는가이다. 비르기테는 스타키보트리스 카르타룸과 많은 시간을 함께 보낸다.

나는 비르기테에게 이메일을 보내서 만남을 청했다. 그녀의 초대를 받은 나는 코펜하겐 중부에서 자전거를 타고 그녀가 재직 중인 덴마크 공과대학(DTU)으로 갔다. 그날은 덴마크 날씨 치고는 비교적 화창했다. 그 말은 대학 건물 앞에 자전거를 댔을 때, 나의 온몸이 빗물에 흠뻑 젖어 있었다는 뜻이다. 젖은 옷에서 곰팡이가 피어나는 것이 느껴졌다. 진균에 대한 대화를 나누러 왔으니, 찝찝하기는 해도 분위기는 완벽하게 잡힌 셈이었다.

비르기테의 연구실은 여러 가지 문제를 해결하기 위한 복잡한 장비들이 있는 공학동 2층에 위치하고 있다. 이 건물에서 비르기테는 괴짜에 속한다. 진균을 **사랑하고**, 진균 연구에만 전념하는 사람이기 때문이다. 그녀는 연구를 위해서 진균을 키우고, 그것을 현미경 아래에서 신중하게 동정하고, 사진을 찍어서, 덴마크의 각종 진균들을 실은 편람에 추가한다. 업무가 끝난 후에는 취미로도 같은 일을 한다. 비르기테는 진균들이 제각기 다른 방식으로 아름답다고 생각한다. 진균을 기르고 동정하는 데에 필요한 기술이나 집념을 갖춘 사람의 수는 매년 줄어드는 것처럼 보이는데, 그녀는 그 두 가지를 모두 갖췄다. 한때는 비르기테에게도 길에서 마주치면 "내가 어떤 진균을 관찰 중인지 말하면 깜짝 놀랄걸"이라고 열정적으로 이야기할 수 있는 동료들이 많았다. 하지만 진균에 대한 열정을 품고 있던 그녀의 동료들이 은퇴한 후, 현재 비르기테가 있는 대학에는 생물(이 경우에는 진균)을 기르고 동정하고 분류할 수 있는 능력을 지닌 새로운 생물학자들이 거의 고용되지 않고 있다. 『사이언티스트(*The Scientist*)』지의 한 기사는 "야생종을 명명하고 분류하고 기를 수 있는 과학자들이 사라져가고 있는 것은 아닌가"라는 질문을 던지기도 했다(결론은 그렇다였다).[1] 이런 연구는 꼭 필요하다. 진균의 대부분은 아직 이름도 붙여지지 않았다. 그러나 그런 종들과 그들의 기초적인 생태를 기록하는 연구는 별로 매력적으로 보이지 않기 때문에 고용위원회와 기금 지원기관의 보상을 받을 가능성이 적다. 비르기테는 현재 건물 한구석에서 홀로 진균을 동정하고 있으며, 그녀와 같은 연구자는 덴마크 전체에도 몇 명 남지 않았다.

비르기테를 만날 무렵은 내가 노아 피어러와 다른 연구자들과 함께 일반인들의 도움을 받아 1,000채가 넘는 주택의 문지방에서 먼지 샘플을 채취한 뒤였다. 우리는 DNA 분석을 통해서 각 먼지 샘플 안에 있는 세균의 종을 밝혀냈다. 진균에도 같은 방식을 적용하여 집 안에 사는 진균이 어마어마하게 다양하다는 사실을 발견했다. 우리가 찾아낸 진균의 종류는 4만 가지에 달했다.[2] 세균의 종류보다는 적었지만 놀라움은 더 컸다. 북아메리카 전체에서 이름이 붙여진 진균류—버섯, 먼지버섯, 곰팡이 등—도 2만5,000종이 되지 않기 때문이다. 지금까지 북아메리카의 실내와 실외 모두에서 발견된 것보다 더 다양한 종류의 진균(혹은 적어도 진균의 DNA로 보이는 것들)을 집 안에서 찾아낸 것이다. 우리가 집 안에서 발견한 수천 종의 진균은 아직 이름이 없다. 이 이름 없는 진균들은 우리가 집 안에 관해서뿐만 아니라 전반적으로 얼마나 무지했는지를 알려준다. 이름이 있는 진균의 경우는 각기 독특한 배경들이 있었다. 진균의 생활 주기는 흔히 다른 종에 의존하기 때문에 진균의 존재는 그들 자신의 존재뿐 아니라 그들이 의존해서 사는 다른 생물의 존재도 알려준다. 포도에 병을 일으키는 일부 진균의 존재는 근처에 포도밭이 있다는 사실을 알려주었다. 특정한 종의 꿀벌에게 병을 일으키는 진균은 주변에 그 벌이 있다는 뜻이었다. 일부 개미의 뇌에서 기생하는 종류도 있었다.[3] 노스캐롤라이나 주 동부에서는 투베르속 (*Tuber*)의 진균이 발견되었다. 이 종은 나무뿌리와 공생관계를 형성하며, 돼지 수컷이 암컷을 유혹하기 위해서 발산하는 페로몬과 비슷한 냄새의 송로 버섯을 생산함으로써 한 곳에서 다른 곳으로 퍼져나간다. 송로의 구애를 받은 돼지 암컷은 땅을 파서 그것을 찾아먹는다. 이 돼지가 현재 송로가 살고 있지 않은 다른 숲속의 어린 나무 근처에 배설을 한다면, 그 송로는 운이 좋은 것이다.

집 안 세균의 경우, 우리가 환경 세균의 대부분을 차단하고 대신 샤워기 헤드나 음식이나 인체의 노폐물과 같은 극단적인 환경에서 생존할 수 있는 세균들로만 주변을 채웠다는 이론이 힘을 얻고 있다. 진균과 세균 모두 다른 작은 생물들과 함께 "미생물"로 묶이는 경향이 있기 때문에, 진균의 상황도 세균과 유사하리라고 추측하기 쉽다. 하지만 진균은 세균보다 동물과 훨씬 더 가까운 관계이다. 실제로 진균을 통제하기 어려운 이유 중의 하나는 진균 세포를 죽이는 화학물질이 인간의 세포 또한 죽이는 경향이 있기 때문이다. 또한 세균의 경우와 달리 병원체로든 공생체로든 인간의 몸에 사는 진균은 거의 없다. 우리의 몸은 진균이 살기에는 온도가 너무 높기 때문이다(인류의 온혈성 자체가 진균을 막기 위해서 진화했다는 주장도 있다).[4] 그러므로 집 안 진균의 사정은 세균 쪽과는 전혀 다를 수 있다. 그리고 실제로도 그렇다는 사실이 증명되었다.

많은 실내 진균들은 단순히 실외에서 흘러들어온 종으로 보인다. 집 안의 진균은 집 밖에서 발견되는 진균과 매우 유사하다. 서로 다른 지역의 집 안에서 발견되는 진균의 종류가 각기 다른 것은 집 밖의 진균 종류가 다르기 때문이다.[5] 실외 진균이 실내 진균에 미치는 영향이 워낙 크기 때문에 면봉으로 채취한 먼지가 미국의 어느 지역에서 왔는지를 오직 그 안에 있는 진균 종에 기초하여 50-100킬로미터 범위까지 알아낼 수 있다.[6] 여러분이 집 안에서 채취한 샘플을 보내주면 우리가 그것을 통해서 여러분이 사는 곳을 알아맞힐 수 있다는 뜻이다(다만 이렇게 하려면 여러분이 몇백 달러의 돈을 함께 보내주어야 한다. 재미로 하기에는 꽤 돈이 드는 일이다). 여러분과 접촉하게 되는 이 수천 종의 진균들을 변화시키는 가장 좋은 방법(그리고 아마도 유일한 방법)은 이사를 가는 것이다.

우리는 밖에서 들어오는 종 이외에도 실외보다 실내에 더 많은, 실내 생활에 특화된 것처럼 보이는 종들도 발견했다. 하지만 이런 종들이 너무 많아서 어떤 종에 초점을 맞춰야 할지, 어떤 종이 우리와 함께 장소를 옮겨다니며 우리가 있는 곳에서 번성하는지를 알아내기 어려웠다. 더 많은 통찰을 얻기 위해서 나는 다시 한번 국제우주정거장(ISS)과 러시아 우주정거장 미르(Mir)로 주의를 돌렸다. 우주정거장에서 발견된 진균은 실내 생활을 하고 있음이 분명하다. 이들이 열린 창이나 해치를 통해서 안으로 들어왔을 리는 없기 때문이다. 진균도 우주정거장 밖의 환경에서는 오래 생존할 수 없다.[7]

미르에 사는 진균에 관해서는 잘 알려져 있다. 처음 발사된 1986년 이후, 미르에서 여러 번 샘플을 채취했기 때문이다. 공기 중에서 500개, 그리고 우주정거장 곳곳의 표면에서 600개의 샘플이 채취되었다. 그후 이 샘플들은 미르나 지구에서 배양되었다. 빠짐없이 배양한 것은 아니었지만,[8] 그래도 결과는 명확했다. 미르는 진균의 정글이었다. 그 안은 100종이 넘는 진균들로 가득 차 있었다. 미르에서 채취한 1,000개가 넘는 샘플 전부에서 진균이 발견되었다.[9] 이 진균들은 살아 있었고, 대사 작용을 하고 있었다. 한 우주비행사는 미르에서 썩은 사과 냄새가 난다고 묘사하기도 했다(그래도 ISS에서 나는 사람의 체취보다는 나았을 것이다). 그뿐만 아니라 한번은 미르의 통신장비가 고장 나서 지구와 연락이 끊긴 적이 있었는데, 알고 보니 진균이 전선을 싼 절연 덮개를 갉아 먹어 합선이 되었던 것으로 밝혀지기도 했다.[10] 다시 말해서 진균은 우주에서 자리를 잡고 번식을 하고 여러 세대를 이어가며 인간보다도 훨씬 더 번성하고 있었던 것이다. 이것은 화성 이주를 꿈꾸는 사람들에게 교훈을 주는 이야기이다. 인간이 성공적으로 화성에 정착하여 생활하면서 아이들을 낳기 전에, 진균들이 훨씬 더 먼저 그 일을 해낼 것이다.

원래 ISS에는 미르에 비해서 미생물이 없는, 적어도 진균류는 더 적은 것으로 알려져 있었다. 물론 미르에는 진균이 살고 있었지만 이 우주정거장은 접착테이프와 꿈으로 간신히 버티고 있는 것으로 유명했으니 그 사실도 그리 놀랍지 않았을지 모른다. 그러나 시간이 지나면서 ISS의 생물들도 다양해지고, 진균들도 생겨났다. 2004년까지 ISS에 흔한 것으로 밝혀진 진균은 38종이었다. 이 38종은 미르에서 발견된 종들의 부분 집합이었으며, 미르에서 발견된 종들은 우리의 집 안에서 발견되는 종들의 부분 집합이었다.

우주선에서 발견되는 진균의 상당수는 그들을 연구하는 생물학자들에게 "기술 애호가들"로 불린다. 우주왕복선과 우주정거장의 재료인 금속과 플라스틱을 분해하는 그들의 능력 때문이다.[11] "기술 애호가들"이라고 하면 꼭 신시사이저를 연주하는 보이 밴드의 이름처럼 들리지만, 이 말은 이런 종들이 기술을 너무 "애호하는" 나머지 그것을 먹어치운다는 의미이다.[12] 이미 페니실륨 글란디콜라(Penicillium glandicola, 빵 곰팡이의 친척), 아스페르길루스(Aspergillus, 일본의 전통주 양조에 쓰이는 균의 친척), 클라도스포륨(Cladosporium)에 속하는 종들이 ISS 자체를 먹어치우고 있다는 사실이 밝혀졌다. 다만 ISS의 모든 진균이 기술 애호가는 아니다. ISS에는 없었지만 미르에서는 맥주 효모인 사카로미케스 케레비시아이(Saccharomyces cerevisiae)가 발견되었다(러시아인들이 우주에서 더 좋은 시간을 보냈다는 의미일지도 모른다).[13] 로도토룰라(Rhodotorula) 속의 종들도 있었다. 이들은 샤워실 벽의 타일 사이에서 흔히 볼 수 있는 분홍색 진균으로 드물게는 칫솔이나 지구에 사는 사람들의 몸에서도 발견된다.[14] 우주비행사들과 함께 살아가던 종들은 확실히 실내 환경에서 번성하는 종들이었다.[15]

우리는 우주정거장에 사는 모든 종류의 진균을 집 안에서도 발견했다. 사실 우리가 샘플을 채취한 거의 모든 집에서 우주정거장에 존재했던 종들이 나왔다. 단지 집집마다 더 수가 많은 종이 달랐을 뿐이다. 사람이 많이 사는 집에는 보통 인체나 식품과 관련된 진균이 더 많았다.[16] 집 안의 난방이나 냉방 상태도 그 안에 사는 종에 영향을 미쳤다. 특히 에어컨이 있는 집에는 클라도스포륨과 페니실륨이 더 많았다. 일부 사람들이 알레르기 반응을 보이는 이러한 진균들은 냉방 설비 안에서 증식하여 에어컨을 켠 집과 사무실 안으로 퍼져나간다.[17] 여러분이 집이나 차의 에어컨을 틀었을 때에 나는 특이한 냄새는 바로 이 진균들이 내뿜는 것이다.[18]

우리는 앞으로 수십 년 동안 집 안 진균류에 관해서 수집한 데이터의 미스터리를 풀어나갈 예정이지만, 그중에서도 좀더 빨리 풀어야 할 한 가지 미스터리가 있다. 바로 우주정거장 안에는 없었으며, 우리가 수집한 집 안 샘플에도 드물었던 스타키보트리스 카르타룸에 관한 미스터리이다. 스타키보트리스 카르타룸은 문제를 일으킬 때는 눈에 잘 띄는 종이지만 우리의 샘플 안에서는 보이지 않았다. 우주정거장에 스타키보트리스 카르타룸이 없는 것은 이 진균이 섭취할 물질이 없기 때문일 수도 있다. 내가 알기로 ISS에는 목재도 셀룰로스도 없다. 어쩌면 이 진균이 일부 플라스틱은 분해할 수 있을지도 모르지만 말이다.[19] 그러나 스타키보트리스 카르타룸이 우리가 연구한 집 안에도 드문 이유는 이것으로 설명되지 않는다.[20]

나는 비르기테에게 이 문제에 관해서 물어보고, 우리의 연구에 관해서도 설명했다. ISS를 구체적으로 언급하지는 않았지만 대화를 나누는 동안 나는 우리 머리 위의 먼 하늘에 떠 있으면서도 어쨌든 진균은 태우고 있을 그것을 떠올렸다. 비르기테는 놀라지 않았다. "그 종은 포자가 많고, 끈적거리는 머리가 달려 있잖아요. 그런 게 왜 나오겠어요?" 달리 말하면, 먼지 속에 떠다니지 않는 종이 먼지 샘플 속에서 나올 리 없다는 뜻이었다. 그리고 비르기테는 다시 강조했다. "그런 게 나올 거라는 생각을 왜 한 거예요?" 비르기테는 직설적이다. 정말이지 왜 그런 생각을 했을까. 하지만 나는 다시 물었다. 떠다니지 않는 종이 집 안에는 어떻게 들어갔을까? 왜 집 안에는 들어갔는데 우주정거장에는 들어가지 못했을까? (그렇게 많은 종이 아무 문제없이 들어갔는데도 말이다.) 비르기테가 대답했다. "우리가 한 연구 중에 흥미로워하실 만한 게 있죠."

서랍에서 찾아낸 쿠키와 견과류(눈에 보이지는 않지만 우리가 들이마시는 공기 중의 다양한 진균들을 뒤집어쓰고 있었을 것이다)를 함께 먹으며 비르기테가 자신의 연구에 관해서 이야기해주었다. 건식벽, 벽지, 목재, 시멘트 등 현대 주택의 재료가 되는 물질들에 초점을 맞춘 연구였다. 비르기테는 집 안의 공기에는 눈곱만큼도 관심이 없었다. 대신 집을 만드는 재료, 즉 벽돌, 돌, 나무, 무엇보다 건식벽에 관심이 있었다.

비르기테는 집 안의 건축자재마다 각기 다른 진균을 가지고 있는 것으로 보인다는 사실을 발견했다. 우주정거장의 물질들도 자세히 연구하면 같은 결과를 얻게 될지도 모른다. 비르기테는 시멘트에서, 여러 생물들이 뒤엉켜 사는 실외의 토양에서 찾을 수 있는 것과 같은 종류의 진균을 발견했다. 그중에는 과학자들이 최초로 연구했던 진균종들도 포함되어 있었다.[21] 과학자들이 그 진균들을 연구한 것은 가까이 있었기 때문이다. 그들이 가까이 있었던 이유는 과학자들의 집 안에 살고 있었기 때문이다. 예를 들면 비르기테가 발견한 털곰팡이는 레이우엔훅에게 영향을 준 것으로 보이는 로버트 훅의 『마이크로그라피아』에도 묘사되어 있다. 비르기테는 알렉산더 플레밍이 자신의 연구실에서 우연히 발견했던 페니실륨(Penicillium)도 찾아냈다. 플레밍은 이 진균에서 항생물질을 발견했다. 페니실륨은 이 항생물질을 이용해, 양분을 두고 자신과 경쟁하는 세균의 세포벽을 약화시킴으로써 그 세균이 성장하면 터져버리도록 만든다. 우리는 같은 항생물질을 사용해서 미코박테륨 투베르쿨로시스와 같은 병원체를 막아내며 우리의 생존을 위해서 싸운다.

털곰팡이, 페니실륨 등의 진균은 우주정거장에도 진출했다.[22] 이들이 시멘트 바닥에서도 살고 우주정거장에서도 산다는 사실은 우리가 이들과 행복하게 공존할 방법을 모색해야 한다는 뜻이다. NASA의 통제 절차도 통과하고, 우주 공간까지 진출한 생물이라면 아마도 가지 못할 곳이 거의 없을 것이다.[23] 어쩌면 고대에 인류가 살던 동굴의 벽에서 자라던 것과 같은 종들일지도 모른다. 만약 그렇다면 그 동굴에서부터 우리가 가는 곳이면 어디든 따라온 것이다. 충분한 시간만 있다면 벽돌이나 돌까지 먹어치우는 진균도 같은 종류에 속한다. 이들은 여러분의 집 바닥을 천천히 먹어치우거나 혹은 시멘트를 서식지로 삼고 (균사로 몸을 지탱하면서) 눈에 띄지 않는 작은 먼지나 접착제 등 시멘트 표면에 있는 다른 물질들을 먹고 있을지도 모른다.[24] 이들은 기념물을 수백 년간 보존하고 싶어하는 사람들에게는 골칫거리이겠지만, 여러분의 집 지하실에서라면 그저 시간만 충분하다면 뭐든 먹어치우는 진균의 힘을 보여주는 흥미로운 증거 정도에 불과할 수도 있다.

목재에도 진균들이 있었다. 우리는 오래 전부터 많은 집을 나무로

지어왔다. 그러나 목재는 셀룰로스와 리그닌으로 이루어진 생물분해성 물질이다. 셀룰로스는 종이의 재료이며, 리그닌은 지붕을 지탱하는 단단한 물질이다. 셀룰로스를 분해할 수 있는 미생물은 많지만 리그닌을 분해할 수 있는 생물은 진균과 소수의 세균들뿐이다.[25] 비르기테가 주택 안의 목재에서 발견한 진균 중에는 셀룰로스, 어떤 경우에는 리그닌까지 분해하는 효소를 생산하는 종도 있었다.[26] 놀라운 것은 이런 일이 우리가 사는 목조 주택과 그 안의 기둥들 속에서 일어난다는 사실이 아니라 그 일을 그토록 오랫동안 막아낼 수 있는 우리의 능력이다. 집 안에 살고 있는, 나무를 분해하는 진균종의 다수는 그냥 외부에서 들어온 것이다. 따라서 그 종류는 집의 재료가 된 나무의 종류, 그리고 근처에 있는 숲의 유형에 따라서 결정된다. 건부병(乾腐病)을 일으키는 진균인 세르풀라 라크리만스(Serpula lacrymans, 녹슨버짐 버섯)처럼 인간과 함께 배를 타고 세계 곳곳을 돌아다니는 것으로 알려진 종들도 있다.[27] 그들은 자신들의 먹잇감으로 계속해서 집을 지어대는 우리를 기꺼이 따라다닌다.

비르기테가 건식벽, 벽지, 그리고 벽지를 바르고 페인트를 칠한 회반죽 벽까지 고려하기 시작하자 결과는 더욱 흥미로워졌다. 이러한 자재들이 물에 젖어 있을 때는 진균들로 가득했다.[28] 그리고 이 진균들 중에 독성 검은곰팡이인 스타키보트리스 카르타룸이 포함된 경우는 25퍼센트에 달했다. 이것도 스타키보트리스 카르타룸이 발생할 만큼 습도가 높은 집의 비율을 낮게 잡았을 때의 결과였다. 비르기테는 각각의 집에서 소량의 샘플을 채취했다. 젖은 건식벽 안에는 이 곰팡이가 결코 드물지 않았다. 오히려 흔하다고 해도 좋을 정도로 많았다. 건식벽과 벽지 안의 셀룰로스와 물이 결합되면 스타키보트리스 카르타룸이 살기에 완벽한 환경이 만들어지는 듯했다. 이것은 중요한 발견이었지만 비르기테는 우선 애초에 이 진균이 건식벽에 침투한 이유를 설명해야 했다.

스타키보트리스 카르타룸은 공기 중에 떠다니지 않는다. 우리가 아는 한 흰개미나 집 안에 사는 다른 곤충들의 몸 안팎을 타고 이동하지도 않는다. 이론상으로는 사람의 옷에 묻어서 들어올 수도 있다. 실내 진균 전문가인 캘리포니아 대학교 버클리 캠퍼스의 레이철 애덤스는 경험을 통해서 얼마나 많은 종이 우리의 옷에 묻어 이동할 수 있는지를 알게 되었다. 지금까지 이루어진 연구들 가운데 손꼽히게 세심했던 실내 진균류 연구에서 레이철은 자신이 대학 건물의 회의실 안에서 발견한 진균종 중 하나가 최근 버섯 관련 행사에서 먼지버섯을 만진 적이 있는 연구실 동료의 몸을 타고 우연히 들어왔다는 사실을 발견했다.[29] 그러나 비르기테는 옷에는 관심이 없었다. 그녀의 관심사는 건축자재였다.

만약 곰팡이가 처음부터 건식벽 안에 있었다면? 건식벽이 제작될 때에 들어와서 벽이 물에 젖을 때까지 그 안에서 조용히, 만족스럽게 기다리고 있던 것이라면? 비르기테는 이 가설을 검증해보기로 했다. 만약 이 파격적인 생각이 옳다면 비르기테는 수십억 달러 규모의 건식벽 산업을 적으로 돌리는 셈이었다. 그녀는 이런 생각을 자신이 처음 한 것이 아니라는 사실을 알게 되었다. 전에도 같은 가능성을 제시한 논문이 있었지만 그 논문에서는 그런 가설을 검증하지 않았다.[30] 하지만 비르기테는 해볼 생각이었다.

미국의 학자들은 연구의 자유를 어느 정도 보장받고 있지만, 대기업들의 막강한 영향력 때문에 점점 더 많은 분야에서 그런 자유가 제한을 받고 있는 것처럼 보인다. 학계가 정부나 기업에 피해를 입힐 수 있는 이론들을 발표하지 않는다는 뜻이 아니다. 많은 미국 학자들이 할리우드 영화를 너무 본 탓인지 막강한 재계 지도자들의 경제적 이익과 상충되는 연구 결과는 더 신중하게 검토해야 할지도 모른다고 생각한다는 뜻이다.[31] 비르기테의 덴마크 동료들이 도전적인 연구를 수행할 때에도 그런 걱정이 머릿속에 스며들지도 모른다. 그러나 내가 그런 위험에 관해서 물었을 때, 비르기테는 현상 유지 여부에 어마어마한 이익이 달려 있는 기업들이 생산하는 건식벽 안에 무엇이 살고 있는지를 연구하는 일이 부정적인 결과를 가져올 수 있다는 걱정 같은 것은 거의 드러내지 않았다. 그녀는 그저 그 안에 무엇이 있는지 알고 싶어했다. 그것은 단순한 감정이었다. 그저 궁금하니까 알아본 것뿐이었다.

먼저 비르기테는 덴마크의 철물점 네 곳에서 판매하는 총 13개의 건식벽체를 연구했다. 그녀는 그 13개의 건식벽체 중에서 2개의 브랜드를, 그 2개의 브랜드에서 각각 세 종류(내화성, 내습성, 일반)의 제품을 선택했다. 그런 다음 각 벽체에서 여러 개의 원판을 잘라내어, 그 원판들을 에탄올(혹은 확실히 하기 위해서 표백제나 살균제)에 담가 표면을 소독했다. 표면을 소독한 이 샘플들은 70일간 멸균수에 담가서 그 안에서 어떤 진균도 자라지 못하도록 했다. 건조된 새 건식벽 안에서는 그 어떤 생물도 살지 못할 것 같았다. 꼼꼼하고도 지루한 작업들이 필요한 연구였다. 그중에는 매일 각 원판 안의 진균 유무를 확인하는 것처럼, 간단하지만 하루도 빠짐없이 해야 하는 일들도 있었다.

마침내 어느 날, 비르기테는 진균이 자라난 것을 목격했다. 그 수는 점점 더 늘어났다. 새 건식벽체 안에 숨어 있던 진균은 네오사르토리아 히라트수카이(*Neosartorya hiratsukae*)였다. 최근 파킨슨병을 일으키는 복합적인 요인들에 포함되는 것으로 알려진 진균이다. 이 진균이 파킨슨병의 유일한 원인일 가능성은 낮지만, 그래도 좋은 소식은 아니었다. 네오사르토리아 히라트수카이는 종류와 구입처, 제조사를 막론하고 모든 건식벽체 안에 존재했다. 비르기테는 알레르기 유발 항원이자 기회 감염 병원체인 카이토미움 글로보슘(Chaetomium globosum)도 발견했는데,[32] 이 진균은 건식벽의 85퍼센트에 존재했다. 그리고 샘플의 절반에서 독성 검은곰팡이인 스타키보트리스 카르타룸이 나왔다.[33] 이 진균은 일단 자라기 시작하자 곧 건식벽 원판들을 새카맣게 뒤덮어버렸다. 이것이 전부가 아니었다. 이외에도 8종의 진균이 건식벽체 안에서 기다리고 있었다.

　이제 비르기테가 건식벽 회사들을 본인이 말한 것보다 더 많이 두려워하고 있는 것은 아닌지를 실제로 시험해볼 시간이었다. 이 연구 결과를 발표할 수 있을까? 이것은 건식벽 산업이 집 안에 들어오는 진균의 종류와 우리의 건강에 영향을 미친다는 뜻이었다. 스타키보트리스 카르타룸은 건강 문제와 자주 연결된다. 네오사르토리아 히라트수카이도 인간에게 질병을 일으킬 수 있다. 이 진균은 집 안의 축축한 벽에서 거의 발견되지 않을 뿐만 아니라 찾아내기도 어렵다. 건식벽과 비슷한 색을 띠는 하얀 자실체를 생산하기 때문이다. 이 진균이 구입처와 관계없이 모든 샘플에서 발견되었다는 것은 분명히 건식벽 제조사에 그 원인이 있다는 의미였다. 물론 비르기테는 이 연구를 발표할 작정이었다. "그 사람들이 뭘 어쩌겠어요?" 그녀가 나에게 물었다. "내 일자리를 빼앗겠어요? 그럼 진균은 누가 찾고?" 이렇게 해서 우리는 건식벽이 새 제품일 때부터 그 안에 진균이 이미 들어 있다는 사실을 확실히 알게 되었다. 비르기테는 이제 건식벽이 새 주택으로 보내지기 전에 이 진균들을 없앨 수 있는 방법을 연구 중이다. 이미 설치된 건식벽 안의 진균을 쉽게 없앨 수 있는 방법은 없어 보인다. 어떤 방법으로 진균을 죽이려고 하든 벽이 손상되고 사람에게도 유해할 것이다. 한편 진균들은 대단한 인내심을 가지고 습기를 기다리고 있다.

진균이 어떻게 건식벽 안에 들어가는지는 확실하지 않지만, 건식벽 생산에 쓰려고 재활용 판지를 보관할 때에 진균이 자라기 쉬운 환경이 조성될 가능성이 있다. 그 판지를 분쇄해서 건식벽을 만들 때까지 진균이 포자 상태로 살아남아 있는 것이다. 비르기테는 판지를 특정한 방식으로 처리하면 될지도 모른다고 생각하고 있지만, 아직은 현실화되지 않았다. 따라서 비르기테의 이론이 옳다면, 바로 오늘 여러분의 집에 도착한 건식벽체 안에도 진균이 들어 있을 것이다. 다만 비르기테도 지적하듯이, 벽이 젖지만 않는다면 상관없다.

스타키보트리스 카르타룸 등 포자가 많은 진균이 어떻게 실내로 들어오는지를 안다고 해서 집 안의 진균을 완전히 이해할 수 있는 것은 아니다. 비르기테는 특정한 진균이 집으로 들어오는 방법을 밝혀냈지만, 이 진균들이 존재하는 곳과 진화한 장소, 자연 서식지가 어디인지는 알아내지 못했다. 스타키보트리스와 가장 가까운 친척은 열대 지방에서 서식하는 미로테키움(*Myrothecium*)으로 보이는데, 우리는 이 진균에 대하여 이들이 열대 지방의 집 안에 서식하는지 여부를 포함해서 거의 아무것도 알지 못한다. 미로테키움이나 스타키보트리스와 가까운 많은 종들이 아직 발견되지 않은 것으로 추정된다. 시골에서는 주로 건초 더미에서 스타키보트리스 카르타룸이 발견되었지만, 이것은 이 진균의 생물학적 특징 때문이라기보다는 우리가 그런 장소들부터 찾아보았기 때문일 것이다. 토양이 스타키보트리스 카르타룸의 자연 서식지라는 주장도 있지만, 이 또한 추측에 불과해서 의미가 없다. 그러므로 야생 상태에서 무엇이 스타키보트리스 카르타룸을 퍼뜨리고, 또 어떻게 이동시키는지는 의문으로 남아 있다. 딱정벌레나 개미가 옮기는 것인지도 모르지만 이것도 추측일 뿐이다. 지금까지 어떤 곤충이 스타키보트리스 카르타룸의 포자를 옮기는지를 조사한 연구는 없었다. 이 진균이 얼마나 오랫동안 집 안에서 살아왔는지도 모른다(전 세계의 전통 가옥이나 고고학적 유적지에 남아 있는 집 안에서 어떤 진균이 발견되는지를 안다면 큰 도움이 되겠지만, 이런 연구 또한 이루어진 적이 없다). 또한 집 안의 진균이 우리에게 얼마나 위험한가도 의문으로 남아 있다. 우리는 진균을 없애는 데에 수억 달러를 투자한다. 때로는 집을 허물기도 한다. 건강했던 사람들도 스타키보트리스 카르타룸과 접촉하면 생긴다는 질병을 치료하기 위해서 필사적으로 애쓰고 있지만, 대부분 별 소용이 없다. 여전히 뭐라고 단언하기가 매우 어려운 문제이다.

집 안에 스타키보트리스 카르타룸을 심고 그 안에 사는 가족들에게 미치는 영향을 관찰하는 연구는 당연히 이루어진 적이 없다. 집을 축축하게 만든 다음 그 안에서 스타키보트리스 카르타룸이 자라는지, 질병이 발생하는지, 그 시점은 언제인지를 연구한 사례도 없다. 그러나 이 진균이 우리를 아프게 만드는 방법에는 두 가지가 있다. 독소를 퍼뜨리는 것, 그리고 알레르기와 천식을 일으키고 악화시키는 것이다.

일단 독소부터 살펴보자. 스타키보트리스 카르타룸은 많은 진균들과 마찬가지로 매크로시클릭 트리코테센(macrocyclic trichothecene)과 아트라논(atranone)이라는 무시무시한 물질을 생산한다. 또한 용혈성 단백질도 만들 수 있다. 양이나 말, 토끼가 이런 물질, 특히 이런 단백질을 먹으면 백혈구 감소증에 걸릴 수 있다. 같은 단백질이 인간의 유아에게는 폐출혈도 일으킬 수 있는 것으로 추정된다. 콧속에 스타키보트리스의 포자를 주입받은 쥐는 병에 걸린다. 다만 주입받는 균주의 종류에 따라서 그 정도가 다르다. 더 많은 독소를 생산하는 균주를 주입받은 쥐는 "폐포 내부, 세기관지, 세포 조직 사이에 삼출성 출혈을 동반한 심각한 염증"을 겪었다. 간단히 말하면 폐에 염증이 생겨 피를 흘리기 시작했다는 뜻이다.[34]

그러나 스타키보트리스가 독소를 생산할 수 있다고 해서 집 안에서도 꼭 그런다는 뜻은 아니다. 최근 비르기테와 동료들은 먼지 속의 스타키보트리스 카르타룸 독소의 존재 여부를 감지하는 새로운 방법을 개발했다. 그리고 그 방법을 사용하여 덴마크의 한 유치원에서 스타키보트리스 카르타룸이 많은 방일수록 그 안을 떠도는 먼지 속의 독소도 많다는 사실을 알아냈다. 일반적으로도 그러한지는 아직 알 수 없지만 그럴 가능성도 있다.[35] 그러나 질병이 발생하려면 많은 양의 진균을 먹어야 (혹은 쥐처럼 킁킁거리면서 들이마셔야) 한다. 스타키보트리스 카르타룸이 풍부하게 서식하는 동시에 독소도 생산하고 있는 집 안의 유아가 우연히 다량의 진균을 섭취하게 되면 실험용 쥐나 가축들이 걸린 것과 같은 종류의 질병을 앓게 될 수도 있다. 다만 지금까지 그런 사례가 보고된 바는 없다. 네오사르토리아 히라트수카이는 스타키보트리스 카르타룸보다 건강에 심각한 영향을 미칠 가능성이 더 높아 보이지만, 이 진균에 관한 연구는 더 적게 이루어졌다(이들도 흔하게 존재하지만 훨씬 눈에 덜 띈다). 이 모든 복잡한 사정 때문에 세계적인 스타키보트리스 전문가 중 한 명인 비르기테조차 실내 진균이 만드는 독소가 건강에 미치는 영향에 대한 질문을 받는 것이 너무 싫다고 말한다. 그녀의 말대로 "넌더리나게 복잡하고 입증하기 어려운 문제이다."

그러나 스타키보트리스의 독소가 질병을 일으키는 경우는 드물다고 해도 다른 방식으로 우리에게 영향을 미칠 가능성이 있다. 스타키보트리스 카르타룸을 들이마시면 알레르기가 유발될 수 있다. 비교적 높은 비율의 사람들이 이 진균에 대한 알레르기 반응을 보인다. 이 경우 실외에서 이 진균과 접촉했을 수도 있지만, 축축한 집의 건식벽에서 자라는 스타키보트리스 카르타룸이 영향을 미쳤을 수도 있다. 건식벽 안에는 스타키보트리스 카르타룸만 있는 것이 아니다. 집의 습도가 높아지면 수가 늘어나는 진균들을 포함해서 다양한 진균들이 알레르기와 천식을 유발한다.[36] 생물 다양성 가설을 제안한 한스키, 하텔라, 본 헤르첸이라면 아마도 다양한 환경 세균과의 접촉이 부족해서 면역체계가 알레르기를 더 잘 일으키는 것이라고 주장할 것이다. 나도 그 생각에 동의한다. 만약 그렇다면 진균이나 다른 생물들(독일바퀴벌레, 집먼지진드기 등)이 많은 집에서는 그 생물들이 유발 요인으로 작용할 것이다. 나는 이런 유발 요인들이 다양한 세균과의 접촉이나 또다른 조건이 부족한 환경에서만 문제를 일으키는 것이라고 추측한다.

생물 다양성 가설이 옳다면, 집 안에 풍부한 진균의 존재와 알레르기 사이의 관계는 복잡하고 우연적인 것일지도 모른다. 실제로 진균 또는 알레르기성 진균이 더 많은 집에서 사는 사람들이 알레르기나 천식에 걸릴 확률이 더 높다는 사실을 발견한 연구들도 있지만, 진균의 존재가 영향을 미치지 않는다는 사실을 밝혀낸 연구가 훨씬 더 많다.[37] 그러나 일단 발생한 천식과 알레르기 증상을 줄이는 것은 애초에 이 질병들이 발생한 이유와 시기를 알아내는 일보다 간단할지도 모른다. 케이스 웨스턴 리저브 대학교의 캐럴린 커크스마가 이끄는 연구진은 증후성 천식 환자이자 곰팡이가 있는 집에서 사는 62명의 어린이를 찾아냈다. 커크스마는 아이들과 그 가족들을 임의로 나누어 한두 가지 조치를 취했다. 아이들 중 절반의 가족(통제 집단)에게는 천식을 관리하는 방법에 관한 몇 가지 지시 사항을 전달했다. 나머지 아이들의 가족(실험 집단)에게는 똑같은 지시 사항을 전달한 후, 연구팀이 그들의 집으로 찾아가서 축축한 목재와 건식벽을 제거하고 새 제품으로 교체했으며, 습기가 침투하는 경로를 차단하고, 에어컨을 수리했다. 이런 조치를 취하자 실험 집단의 실내 공기의 진균 농도는 절반으로 줄어들었다. 통제 집단 쪽은 그대로였다. 더 중요한 것은 개선 작업을 적극적으로 실시한 집의 어린이들이 천식 증상을 보인 날이 통제 집단보다 적었다는 것이다. 이런 효과는 연구 후에도 지속되었다. 실험 집단의 어린이 29명 중 연구가 끝나고 천식 증상이 악화된 어린이는 1명뿐이었다. 통제 집단에서는 33명 중 11명의 증상이 악화되었다. 만세, 해결책은 간단했다![38] 연구는 한 도시에서 소규모로 진행되었지만 개선 방향을 제시했다는 점에서 희망적이었다.

현재 우리가 말할 수 있는 사실은 집 안이 축축할 경우 습기 문제를 해결할 방법을 찾아서 건조시켜야 한다는 것이다. 여러분이 지금 새 집을 짓고 있다면, 습도가 특히 높은 공간에는 건식벽 설치를 피하는 것이 좋다. 그 안에 이미 스타키보트리스 카르타룸이 들어 있지 않으리라는 보장이 없기 때문이다. 그리고 집 안 진균의 생태 연구에 도움을 줄 기회가 온다면 신청해주기를 바란다. 한편 ISS에서는 계속 진균들이 번성하고 있다. 이 사실은 실내 진균 통제를 위해서 어떤 방법을 사용하든 세균과 마찬가지로 진균도 완전히 박멸될 가능성은 매우 낮다는 사실을 상기시켜준다. NASA와 러시아의 과학자들, 그리고 비르기테도 여기에 동의할 것이다.

우리가 집 안에서 발견한 수만 종의 진균들은 각자 스타키보트리스 카르타룸만큼 복잡한 이야기들을 가지고 있기 때문에 계속해서 연구되어야 한다. 여러분은 지금도 잘 알려지지 않은 이 진균들을 들이마시고 있다. 그중 수천 종은 우리에게 너무 낯설어서 이름조차 없다. 여러분이 그들에게 이름을 붙이게 될 수도 있다. 여러분 주위에 이름도 모르는 미생물종이 수천 가지나 있다고 하면 잘 믿어지지 않겠지만, 사실이다. 그리고 이것은 지구 전반에 대한 우리의 폭넓은 무지를 보여주는 한 가지 예일 뿐이다. 우리는 이제 막 이 행성을 탐사하기 시작했다. 대부분의 생명체는 여전히 이름이 없다. 세균의 경우는 아직 겉핥기도 제대로 하지 못한 상태이다. 진균은 아마도 3분의 1쯤 이름을 붙인 것 같지만 그 다음에 할 일, 즉 각 종의 생태를 자세히 연구하는 일은 아직도 완료되려면 멀었다. 우리가 운이 좋다면 곤충에 관한 연구는 절반쯤 끝났을 수도 있다. 그러나 집 안을 연구하는 일에는 또다른 특별한 요소가 작용한다. 우리는 실내에서 사람에게 해를 끼치는 종을 주로 연구하는 경향이 있다. 하지만 그밖의 종에 대해서는 아무도 연구하지 않는다. 기초생물학자들이라면 그런 연구를 할지도 모른다. 하지만 선택의 자유가 주어진다면 대부분의 기초생물학자들은 숲속의 오솔길을 걸어다니거나 (이를 테면 코스타리카의 현장 연구소 같은) 외딴 지역을 탐사하는 쪽을 택할 것이다. 우리는 눈가리개를 쓴 것처럼 우리 주변의 무해한 야생 생물들을 보지 못하고 있다. 최근에 사람들에게 그들의 집 지하실에 무엇이 살고 있냐고 물어보았을 때, 나는 그 사실을 아주 확실히 깨달았다.

7

먼 곳만 보는 생태학자

인간과 함께 살아가는 동물의 숫자는 어마어마하다.
—헤로도토스

약한 바람이 배를 움직이고, 작은 벌이 꿀을 가져오며,
하찮은 개미가 빵 부스러기를 옮긴다.
—인싱어 파피루스, 제25장 1-4절

무수한 파리가 바로의 궁과 그의 신하의 집과 애굽 온 땅에 이르니
파리로 말미암아 그 땅이 황폐하였더라.
—「출애굽기」 제8장 24절

우리가 집 안의 세균과 진균을 미처 보지 못하고, 파악하지 못하는 것은 그들의 크기가 너무 작기 때문이기도 하다. 그러나 동물에 관해서는 다른 이유가 있다. 나는 생태학자들과 진화생물학자들이 집 안에 살고 있는 비교적 커다란 종들에게도 주의를 기울이지 않는 데에는 무엇인가 이유가 있다고 믿게 되었다. 생태학자들은 멀리 보는 것이 직업인 사람들이다. 그들은 가까운 곳에 있는 종보다 외딴 지역에 사는 종을 더 잘 본다. 멀리 볼 줄 안다는 것은 장점 같지만 가장 가까이 있는 것을 놓칠 때에는 그렇지 않다. 예를 들면 과학자들은 뉴욕을 둘러싼

숲속에서 많은 동물들의 샘플을 채집해왔지만 정작 도시 안에서 채집한 수는 훨씬 더 적었다. 실내에서는 더 적었다. 이것은 우연이 아니다. 생태학자인 우리들은 "자연" 속의 생물을 연구하도록 교육을 받았다. 그리고 그 "자연"이 인간이 없는 상태를 의미한다고 믿게 된 것이다. 동물의 삶에 관한 가장 중요한 연구들에도 이런 편견이 스며들어 있었다. 예를 들면 북아메리카에서 최대 규모로 이루어진 번식 조류 조사에서는 미국의 도시화된 지역들이 제외되었다. 우리가 살고 있는 곳들이 제외된 것이다. 그 결과 생태학자들은 북아메리카의 희귀한 새들이 사는 정확한 위치에 관한 풍부한 데이터를 확보했지만, 그보다 훨씬 더 수가 많은 집참새, 비둘기, 까마귀 등에 관한 정보는 얻지 못했다. 곤충의 경우도 마찬가지이다. 오히려 그 정도가 더욱 심하다. 나는 꼽등이를 연구하기 시작하면서 그 사실을 확실히 알게 되었다.

인간은 오랫동안 꼽등이들과 더불어 살아왔다. 동굴 속에서 살던 우리 조상들은 그 안에서 필연적으로 다른 동물들과 마주쳤다. 우리가 이런 만남에 관해서 아는 이유는 동굴 안에 남아 있는 뼈와 동굴 벽의 발톱 자국 때문만이 아니라 동굴 벽화에 그 종들이 묘사되어 있기 때문이다. 동굴 속 동물들 중에서 일부는 덩치가 크고 위험했다. 타다 남은 불로 빨갛게 달아오른 막대기의 빛에만 의지하여 어둡고 축축한 굴 깊숙이 들어간다고 상상해보라. 그리고 그 안에서 동굴곰(*Ursus Spelaeus*)과 마주치거나 혹은 그 냄새를 먼저 맡게 되는 상황을 말이다. 아주 커다란 동굴곰은 회색곰만 하기도 했다. 운명이 허락할 때, 우리 조상들은 동굴곰을 죽였다. 운명이 그렇게 친절하지 않을 때에는 반대로 죽임을 당했다.[1] 그러나 동굴곰보다 더 작은 종들과도 마주쳤다. 그중에는 빈대와 이도 있었을 것이다. 그리고 분명히 꼽등이도 있었다. 우리가 이 사실을 아는 것은 그것을 새겨넣은 작품이 존재하기 때문이다.

세 명의 소년이 그 작품이 있는 동굴을 처음 발견했다. 1912년 막스 베구앵과 그의 두 형제인 자크, 루이는 프랑스 피레네 산맥에 있는 자신들의 사유지에 흐르는 작은 시냇물이 지하로 연결된다는 이야기를 들었다. 이웃에 사는 프랑수아 카멜이 소년들에게 시냇물을 따라 땅속으로 한번 들어가보는 것이 어떠냐고 말했다. 그들은 그 말대로 했다. 소년들은 지하에서 여러 개의 방처럼 생긴 공간을 발견했다. 줄줄이 연결된 방을 따라가던 소년들은 종유석과 마주쳤다. 물론 어린아이들에게는 꿈같은 광경이었지만 거기서부터는 길이 막혀 나아갈 수 없었다. 소년들 중 한 명이 방 안에 높이 매달려 있는 종유석 안에서 폭이 좁은 구멍 하나를 발견했다. 구멍의 너비는 소년 한 명이 들어갈 수 있을 정도였다. 막스와 두 형제는 구멍 속으로 비집고 들어가 그 건너편에 난 길을 따라 계속 나아갔다. 그리고 안쪽 깊숙한 곳에 있던 약 12미터 높이의 굴뚝처럼 생긴 돌 위로 기어올라갔다. 굴뚝 맨 꼭대기에는 또다른 방이 있었다. 진짜 방처럼 생긴 그 공간에는 동굴곰의 뼈가 가득했다. 그리고 그 뼈들 사이에 진흙으로 솜씨 좋게 빚은 들소 상(像) 두 개가 있었다.

2년 후, 소년들은 더 많은 동굴들을 발견했다. 1914년, 언덕 반대편에서 땅에 뚫린 구멍을 찾아낸 이들은 그 안으로 들어가 800미터 길이의 동굴을 발견했다. 그리고 그 동굴을 탐사하던 중 한쪽에 뚫려 있는 좁은 터널로 기어들어가서 또다른 방을 발견했다. 이 방 안에서 소년들은 동굴 벽화의 위대한 걸작 중의 하나와 마주쳤다. 반인반수의 형태에 사슴뿔로 머리를 장식한 샤먼의 그림이었다. 같은 방의 또다른 벽에는 사자 그림이 새겨져 있었고, 그 아래의 진흙 속에는 마치 신에게 봉헌

하는 물건처럼 이빨과 숯, 뼈들이 박혀 있었다.

이 동굴(나중에 이 소년들의 공을 기려 '삼형제'라는 뜻의 트루아 프레르[Trois-Frères]라고 불리게 된다) 안에서 발견된 뼈 조각 하나에 독특한 그림이 새겨져 있었다. 바로 트로글로필루스속(*Troglophilus*)의 꼽등이였다.[2] 이 그림은 우리 조상들이 (적어도 우리 조상 중 한 명은) 그런 동물들에게도 주목했다는 증거였다. 그후 1만 년간 많은 인간들이 동굴에서, 그리고 집 안에서 꼽등이와 마주치게 되었다.[3] 집의 지하실과 저장실에 우리는 동굴과 비슷한 환경, 즉 일부 꼽등이 종에게 필요한 것을 제공할 수 있는 환경을 조성했다. 우리는 농작물을 재배하기 훨씬 전부터 꼽등이와 시시때때로 접촉해왔다. 꼽등이는 인간과 오랫동안 함께해왔고, 어떤 곳에는 그 개체 수가 굉장히 많기도 하지만, 이 곤충에 대한 연구는 충분히 이루어지지 않았다. 꼽등이를 연구하는 동안 내게 그들은 우리 주변의 종, 특히 눈에 잘 띄는 곳에 있는 종들을 얼마나 놓치기 쉬운지를 보여주는 상징처럼 느껴졌다.

나는 대학생 시절에 수 허벨의 『다른 질서로부터의 공격(*Broadsides from the Other Orders*)』[4]을 읽은 후에 꼽등이에 관심을 가지기 시작했다. 허벨은 테라리엄 안에서 꼽등이를 키웠다. 과학 교육을 따로 받지는 않았지만 참을성 있고 호기심 많은 관찰자였던 그녀는 꼽등이의 생태에 관한 여러 가지 사실들을 발견했다. 기억에 남는 이야기가 많은데, 그중에서도 가장 확실하게 기억나는 것은 그녀가 꼽등이를 몇 년간 연구한 후에도 여전히 미지의 것들이 많았다는 사실이다. 그 미지의 지식에는 꼽등이의 먹이와 같은 아주 기초적인 사항들도 포함되어 있었다.

나는 연구실 동료들과 함께 허벨이 그만둔 연구를 이어가기로 결정했다. 그 시작은 정말 간단한 연구, 바로 통계 조사였다. 이미 다양한

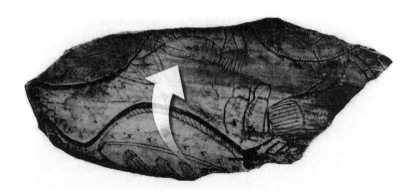

그림 7.1 트로글로필루스속의 꼽등이가 명확하게 새겨져 있는 들소의 뼈 조각. 피레네 산맥 중부의 트루아 프레르 동굴에서 발견되었으며, 유럽의 동굴 미술 중에서 유일하게 곤충을 묘사한 작품이다. (Dr. Aldemaro Romero, *Cave Biology: Life in Darkness*에 실린 Amy Awai-Barber의 그림을 수정한 이미지.)

프로젝트를 통해서 수천 명의 일반인 연락처를 확보하고 있던 우리는 그들의 집 지하실이나 저장실 안에 꼽등이가 있는지 물어보았다. 1년 반 안에 2,269건의 응답을 받은 우리는 꼽등이가 사는 지하실들의 지도를 만들 수 있었다. 그리고 정말 깜짝 놀랐다. 우리가 이 곤충의 분포 상태에 관해서 생각하던 것들과는 상반되는 결과가 나왔기 때문이다.

북아메리카 고유의 꼽등이의 다수는 케우토필루스속(*Ceuthophilus*)에 속한다. 이 속에는 84종이 속해 있다(지금까지 발견된 숫자가 이 정도이고 아마도 앞으로 더 많은 종이 발견될 것이다). 북아메리카 전역에 서양식 주택이 널리 보급되면서 케우토필루스속 꼽등이들도 그 안으로 이주했다. 야생에서는 대부분의 꼽등이 종이 동굴 또는 낙엽 속처럼 숲속의 어두운 곳에서 살아간다. 꼽등이는 이리저리 뛰고, 부딪치면서 근근이 살아가는 동물이다. 이들은 긴 더듬이로 냄새와 추위, 습기를 감지한다. 또한 어둠 속의 삶에 적응하면서, 수 허벨이 묘사한 대로 작은 단추처럼 생긴 눈을 가지게 되었다. 야생의 꼽등이들은 (확실히 알려지지는 않았지만) 동굴 안으로 흘러들어오거나 숲의 바닥에 떨어진 이런저런 영양가가 낮은 먹이들, 죽거나 죽은 지 오래된 생물들을 먹고 사는 것으로 보인다. 만약 그렇다면 특히 동굴 안에 사는 꼽등이들은 먹이사슬의 주요 연결 고리가 될 것이다. 다른 종들은 잘 먹지 않는 먹이, 이를테면 다른 생물은 분해시키기 어려운 탄소 화합물을 섭취하며 생존할 수 있기 때문이다. 그리고 이들은 다시 다른 생물의 먹이가 된다.[5] 집 안의 꼽등이도 비슷한 역할을 수행하고 있을 것이다. 지하실의 먹을 수 없는 물질들을 거미와 쥐의 먹이로 바꿔놓는 것이다.

북아메리카의 모든 꼽등이 종이 우리가 사는 집 안으로 들어온 것은 아니다(일부는 여전히 동굴 안에서만 살고 있으며 아마도 멸종 위기에 처해 있을 것이다). 그러나 적어도 6종은 들어와 있다. 집 안에 사는 이 꼽등이 6종의 분포에 관해서는 1900년대 초, 미시간 대학교의 시어도어 헌팅턴 허벨이 연구한 바 있다. 허벨과 그의 제자인 테드 콘은 꼽등이에 관심을 가진 소수의 사람들에 속했다. 허벨은 이 통통 튀는 작은 곤충을 주제로 500페이지짜리 「케우토필루스속에 관한 연구(*The Monographic Revision of the Genus Ceuthophilus*)」라는 논문을 썼다. 이 논문은 꼽등이의 진화와 지리적 분포, 자연사를 다루고 있지만, 누가 어디에 살았고 누구를 낳았는지를 늘어놓다 보니 약간은 「구약성서」처럼 읽히기도 한다. 관심이 많은 사람이 아니라면 그다지 재미있게 읽을 만한 글은 아니지만 우리의 연구에는 매우 중요했다. 허벨은 북아메리카 전역의 주택 안팎에서 꼽등이를 발견할 수 있으며, 이들을 볼 수 없는 곳은 매우 추운 지역뿐이라고 분명히 밝혔다. 말하자면 모든 곳에서 이런저런 꼽등이 종을 적어도 가끔씩 볼 수 있다는 것이다. 그렇다면

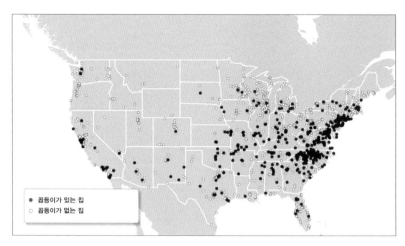

● 꼽등이가 있는 집
○ 꼽등이가 없는 집

그림 7.2 우리가 이메일로 보낸 질문지에 꼽등이가 있거나 없다고 응답한 가정의 분포도. (Credit Lauren M. Nichols, data from MJ Epps, H. L. Menninger, N. LaSala, and R. R. Dunn, "Too Big to Be Noticed: Cryptic Invasion of Asian Camel Crickets in North American Houses," *PeerJ* [2014]: e523.)

우리가 작성한 집 안 꼽등이의 분포도에도 아메리카 대륙의 모든 지역에 꼽등이가 고르게 퍼져 있어야 했다. 그런데 그렇지 않았다(그림 7.2를 보라). 꼽등이는 북아메리카 동부의 지하실에는 흔했지만 북서부의 상당수 지역에는 드물거나 아예 살지 않는 것으로 보였다. 무엇인가가 잘못된 것 같았다.

일반인 참가자들이 자신의 집을 제대로 조사하지 못했을 가능성도 있었다. 바퀴벌레를 꼽등이로 착각했을 수도 있고, 그 반대일 수도 있었다. 북서부 사람들이 벌레를 너무 무서워했을 수도 있고, 일부 지역에는 지하실의 수가 너무 적어서 꼽등이가 살 만한 서식지가 거의 없었을지도 몰랐다. 그리고 어쩌면 이런 이유가 모두 작용했을지도 몰랐다. 그러나 사실은 그 어느 것도 아니었다.

정확히 이 시기에 MJ 엡스가 우리의 연구실에 박사후 연구원으로 합류했다. 본명이 메리 제인인 MJ는(아마도 엄마에게 꾸중을 들을 때에만 본명으로 불릴 것이다) 대단히 재능 있는 박물학자이자 생태학자이다. MJ는 딱정벌레와 진균류뿐만 아니라 목재에 대해서도 잘 안다.[6] 꼽등이에 관한 미스터리는 그녀가 뛰어들기에 딱 좋은 연구 주제 같았다. 나는 MJ에게 꼽등이의 분포도가 그렇게 나온 이유를 알아낼 수 있겠느냐고 물었다. 당시 일반인들이 효율적으로 연구에 참여할 수 있도록 돕는 역할을 맡고 있던 리 셸과 함께 MJ는 사람들에게 밤에 지하실에서 뛰어다니는 "꼽등이"의 사진을 찍어달라고 부탁했다.

　2012년 1월과 2013년 10월 사이에 우리는 주택 164채의 사진을 받았다. 끈끈이에 붙어 죽은 10여 마리의 꼽등이가 찍힌 사진도 있었고, 무엇을 찍은 것인지 알 수 없는 사진도 있었다. 그러나 놀랍게도 88퍼센트의 사진들에 정확히 똑같은 것이 찍혀 있었다. 우리가 전혀 예상치 못한 결과였다. 사진들에는 1마리 이상의 알락꼽등이(*Diestrammena asynamora*)가 있었다. 미국에서 살고 있다고 알려져 있었지만 집 안에 들어와서 사는 줄은 몰랐던 거대한 일본 꼽등이 종이었다. 우리는 마침내 꼽등이 분포도가 그런 식으로 그려진 이유를 설명할 수 있게 되었다. 그 지도가 고유종 꼽등이의 서식지에 대한 우리의 지식과 일치하지 않은 것은 그 꼽등이들이 고유종이 아니기 때문이었다. 우리는 도입종들의 분포도를 작성한 것이었고, 도입종들의 분포가 오래된 분포도와 일치하지 않은 이유는 그 종들이 분포도가 만들어진 후에 들어왔기 때문이다!

　박물관의 곤충 콜렉션과 오래된 논문, 보고서 등을 기초로 추정해보면 일본 꼽등이는 적어도 100년 전에 아시아에서 넘어온 것으로 보인다. 온대 지방인 일본이나 중국에서 유래된 많은 종들이 미국으로 들어왔다. 이 종들은 흔히 일본 종으로 불리는데, 이것은 보통 중국보다 일

그림 7.3 보스턴의 한 지하실에서 찍힌 알락꼽등이. (by Piotr Naskrecki.)

본에서 더 자세한 연구가 이루어졌기 때문이기도 하다. 이런 꼽등이들
의 유전적 특성을 연구해보면 그들의 원산지가 어디이고 언제, 어떻게
북아메리카에 들어왔는지를 알아낼 수 있을 것이다. 그러나 아직까지
는 연구가 되지 않았고 따라서 이들이 북아메리카 내에서 이동한 경로
를 자세하게 재현하기도 어렵다. 미국에 온 이후 상당 기간 동안 이 꼽
등이들은 온실 (그리고 가끔은 옥외 화장실) 안에서만 살았던 것으로
보인다. 그리고 최근에야 집 안으로 들어왔다. 아마도 그후부터 수천
명의 과학자들을 포함한 많은 사람들의 눈에 띄게 되었을 것이다. 우리
는 이들이 코앞에서 침입하는데도 눈치채지 못했다. 일본 꼽등이가 어
떻게 실내로 들어올 수 있었는지는 알려져 있지 않다. 어쩌면 더 시원
하고 건조한 실내 환경에서도 잘 살 수 있게 해주는 새로운 형질을 진
화시켰을지도 모른다. 혹은 단순히 꼽등이들이 미국 전역의 지하실에

서 지하실로 이동하는 데에 시간이 걸린 것일지도 모른다.

집 안에 알락꼽등이만 있는 것은 아니었다. 사진을 더 자세히 관찰한 우리는 또다른 일본 꼽등이 근연종인 디에스트람메나 야포니카(*Diestrammena japonica*)도 발견했다.

집 안에 가장 흔한 꼽등이의 종류를 알아낸 MJ는 그 수가 얼마나 많은지 알고 싶어했다. 그녀는 당시 고등학생이었던 네이선 라살라와 함께 롤리에 있는 우리 집 근처의 주택 10채에서 꼽등이 샘플을 채집했다. 네이선이 맡은 일은 꼽등이들이 살고 있는 것으로 알려진 집들에서부터 점점 멀리까지 이동하면서 덫(대학생들이 비어 퐁[beer pong] 게임을 할 때에 사용하는 것과 같은 종류의 플라스틱 컵 여러 개)을 설치하는 것이었다. 꼽등이들이 집에서 어느 정도 거리까지 퍼져나갔는지를 알아보기 위한 것이었다. 우리는 혹시나 대학생들이 그 컵을 가져가지 않을까 걱정했다. 더욱 나쁜 가능성은 그들이 그 안에 오줌을 싸는 것이었다(왜 굳이 그런 걱정을 했는지 모르겠지만 어쨌든 우리 모두 같은 생각을 하고 있었다). 누가 컵을 건드리지만 않는다면 남은 문제는 꼽등이를 유인할 방법이었다. 나는 아무 생각도 나지 않았다. 하지만 MJ는 방법을 알고 있었다. 그녀는 마치 현대판 말괄량이 삐삐처럼 활짝 미소를 짓고 웃음을 터뜨리더니 (스웨덴 억양이 아니라 애팔래치아 억양으로) 말했다. "당밀이 있으면 꼽등이를 잡기 쉬워요. 누구나 다 아는 사실이죠!" "누구나"에 누가 포함되는지 몰라도 나는 아니었다. 하지만 MJ의 말은 옳았다. 그녀는 네이선에게 덫 안에 당밀을 미끼로 넣으라고 말했고, 곧 꼽등이들이 잡혔다. 하지만 집에서 멀어질수록 덫에 잡히는 숫자도 점점 줄어들었다. 네이선과 MJ는 꼽등이가 사는 집의 대략적인 비율과 이 실험 결과를 기초로 북아메리카 동부에서 살고 있는,

크기가 크고 아시아가 원산지인 도입종 꼽등이(알락꼽등이)의 총 개체 수를 추론했다(이 꼽등이의 생태가 전반적인 꼽등이들의 생태를 반영한다고 가정한 것인데, 현재까지는 타당한 가정으로 보인다). 그 숫자는 무려 7억 마리에 달했다. 나는 이것도 적게 잡은 숫자라고 생각한다. 10억 마리에 가까운 엄지손가락만 한 크기의 동물들이 우리가 모르는 사이에 집 안에서 살고 있었던 것이다.

  믿어지지 않는 사실이었다. 한 종도 아니고 두 종의 커다란 곤충이 우리가 보는 앞에서 버젓이 집 안으로 들어왔다. 그렇다면 우리가 더 작은 종이나 그들의 움직임은 포착할 수 있을까? 확실하지는 않지만 우리는 그런 종들도 놓치고 있는 듯했다. MJ는 연구를 계속하여 꼽등이에 관한 논문을 썼다. 우리에게 그것은 대단한 발견이었다. 우리는 그동안 우리가 전혀 알지 못했던, 그것도 아주 커다란 종과 몇 년 동안(어쩌면 몇십 년 동안) 함께 살면서도 눈치채지 못하고 있었던 것이다. 마치 베구앵 형제들이 된 것 같은 기분이었다. 차이점이 있다면 우리가 우연히 발견한 경이로운 세계는 동굴이 아니라 지하실이었다는 점이다. 베구앵 형제들처럼 우리도 탐사를 계속했다.

10억 마리에 달하는 엄지손가락 크기의 알락꼽등이가 우리도 모르는 사이에 집 안에서 살고 있었다는 사실에 나는 어안이 벙벙해졌다. 어떻게 된 영문인지 추측해보는 것은 쉬웠다. 여러분이 과학자가 아니라면, 집 안에서 꼽등이를 보았을 때 과학자들은 그것이 무엇인지를 알 것이라고 생각할 것이다. 여러분이 과학자이지만 곤충학자는 아니라면, 집 안에서 꼽등이를 보았을 때 곤충학자들은 그것이 무엇인지를 알 것이라고 생각할 것이다. 여러분이 곤충학자라면, 집 안에서 꼽등이를 보았을 때 꼽등이 전문가들은 그것이 무엇인지를 알 것이라고 생각할 것이다. 그러나 지구에서 꼽등이를 전문적으로 연구하는 사람은 단 두 명이며, 둘 중 누구도 알락꼽등이가 있는 집에는 살지 않는다. 나는 이런 현상— 다른 사람은 알고 있을 것이라는 믿음—이 다른 서식지보다 집 안에서 더 흔한 것은 아닌지 궁금해지기 시작했다. 집은 우리에게 너무 익숙한 장소여서 그 안의 생물에 대해서 이미 누군가가 알고 있을 것이고, 모든 것이 어느 정도 우리의 통제하에 있다고 생각하기 쉽기 때문이다. 만약 내 생각이 맞다면 집은 여전히 새로운 발견이 가능한 장소일 뿐만 아니라 오히려 중대한 발견을 하기에 이상적인 장소일지도 모른다. 그 발견이 많은 사람들에게 절대적인 영향을 미칠 것이기 때문이다.

문제는 내가 "먼 곳만 보는 생태학자 증후군"이라고 부르는 이러한 현상을 어떻게 검증해볼 것인가였다. 나는 박물관에 소장된 표본들이 채집된 장소들을 살펴보았다. 곤충학자들은 사람들이 실제로 사는 지역에서는 표본을 잘 채집하지 않는 경향이 있었다. 주거지역의 곤충을 채집하더라도 특정한 종에만 초점을 맞추고는 했다. 예를 들면 지난 20년간 맨해튼의 모든 곤충 컬렉션은 센트럴 파크에서 채집되었다. 그리고 그런 컬렉션들조차 소수의 종, 주로 꿀벌과 진딧물, 흙진드기로만 구성되어 있었다. 그러나 그것은 단지 사람들이 많이 사는 맨해튼 지역에는 곤충의 수가 적기 때문일지도 모른다. 나는 어느 날 저녁, 친구인 미셸 트라우트와인과 그녀의 남편 아리 릿의 집을 방문하여 긴 시간 저녁 식사를 함께하면서 이 주제에 관한 이야기를 나누었다. 미셸과 아리는 나와 가까운 친구들이다. 미셸은 파리의 진화에 관한 세계적인 권위자이기도 하다. 그때는 우리가 막 꼽등이에 관해서 알아내기 시작하던 때였다. 미셸과 나는 우리가 만약 롤리에서든 뉴욕에서든 집 안의 절지동물 샘플을 꼼꼼하게 채집한다면, 어떤 것들을 발견할 수 있을지에 대해서 곰곰이 생각했다. 우리는 포도주 잔을 손에 들고 창턱마다 돌면서 그 위에 있는 곤충들을 보았다. 여러 종류의 거미, 나방파리, 심지어 딱정벌레도 몇 종 있었다. 우리 둘 다 모든 종을 알지는 못했지만, 누군가는 알고 있을 것이라고 쉽게 생각했다. 어쩌면 우리도 "먼 곳만 보는 생태학자 증후군"을 겪고 있었는지도 모른다! 우리는 그 곤충들이 어떤 종인지 확인해보면 어떨까 생각했다. 몇 채의 집에서 샘플들을 채집해 우리가 놓치고 있는 것이 무엇인지 알아볼 수도 있었다. 우리는 그 종류가 꽤 많을 것이라고, 아마도 수백 종쯤 될지도 모른다고 생각했다. 늦은 밤의 곤충들은 우리에게 충분한 영감을 불어넣어 우주의 한계와 새로운 연구의 가능성에 대해서 생각하게 만들었다. 시기도 좋았다. 미셸이 이제 막 노스캐롤라이나 자연과학 박물관에서 연구 프로그램을 시작하던 때였다. 우리는 집 안의 절지동물 표본을 채집해서 어떤 종들이 있는지 알아보기로 했다. 그리고 곤충들을 위해서 건배한 뒤에 저녁 식탁에 앉은 배우자들에게로 돌아가 세상 돌아가는 이야기를 나누었다.

술을 마시면서 생각해낸 아이디어들이 언제나 다음 날 아침까지 훌륭하게 느껴지는 것은 아니다. 그날 저녁의 아이디어는 다음 날 아침에도 여전히 괜찮아 보였지만, 그후 다른 문제들이 발생했다. 일단 우리가 이야기를 나눈 곤충학자들은 한 명도 빠짐없이 그 아이디어를 지루하다고 생각하는 듯했다. 우리가 조수로 참여시키려고 했던 대학원생들 대부분은 외딴 숲속을 연구하는 데에 더 흥미가 있었기 때문에 우리의 제안을 거절했다. 한 친구에게 연락했더니, 그 친구는 새로운 종을 발견하고 싶으면 그냥 우림에 있는 통나무 하나를 뒤져보면 된다고 말했다. "창턱이나 주방에서 시간을 낭비하지 말라고. 볼리비아로 가자!"

미셸과 내가 긍정적인 기분일 때는 다른 사람들의 생각이 틀렸다고 믿었다. 하지만 그렇지 않을 때는 혹시 그들의 생각이 옳지 않을까 싶기도 했다. 어쩌면 꼽등이는 그저 독특한 예외일지도 몰랐다. 어쨌든 우리는 밀어붙이기로 했다.

이 프로젝트에서 중요한 것은 우리가 찾아낸 종들의 동정(同定) 작업이었다. 개미들은 내가 동정할 수 있었다. 파리 전문가인 미셸은 (현재 그녀는 캘리포니아 과학 아카데미 파리 담당 큐레이터이다) 파리들을 동정할 수 있었다. 그외 종들의 동정에는 다른 사람들의 도움을 애걸해 볼 생각이었다. 그 수가 얼마나 될까? 우리는 동정이 정말 어려운 종이 있을 경우를 대비하여 매트 버튼을 영입했다. 매트는 곤충학자들의 곤충학자로, 곤충 동정에 유별난 재능이 있는 사람이다. 자신의 일정에 맞춰 천천히, 신중하게 진행할 수만 있다면 즐겁게 참여할 사람이었다. 매트는 우리의 계획에 동의했다. 물론 우리가 그다지 많은 것을 발견하지는 못하리라는 의견을 내놓았지만 말이다. 계획을 진행시켜 나가면서 우리는 더 많은 사람들을 연구에 끌어들였다. 각자 자신만의 전문 분야와 기술이 있는 사람들이었다. 자원자가 있을 성싶지 않았기 때문에 팀원들 전체에게 보수를 지불하고 집집마다 돌면서 벌레들을 잡고, 수를 세고, 분류하고, 종을 확인하는 일을 맡겼다. 너무 과한 것은 아닌가 싶기도 했다. 우리가 이 프로젝트에 너무 큰 기대를 거는 것은 아닐까 싶었다. 집 안에서 대체 몇 종이나 발견할 수 있겠는가? 한번은 그 프로젝트에 관한 꿈을 꾸기도 했다. 그 꿈속에서 우리는 10채의 집에서 샘플을 채취했는데 그 안에서 발견한 것은 6개의 바퀴벌레 다리와 아이들이 가지고 노는 사마귀 장난감, 그리고 아무도 잡지 못한 토끼만 한 크기의 이뿐이었다. 기이하고도 불길한 꿈이었다.

그림 7.4 곤충학자이자 곤충 동정의 권위자인 매트 버톤이 집 안 구석구석에서 절지동물들을 채집하고 있다(사진은 매트 본인이 찍은 것이다). (by Matthew A. Bertone.)

팀원들은 벌레 잡는 장비들로 무장한 채 집 안으로 들어갔다. 병, 그물, 공책, 흡입기, 확대경, 휴대용 현미경, 카메라 등등. 무슨 곤충학 분야의 서커스를 보는 기분이었다. 불을 먹는 묘기를 부리는 사람과 분위기를 띄우는 북 소리만 없을 뿐이었다.[7] 흥미로운 종을 찾는 데에 성공한다면 이런 인력과 장비의 퍼레이드도 웅장한 시작처럼 보이겠지만, 만약 그렇지 못하다면 이 모든 것이 그저 거창한 바보짓이 될 것이 분명했다.

그 당시 가족들과 함께 덴마크에 있던 나는 덴마크 주택들에서도 비슷한 연구를 할 수 있도록 덴마크 자연사 박물관을 설득하던 중이었다. 결과는 실패였다. 무엇인가를 찾아낼 수 있으리라고 생각하는 사람은 아무도 없었다. 자리를 비운 대가였는지 롤리에서 샘플을 채취할 첫 번째 집은 우리 집으로 결정되었다. 매트, 미셸, 그리고 나머지 팀원들이 우리 집 현관 계단을 느릿느릿 올라갔다. 그 다음에는 롤리의 다른 주택 49채를 돌고, 그 다음에는 세계 각국의 또다른 집들을 방문할 예정이었다.

팀원들은 우리 집을 포함하여 모든 집을 구석구석 수색했다. 책장 하나하나까지 들춰보지는 않았지만 그와 비슷한 정도로 샅샅이 뒤졌다. 조사가 7시간이나 이어진 집도 있었다. 곤충이 거의 없어 보이는 집들도 많았지만 일단 찾기 시작하면 거의 모든 방에서 발견되었다. 방 구석에도, 배수관에도 있었다. 창턱과 조명 기구는 죽은 곤충들의 영안실이었다. 침대 아래 공간과 변기 뒤에서도 곤충들이 발견되었다(그중 일부는 썩 반갑지 않았다). 팀원들은 절지동물을 발견하면 살아 있든 죽어 있든 유리병 안에 집어넣었다. 집 주인들은 투명한 에탄올만 들어 있던 병이 갈색의 다리와 날개, 몸통들로 차오르는 것을 놀란 표정으로 지켜보았다. 갈색으로 변한 병은 좋은 신호였다. 혹은 그렇게 보였다(적어도 우리에게는 그랬다. 집 주인의 심정은 좀더 복잡했을지도 모른다). 발견한 생물들을 기록하고 동정하는 일은 연구실에서 해야 했고, 이것은 수 개월이 걸리는 작업이었다. 서로 다른 사람들이 서로 다른 방에서 채집했고, 누구도 발견된 생물들을 전부 다 보지는 못했기 때문에 전체적인 그림을 파악하기가 어려웠다.

내가 덴마크에서 미셸에게 진행 상황을 묻자, 그녀는 동정 작업에는 시간이 걸리며 매트는 일을 신중하게 진행할 때에 더 좋은 결과를 내는 사람이라는 점을 상기시켜주었다. 미셸은 내게 참을성을 가지라고 말했다(내가 그럴 리 없다는 것을 잘 알기 때문이었다). 또한 우리가 생각했던 것보다 더 많은 샘플이 채집된 것 같다고 말했다(사실 1만 개 이상이 확보되었는데, 그때는 아무도 그 사실을 몰랐다). 그러나 각 샘플이 아무리 작거나 불완전하더라도 모두 병에서 꺼내서 개별적으로 분류하고 동정해야 했다. 매트는 동정을 위해서 각 곤충의 몸 전체가 아니라 종 또는 속별로 다른 특정 부위들을 관찰했다. 곤충마다 중요한 특징들이 각기 다르다. 어떤 개미들은 더듬이가 몇 부분으로 나뉘었느냐에 따라 구분된다. 방아벌레의 종류를 구별하려면 털과 성기의 모양을 주의 깊게 관찰해야 한다.[8] 그것으로도 충분하지 않을 경우 매트는 특정 곤충, 이를 테면 나방파리 전문가인 분류학자에게 표본을 보내야 했다. 그 전문가가 오하이오에 살 수도 있고 슬로바키아나 뉴질랜드에 살 수도 있기 때문에 표본들을 운송하는 데에 더 많은 시간이 걸릴 수도 있었다. 세계의 단 한 지역에 사는 단 한 명의 전문가만이 자세히 알고 있는 종류의 곤충들도 많았다. 그럴 경우 매트가 근사하게 라벨을 붙이고 잘 포장하여 발송한 표본의 동정에 몇 주일씩 소요되기도 했다. 그 전문가가 매우 바쁠 경우 수십 년이 걸릴 수도 있었다(우리가 보낸 표본 일부는 여전히 동정 결과를 기다리고 있다). 분류학자들은 자신의 죽음을 상상할 때, 동정을 시작도 하지 못한 표본들이 잔뜩 든 상자에 둘러싸여 죽어가는 것에 대한 두려움을 느끼고는 한다.[9]

마침내 첫 번째 집, 즉 우리 집에 대한 조사가 끝났다. 우리 집에는 최소한 100종 이상의 절지동물이 있었다. "최소한"이라고 한 이유는 그중 일부 곤충들은 지금까지도 동정을 하지 못했기 때문이다. 동정을 맡을 전문가가 없거나 샘플의 상태가 좋지 않기 때문이었다(말라버린 날개, 분리된 다리 한 쌍, 하나뿐인 겹눈 등). 100종이라니! 대부분의 곤충학자들이 예상했던 것보다 10배, 20배는 많은 숫자였다. 더욱 놀라운 것은 첫 번째로 조사한 우리 집이 유별난 경우가 아니었다는 것이다.

거의 모든 집에서 최소한 100종 이상, 60과(科) 이상의 절지동물이 나왔다. 200종에 달하는 절지동물이 발견된 집도 있었다. 롤리뿐만이 아니었다. 그후 몇 년간 우리는 샌프란시스코나 스웨덴의 집에서도 비슷한 생물 다양성을 발견했다. 더욱 광범위한 (하지만 덜 집중적인) 조사를 통해서 집 안 먼지 속의 DNA를 기초로 실내에 어떤 절지동물들이 존재하는지도 알아보았다.[10] 페루, 일본, 오스트레일리아의 주택은 생물 다양성이 더욱 높아서 수천 종의 절지동물이 발견되었다. 롤리에서만 304과의 절지동물 종이 나왔다. '과'는 '속'보다 더 범위가 넓고 오래된 분류 등급이다(속은 종보다 오래되었고, 아과는 속보다 오래되었고, 과는 아과보다 오래되었다). 예를 들면 모든 개미는 개밋과(Formicidae)에 속한다. 우리는 집 안에서 개미만큼이나 특별하고 오래된 300과 이상의 절지동물을 찾아냈다. 하나의 동물 세계 전체가 눈앞에 있는데도 보지 못하고 있었던 것이다. 너무 작아서 보지 못한 것이 아니었다. 버젓이 눈앞에 있는데도 놓치고 있었던 것이다. 지금 주변을 둘러보라. 여러분이 사는 주택이나 아파트가 아무리 단단히 밀폐되어 있다고 해도 분명히 함께 살고 있는 절지동물 종이 있을 것이다. 주의 깊게 찾아보라. 없을 리가 없다. 약속할 수 있다. 책 읽기를 그만두고 직접 찾아나서도 좋다. 나라면 창턱과 조명 기구부터 뒤져보겠다.

다음 순서는 당연히 우리가 찾은 절지동물의 종을 알아보는 것이었다. 그중에는 파리가 정말 많았다. 수백 종의 파리가 있었고, 과학계에 알려지지 않은 종도 상당수 있었다. 집파리, 초파리, 벼룩파리, 물지 않는 깔따구, 무는 깔따구, 모기, 아기집파리, 털모기, 불청객파리, 물가파리 등이 있었다. 작은뿌리파리, 나방파리, 쉬파리도 있었음은 물론이다. 각다귀, 어리각다귀, 털파리붙이도 있었다. 장다리파리도 있었다. 똥파

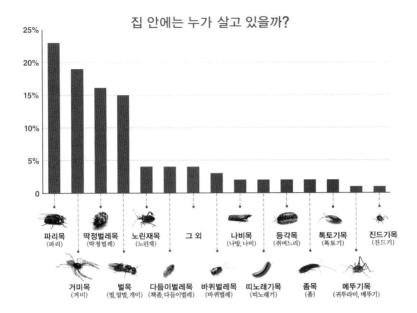

그림 7.5 롤리의 주택들에서 발견된 절지동물의 각 목(目)별 비율. (Modified from a figure by Matthew A. Bertone.)

리도 있었다. 여러분이 집 안에서 두 마리의 파리를 보게 된다면, 그 두 마리는 서로 다른 종일지도 모른다. 아니, 열 마리의 파리를 본다 해도 다섯 가지쯤 되는 종이 섞여 있을 수도 있다. 다음으로 다양한 동물은 거미였다(집거미, 늑대거미, 유령거미, 깡충거미, 먹잇감에 독을 뱉는 거미 등등). 그 다음은 딱정벌레, 그리고 개미, 말벌, 꿀벌과 그 친척들이었다. 노래기조차 그 종류가 다양했다. 우리는 집 안에서 5개 과에 속하는 노래기들을 발견했다. 롤리의 주택에는 진딧물도 흔했으며 진딧물의 몸 안에 알을 낳는 말벌, 진딧물의 몸 안에 알을 낳는 말벌의 몸 안에 알을 낳는 말벌도 흔했다.[11] 바퀴벌레의 몸 안에 알을 낳는 말벌들도 있고, 사람을 쏘지는 않지만 독침처럼 생긴 산란관을 바퀴벌레의 알 껍질에 찔러넣어 그 안에 자신의 알을 낳음으로써 그 알에서 나온 새끼들이 바퀴벌레 새끼를 잡아먹게 만드는 조그만 말벌들도 있었다. 이런 다양한 생물들을 보면, 애니 딜라드가 쓴 것처럼 "부드러운 단백질들이 취할 수 있는 진기한 형태들"을 발견하게 된다. 나는 그러한 형태들을 보면서 "그들의 실재에 감탄하고 그들을 받아들이게" 되었다. 여러분과 나의 룸메이트로서 말이다.

처음에 곤충학자들은 우리가 집 안에서 그렇게 많은 종을 찾지는 못할 것이라고 말했다. 우리가 수천 종을 찾아내자 그들은 그 곤충들이 전부 집 안으로 흘러들어온 것이라고 주장했다. 집이 거대한 유아등(誘蛾燈)처럼 집 밖에 있던 곤충들을 잡아들인다는 것이었다. 우리와 이야기를 하던 한 동료는 이렇게 말했다. "그 종들이 집 안에 있는 게 뭐 어떻다고요? 어차피 아무것도 안 하잖아요." 학자들은 때로 닌자처럼 수동 공격을 날리고는 한다. 문제는 어떤 종이 집 안에 지속적으로 존재하는지를 알아낼 방법이었다. 우리가 가장 먼저 택한 방법은 집 안에서 나온 수천 종 가운데 어떤 종이 그저 가끔씩이 아니라 몇 주일, 몇 달, 몇 년에 걸쳐 계속 발견되는지를 알아보는 것이었다. 우리는 우리의 연구 결과와 비교해보기 위해서 다른 지역에서 수행된 연구 사례를 열심히 찾아보았다. 하지만 아무것도 찾지 못했다. 그러다가 마침내 두 건의 연구를 찾아냈다. 첫 번째는 우크라이나의 닭장 연구였다. 이 연구는 거미와 거미줄에 걸린 종들에 초점을 맞췄다. 우크라이나의 닭장에 가장 흔한 7종의 거미 가운데 적어도 4종은 롤리의 집 안에서도 발견된 것이었다. 이 사실은 이런 종들이 전 세계의 실내에 퍼져 사는 종일 수도 있음을 뜻한다. 두 번째는 고고학자 에바 파나지오타코풀루의 연구였다.

에바는 오래된 집의 곤충들을 집중적으로 연구하는 특이한 고고학자이다. 어떤 사람들은 벽에 붙은 파리(a fly on the wall : 벽에 붙은 파리처럼 남에게 들키지 않고 상황을 관찰할 수 있는 사람을 가리키는 표현/옮긴이)가 되고 싶어하지만 에바와 동료들은 그저 어떤 벽에 파리가 있었는지 여부를 알고 싶어할 뿐이다. 에바는 고대 이집트, 그리스, 잉글랜드, 그린란드의 집 안에 살았던 절지동물들을 연구함으로써 인간과 함께 사는 종들이 어떻게 전 세계를 이동해 다녔는지를 대략적으로 알아냈다. 고대의 주택에서 살았던 모든 절지동물을 연구할 수는 없다. 성체 상태로 잘 보존되거나(예를 들면 딱정벌레) 번데기 상태로 잘 보존되는(예를 들면 파리) 몇몇 과의 곤충들을 연구할 수 있을 뿐이다. 에바는 우리가 현대의 생물들을 관찰할 때보다 더 좁은 창으로 고대의 생물들을 엿보아야 한다. 그러나 이 창을 통해서 그녀는 더 넓은 시공간을 둘러볼 수 있다.

에바와 동료들이 전 세계의 고대 주택에서 찾아낸 종들은 일반적으로 식품(곡물을 먹는 딱정벌레, 밀가루를 먹는 딱정벌레, 곡물과 밀가루에서 자라는 진균을 먹는 딱정벌레 등), 폐기물(쇠똥구리, 송장벌레), 그 외의 인간의 여러 생활습관과 관련된 종들이다. 에바가 고대의 주택(예를 들면 기원전 1350년경에 지어진 고대 이집트 아마르나의 주택)에서 찾아낸 곡물, 식품과 관련된 수십 종의 절지동물 가운데 거의 전부가 롤리에서도 발견되었다. 폐기물이나 인체와 관련된 종들 중 상당수도 마찬가지였다. 자세히 연구해보면 각 종마다 독특한 특징이 있지만, 일정한 패턴들이 반복된다. 야생의 자연에서 인간이 사는 집 안으로 들어와 그 안에서 먹잇감을 찾은 종들은 인간이 먹는 음식, 건축자재, 혹은 이곳저곳을 돌아다니는 인간의 몸을 타고 우연히 이동해온 것이다.

집파리, 초파리, 화랑곡나방, 수시렁이, 일부 바퀴벌레 종이 여기에 해당된다. 『성서』에서 노아는 자신의 방주에 사자, 호랑이 등을 태웠다. 하지만 실제로 우리가 인류의 기나긴 여행을 위한 방주에 두 마리씩 실은 것은 수많은 종류의 곤충들이었다. 곤충들이 우리를 따라 여러 대륙으로 퍼져나가는 데에는 그리 오래 걸리지 않았다.[12] 1650년경에 지어진 보스턴의 한 옥외 건물 안에는 볼링 공, 도자기, 구두 외에도 그때 이미 유럽에서 도입되어 실내에서 살고 있던 딱정벌레가 19종이나 있었다.[13]

에바와 동료들의 연구와 롤리의 주택을 대상으로 한 우리의 연구를 비교해본 결과 우리는 최소 100종, 최대 300종에 달하는 절지동물들이 근동 지방이나 아프리카에서부터 롤리(그리고 북아메리카의 거의 모든 지역)의 주택까지 이동해왔을 것이라고 추정했다. 롤리의 주택에 있는 일부 종들은 식민지 개척자들이 들어오기 전부터 북아메리카 원주민들의 집과 관련된 종으로 보인다. 애알락수시렁이 몇 종이 여기에 속한다. 좀더 특이한 여행을 거친 종들도 있다. 예를 들면 사람벼룩은 기니피그의 몸에서 기생하며 진화한 이후 어떤 방식으로든, 아마도 당시 거래되던 모피에 올라탄 채 사람들 사이에 끼어 안데스 산맥에서부터 근동 지방과 유럽까지 온 것으로 보인다.[14] 간단히 말하면 집 안에서 오랫동안 살면서 실내 생활에 적응하도록 진화한 수백 종의 생물들은 우리가 그들에게 주의를 기울이든 기울이지 않든 간에 인류의 역사에서 민주주의, 배관, 혹은 문학보다도 훨씬 더 예측 가능한 요소였다는 것이다.

우리는 집 안에서 실내 생활에 특화된 (그리고 다른 시대뿐 아니라 다른 지역의 주거 공간에서도 발견할 수 있을 것으로 예상되는) 종들과 더불어 수백 가지의 야외종도 발견했다. 일부 야외종은 주로 먹이를 구하려고 들어온다. 도둑개미(*Solenopsis molesta*)가 여기에 속한다. 개미집 귀뚜라미속(*Myrmecophilus*)에 속하는 지구상에서 가장 작은 귀뚜라미 종처럼 자신들이 의존해서 사는 종을 그저 따라 들어오는 생물들도 있다. 개미와 공생하는 이 곤충들은 개미가 있는 집에서 발견되었다. 비슷한 예로 매트 버튼은 흰개미가 있는 집에서 구슬풀잠자리의 유충을 발견했다. 이 희귀한 종은 흰개미 둥지 안에 살면서 항문에서 "독성 기체"를 배출하여 흰개미들을 한 번에 몇 마리씩 마비시킨 후 잡아먹는다.[15] 자연이란 때로 우스꽝스러운 것이어서, 우리가 실내에서 발견하는 일부 야외종은 그저 길을 잃은 것일 때도 많다. 많은 진딧물 종, 진딧물의 몸 안에 알을 낳는 말벌, 진딧물의 몸 안에 알을 낳는 말벌의 몸 안에 알을 낳는 말벌들이 여기에 속한다. 꿀벌, 호박벌, 단생벌들도 실내에서 발견되었다. 이들은 우연히 날아 들어온 것뿐이지만 그래도 집과 우리의 삶에 관해서 알려주는 것이 있다. 이들은 뒷마당의 생물 다양성, 곤충과 식물과 그들이 의존해서 사는 다른 종들의 다양성을 보여주는 척도이기 때문이다. 그러한 생물 다양성이 없는 곳에서는 이들이 집 안으로 날아 들어오는 일도 없었다.

집 안에서 발견되는 절지동물 종의 대다수에 관해서 우리는 아는 것이 없다. 그들이 무엇을 먹고 사는지도, 어디가 원산지인지도, 어떤 종들과 가까운 관계인지도 모른다. 그런 동물을 주방에서 보게 되는 상황은, 내가 스무 살에 코스타리카 우림에서 나뭇잎 아래에 숨어 있던 곤충을 발견하던 상황과 별다를 것이 없다. 코스타리카에서는 나뭇잎 아래에서 어떤 생물을 보더라도 그 생물이 지금까지 거의 혹은 전혀 연구된 적이 없으며, 그 생물의 생태에 관해서 무엇을 발견하든 학계에 알려진 사실이 아닐 것이라고 단정해도 지나치지 않았다. 집 안에 있는 종들의 사정도 비슷해 보인다. 한 가지 차이점은 있다. 수천 명의 과학자들, 그리고 수백만 명의 일반인들이 여러분의 집 안에서 발견되는 종들을 이미 보았을 가능성이 높다는 것이다. 다만 주의를 기울이지 않은 것뿐이다. 최근 한 연구를 통해서 로스앤젤레스 시내에서 새로운 벼룩파리 30종이 발견되었다.[16] 이 연구의 저자들은 그후에도 로스앤젤레스에서 또다른 12종을 찾아냈다.[17] 대륙의 반대편인 뉴욕 시에서도 최근 새로운 종들이 발견되었다. 도심에서 표범개구리의 새로운 종(라나 카우펠디[*Rana Kauffeldi*])이 발견되더니, 그 다음에는 벌의 새로운 종(라시오글로숨 고탐[*Lasioglossum gotham*]), 난쟁이지네의 새로운 종(난나루프 호프마니[*Nannarrup hoffmani*])이 발견되었다.[18] 파리의 새로운 종도 발견되었다.[19] 이 연구들은 실내보다 실외에 초점을 맞추었지만 그래도 나의 주장과 일치하는 사례이다. 우리는 눈에 잘 보이는 종들에 대해서도 무지하다. 어쩌면 눈에 보이는 종들에 특히 더 무지한지도 모른다. 나는 우리가 집 안에서 찾아낸 절지동물의 상당수도 새로운 종일 것이라고 생각하지만, 확실히 하려면 매트 버튼뿐 아니라 벼룩파리 전문가라든가 돌지네 전문가 같은 특정 곤충 전문가들에 의한 동정을 거쳐야 한다. 그런데 대개는 그런 전문가가 없다.

지금까지 내가 우리의 연구를 통해서 깨달은 사실은, 누구든 집 안에서 절지동물 종을 보게 된다면 그것을 관찰해보아야 한다는 것이다. 여러분도 주의 깊게 살펴보아야 한다. 누군가가 이미 모든 것을 알아냈으리라고 단정 짓지 말라. 그 동물의 사진을 찍고, 그림을 그리고, 확대경과 공책을 꺼내서 관찰한 사실을 기록하라. 그리고 무엇인가 흥미로운 것을 보았다면, 레이우엔훅처럼 도구를 사용하여 그것이 무엇이고 어떤 작용을 하는 생물인지를 알아내보라. 그리고 과학자에게 편지를 보내라. 여러분의 집 안에서 생물의 종을 알아내는 데에 사용할 수 있는 도구들은 그 어느 때보다 발달되어 있다. 여러분이 찾아낸 것을 과학자들에게 알릴 수 있는 수단도 마찬가지이다. 안톤 판 레이우엔훅은 혼자서 거의 매일 새로운 종과 현상을 발견했다. 우리 모두가 함께 노력한다면 그 결과가 어떨지 상상해보라. 우리는 집 안의 어떤 종들이 또 어떤 종들을 먹고 사는지와 같은, 아주 기본적인 사실들조차 모른다. 한 구석에 사는 거미가 무엇을 잡아먹는지 기록하라. 혹은 절지동물 한 마리를 잡아 테라리엄에 넣고 무엇을 먹는지, 어떻게 짝짓기를 하는지 관찰할 수도 있다(과학 저술가 수 허벨은 이런 방식으로 그 어떤 과학자도 본 적 없었던 유령거미의 독특한 성생활을 기록했다). 나는 그 어느 곳보다 집 안에서 새로운 동물을 발견할 가능성이 높다는 사실을 더욱 확신하게 되었다. 그러나 우리가 그렇게 열심히 연구하고 집 안에서 수많은 발견들을 거듭한 후에도, 미셸 트라우트와인은 내게 이렇게 물었다. "하지만 그런 발견은 사실 어디에서나 할 수 있는 거고, 우린 그저 우연히 집 안을 조사한 것뿐 아닐까요?" 나도 여전히 확신할 수는 없다. 하지만 그 점이 더 중요한 사실일지도 모른다. 우리가 우리 주변의 동물에 대해서 거의 아는 것이 없다 보니 우리가 매일 눈을 뜨면 볼 수 있는 곳에서 중대한 발견을 할 가능성을 배제할 수 없는 것이다.

많은 곤충학자들은 우리가 사는 집에 몇 종류의 곤충만 존재하며 그 중 대부분은 해충일 것이라고 생각했다. 그러나 우리가 연구한 집 안에는 분변-경구 병원균을 옮기는 집파리나, 알레르기를 일으키는 독일바퀴, 집을 갉아먹는 흰개미, 가려움증을 유발하는 빈대처럼 진짜 유해한 종들은 오히려 드물었다. 그 대신 우리는 동굴 안에 들어간 베구앵 형제들처럼 우리가 들어간 방들이 미스터리로 가득 차 있음을 발견했다.

다양한 종류의 작은 동물들, 동물의 기나긴 역사를 보여주는 아름답고도 숭고한 존재들과 만난 것이다.

그렇다, 나는 집 안 곳곳을 돌아다니는 동물들에게서 미적 가치를 발견한다. 여러분도 꼭 나의 의견에 동의할 필요는 없다. 그렇게 생각하라고 강요할 수도 없다. 왜 그렇게 생각하겠는가? 우리가 이야기하는 종들이 사실은 많은 어른들이 지긋지긋하거나 더럽다고 생각하는 바로 그 종들인데 말이다. 이런 질문을 생각하면 나는 뱀을 연구하는 생물학자이자 박물학자인 해리 그린이 쓴 책에 담긴 에세이가 떠오른다. 그린은 뱀에 관해서 같은 의문을 품었다.[20] 그리고 이마누엘 칸트의 철학에 기초하여[21] 자연(뱀이든 거미든 그 무엇이든)이 가질 수 있는 두 가지 미적 가치를 구분했다. 그에 따르면 자연은 아름다울 수도 있고, 숭고할 수도 있다. 아름다움은 우리가 홍관조 한 마리의 색을 볼 때, 박새 한 마리의 노래를 들을 때, 혹은 고래 한 마리가 물속에서 솟구치는 모습을 볼 때에 느끼는 것이다. 아름다움은 지적 배경이 아니라 우리의 감각과 문화로부터 영향을 받는 경험이다. 예전에 나는 현미경으로 화랑곡나방의 날개 비늘을 들여다보면서 아름답다고 느낀 적이 있다. 우리 집 현관문에 매달려 있는 집거미의 거미줄, 심지어 모기의 더듬이를 볼 때에도 마찬가지였다. 그러나 숭고함은 조금 다른 것이다. 그것은 개개의 곤충이나 새에 관한 관찰을 넘어서서 더 폭넓은 이해의 맥락에서 관찰 결과를 바라보는 미적 감상이다. 하늘이 아름다울 수 있는 것은 그 위의 별들이 만드는 패턴이 시각적으로 매력적이기 때문이다. 하지만 하늘의 숭고함은 우주의 장대함에 대한 우리의 인식, 각각의 빛줄기가 우리를 비추는 태양과 다를 바 없는 하나의 별이라는 사실에서 비롯되는 것이다. 프랑스의 베구앵 삼형제를 처음 감동시킨 것은 동굴의 아름다움이었지만 결국 그 형제들, 특히 루이가 여생을 동굴 연구에 바치도록 만든 것은 그 동굴이 인류 초기 예술가들의 작품이라는 사실에서 느낀 숭고함이었다. 화랑곡나방의 날개는 아름답기도 하지만, 이 나방과 동일한 종이 콜럼버스의 배들 가운데 적어도 한 척에 타고 있었으며, 고대 로마의 곡물 위로 날아오르기도 했으며, 고대 이집트에서도 살고 있었을 것이라는 사실에서 느끼는 감정은 숭고함이다. 우리 집 안의 모든 종들마다 비슷한 이야기를 가지고 있을 것이며, 다만 그 이야기가 아직 밝혀지지 않았을 뿐이라는 사실 또한 숭고하다. 내게는 아직 알려지지 않은, 발견되지 않은 그 이야기들이 광대한 우주만큼이나 내 가슴을 뛰게 하는 미지의 세계로 여겨진다. 나는 처음 코스타리카의 우림에서 산길을 돌아다닐 때부터 그런 감정을 느꼈다. 내게 집 안의 절지동물들은 그 어떤 다른 곳의 절지동물들만큼이나 아름답고 숭고한 존재이다. 그것은 그들에게 관심을 가지고 지켜보고, 때로는 보호해야 할 충분한 이유가 되기도 한다. 하지만 여러분은 여전히 나의 생각에 동의하지 않을지도 모른다. 그런 생물들이 대체 여러분에게 무슨 도움이 되나 싶을지도 모른다. 만약 그렇다고 해도, 여러분만 그렇게 생각하는 것은 아니다.

8

꼽등이가 무슨 도움이 된다고?

걱정 마라, 거미들아.
나는 집을
잘 치우지 않으니.
—고바야시 잇사, 『바쇼, 부손, 잇사의 하이쿠 선집(*The Essential Haiku:
Versions of Bashō., Buson, and Issa*)』

나와 동료 연구자들은 꼽등이를 비롯한 집 안 절지동물 종들에 관한 논문을 쓰기 시작하면서 굉장히 들떠 있었다. 수백 명의 학생들이 수십 년은 연구할 수 있을 만한 수많은 종들을 발견하게 되리라고 생각했기 때문이다. 우리의 발견에 관한 논문을 써서 발표하면 대중들도 열광할 것이라고 생각했다. 수많은 여덟 살짜리 여자아이들과 남자아이들이 우리의 연구에 자극을 받아 집 안을 돌아다니며 그동안 아무도 연구한 적 없었던 생물들을 관찰하기 시작할 것이라고 상상하기도 했다. 이런 기대는 어느 정도 실현되었다. 나는 이런 일이 계속되기를 바라고 있으며, 현재 내 연구의 많은 부분은 아이들과 가족들이 주변의 종을 더 쉽게 연구할 수 있는 방법을 찾는 데에 초점을 맞추고 있다. 그러나 우리

173

의 발견이 열광적인 반응만 불러온 것은 아니었다. 어떤 사람들은 이렇게 물었다. "그것들을 어떻게 하면 없앨 수 있죠?" 그리고 더 많은 사람들이 이렇게 물었다. "그것들이 무슨 쓸모가 있죠?"

생태학자들에게 어떤 종이 무슨 쓸모가 있느냐는 물음은 무좀균처럼 성가신 질문이다. 생태학자로서 우리는 그 어떤 종도 좋거나 나쁘거나 혹은 가치가 더 있거나 없는 존재가 아니라는 사실을 배운다. 그들은 그저 존재할 뿐이다. 우리 자신의 믿음과 욕구를 배제한다면 대왕고래도 대왕고래 안의 촌충이나 그 촌충 안의 세균이나 그 세균 안의 바이러스보다 더 가치 있는 존재라고 할 수 없다. 그들은 그저 진화한 대로 존재할 뿐이다. 생식기에 기생하는 이도 마찬가지이고, 인간의 피하조직에서 스노클(snorkel)처럼 생긴 두 개의 기문(氣門)으로 숨을 쉬는 유충을 낳는 사람구더기파리도 마찬가지이다. 좋을 것도 나쁠 것도 없는, 하나의 존재일 뿐이다.

그러나 우리가 질문을 좋아하지 않는다고 해서 (혹은 특정한 방식의 질문을 좋아하지 않는다고 해서) 흥미로운 질문이 존재하지 않는다는 뜻은 아니다. 그런 질문을 단지 무시하는 대신에 다음과 같이 바꿔 물을 수도 있다. "이 종들이 인간 사회에 어떤 도움을 줄 수 있으며, 어떻게 하면 생태학과 진화생물학을 이용해서 그것을 알아낼 수 있을까요?" 살짝 바꾸었을 뿐이지만 (그리고 조금 장황해졌지만) 이렇게 바꾸면 과학자들이 좀더 생각해볼 만한 질문이 된다. 집 안에 사는 다양한 종이 실제로 인간에게 쓸모가 있는 것으로 입증되었기 때문이다.

집 안에서 우리의 건강과 행복에 직접적으로 영향을 미칠 수 있는 종에 관해서는 이미 이야기한 바 있다. 그러나 특정한 산업에 영향을 미침으로써 우리에게 간접적으로 도움이 되는 종도 많다. 예를 들면 주방과 빵집에 많이 사는 지중해밀가루나방(Ephestia kuehniella)은 바실루스 투링기엔시스(Bacillus thuringiensis)라는 병원균의 숙주이다. 이 세균은 독일 튀링겐의 지중해밀가루나방에게서 처음 발견되었다. 후에 이 병원균을 이용해서 농작물에 유해한 곤충을 없앨 수 있다는 사실이 밝혀졌다. 유기농 작물에 이 세균을 산 채로 뿌릴 수도 있다. 그후에는 바실루스 투링기엔시스의 유전자를 옥수수, 목화, 대두의 게놈에 삽입할 수 있다는 사실이 발견되었다. 이렇게 유전자를 이식받은 작물은 고유의 살충 물질을 생산할 수 있게 된다. 지중해밀가루나방이 우리에게 유용한 이유는 이 곤충을 숙주로 삼는 세균의 유전자가 수십억 달러 규모의 농업적 혁신을 이룰 수 있도록 도와주기 때문이다.

집 안에서는 10여 종의 페니실륨 진균도 발견된다. 그중 한 종에서 항생제가 처음 발견되어 지금까지 수백만 명의 목숨을 구할 수 있었다. 또다른 페니실륨 종은 최초의 콜레스테롤 억제제(스타틴)의 원료가 되었다. 생쥐와 시궁쥐는 모두 집 안 환경을 이용하여 그 개체 수를 늘려온 종이다. 우리는 초파리, 그리고 시궁쥐와 생쥐를 이용해서 인간에게 직접 실험해볼 필요 없이 인체와 약물의 작용방식을 알아낼 수 있다. 초파리, 생쥐, 시궁쥐가 우리에게 유용한 이유는 사람을 다치게 하지 않고 의학 연구를 수행할 수 있게 해주기 때문이다. 우리는 그들을 연구함으로써 인간을 이해할 수 있다.

더 많은 예를 늘어놓을 수도 있지만, 나는 집 안에 사는 동물들의 유용함에 관해서라면 단지 목록을 작성하는 것 이상의 일을 해볼 수도 있겠다는 생각이 들었다. 어쩌면 연구실 안에서 다양한 실내 종의 쓸모를 체계적으로 찾아볼 수도 있을 것이다. 먼저 지하실에서 발견한 꼽등이 도입종부터 시작하면 된다. 나는 꼽등이의 생물학적 특징을 이용해서 그들이 인간에게 어떤 도움을 줄 수 있을지를 추측해보기로 했다.

꼽등이와 좀벌레를 비롯한 지하 거주자들은 동굴 생활에 적응하면서 갖춘 특징들을 그대로 지닌 채 우리의 집으로 들어왔다. 이들은 도저히 먹을 수 없을 것 같은 유기물질들을 먹고 산다. 예를 들면 지하실에 사는 좀은 식물의 조직, 모래, 꽃가루, 세균, 곰팡이 포자, 동물의 털, 가죽, 종이, 레이온, 솜 등을 먹는 것으로 알려져 있다. 문명의 뷔페라고 불러도 좋을 정도이다. 지하실에 사는 꼽등이들의 식단도 비슷할 것이다.[1] 많은 생태계의 먹이들이 그렇듯이 이런 먹이들에는 질소와 인이 비교적 부족하며, 소화시키기 쉬운 탄소도 결핍되어 있다. 광합성을 하는 미생물과 식물들은 공기 중의 탄소를 고정하고, 이 탄소가 대다수 생태계 먹이사슬의 기초를 이룬다. 하지만 빛이 없는 동굴과 지하에서는 고정되는 탄소가 거의 없기 때문에 탄소를 찾기가 어렵다(박쥐가 배설을 하며 살아가는 일부 동굴은 예외이지만, 여러분은 자기 집 지하실에 박쥐가 사는 것은 원하지 않을 것이다). 소화시키기 쉬운 탄소와 그 밖의 영양분이 부족한 상황에서 동굴 동물들은 영양분이 훨씬 덜 필요한 몸으로 진화했다. 그들은 진화를 거듭하며 눈이 없는 몸(눈을 만드는 데에는 많은 에너지가 소모된다), 색소가 없는 몸(색소도 보통 에너지가 많이 필요하다), 가볍고 구멍이 많은 뼈(뼈가 있을 경우), 가는 외골격(뼈가 없을 경우) 등을 발달시켰다. 나는 꼽등이의 쓸모에 관해서 한 가지 아이디어를 떠올렸다. 만약 꼽등이, 좀 등의 동굴 동물이 온갖 특징을 잃어버린 대신에 얻은 것도 있다면, 다시 말해서 눈에 띄는 모든 먹이로부터 가능한 한 많은 에너지를 얻을 수 있는 방법들을 확보하게 되었다면? 예를 들면 소화 효소가 처리하지 못하는 먹이 속의 화합물을 분해할 수 있는 특별한 장내 세균의 도움을 받고 있을지도 모른다.

꼽등이가 소화가 어려운 물질을 분해하는 특별한 세균을 장 내에 가지고 있다면, 이 세균들을 산업적으로 이용할 수 있을지도 모른다. 어쩌면 꼽등이의 장내에서 유용한 세균을 발견하여 연구실에서 배양할 방법을 찾아내고, 그런 다음 그 세균들을 이용해서 플라스틱처럼 분해하기 힘든 폐기물을 처리하거나 그런 폐기물을 에너지로 전환하는 데에 관심이 있는 기업들도 찾아낼 수 있을지도 모른다. 승산이 적은 모험이었지만 뭐, 어떤가. 내게는 종신재직권이 있었다.

이 아이디어를 시험해보기 위해서 우리는 지하실의 곤충에게서 발견되는 세균들의 통계조사를 실시했다. 조사 결과 세균들은 세 종류로 나뉘었다. 곤충의 장 안이나 외골격에서 발견되는 세균 중의 일부는 우연히 올라탄 손님으로, 곤충에게 별 도움을 주지 않더라도 어쨌든 함께 이곳저곳을 이동해 다닌다. 집파리가 무엇인가의 표면에 내려앉으면 끈끈한 다리털은 어쩔 수 없이 세균에 뒤덮이고, 무엇인가를 먹으면 장내로 세균들이 들어온다. 이렇게 어쩌다가 함께하게 된 세균들은 파리가 새로운 곳에 내려앉고, 새로운 곳에 발을 디디고, 새로운 곳에 배설을 하고, 새로운 곳에 토할 때마다 재분산된다.[2] 그러나 우리가 연구하고 싶은 것은 집파리의 몸에 우연히 올라탄 종들이 아니었다.

또다른 종류는 곤충에 의존해서 살아가는 세균으로, 곤충 숙주와의 친밀한 관계를 오랫동안 발달시켜오다 보니 그 곤충 없이는 살아갈 수 있는 능력을 아예 잃어버린 경우가 많다.[3] 오직 숙주 곤충에게 필요한 유전자만 남도록 게놈이 축소되어 거의 곤충의 일부나 다름없어진 미생물들이다. 왕개미속(*Camponotus*)의 개미는 블로크만니아(*Blochmannia*)라는 세균에 의존하여 먹이에는 없는 비타민을 얻는다.[4] 그러나 바구미든 파리든 개미든 숙주 곤충의 세포 안에 사는 세균이 아무리 흥미롭다고 해도 산업적으로는 쓸모가 없을 것이다. 그 세균들을 길러서 이용하는 것이 거의 불가능하기 때문이다.

우리의 관심사는 세 번째 종류의 세균이었다. 우리는 곤충과 함께 하는 삶에 어느 정도 특화되어 있지만 여전히 독자적인 삶이 가능한(예를 들면 실험실의 페트리 접시나 공장의 통에서도) 세균들을 염두에 두었다. 그리고 그중에서도 분해하기 어려운 탄소화합물을 독립적으로 분해할 수 있는 종들에 초점을 맞췄다. 우리는 이런 세균이 곤충의 몸속에는 흔하지만 그밖의 장소에서는 보기 힘들어서 다른 연구자들이 놓쳤을 수도 있는, 너무 널리 퍼져 있지도 너무 희귀하지도 않은, 말하자면 따뜻한 죽처럼 딱 좋은 조건의 세균일 것이라고 기대했다.

이제 우리가 할 일은 꼽등이 장 내의 세균을 분해하기 어려운 물질에서 배양해보는 것뿐이었다. 인간은 상대적으로 분해하기가 힘든 산업용 물질들을 많이 생산한다. 플라스틱을 포함하여 일부 물질들은 의도적으로 분해하기 어렵게 만들기도 한다. 이런 제품들은 폐기할 때에 문제가 된다. 그래서 거대한 섬 크기의 플라스틱 더미가 바다를 떠돌아다니게 된 것이다. 단순한 산업 폐기물 중에도 수명이 긴 물질들이 있다. 이런 오염 물질들의 분해에 꼽등이가 아주 유용하게 쓰일 수도 있다.

응용생태학이 아닌 기초생태학과 진화학을 공부한 생물학자인 내가 이 새로운 프로젝트를 어디에서부터 시작해야 할지를 결정하려면 도움이 필요했다. 그래서 나의 연구실 건물 옆 동인 식물 미생물학과 건물에서 일하고 있는 에이미 그룬덴에게 이메일을 보냈다. 에이미의 연구 분야는 자연에서 발견되는 미생물의 산업적 활용이다. 예를 들면 그녀는 심해 열수구의 미생물들을 산업적으로 활용하여 농약 살포와 화학 작용제 사용으로 발생하는 오염 물질의 독성을 없애는 연구를 해왔다.[5]

에이미에게 우리의 연구에 관한 아이디어가 있느냐고 묻자, 그녀는 이렇게 말했다. "그럼요, 꼽등이의 세균으로 흑액을 분해할 수 있는지 알아보면 어떨까요?" 그래서 나는 아무도 보지 않을 때에 구글에서 "흑액 (black liquor)"이 무엇인지 검색해보아야 했다.

흑액은 제지 공장에서 나오는 검은색의 독성 액체 폐기물이다. 나무를 가공해서 우리가 프린터에 넣을 수 있는 하얀 종이로 바꾸고 나면 남는 물질이다. 나무를 단단하게 만들어주는 탄소화합물인 리그닌(여러분의 집이 짓자마자 썩어가지 않도록 해주는 물질이기도 하다)이 비누와 용매 안에 들어 있는 형태이며, 이 비누와 용매 때문에 가성소다처럼 pH 12 정도의 알칼리성을 띤다. 미국에서는 독성이 강한 흑액을 그대로 배출하는 것이 법적으로 금지되어 있기 때문에 보통 소각하는데, 제지 공장에서 썩은 달걀 냄새가 나는 것은 이 때문이다. 흑액을 분해하는 세균을 찾는다면 유용할 것이라는 에이미의 아이디어에 우리는 그런 세균을 찾아보기로 결정했다. 당시 에이미의 연구실 소속이던 대학원생 스테파니 매슈스(나중에 박사후 과정을 거치면서 우리 두 사람 모두와 함께 일했고, 현재는 캠벨 대학교의 조교수로 재직 중이다)가 꼽등이 샘플, 그리고 썩은 고기를 먹고 살지만 다른 소화하기 어려운 먹이들도 먹는 것으로 알려진 암검은수시렁이(*Dermestes maculatus*) 유충 샘플의 분석을 맡았다. MJ 엡스도 스테파니와 함께 연구를 진행했다. MJ는 곤충을 잘 알고, 스테파니는 세균을 잘 아니 모든 것이 완벽해 보였지만 생물학적 현실은 그렇지 않았다.

우리가 이 연구를 시작할 때에 에이미는 흑액 속의 리그닌을 분해하는 세균을 찾는 일이 매우 어려울 수도 있다는 사실을 말해주지 않았다. 지금까지 알려진 약 1,000만 종의 세균 중 리그닌을 분해할 수 있는 것으로 밝혀진 종은 극히 소수, 약 6종에 불과하다.

진균도 리그닌을 활용하기 쉬운 탄소화합물로 분해할 수 있다. 과학자들은 진균에 의한 리그닌의 분해를 "백색 부후(white rot)", 이런 작용을 수행하는 진균을 "백색 부후균"이라고 부른다. 숲속의 나무는 이런 진균에 의해서 분해된다. 이들이 없다면 아무리 오래된 나무라도 썩어 사라질 일이 없을 것이다. 그러나 백색 부후균은 자연에서는 아주 유용하지만 산업적으로 활용하기는 어렵다. 이들은 버섯을 만들고, 거미줄 같은 균사를 발달시키며, 매우 느리게 자라고, 무엇보다 아주 지저분하다. 에너지 생산을 위해서든 흑액 같은 폐기물 처리를 위해서든 이 균을 이용해서 리그닌을 분해해보려고 시도했던 모든 이들이 결국은 포기했다. 세균은 진균보다 다루기 쉽지만 리그닌을 분해할 수 있는 것으로 밝혀진 6종 모두는 이런저런 이유로 부적합하다는 사실이 드러났다. 그리고 어떤 곳의 어느 누구도 흑액 안의 리그닌을 분해할 수 있는 세균이나 진균을 발견한 적은 없었다(오직 스테파니만이 학위 논문을 쓰면서 그 일을 해내게 된다).[6]

나는 스테파니와 MJ가 대단한 발견을 해내기를 바랐다. 성공 확률에 관해서 더 오래 고민해보았더라면 그것이 매우 낮다는 사실을 깨달았을 것이다. 하지만 그러지 않았기 때문에 얼마나 승산이 낮은 계획인지를 생각하지 못했다. MJ도 마찬가지였다. 스테파니는 원래 끝없이 낙관적인 사람이다. 그래서 우리는 그냥 밀고 나갔다.

일하는 속도가 빠른 스테파니는 몇 달 만에 결과를 냈다. 일련의 물질들에서 곤충의 장 속에 사는 세균들을 배양해낸 것이다. 그녀는 고등학교 과학 수업 시간에 사용하는 것과 같은 페트리 접시에 세균의 주요 먹이를 섞은 한천 배지를 만들었다. 한 세트의 접시에는 셀룰로스를 넣었다. 두 번째 세트의 접시에는 셀룰로스 없이 리그닌만 넣었다. 다른 접시들에는 미생물이 먹는 또다른 형태의 먹이를 넣었다. 그리고 각 접시마다 꼽등이의 몸 또는 암검은수시렁이의 몸을 으깨어 한 방울씩 떨어뜨렸다.

스테파니는 페트리 접시들에서 얻은 결과를 우리에게 보여주었다. 셀룰로스가 든 접시에서 많은 종류의 세균이 자라났다. 즉, 이들은 셀룰로스를 분해할 수 있는 세균들이었다. 셀룰로스는 종이와 건식벽, 옥수숫대의 구성 물질이다. 또한 우리가 바이오 연료의 주요 원료로 사용하는 물질이자 폐기물이기도 하다. 세균이 셀룰로스를 분해할 수 있다는 것은 셀룰로스 폐기물을 바이오 연료로 바꾸고, 옥수숫대와 휴지를 에너지로 바꿀 능력이 있음을 의미한다. 이런 능력이 있는 다른 생물들 가운데 일부가 이미 산업적으로 이용되고 있지만, 이 세균들이 지금 사용되는 종들보다 더 빠르고 효율적일지도 몰랐다. 신나는 소식이었다. 전혀 예상하지 못했던 것은 아니었지만 어쨌든 멋진 결과였다.

집에서 찾아낸 꼽등이들의 생태를 근거로 나는 그들의 장내에 리그닌을 분해하는 세균종이 있을지도 모른다고 기대했다.[7] 당시 나는 리그닌 분해균을 찾으려는 시도들이 실패해온 역사를 몰랐다. 역사를 모르는 자는 때로 그 역사를 반복한다. 역사에 따르면 우리가 리그닌 분해균을 찾아낼 확률은 낮았다. 그런데 꼽등이에게서 리그닌을 분해할 수 있는 세균주가 발견되었다. 이 세균주는 아무것도 먹지 않고 리그닌만 섭취하면서도 살아갈 수 있었다. 암검은수시렁이에서도 리그닌을 분해할 수 있는 5개 균주(2개 종)가 나왔다. 내가 이 발견의 중요성을 완전히 깨닫게 된 것은 시간이 한참 더 지났을 때였다. 우리는 꼽등이 한 마리와 암검은수시렁이 한 마리에게서 다양한 리그닌 분해균을 찾아냈다. 균주 수는 지금까지 알려져 있던 리그닌 분해 균주의 두 배에 달하고, 종의 수는 30퍼센트 더 많았다. 그중 적어도 2종 이상이 아직 학계에 알려지지 않은 종으로 보였다. 우리는 그중에서도 케데케아 라파게이(*Cedecea lapagei*)의 근연종에 초점을 맞추게 되었다. 요약하자면 우리는 북아메리카 전역의 지하실에서 그동안 알려지지 않았던 커다란 꼽등이 도입종과 새로운 리그닌 분해 세균을 찾아낸 것이다.

스테파니는 알칼리성 액체에 담근 리그닌을 먹이로 주면서 세균을 길러보기로 했다. 가성소다 용액에 담근 나뭇조각을 먹는다고 상상하면 이해하기 쉬울 것이다. 맛도 없을뿐더러 먹으면 피부가 벗겨질 음식이다. 대부분의 세균이 분해되어버릴 정도로 알칼리성이 강한 액체였다. 먹고 자라는 것은 고사하고 살아남는 세균도 없을 것 같았다. 그런데 살아남은 세균이 있었다. 스테파니는 그런 가혹한 조건에서도 성장하는 종을 찾아냈다. 단 한 번의 시도로 거의 불가능에 가까운 일을 해낸 것이다! 굉장한 소식이었다. 사실 케데케아 라파게이를 포함하여 리그닌을 분해할 수 있는 모든 종은 알칼리성 용액에 담긴 리그닌도 분해할 수 있었다. 케데케아 라파게이는 흑액 속의 리그닌과 셀룰로스를 분해하여 이 폐기물을 더 많은 세균으로 바꾸고, 그것을 다시 에너지로 전환할 수 있었다.

집 안의 꼽등이의 생태를 이해함으로써 우리는 산업 폐기물을 에너지로 바꿀 가능성이 있는 세균을 찾아냈다. 암검은수시렁이의 경우도 마찬가지였다. 애초에 흑액을 분해할 수 있는 새로운 종 하나를 찾아낼 확률은 매우 낮았다. 10만 분의 1, 어쩌면 100만 분의 1 정도의 확률이었다. 그런 능력을 가진 종을 세 가지나 찾아낼 확률은 훨씬 더 낮았다. 그러나 이런 계산은 우리의 성공이 오직 운이었다는 인상을 준다. 물론

운도 약간 좋기는 했지만 우리는 꼽등이의 기본적인 생태에 관한 지식을 활용해서 쓸모 있는 종을 찾아낼 수 있는 장소를 예측했고, 그것이 유효했던 것이다. 박물학 지식이 유효했고, 생태학 지식이 유효했으며, 동굴 생물의 진화 경향에 관한 지식이 유효했다.

에이미, 스테파니와 나는 계속해서 이 세균을 산업적으로 활용할 수 있을 만큼 대량으로 배양하는 방법을 연구했다. 또한 다른 동료들과 함께 케데케아 균이 리그닌을 분해하기 위해서 세포에서 분비하는 물질을 분리했다. 그리고 세균이 그 효소를 생산하기 위해서 사용하는 유전자도 찾아냈다. 지금은 연구실에서 자주 이용되는 세균 안에 이 유전자를 집어넣어 그 세균들도 대량의 리그닌을 분해할 수 있도록 하는 방법을 연구 중이다(다만 아직까지는 많이 진전되지 않았다). 계속 지켜봐주기를 바란다. 우리는 매우 들떠 있는 상태이다. 그러므로 우리의 집에서 발견되는 종들이 무슨 쓸모가 있느냐는 질문에 대한 답은, "연구를 해보기 전에는 모른다"이다.

꼽등이와 암검은수시렁이의 장 안에서 리그닌 분해균을 발견한 후, 나는 꼽등이가 무슨 쓸모가 있느냐는 질문에 대한 꽤 명확한 대답을 내놓았다고 느꼈다. 지하실에서 발견되는 꼽등이나 암검은수시렁이가 전보다 더 가치 있는 동물이 되었다는 뜻은 아니지만, 이 종들이 우리 사회에 특정한 혜택을, 우리가 그들을 연구할 경우에만 얻을 수 있는 혜택을 가져다줄 가능성을 가지고 있음을 의미했다. 그러나 내가 이 연구에 관해서 이야기하자 사람들은 우리가 집 안의 수천 종들 가운데 그저 우연히 인간에게 쓸모가 있는 절지동물 2종을 골라낸 것이 아닌지 궁금해했다. 우리는 가장 쉽게 달성할 수 있는 성취를 얻어낸 것뿐이다. 확실하게 알 수 있는 유일한 방법은 다른 절지동물 종의 쓸모도 찾아보는 것이었다. 그래서 우리는 더 많이 연구가 진행된 실내 종들을 어떤 용도로 활용할 수 있을지 체계적으로 알아보기 시작했다.

자연스럽게 생각할 수 있는 다음 단계는 곤충에게서 산업 폐기물을 분해할 수 있는 세균을 계속 찾아보는 것이었다. 예를 들면 책좀은 셀룰로스를 분해할 수 있는 완전히 새로운 효소를 지니고 있는 것으로 추정된다. 그것을 확인해보는 일은 어렵지 않다.[8] 비슷한 예로, 배수구 안에서 유충을 기르는 나방파리는 젖었다가 말랐다가 다시 젖기를 반복하는 극한의 환경(배수구) 속에서 음식 쓰레기를 먹으면서 살아갈 수 있다. 최근 한 연구는 동굴에서 진화한 고대 곤충이며, 집에서도 흔하게 발견되는 좀과 돌좀의 몸 안에 셀룰로스를 분해하는 독특한 효소가 있다는 사실을 밝혀냈다.[9] 따라서 이 곤충들을 연구해볼 수도 있었다. 아니면 다른 딱정벌레 종에게로 시선을 돌려볼 수도 있었다. 우리가 암검은수시렁이의 몸에서 찾아낸 두 종의 유용한 세균을 좀더 철저히 연구해볼 수도 있고, 수시렁잇과의 다른 종을 조사해볼 수도 있었다. 롤리의 주택들에만 10여 종이 넘는 수시렁이가 살고 있다. 각 종마다 독특한 미생물을 지니고 있을 것이다. 아무도 이 수시렁이들의 몸 안에 있는 미생물들을 확인해본 적이 없었다! 나는 집 안에 있는 이 수시렁이들 중에서 일부의 장 안에 특정 산업을 변화시킬 수 있는 가능성을 지닌 세균종이 있을 것이라고 장담한다. 그것을 찾아내는 일 정도면 연구자로서의 경력 전부를 바치기에 충분할 것이다(게다가 아주 흥미로운 경력이 될 것이다).

그러나 사실 나는 집 안의 절지동물들이 지닌 한 가지의 쓸모와 가치를 알고 나자 이번에는 전혀 다른 종류의 활용 가능성을 알아보고 싶어졌다. 아무것도 모른 채 무턱대고 뛰어든다면 어리석은 일이겠지만 이

그림 8.1 나방파리는 집에서 흔하게 발견되지만 과학자들의 관심을 거의 받지 못한 종이다. 나방파리의 성충은 아름답다. 나방파리의 유충은 아름답지는 않지만 셀룰로스, 혹은 리그닌까지도 분해할 수 있는 미생물을 지니고 있을 가능성이 높다. (Modified from original photograph by Matthew A. Bertone.)

제 우리는 더 이상 무지한 상태가 아니었다. 우리는 세 가지 교훈을 얻었다. 첫 번째 교훈은 우리 주변의 종들이 아무리 흔하더라도 누군가가 이미 연구했으리라고 넘겨짚으면 안 된다는 것이었다. 두 번째 교훈은 어떤 종이 가지고 있을지도 모르는 쓸모를 알아내기 위해서는 먼저 그 종의 생태를 충분히 파악하여 그 능력을 추정해야 한다는 것이었다. 이 것은 야생종은 물론이고 집 안에 사는 종 대부분의 활용도를 아직은 조사해볼 수 없다는 뜻이었다. 절지동물 종 대부분의 생태는 고사하고 무엇을 먹고 사는지조차 아직 모르기 때문이다. 세 번째 교훈은, 내가 학생들에게도 열심히 강조하는 사실로서, 생태학자들과 진화생물학자들이 이런 종들의 쓸모를 알아내는 일을 돕지 않는다면 다른 누구도 그러지 않으리라는 것이다. 세 번째 교훈은 추정일 뿐이지만 지금껏 생태학자들과 연구해온 경험을 기초로 한 추정이다.

직장으로 걸어서 출근하면서 나는 마주치는 모든 종들을 관찰하고 그 종이 어떤 쓸모가 있을지를 생각해보게 되었다. 나의 제자들, 박사후 과정 연구원들, 동료 연구자들도 마찬가지였다. 우리는 절지동물들이 몸에 지니고 있는 절단 장치와 브러시를 모방할 방법을 고민해보기도 했다. 예를 들면 톱가슴머리대장은 작은 몸집으로는 도저히 부술 수 없을 것 같은 단단한 씨앗 껍질도 부술 수 있는데, 이것은 이들의 턱이 단단한 금속성 재질로 이루어져 있어서 먹이를 자르기에 이상적이기 때문이다.[10] 이러한 턱의 형태와 구성물질에서 새로운 절단 도구를 만드는 데에 필요한 영감을 얻을 수 있다. 곤충의 턱을 모방한 절단 도구들을 만드는 것이다. 브러시도 가능하다. 대부분의 절지동물은 다리 등에 달린 털로 눈과 다른 신체 부위를 닦는다.[11] 따라서 곤충의 털을 모방하여 산업용 브러시나 혹은 그냥 머리카락을 빗을 때에 사용되는 빗을 만들 수도 있다. 개미 다리의 털을 모방한 머리빗을 사용한다면 멋질 것이다. 내게 머리카락이 있다면 더 멋진 일이겠지만.

우리는 집 안의 절지동물들에게서 새로운 항생제를 찾는 연구도 시작했다. 인간이 새로운 항생제를 찾아내는 속도는 세균들이 기존 항생제에 대한 내성을 진화시키는 속도를 따라잡지 못하고 있다. 어쩌면 집파리 같은 절지동물에게서 새로운 항생제를 발견할 수 있을지도 모른다. 집파리 어미는 알과 함께 클렙시엘라 옥시토카(*Klebsiella oxytoca*) 같은 세균들을 낳는다. 클렙시엘라 균은 진균을 없애는 물질을 생산하기 때문에, 배고픈 어린 파리들이 진균과의 먹이 경쟁에서 이길 수 있게 도와준다. 이런 세균을 이용해서 진균 통제에 유용한 항생제를 생산할 수 있을 것으로 보이지만 아직까지 그런 맥락에서 이들을 연구한 사람은 없었다.[12] 그러나 새로운 항생제를 찾는 문제에서라면 집파리는 그저 시작에 불과하다. 많은 개미들은 앞다리 위쪽의 독샘에서 항생물질을 생산한다. 십수 년 전, 오스트레일리아에서 발견되는 몇 종의 불독개미로부터 항생물질을 분리하기 위한 일련의 연구가 이루어진 적이 있었다.[13] 의학 분야에서 새로운 항생제로 유망한 물질이었다. 대학원생 시절에 나는 이 연구의 후속 연구를 하고 싶었지만 다른 누군가가 나서서 성공시킬 것이라고 생각했기 때문에 하지 않았다. 그로부터 15년이 지났지만 연구는 이루어지지 않았다. 우리는 노스캐롤라이나 자연과학 박물관의 에이드리언 스미스, 애리조나 주립대학교의 클린트 페닉과 함께 노스캐롤라이나 주 롤리의 거미들 중 어떤 종이 항생제를 생산하는지 조사하기 시작했다. 우리는 대규모의 군집을 이루거나 땅속(많은 병원균에 노출될 수 있는 환경)에서 사는 종들이 강력한 항생물질을 생산할 것이라는 예측으로부터 출발했다. 그런데 실제로는 그렇지 않았다. 오히려 가장 효과적인 항생물질을 지닌 종은 열마디개미속(Solenopsis)의 개미들이었다. 붉은불개미와 도둑개미(Solenopsis molesta)가 여기에 속한다. 도둑개미는 주방에 아주 흔한 곤충이다. 우리는 이 개미가 메티실린 내성 황색포도알균(Staphylococcus aureus)과 가까운 관계의 세균들에 효과가 있는 항생제를 생산한다는 사실을 알아냈다.[14] 여러분의 주방에 있는 개미가 언젠가 여러분이 사랑하는 사람이나 지인들을 치명적인 피부 감염으로부터 구할 수도 있다는 뜻이다.

한편 최근의 연구들을 통해서 뒷마당에 흔한 곤충들 중에서 일부의 물리적 형태가 특정 세균종을 끌어들이거나 막을 수 있다는 사실도 밝혀졌다. 매미와 잠자리의 날개에는 세균을 조각조각 잘라낼 수 있는 작은 칼날들이 달려 있다. 이런 구조를 모방하여 항균성 건축자재를 만드는 연구가 진행 중이다. 세균이 아무리 진화하더라도 작은 칼날을 이겨낼 수 있도록 진화하기는 어려울 것이다. 우리는 반대로 절지동물을 모방하여 이로운 세균들을 끌어들이고, 그 세균들이 살 수 있는 표면을 만들어보면 어떨까 생각했다. 많은 개미들의 외골격이 그런 작용을 하는 것으로 보인다. 우리는 그런 개미들에게서 영감을 얻어 '프로바이오틱 의복'의 제작을 구상했다. 어느 정도 진전은 있었지만 아직 갈 길이 멀다. 나의 연구실에는 10여 명이 전부이고 친구들까지 합쳐도 겨우 몇 사람 더 늘어날 뿐이니, 할 수 있는 일에는 한계가 있다. 많은 사람들로 이루어진 팀들이 매일 우리 주변을 둘러싼 종들의 용도를 찾기 위해서 애쓴다고 상상해보라. 오직 그 목표만으로 운영되는 연구소를 떠올려보라. 바로 내가 꿈꾸는 모습이다.

집 안 절지동물의 이용 가치 중에서 상당수는 거미나 말벌처럼 사람들이 싫어하거나 심지어 무서워하는 종들이 지니고 있는 것으로 보인다. 이런 절지동물들은 집 안팎에서 귀중한 생태계 서비스를 제공한다. 거미와 말벌은 해충을 먹는다. 말벌은 꽃가루 매개자 역할도 한다. 이들은 산업적으로도 다양하게 활용된다. 이미 인간의 필요를 위해서 거미줄과 비슷한 물질을 산업적으로 생산하려는 노력이 있어왔고, 거미들이 알 껍질 등의 구조를 만드는 방식을 흉내내어 안쪽에서부터 층층이 건물을 짓는 방법도 시도되었다. 거미줄만 연구의 대상은 아니다. 거미들이 거미줄을 뽑아내는 부위인 방적관도 새로운 3차원 인쇄 방식에 관한 아이디어를 제공할 수 있다. 집거미들은 3차원 인쇄가 유행하기 오래 전부터 그 방법을 사용해왔다. 누군가가 10여 명의 거미 연구자와

그림 8.2 미국풀거미 한 마리가 노스캐롤라이나 롤리의 한 주택의 문틀에 붙어 있다. 북아메리카의 주택에서 흔히 발견되는 이 거미는 인간에게 무해하다. (by Matthew A. Bertone.)

10여 명의 엔지니어, 건축가들을 (그리고 거미도 몇 마리 함께) 일주일 동안 한방에 가둬둔다면 여러 가지 혁신을 가져올 수 있을 것이다.

나의 연구실에서는 말벌들이 무한한 발견의 샘이라는 사실이 밝혀졌다. 꼽등이와 마찬가지로 말벌의 잠재 가능성을 연구하게 된 계기도 누군가의 질문이었다. 2013년 10월, 노스캐롤라이나 과학 축제의 주최자인 조너선 프레더릭이 축제용 맥주 양조에 사용할 수 있는 새로운 효모를 찾을 수 있을지 문의해왔다. 벌새 부리의 생체 역학 전문가이자 당시 나의 연구실에서 박사후 연구원으로 일하고 있던 그레고르 야네가가 말벌을 연구해보자고 제안했다. 그레고르가 제시한 근거는 두 가지, 즉 말벌의 생태에 관한 그의 지식과 포도밭의 말벌들이 포도에서 포도로 효모를 옮긴다는 사실을 밝혀낸 최근의 한 논문이었다.[15] 포도밭의 효모는 말벌의 장에서 겨울을 나며, 포도가 다시 열리면 말벌들이 포도 사이를 돌아다니며 의도치 않게 효모를 옮기는 역할을 한다. 포도 수확 후에는 이 효모가 발효 과정이 시작되도록 돕는다. 맥주 효모와 포도주 효모는 인간이 이런 음료를 만들기 오래 전부터 말벌의 장에서 서식했던 것으로 보인다. 지금도 포도밭 주변의 주택이나 건물들에 집을 짓고 있는 말벌들을 볼 수 있다. 우리는 그들에게서 효모를 빌려온 것이다. 그레고르는 몇 가지를 더 빌려올 수도 있을 것이라고 생각했다.

말벌에게서 최초의 농부들이 놓쳤을지도 모르는 더 많은 효모를 찾아보자는 것은 좋은 생각이었다. 그러나 실행에 옮기기가 어려웠다. 효모를 찾는 것은 고사하고 일단 누가 말벌들을 채집할 것인가? 다행히 당시 연구실에 앤 매든이 막 합류해 있었다. 앤은 몇 년째 말벌을 연구해왔다. 박사 과정 시절에 그녀는 헛간이나 처마 옆의 사다리에 매달려서 살아 있는 말벌들이 윙윙거리는 둥지를 잘라낸 다음 재빨리 자루 안에 떨어뜨리고 그것을 등에 둘러멘 채 오토바이를 타고 연구실로 돌아오고는 했다. 또한 몇 년간 산업적으로 활용 가치가 있는 효모를 연구하기도 했다. 그녀야말로 말벌 둥지에서 새로운 효모를 찾아내는 일의 적임자였다.

앤은 말벌들을 조사하기 시작했고, 결국 성과를 냈다. 말벌과 그 친척들에게서 100종류가 넘는 효모를 찾아낸 것이다. 그중 하나는 보스턴에 있는 앤의 아파트 현관 위에 둥지를 틀고 있던 말벌에게서 나왔다. 이 효모들은 놀라운 능력을 가지고 있다. 보통 양조에 몇 년씩 걸리는 사우어(Sour) 맥주를 한 달 만에 만드는 효모도 있다.[16] 그리고 현재 그 효모로 만든 맥주가 시판되고 있다. 앤의 연구 덕분에 새로운 맛과 풍미의 빵을 만드는 데에 유용해 보이는 효모들도 발견되었다. 앤은 자신의 연구가 그토록 성공적이었던 이유 중의 하나는 말벌들이 효모가 내는 향기를 통해서 당분 공급원을 찾아내기 때문이라고 생각한다.[17] 말벌들은 효모의 냄새로 단 것을 찾아내고, 우리는 말벌들에게서 효모를 찾아낸다. 이것은 우리가 앞으로도 계속 쌓아나가고 싶은 좋은 관계이다.

결과적으로 우리의 집에서 사는 동물들의 쓸모를 찾는 일은 비교적 쉽다. 그 쓸모들을 입증하고 시장에 내놓는 일은 좀더 어렵지만 그렇다고 불가능하지는 않다. 기술적인 문제는 인내와 자금으로 극복할 수 있다. 그렇다면 왜 그동안 많은 연구가 이루어지지 않았을까 하는 의문이 생긴다. 왜 우리가 일상적으로 접하는 종들의 가치를 정리해놓지 않았을까? 내가 생각하는 이유는 세 가지이다.

첫 번째 이유는 앞에서도 지적했듯이 우리가 우리와 가까이 있는 종들의 존재를 눈치조차 채지 못하고 있기 때문이다. 일단 눈으로 보아야 연구도 하고 쓸모도 알아볼 수 있다. 두 번째 이유는 생태학자와 진화생물학자들이 생물들의 "잠재적 경제 가치"에 대해서 한 세기 동안 이야기해왔으면서도 그 가치를 찾으려는 노력을 하지 않고 다른 누군가가 할 것이라고 생각만 하기 때문이다. 또한 생태학자들은 생물들을 미적인 이유로, 혹은 더 단순하게 그저 존재하기 때문에 가치 있다고 생각하는 경향이 있다. 그런 마음가짐으로 보면 동물들이 가지고 있을지도 모르는 쓸모는 중요하지 않아 보일 수도 있다. 따라서 산업 분야에서 일하는 나의 친구들은 내가 곤충을 연구하는 것을 별나다고 생각하고, 곤충의 생태를 연구하는 친구들은 내가 산업계와 손잡고 일하는 것을 별나게 (혹은 더 안 좋게) 생각한다. 친구들이 중요하게 생각하지 않는 연구를 하기란 쉽지 않다. 생태학자들도 응용생물학자들도 생태학과 산업의 접점 연구를 높이 평가하지 않는 것이 우리가 아직 우리와 가까운 종들의 잠재 가치를 파악하지 못한 세 번째 이유이다. 즉 생물의 쓸모를 찾기 위한 대부분의 연구가 임의로 하나씩 선택된 종들을 대상으로 했기 때문이다. 이것은 실수이다. 이런 실수 때문에 엄청나게 많은 돈을 낭비하기도 했다. 코스타리카 우림에서 새로운 암 치료제를 찾기 위해서 여러 종을 개별적으로 조사하는 데에는 수백만 달러가 들어갔다. 이런 식으로 연구를 해서는 안 된다. 생물학적 지식을 기초로 찾아야 한다. 우리가 여러 종의 생태와 진화에 관해서 알고 있는 모든 지식을 활용해서 특정한 쓸모가 있을 가능성이 높은 종들을 예측해야 한다. 마침내 그 단계를 뛰어넘는 데 성공하면, 생태학과 진화에 관한 지식을 결합하여 생물의 쓸모를 체계적으로 찾는 속도가 대폭 빨라지고, 자연의 혁신으로부터 더 많은 도움을 얻을 수 얻게 되며, 그럼으로써 우리 주변에서 일상적으로 볼 수 있는 종들을 더 가치 있게 여기게 되리라고 생각한다. 이제 누군가가 나에게 꼽등이나 말벌이, 혹은 모기가 무슨 도움이 되느냐고 물어보면 나는 그 종의 생태에 관해서 생각한다. 생각하고 고민하고 가설을 세운 다음 연구실로 돌아와서 연구를 한다.

물론 그런 시도가 성공하려면 우리 주변 종의 생태를 알아야 하므로 먼저 집 안에 있는 수천 종의 절지동물들을 연구해야 한다(더 작은 동물들은 수만, 수십만 종에 달한다). 현재 인간은 지구상의 거의 어디에서나 살고 있기 때문에 집 안의 생물을 연구하는 일은 생물에 대한 전반적인 이해에 커다란 진전을 가져올 것이다. 다만 우리에게는 앞으로 할 일이 많다. 집 안의 생물들 중에서 쓸모를 추측해볼 수 있을 만큼 충분히 연구된 절지동물은 50종도 되지 않으리라고 생각한다(세균, 원생동물, 고세균, 진균은 말할 것도 없다). 그러니 주변을 날아다니는 곤충들에게 관심을 기울이고, "이런 동물이 무슨 쓸모가 있어?"라고 묻는 대신 "이 종에게서 어떤 쓸모를 찾아낼 수 있을까"라고 질문하기를 바란다. 진화가 줄 수 있는 혜택을 최대한 이용하는 것은 자연이 아니라 우리의 몫이다. 우리 주변의 종들을 보호하여, 그들의 쓸모를 알아냈을 때에 그들이 여전히 우리 곁에 있도록 하는 것 또한 우리의 몫이다.

집 안에 사는 종들의 가치를 생각해본 후에도, 맥주와 포도주가 곤충 덕분에 존재한다는 것을 깨달은 후에도, 집 안의 온갖 절지동물 이야기를 들으면 처음 떠오르는 것이 그 동물들을 없애는 방법이라면, 그것 또한 여러분만 그런 것은 아니다. 투탕카멘은 파리채와 함께 묻혔다. 그의 신하들은 사후 세계가 어떤 곳이든, 그곳에 어떤 호화로움과 기쁨이 기다리고 있든, 파리가 없을 리는 없다고 확신했던 모양이다.[18] 살아 있는 고대 이집트인들도 파리채와 식물을 사용해서 해충을 쫓았다.[19] 전 세계 문화권의 사람들이 집 안 절지동물들과 맞서 싸울 방법들을 찾아냈다. 중요한 전투들, 특히 실제로 심각한 문제를 일으키는 몇몇 종들과의 싸움에서는 승리를 거두었다. 쓰레기 수거, 집과 멀리 떨어진 곳에 설치한 하수 처리관은 쓰레기에 서식하며 질병을 옮기는 종들의 숫자를 줄였다. 모기장은 말라리아를 일으키는 종들을 막아줌으로써 많은 생명을 구했다. 하지만 더 광범위한 전쟁에서는 인간은 그들과 경쟁이 되지 않으며, 적지 않은 부분에서 의도하지 않은 결과들이 발생하고 있다. 인류가 가장 열심히 없애려고 애쓰는 종들이 매우 빠르게 진화하고 있는 것으로 밝혀졌기 때문이다.

9

바퀴벌레의 골칫거리는 사람이다

적과 너무 자주 싸우지 마라. 그러면 전술을 모두 가르쳐주게 된다.
—나폴레옹 보나파르트

나는 (처음에 내가 가졌던 의견과는 정반대이지만) 종이 불변하는 것이
아니라는 사실을 거의 확신하게 되었다(마치 사람을 죽였다고
자백하는 기분이다).
—찰스 다윈

주변의 곤충들에게 흥미를 가지게 되면, 우리와 가까이에서 살아가는
이 절지동물들 대부분이 매우 흥미롭고, 연구가 거의 이루어지지 않았
으며, 해충이기보다는 해충 통제에 도움을 주는 경우가 더 많다는 사실
을 깨닫게 될 것이다. 만약 그렇지 않은 경우라면 전쟁을 선포할 수도
있다. 이런 전쟁을 현대적으로 치르는 방법은 화학물질을 이용하는 것
이다. 하지만 조심하라. 화학전은 결코 공평한 싸움이 될 수 없다. 어림
도 없는 일이다. 우리가 새로운 화학물질을 사용할 때마다 상대 곤충들
은 자연선택을 통한 진화로 대응한다. 공격이 강력할수록 진화의 속도
도 빨라진다. 곤충들은 우리가 미처 그들의 진화과정을 파악하고 대응

할 틈도 없이 빠르게 진화한다. 그리고 이런 일은 특히 우리가 가장 열심히 박멸하려고 애쓰는 독일바퀴(*Blattella germanica*) 같은 해충들 사이에서 반복적으로 일어난다.

살충제인 클로르데인(Chlordane)이 가정에서 처음 사용된 것은 1948년의 일이다. 클로르데인은 그 효과가 워낙 강력해서 무적으로 여겨지던 놀라운 살충제였다. 그러나 1951년, 텍사스 주 코퍼스 크리스티에 살던 독일바퀴들은 클로르데인에 내성을 가지고 있었다. 이 바퀴들은 실험실 계통의 바퀴들보다 살충제에 대한 내성이 100배나 더 강했다.[1] 1966년, 일부 독일바퀴들은 말라티온(malathion), 다이아지논(diazinon), 펜티온(fenthion)에 대한 내성도 진화시켰다. 곧 DDT에도 완전한 내성을 지닌 독일바퀴들이 발견되었다. 새로운 살충제가 발명될 때마다 몇 년 또는 단 몇 달 만에 내성을 진화시킨 독일바퀴들이 등장했다. 때로는 기존의 살충제에 대한 내성이 새로운 살충제에까지 효과를 발휘하기도 했다. 그런 경우에는 싸움이 시작되기도 전에 끝나버렸다.[2] 일단 내성을 지니게 된 계통의 바퀴들은 그 살충제가 사용되는 한 계속 번성하며 퍼져나갔다.[3]

우리가 강력하고 독창적인 화학물질을 내놓을 때마다 그에 대한 바퀴들의 대응은 놀라웠다. 바퀴들은 우리가 놓는 독을 피하고, 처리하고, 심지어 이용할 수 있는 완전히 새로운 방식들을 빠르게 진화시켰다. 그러나 이런 대응도 최근에 나의 사무실 근처 건물에서 발견된 사례에 비하면 아무것도 아니었다. 20년도 더 전에 미국의 반대편에 위치한 캘리포니아에서 시작된 이 이야기의 주인공은 줄스 실버먼이라는 곤충학자와 "T164"라는 이름이 붙은 독일바퀴 가족들이다.

줄스는 캘리포니아 플레전틴에 자리한 클로락스 사의 기술 센터에서 독일바퀴 연구를 맡고 있었다.[4] 이곳은 다른 과학 기반기업과 다를 바가 없었다. 다만 생산 라인에서 나오는 제품이 초콜릿 같은 것이 아니라 동물들을 죽이는 도구와 화학물질일 뿐이었다. 줄스는 특히 독일바퀴를 죽이는 법을 중점적으로 연구했다. 독일바퀴는 집 안으로 들어와 인간과 함께 살게 된 수많은 바퀴벌레 종들 중의 하나이다. 한 바퀴벌레 전문가는 어느 모임에서 그런 바퀴들에 관해서 내게 이렇게 늘어놓은 적이 있다. "미국바퀴(이질바퀴)도 있고 동양바퀴(잔날개바퀴)도 있고 일본바퀴(집바퀴)도 있고 먹바퀴도 있고 갈색바퀴도 있고 오스트레일리아바퀴(잔이질바퀴)도 있고 갈색줄바퀴도 있고, 뭐 그밖에도 몇 가지 더 있죠."[5] 지구에 사는 수천 종의 바퀴벌레 중에서 대부분은 집 안에 살지 않으며, 그런 환경에서 번성할 수도 없다.[6] 그러나 이 10여 종은 실내에서도 번성할 수 있는 능력을 지닌 것으로 보인다.[7] 예를 들면 이들 중 몇 종은 단위생식(單爲生殖)이 가능하다.[8] 암컷 바퀴가 수컷의 도움 없이도 암컷 자손을 낳을 수 있다. 실내에서 발견되는 바퀴 종들은 인간과 함께 살기 위해서 각기 다른 방법으로 적응해왔지만, 독일바퀴는 그중에서도 모든 것을 갖춘 종이다.

야생의 독일바퀴는 나약한 존재이다. 잡아먹히거나 굶어 죽게 마련이고, 새끼들도 이것저것에 시달리고 다치다가 죽고 만다. 그 결과 이제는 어디에서도 야생의 독일바퀴 개체를 찾아볼 수 없다. 그들은 오로지 우리가 있는 실내에서만 강력하게 번성하고 있다. 어쩌면 그래서 우리가 그들을 그토록 싫어하게 되었는지도 모른다. 그들은 우리처럼 따뜻하고, 너무 건조하지도 너무 습하지도 않은 환경을 좋아한다. 우리가 좋아하는 음식들을 좋아하며,[9] 심지어 우리처럼 외로움을 타기도 한다.[10] 그러나 우리가 어떤 이유로 바퀴를 싫어하든, 사실 이들은 그렇게 겁낼 필요가 없는 동물들이다. 독일바퀴가 병원균을 옮길 수 있는 것은 사실이지만, 여러분의 이웃이나 아이들이 옮기는 정도보다 더 심각할 것도 없다. 또한 바퀴가 퍼뜨린 병원균으로 질병에 걸린 사례는 알려진 것이 없다. 반면 다른 사람이 퍼뜨린 병원균 때문에 질병에 걸리는 사례는 매일, 매순간 발생한다. 독일바퀴의 가장 심각한 문제는 이들이 많은 수로 모여 있을 때, 알레르기의 원인이 된다는 것이다. 이런 실질적인 문제 외에도 여러 가지 알려진 문제들에 대응하기 위해서 우리는 독일바퀴 박멸을 목표로 어마어마한 자원을 투자해왔다.

독일바퀴와의 싸움이 정확히 언제 시작되었는지는 알기 어렵다. 고고학적 유적지에 바퀴벌레의 사체들이 그렇게 잘 보존되어 있지 않기 때문이다(적어도 딱정벌레 사체와 비교했을 때에는 그렇다). 또한 사람들은 독일바퀴의 생태보다는 그들을 죽이는 방법에 더 치중하여 연구하는 경향이 있다. 지금까지 알려진 독일바퀴의 가장 가까운 친척인 2종의 아시아 바퀴는 주로 실외에서 생활한다. 이들은 잘 날아다니고, 낙엽과 다른 곤충들을 먹고 살며, 일부 지역에서는 농부들과 과학자들에게 농사에 도움을 주는 곤충으로 여겨진다.[11] 원래 독일바퀴도 이 야생 바퀴들과 비슷했을 것이다. 그러다가 인간이 사는 집 안으로 들어온 것이다.[12] 그들은 그때부터 날지 않게 되고, 더 빨리 번식하며, 집단을 이루어 사는 등 여러 가지 방법으로 적응하여 인간이 선호하는 환경에서 가장 번성할 수 있는 종이 되었다. 그리고 여러 지역들로 퍼져나갔다.

독일바퀴는 7년전쟁(1756-1763) 당시 유럽으로 들어온 것으로 보인다. 사람들이 많은 수의 바퀴벌레가 들어갈 수 있을 만큼 커다란 통들을 싣고 유럽을 가로지르던 시절이었다. 정확히 누가 독일바퀴를 옮기고 다녔는지는 알려져 있지 않다.[13] 현대 분류학의 아버지인 칼 린네는 독일인의 소행이라고 주장했다. 린네는 스웨덴인이고, 당시 스웨덴은 독일 프로이센과 맞서 싸우고 있었기 때문에 그는 "독일바퀴"가 자신이 좋아하지 않는 동물에게 딱 맞는 이름이라고 생각했다.[14] 1854년, 독일 바퀴는 뉴욕 시까지 진출했다. 현재 이 종은 거의 모든 나라의 사람들과 함께 배, 자동차, 비행기 등을 타고 이동하며 알래스카에서부터 남극에 이르기까지 지구 전역에 퍼져 살고 있다.[15] 아직 우주정거장에 진출하지 못한 것이 놀라울 따름이다.

주택과 수송 차량 안의 온도, 습도가 여전히 계절에 따라서 변화하는 지역에서는 독일바퀴 외에 다른 바퀴벌레 종들도 많다.[16] 미국바퀴와 같은 그중 몇몇 종은 인간이 동굴에서 살던 시절부터 우리와 관계를 맺어왔을지도 모른다.[17] 그러나 중앙 냉난방 설비가 구비된 주택 안에서는 독일바퀴가 우세해지고 다른 바퀴들을 보기가 어려워진다. 예를 들면 최근까지도 중국의 대부분 지역에서는 독일바퀴가 흔하지 않았다. 하지만 중국인들이 추운 북부지방의 수송 트럭에 난방장치를 설치하여 그 실내가 충분히 따뜻해지자 독일바퀴들은 북부로 이동했다. 또 중국인들이 더운 남부지방의 트럭에 냉방장치를 설치하여 그 안이 충분히 시원해지자 독일바퀴들은 남부로도 이동했다. 도착한 독일바퀴들은 북부에서는 따뜻한 아파트, 남부에서는 시원한 아파트들을 찾아냈다. 중국 전역, 그리고 지구의 나머지 지역 대부분에서 더 많은 아파트와 주택 거주자들이 중앙 냉난방 설비에 투자하기 시작하면서 독일바퀴는 더욱 널리 퍼져나갔고, 개체 수가 늘어났다.[18]

줄스 실버먼이 클로락스 사에서 일하기 시작했던 25년 전, 독일바퀴의 개체 수는 이미 증가 추세였다. 줄스가 맡은 일은 독일바퀴를 죽일 새로운 화학물질을 개발하는 것이었다. 당시 시판되고 있던 가장 효과적인 제품은 바퀴벌레 미끼였다. 여러분도 무엇인지 알 것이다. 살충제가 들어 있는 달콤한 바퀴벌레용 간식 말이다. 바퀴벌레 미끼는 집안 곳곳에 독한 물질을 뿌릴 필요 없이 바퀴들을 죽일 수 있게 해준다. 이론적으로는 바퀴들이 좋아할 만한 프룩토스(과당), 글루코스(포도당), 말토스(엿당), 수크로스(자당), 말토트리오스 등 어떤 당분으로든 미끼를 만들 수 있지만 실제로 미국에서는 언제나 포도당이 사용된다. 값도 싸고, 바퀴들이 아주 좋아하기 때문이다. 미국에 사는 독일바퀴들은 포도당에 익숙하다. 이들의 먹이 중 50퍼센트 정도는 탄수화물로 이루어져 있고, 그 열량의 대부분은 포도당에서 나온다. 포도당은 우리가 옥수수 시럽의 형태로 다량으로 섭취하는 물질이기도 하다. 우리는 바퀴벌레들을 유혹하여 죽일 때에 쓰는 바로 그 물질로 만든 디저트로 우리의 아이들을 유혹하여 저녁 식탁에 앉힌다.

클로락스에서 일하던 첫해에 줄스는 그의 친구인 현장 곤충학자 돈 비먼이 미끼를 놓은 아파트 한구석에서 무엇인가가 잘못되었다는 것을 깨달았다. 그 아파트가 바로 T164였다. 그 집의 독일바퀴들은 돈이 미끼를 놓았는데도 죽지 않고 살아남았다.[19] 돈이 더 많은 미끼를 놓았지만 이 바퀴들은 계속 살아남았다. 연구실에서는 T164의 바퀴들도 당시 바퀴벌레 미끼 안에 넣던 독성물질(히드라메틸논)과 접촉시키면 죽었다. 연구실에서는 죽었는데, 아파트 안에서는 죽지 않았던 것이다. 돈은 줄스에게 아파트 안의 바퀴들이 미끼를 피하는 것 같다고 말했다. 줄스는 실험을 통해서 T164의 바퀴들이 미끼 안의 물질들에 끌리는 정도를 알아보았다. 가장 유력한 가능성은 바퀴들이 미끼 속에 든 살충제를 피하기 시작했으리라는 것이었다. 하지만 줄스의 실험 결과에서 바퀴들은 살충제를 피하지 않았다. 유화제도, 결합제도, 방부제도 피하지

그림 9.1 줄스 실버먼의 T164 군집이 (설탕이 첨가되지 않은) 땅콩버터를 먹으면서, 포도당이 풍부한 딸기 잼은 조심스럽게 피해 다니고 있다. (by Lauren M. Nichols.)

않았다. 그렇다면 남은 것은 미끼 속의 당분, 즉 옥수수 시럽이라고도 불리는 포도당뿐이었다. 바퀴들이 포도당을 피한다면 매우 놀라운 일일 터였다. 바퀴뿐 아니라 대부분의 동물들이 수백만 년 동안 먹어온 먹이인 당분을 피한다는 뜻이었기 때문이다. 그런데 바로 그 일이 일어났다. 바퀴들은 포도당을 피했다. 그냥 끌리지 않는 정도가 아니라 혐오하듯이 피해 다녔다. 그러나 과당에는 여전히 모여들었다. 줄스는 (나중에 T164라고 불리게 되는) 이 특정한 독일바퀴 개체들이 학습을 한 결과일지도 모른다고 생각했다. 어떤 식으로든 일종의 슈퍼파워를 획득한 것이다. 세상에서 영리한 독일바퀴만큼 무서운 것은 없다(그보다 더 무서운 것은 수십억 마리의 영리한 독일바퀴뿐일 것이다).

줄스는 바퀴들이 학습을 했을 가능성을 실험해보았다. 만약 그렇다면 그 바퀴들의 (통통하고, 색이 옅고, 나약하고, 아무것도 모르는) 새끼들은 기존의 미끼를 향해 모여들어야 했다. 이제 막 태어나서 무엇인가를 배울 기회가 없었을 테니 말이다. 그러나 줄스의 실험 결과에 따르면, 이 어린 바퀴들도 포도당에 끌리지 않았다. 즉, 이 바퀴들은 학습한 것이 아니라 포도당을 싫어하는 성질을 지니고 태어난 것이다. 이런 포도당 혐오를 설명할 유일한 방법은 이것이 진화를 통해서 얻은 유전 형질이라고 가정하는 것이었다. 줄스는 포도당 혐오가 어떻게 유전되었는지를 알아보기 위한 간단한 실험을 실시했다. 포도당을 싫어하는 바퀴와 여전히 좋아하는 바퀴를 교배시키고 그 자손을 다시 포도당을 좋아하는 부모와 교배시킨 것이다. 이러한 교배 결과, 포도당 혐오를 담당하는 유전자가 불완전하게나마 우성(優性)이었다.

독일바퀴 가족이 커다란 아파트 건물로 들어가는 모습을 상상해보라. 몇 마리에 불과했던 바퀴의 수가 시간이 지나면서 점점 늘어난다. 6주일에 한 번씩 바퀴 암컷 한 마리가 최대 48개의 알이 들어 있는 알주머니를 생산한다. 이 속도(인간의 번식 속도에 비하면 빠르지만 곤충 치고는 평범한 편이다)대로라면, 독일바퀴 암컷 한 마리가 알주머니를 두 번 만들 수 있을 정도로만 산다고 해도 1년에 1만 마리의 자손들이 태어난다.[20] 해충 구제업자가 건물 전체에 미끼를 놓았을 때, 이 수많은 바퀴벌레 모두가 죽으면 진화는 일어나지 않는다. 어떤 특정한 유전자도 다른 유전자에 비해서 상대적으로 유리할 것이 없다. 새로운 독일바퀴들이 건물을 점령하고 그 안에 다시 미끼를 놓기 전까지는 아무 일도 일어나지 않는다. 하지만 일부 바퀴가 살아남는다면, 그리고 그들의 생존이 그들의 유전자 안에 암호화되어 있고 죽은 바퀴들의 유전자 안에는 없던 형질과 관련이 있다면, 미끼 사용 이후에도 살아남은 바퀴와 그들이 지닌 유전자가 우세해진다. 줄스는 바로 이런 일이 일어난 것이라고 믿었다. 즉 어떤 유전자가 T164의 독일바퀴들이 포도당에 덜 끌리거나 심지어 혐오감이 들게 만들었고, 포도당 미끼로 인해서 T164의 바퀴들이 우세해지면서 그후에는 미끼가 소용이 없어진 것이다.

줄스는 포도당 혐오성 연구를 위해서 전 세계의 독일바퀴 샘플을 채집했다. 미국 플로리다 주에서부터 한국까지 포도당 미끼가 사용되고 있는 여러 곳의 바퀴들이 포도당 혐오성을 진화시켰다. 이들은 각 지역에서 독립적으로 이런 형질을 진화시킨 것으로 보였다. 줄스는 이런 진화를 연구실 안에서도 재현할 수 있는지 알아보기 위해서 독일바퀴 개체들에게 살충제가 들어 있는 포도당 미끼를 주었다. 그후 그가 목격한 변화는 야생에서 일어난 일과 유사했다. 비교적 더 적은 세대 만에 포도당 혐오성이 진화했다. 줄스는 자신의 발견에 관한 논문들을 발표하고,[21] 과당을 사용한 바퀴벌레 미끼의 특허를 냈다.[22] 그는 독일바퀴에게서 일어나는 빠른 진화에 관한 연구를 통해서 그 연구에 참여할 많은 진화생물학자들이 학계에서 경력을 쌓을 길을 열어줄 수 있을지도 모른다고 생각했다.

그러나 해충 방제 회사들은 줄스가 새로 특허를 낸 과당 미끼를 도입한 반면, 진화생물학자들은 그의 연구를 인정하지 않는 듯했다. 줄스는 그 이유를 짐작하고 있었다. 독일바퀴들이 어떤 메커니즘에 의해서 포도당을 피할 수 있도록 진화했는지, 어떤 종류의 유전자가 영향을 받았는지, 그 유전자들이 어떤 일을 하는지, 혹은 이 모든 일이 어떻게 그렇게 빠르고 반복적으로 일어났는지를 설명하지 못했기 때문이다. 하지만 그는 시간이 지나면 알아낼 수 있을 것이라고 생각했다. 그래서 수십 년 동안, 혹시 필요할 경우를 대비해서 자신이 처음에 연구했던 독일바퀴의 후손들을 계속 키웠다. 사람들은 저마다 자신만의 기념품을 가지고 있는 법인데, 어떤 사람에게는 그것이 스노우볼이지만 어떤 사람에게는 바퀴벌레 군집이기도 하다.

독일바퀴에 관한 새로운 아이디어들이 떠오르기를 기다리면서, 줄스는 다른 해충들의 진화에 관한 연구를 계속했다. 2000년, 노스캐롤라이나 주립대학교로 자리를 옮긴 줄스는 그곳에서 2010년까지 미국 남동부의 뜰에서 뜰, 건물에서 건물로 퍼져나간 아르헨티나개미(*Linepithema humile*)와 독특한 냄새를 풍기는 코코넛개미(*Tapinoma sessile*)도 연구했다.[23] 줄스는 10년 동안 바퀴벌레 연구에 손을 대지 않았지만, T164 개체들의 후손들은 계속 키웠다. 그의 가장 중요하지만 인정은 받지 못한 발견을 있게 해준 개체들이었다.

어떤 측면에서 독일바퀴는 그 어떤 종과도 다른 특이한 사례이다. 그러나 또 어떤 측면에서는 집안의 많은 종들에게 일어나고 있는 일을 명확하게 보여주는 하나의 예이기도 하다. 진화는 놀랍도록 창의적이고 때로는 기발하기까지 한 결과를 가져오지만 동시에 일종의 예측 가능성도 가지고 있다. 이 예측 가능성은 서로 관련이 없는 생물들 사이에 수렴된 형태를 발달시키는 진화의 경향과 관련이 있다. 곤충, 박쥐, 새, 익룡은 각자 독립적으로 날개를 진화시켰다. 인류에게서 발달한 눈은 오징어와 문어류 사이에서도 독립적으로 발달했다. 식물계에서는 나무와 가시, 열매의 형태가 반복적으로 진화했다. 하지만 훨씬 더 독특한 특징들, 이를 테면 개미들이 좋아하는 작은 열매를 맺는 식물의 씨앗 같은 것들도 마찬가지였다. 개미들이 이런 씨앗을 둥지로 가지고 돌아와서 열매를 먹고 버리면 그 쓰레기 더미 안에서 씨앗이 발아한다. 개미들을 위한 이런 열매도 100번 이상 독립적으로 진화했다.[24] 진화가 어떤 재주를 부릴지를 예측하려면 그 종이 이용할 수 있는 기회와 그 기회를 이용하는 데에 장애가 되는 요소를 파악해야 한다. 인간이 사는 집 안에 존재하는 기회는 인간의 몸과 인간의 음식, 그리고 집 자체를 먹고 살 수 있는 가능성이며, 장애 요소는 인간의 집 안으로 들어와서 인간의 공격으로부터 살아남아야 한다는 것이다.

어떤 상황들은 살생물제(biocide)에 대한 빠른 적응으로 이어진다. 예를 들면 우리가 죽이려는 종이 유전적으로 다양할 때(혹은 다른 종에게서 새로운 유전자를 빌려올 방법이 있을 때), 우리가 죽이려는 종의 거의 모든(하지만 전부는 아닌) 개체를 살생물제가 죽였을 때, 생물들이 살생물제에 반복적으로(심지어 만성적으로) 노출될 때, 우리가 죽이려는 종의 경쟁자, 기생충, 병원균이 없을 때 등등이다. 독일바퀴들이 사는 환경은 이런 조건이 특히 잘 충족되었다. 하지만 이것은 우리가 적극적으로 없애거나 몰아내려고 하는 집 안 생물 대부분에게 충족되는 조건이기도 하다. 그 결과 집 안은 진화가 가장 빨리 일어나는 장소 중 한 곳이 되었다. 비록 우리에게 이로운 방향으로 일어나는 경우는 드물지만 말이다.

빈대, 머릿니, 집파리, 모기, 그밖에 집 안에 흔한 여러 곤충들이 살충제에 대한 내성을 진화시켰다. 자연선택이 우리에게 큰 이득을 가져다주는 것은 우리가 그 원리를 알고 그에 따른 결정을 내릴 때만이다. 우리는 보통 그렇게 하지 않으므로, 결국 우리의 일상에서 자연선택은 우리에게 이롭기보다는 위험할 가능성이 훨씬 높다. 그리고 그 위험한 결과는 우리가 그것을 이해하고 맞서 싸우는 속도보다 훨씬 더 빠르게 축적된다. 요컨대 살충제가 너무 많은 승리를 거두었기 때문에 내성을 연구하는 진화생물학자들이 바빠진 것이다. 줄스가 포도당 혐오성 독일바퀴들을 발견한 이후로도 그들이 연구해야 할 것은 너무나 많았다.

문제는 내성이 거듭해서 진화하며, 일단 진화한 후에는 내성을 지닌 형태가 취약한 형태를 대체하며 퍼져나간다는 것이다. 새로운 형질이 외딴 섬에서 진화하면 보통 그곳에 머물러 있게 된다. 흡혈되새는 딱 한 번 진화한 이후 다른 곳으로 퍼져나가지 않았다. 코모도왕도마뱀은 5곳의 섬에서만 살고 있다. 하지만 어떤 종이 살생물제나 집 안의 다른 방제 수단에 대한 내성을 진화시키면, 그 종은 같은 방제 수단이 사용되고 있는 다른 집, 더 나아가 사용되고 있지 않은 집으로도 손쉽게 이동할 수 있다. 시골에서는 내성을 지닌 종이 퍼져나가는 속도가 느릴 수도 있다. 하지만 도시에서는 아파트와 주택들이 가까이 붙어 있고, 사람들, 상자, 트럭, 배, 비행기가 이곳저곳을 빠르고 빈번하게 이동하며, 수송 수단 자체의 내부도 집 안과 유사해졌기 때문에 빠르게 번져 나갈 수 있다. 도시가 미래의 모습이라면 이런 확산 능력 또한 마찬가지이다. 도시인들의 고독과 소외가 증가하면서 사람들 사이의 사회 연결망은 끊어지는 경우도 많지만 내성을 지닌 해충들은 계속해서 연결 상태를 유지할 수 있다. 그들의 움직임은 일종의 강물과 같다. 우리가 만들어낸 이 강이 우리의 창문 틈과 문 아래로 흘러들어온다.[25]

내성은 우리가 좋아하지 않는 종들 사이에서 빠르게 진화하며, 그렇지 않은 종들 사이에서는 발달할 가능성이 적다. 이것은 두 가지 문제를 일으킨다. 첫 번째 문제는 우리 주변의 생물 다양성이 줄어드는 것이다. 그에 따라 야생의 생태계도 영향을 받는다. 최근 연구에 따르면 지난 30년간 독일 숲속의 곤충 생물량이 75퍼센트나 줄어들었다고 한다. 이러한 감소 원인이 정확히 밝혀지지는 않았지만 많은 과학자들은 농지뿐 아니라 뒷마당과 집 안에서까지 사용되는 살충제가 일조했을 것이라고 생각한다. 두 번째 문제는 살충제 사용으로 가장 많이 죽는 종들이 대개 유익한 종이라는 사실이다. 예를 들면 꽃가루 매개자라든가 우리가 박멸하려고 애쓰는 해충의 천적들이 여기에 포함된다. 여러분이 좋아하든 싫어하든, 집 안 해충들의 천적은 대개 거미들이다.[26] 우리는 여러 종류의 살충제로 거미들을 죽이고 있지만 거미를 죽이는 데에는 대가가 따른다는 뜻이다.[27]

어릴 때 파리를 삼킨 다음, 다시 거미를 삼킨 할머니 이야기를 들어본 적 있을 것이다. 그 이야기의 결말은 그다지 좋지 못했지만(스포일러: 그 할머니는 결국 죽는다), 그렇지 않은 사례도 있었다. 1959년, 남아프리카 공화국의 과학자인 J. J. 스테인은 주택 등 여러 건물에 사는 집파리 방제법을 연구하고 있었다. 집파리(*Musca domestica*)는 인간과 오랜 관계를 맺어온 동물로 서구 문명과 함께 전 세계를 돌며 인간이 사는 거의 모든 지역에 도달했다. 이 파리들은 위생 상태가 좋지 않은 곳에서는 문제를 일으킬 수 있다. 집파리는 독일바퀴보다 훨씬 더 병원균을 잘 옮기며, 그중에는 설사를 일으키고, 1년에 50만 명의 목숨을 앗아가는 균들도 많다. 집파리도 독일바퀴처럼 빠르게 진화한다. 1959년, 남아프리카 공화국의 집파리들은 DDT, BHC, DDD, 클로르데인, 헵타클로르, 디엘드린, 이소드린, 프롤란, 딜란, 린데인, 말라티온, 파라티온, 다이아지논, 톡사펜, 피레트린 등에 내성이 있었다. 지금도 파리들은 대부분의 화학물질에 지지 않는다. 하지만 예전에도 지금도 거미들은 이기지 못한다.

J. J. 스테인은 『아프리카 어린이 백과사전』에서 핵심적인 아이디어를 얻었다. 아마도 자신의 아이들에게 그 책을 읽어주던 중에 떠올랐을 것이다. 이 백과사전에는 아프리카 일부 지역에서 파리와 다른 해충을

통제할 목적으로 집단생활을 하는 스테고디푸스속(*Stegodyphus*)의 거미 군집을 집 안에 들인다는 내용이 소개되어 있었다. 파리를 잡기 위해서 거미 군집을 들여놓는 관습은 총가족과 줄루족이 처음 시작한 것으로 보인다. 줄루족은 집을 지을 때, 아예 거미들이 쉽게 집을 지을 수 있게 해주는 특수한 막대를 끼워넣기도 했다.[28] 이런 사회적 거미들의 군집 은 크기가 보통 축구공만 하며, 사람이 손쉽게 집에서 집으로 옮길 수 있다.

스테인은 다시 한번 집 안에서, 그리고 파리가 많아서 질병을 옮기기 쉬운 집 밖의 염소 우리와 닭장에도 거미들을 활용할 수 있지 않을까 생각했다. 그래서 실행에 옮겨보았다. 어려운 일은 아니었다. 거미들은 주방에 못 하나만 박혀 있어도 거미줄을 칠 수 있었다. 그리고 일단 거 미줄을 치면 파리들을 효과적으로 잡아들였다. 병원에 거미들을 들여 놓았더니 그곳에서도 마찬가지로 파리들을 잘 잡았다. 스테인은 이 실 험을 (대담하게도) 전염병 연구소의 동물 우리에서도 실시했다. 그러자 연구소의 파리 개체 수가 3일 만에 60퍼센트나 감소했다. 겨울에는 거 미의 활동 속도가 느려져서 파리를 덜 잡았지만, 이 시기에는 어차피 파리의 수도 적었다.

이 연구를 통해서 스테인은 다음과 같은 결론을 내렸다. "파리가 옮 기는 질병으로부터 인간을 보호하기 위해서 시장, 식당, 헛간, 술집, 외 양간, 호텔 주방, 도살장, 낙농장, 그리고 특히 가능한 모든 건물의 주방 과 화장실 등 공공장소에 사회적 거미 군집을 키울 것을 제안한다. 젖 소 농가에서도 우유의 생산을 늘리는 데에 도움이 될 것이다."[29] 그는 집집마다 커다란 공 모양으로 뭉친 거미들이 있는 세상, 파리와 그들이 옮기는 질병이 드물어진 세상, 줄루족이나 총가족의 거미에 관한 오래된 지식이 다시 한번 유용하게 쓰이는 세상을 상상했다.

그런 상상을 해본 사람이 스테인만은 아니었다. 멕시코의 일부 지역에는 또다른 사회성 거미인 말로스 그레갈리스(*Mallos gregalis*)가 살고 있다. 이 거미도 개체 수가 수만 마리에 달하는 커다란 군집을 이루어 생활한다. 멕시코의 원주민들도 파리를 잡기 위해서 이 거미들을 집 안에 들여놓았다.[30] 남아프리카 공화국에서와 마찬가지로 이 방법은 지역 주민들의 전통 지식이었으며, 나중에 서양 과학자들이 이것을 발견하게 되었다. 한때 프랑스에서도 집파리를 잡기 위해서 말로스 그레갈리스를 들여온 적이 있었지만 첫 시도에서 실패했다. 연구자가 휴가를 간 후에 거미를 맡은 담당자가 먹이를 제대로 주지 못했기 때문이다. 집 안에 커다란 거미줄이 있다고 상상하면 불쾌하게 느껴질지도 모른다. 하지만 롤리에서든, 샌프란시스코, 스웨덴, 오스트레일리아, 페루에서든 우리가 샘플을 채취한 모든 집에는 거미들이 살고 있었다. 문제는 여러분의 집에 해충을 잡는 거미가 있느냐 없느냐가 아니라가 아니라 그 일을 잘 해내기에 적합한 종의 거미가 충분히 있느냐이다.[31]

집 안의 생물학적 방제에 거미만 이용할 수 있는 것은 아니다. 단독 생활을 하는 많은 말벌 종은 특정한 바퀴벌레 종을 먹는다. 다만 그 방식은 거미들과 전혀 다르다. 크기가 작고, 쏘지 않는 이 말벌들은 일부 바퀴벌레 종의 알 껍질을 열성적으로 찾아다닌다. 냄새를 통해서 바퀴벌레 알 껍질을 찾아내면 어미 말벌은 알 껍질을 두들겨 그 안에 살아 있는 바퀴벌레 알이 있는지 확인한다. 그리고 만약 있으면 산란관으로 알 껍질을 뚫어 그 안에 자신의 알을 낳는다. 부화되어 나온 말벌은 알 속에서 바퀴벌레를 잡아먹은 후에 껍질에 구멍을 뚫고 마치 어린 새들이 둥지를 벗어나듯이 빠져나온다. 텍사스와 루이지애나 주의 주택들을 대상으로 한 연구 결과, 미국바퀴 알 껍질의 26퍼센트에 아프로스토 케투스 하게노비이(*Aprostocetus hagenowii*)라는 말벌이 기생하고 있었으며, 에바니아 아펜디가스테르(*Evania appendigaster*)라는 말벌도 상당수 있었다.[32] 우리가 샘플을 채취한 롤리의 주택에는 에바니아는 없었지만 아프로스토케투스 하게노비이는 아주 흔했다. 여러분의 집 안에서 구멍이 뚫린 알 껍질을 발견하게 된다면, 그 안에서 바퀴벌레보다는 말벌이 나왔을 가능성이 높다.

여러분의 집 안에도 이런 작고 유익한 곤충들이 날아다니고 있을지 모른다. 몇몇 연구자들은 바퀴 방제를 위해서 집 안에 기생 말벌을 풀어놓는 시도를 했다. 이런 시도들은 모두 어떤 방식으로든 성공을 거두었다(하지만 기록은 제대로 남아 있지 않다). 집 안의 질서 유지에 거미나 작은 말벌만 도움을 줄 수 있는 것은 아니다. 또다른 연구에서는 빈대 방제를 위해서 베아우베리아 바시아나(*Beauveria bassiana*)라는 진균을 사용했다. 집 안에 베아우베리아 포자를 뿌리면, 이 포자들은 가만히 기다리고 있다가 빈대가 지나가면 빈대의 외골격 표면을 감싸고 있는 지방층에 달라붙는다. 그리고 그 위에서 자라면서 빈대의 외골격을 뚫고 들어간다. 빈대의 몸 안에 들어간 진균은 체강 내에서 급격히 증식하면서 장기를 틀어막고 감염시키는 동시에 몸의 나머지 부분에서 주요 영양분을 흡수하여 결국 빈대를 죽게 만든다.[33]

여러분은 우리가 바퀴벌레를 잡기 위해서 풀어놓은 말벌들이 우리 몸 안에 알을 낳고, 거기서 태어난 새끼 말벌이 우리의 몸속에서 자라면서 우리 몸을 먹어치우고, 우리 몸에 난 구멍을 통해서(혹은 새로운 구멍을 뚫고) 밖으로 나오는 끔찍한 상상을 할지도 모른다. 그러나 그런 일은 일어나지 않는다. 말벌들은 작고 무해한, 우리의 협력자들이다.

그림 9.2 군집생활을 하는 벨벳거미(*Stegodyphus mimosarum*)들이 집파리를 먹고 있다.
(by Peter F. Gammelby, Aarhus University.)

집 안의 거미들이 우리를 물거나 먹어치우는 상상을 할지도 모르지만, 그런 일 또한 없다. 거미 또한 거의 언제나 우리의 아군이다.

매년 전 세계에서 "거미에 물리는" 사고가 수만 건씩 보고되고 있고, 그 숫자는 점점 증가하는 것처럼 보인다. 그러나 거미는 사람을 거의 물지 않는다. 그런 사고들은 거의 대부분 메티실린 내성 황색포도알균(MRSA) 감염을 의사와 환자 모두 잘못 진단한 경우이다. 만약 여러분이 거미에 물렸다는 생각이 든다면, 의사에게 MRSA 감염 여부를 검사해 달라고 부탁하라. 그쪽에 해당될 확률이 훨씬 더 높다. 거미에 물리는 일이 드문 이유는 대부분의 거미들은 자신의 독을 거의 언제나 방어용보다는 사냥용으로만 사용하기 때문이다. 거미들에게는 싸우는 것보다

도망치는 쪽이 훨씬 더 쉽다. 43마리의 검은독거미를 대상으로 ('낙스젤라틴'을 굳혀 만든) 인조 손가락으로 몇 번을 찔렀을 때, 거미가 손가락을 무는지를 실험해본 연구가 있었다. 그러나 거미들은 물지 않았다. 인조 손가락으로 한 번을 찔렀을 때도 물지 않았고, 60번을 연속적으로 찔렀을 때도 물지 않았다. 이 연구에서 검은독거미가 인조 손가락을 문 것은 그 손가락으로 거미를 세 번 연속 눌렀을 때뿐이었다. 두 개의 인조 손가락 사이에서 세 번 연속으로 눌린 거미의 60퍼센트가 손가락을 물었다. 하지만 손가락을 문 거미들도 전체 횟수의 절반 정도만 독을 방출했다. 그 외에는 물더라도 아픔만 줄 뿐 아무 해도 끼치지 않았다.[34] 거미들은 귀중한 독을 여러분에게 낭비하기보다는 모기와 집파리 사냥을 위해서 아껴둘 것이다.[35]

우리가 사는 곳의 생물들을 죽이기 위해서 화학물질을 사용하면 그 대가를 우리가 계속 치르게 된다. 집 안과 뒷마당에 살충제를 뿌리면 그 살충제에 내성을 가지게 된 해충에게 천적이 없는 환경을 마련해주게 된다. 우리는 그 반대, 즉 해충들의 적으로 가득 찬 환경을 목표로 삼아야 한다. 바퀴벌레 미끼도 원래는 이런 문제에 대한 해결책이었다. 해충의 포식자가 아니라 해충만 살충제를 먹도록 하는 방법이었기 때문이다. 그러나 바퀴들은 이런 인간의 혁신조차 피해가는 방법을 진화시켰다. 이들이 어떻게 진화했는지는 미스터리로 남아 있었다. 그러다가 2011년, 줄스 실버먼이 연구에 변화를 꾀하기 시작했다. 바퀴벌레와 개미 연구를 그만두고 대부분의 시간에 수생 곤충을 연구하기 시작한 것이다. 그는 자신의 연구실을 날도래와 조류(藻類)로 가득 찬 거대한 수조들로 바꿔놓았다. 수생 곤충에 관한 강의도 시작했다. 그는 새로운 삶의 단계로 발을 내딛고 있었다. 그러나 그러면서도 바퀴벌레는 계속 키웠고, 내성을 지닌 바퀴벌레의 수수께끼를 푸는 데에 도움이 될 방법들도 지속적으로 물색했다. 그리고 곧 이 연구의 동료를 얻게 되었다.

줄스가 일하고 있는 노스캐롤라이나 주립대학교의 오래된 건물 창문에는 에어컨과 히터들이 매달려 있다. 에어컨은 방 안의 사람들을 위한 것이 아니라 이 대학 곤충학자들이 연구 중인 곤충들을 쾌적하게 해주기 위한 것이다. 그중에 줄스의 바퀴벌레들도 있다. 이곳에서 연구 중인 곤충 중에는 실내 해충이 많기 때문에 일정한 온도와 비교적 일정한 습도가 유지되는 현대식 주택 내부와 비슷한 조건에서 키워야 한다. 이 곤충들을 위해서 기후를 통제하는 것이다. 곤충학자들마다 서로 다른 곤충을 키운다. 수의곤충학자 웨스 왓슨의 연구실에는 소의 눈에 사는 파리나 소똥 속에서 꿈틀거리며 사는 딱정벌레들이 있다. 모기 생태 전문가인 마이클 레이스킨드의 연구실에서는 벽이 흔들릴 때마다(정말로 흔들린다, 특히 열차가 지나갈 때면) 피를 빨아먹는 모기 암컷들이 날아올랐다가 다시 내려앉고는 한다. 그러나 가장 많은 종류의 해충이 있는 곳은 실내 해충들의 의사소통 분야 전문가인 코비 샬의 연구실이다. 코비의 연구실 안에서는 혈액이 든 막에 빈대들이 달라붙어 있기도 하고, 대여섯 종의 바퀴들이 우글우글 무리를 지어 서로의 몸 위로 기어오르기도 한다.

줄스처럼 코비 샬도 바퀴, 특히 독일바퀴를 연구한다. 코비는 자연을 생물들이 서로 소통하기 위해서 사용하는 화학적 신호의 작용으로 바라보는 화학 생태학자이다. 더 구체적으로는, 바퀴들의 화학 작용과 의사소통 방식 분야의 전문가이다. 무엇보다 그는 야생 바퀴 암컷이 수컷을 유혹하기 위해서 사용하는 페로몬을 발견한 사람이다. 이 페로몬을 들판에 풀어놓으면(혹은 손에 들고만 있어도) 수컷 바퀴들이 날아와서 실망만 하고 돌아가는 것을 볼 수 있다.[36] 줄스는 코비와 함께 일하기 전부터 그의 연구에 관해서 알고 있었다. 바퀴벌레에 관한 자신의 첫 논문에 코비의 논문을 인용하기도 했다. 하지만 두 사람이 같은 대학에 있을 때에도 바퀴벌레 연구를 함께한 적은 없었다. 팀을 이루어 아르헨티나개미와 집개미를 연구한 적은 있었지만 독일바퀴 연구는 같이 하지 않았다. 어쩌면 다른 공동 연구들로 각자 바빴을 수도 있고, 줄스가 가장 관심 있는 문제를 해결하는 데에는 코비의 기술이 필요하지 않다고 생각했을지도 모른다. 이런저런 이유로 바퀴 공동 연구는 실현되지 않았다.

그러다가 2009년, 일본에서 아야코 와다-가츠마타라는 박사후 연구원이 새로 왔다. 박사후 연구원들은 자신들의 지도교수가 갖추지 못한 기술들을 가지고 있는 경우가 많다. 연구할 시간도 더 많기 때문에, 그들의 연구를 통해서 전에 없었던 새로운 연결 고리가 생기고는 한다. 와다-가츠마타의 연구도 그러했다. 그녀가 코비와 줄스의 연구 사이에 다리를 놓아준 덕분에 줄스는 자신의 경력에서 가장 중요한 발견 중의 하나를 이어나갈 수 있게 되었다.

와다-가츠마타의 특별한 기술은 바퀴 같은 곤충이 냄새를 맡거나 맛보는 물질에 어떻게 반응하는지를 측정하는 것이었다. 노스캐롤라이나 주립대학교로 오기 전에 와다-가츠마타는 먹이의 공유가 개미들의 뇌에서 쾌락과 관련된 화학물질의 분비를 촉진한다는 사실을 밝혀냈다. 또한 구애와 교미 도중 바퀴벌레가 경험하는 감각에 관해서도 연구했다. 구애 기간의 독일바퀴 암컷과 수컷은 어둠 속에서도 서로를 찾아낸다. 바퀴 암컷이 보내는 화학적 신호는 공기를 통해서 전파되어 집 전체로 퍼져나가며 수컷들을 유혹한다. 이 화학물질은 주방의 찬장 밖으로, 보관장 아래에서 흘러나와, 집 안 구석구석을 돌고, 계단을 타고 올라간다. 불이 꺼져 있을 때에도 수컷은 냄새를 통해서 암컷을 찾아낼 수 있다. 그러다 수컷과 암컷이 만나면 수컷은 암컷의 몸에서 나오는 또다른 화학물질들을 감지한다.[37] 그리고 달콤하고 향기 나는 결혼 선물을 내민다. 이것은 당분과 지방이 풍부한 일종의 사탕으로 성적인 의미가 담겨 있다. 이 선물에 암컷이 얼마나 만족하느냐에 따라서 (어쨌든 암컷은 이것을 먹어본다) 짝짓기 여부가 결정된다. 와다-가츠마타가 바퀴벌레 연구를 시작할 당시, 수컷 바퀴의 결혼 선물을 이루는 성분은 알려져 있었지만 이 선물이 암컷 바퀴의 뇌에서 어떤 반응을 일으키는지는 알려져 있지 않았다. 그 해답을 알아내기 위해서 와다-가츠마타는 독일바퀴의 혀와 비슷한 감각기에 있는 미각 뉴런을 컴퓨터에 연결한 후, 암컷과 수컷 모두에게 여러 종류의 선물을 건네보았다. 이 실험에서 그녀는 바퀴벌레 수컷의 역할을 맡았다. 실험 결과 수컷과 암컷 모두 수컷의 "선물"을 맛있는 음식으로 인지했지만, 수컷보다 암컷의 뉴런이 더 강한 자극을 받았다. 바퀴 수컷이 낙담하고 혼자가 되어도 자신의 선물을 맛있게 먹을 수는 있겠지만 암컷만큼 그것을 즐기지는 못할 것이다.

노스캐롤라이나에서 와다-가츠마타는 일본에서의 연구 주제와 거의 반대되는 문제로 주의를 돌렸다. 독일바퀴들이 좋아하는 것이 아니라 혐오하는 것에 대해서 보이는 반응, 즉 T164 바퀴들이 포도당에 대해서 보이는 반응을 연구한 것이다. 줄스는 T164 바퀴들이 포도당의 맛에 혐오 반응을 보이는 방법을 진화시켰다고 믿고 있었고, 코비도 줄스와의 토론을 통해서 그런 생각을 하게 되었을 때였다. 한 가지 가능성은 포도당을 접했을 때, "단맛"을 느끼는 뉴런보다는 "쓴맛"을 느끼는 뉴런이 자극되는 T164 바퀴가 자연선택에 의해서 우세해졌을지도 모른다는 것이었다. 이들의 감각기가 포도당과 닿으면 뇌에서 "쓰다! 물러서!"라고 외치는지도 몰랐다. 평범한 독일바퀴(과학자들이 "야생형" 바퀴라고 부르는 개체들)의 단맛 수용기가 포도당과 과당 모두에 반응한다는 사실은 이미 알려져 있었다. 하지만 T164 바퀴들도 동일할까? 와다-가츠마타는 이 문제의 답을 찾아보기로 했다. 바퀴벌레의 마음을 읽는 독심술사처럼 이 곤충들이 무엇을 감지하는지를 알아낼 생각이었다.

이 과제는 그녀의 연구 시간의 대부분을 잡아먹었다. 매일 아침 식사를 마치고 와다-가츠마타는 연구실로 가서 바퀴들을 모아 작은 원뿔형 통 안에 집어넣었다. 이렇게 하면 바퀴들의 머리는 원뿔의 좁은 끝으로 튀어나오고, 둥글납작하고 통통한 몸은 그 반대쪽으로 튀어나오게 된다.

그런 다음 아야코는 현미경으로 이들의 입에 있는 털처럼 생긴 감각기를 들여다보았다. 그리고 그중 하나의 한쪽 끝에 전극을 연결하고 다른 한쪽은 자신의 컴퓨터와 연결했다. 감각기에 연결된 전극은 물과 포도당(그외에도 그녀가 미각 검사에서 바퀴들에게 먹여보고 싶은 무엇이든 넣을 수 있었다)이 들어 있는 좁은 관으로 둘러싸여 있었다. 컴퓨터 화면에 뜨는 자극의 진폭과 진동수에 따라서 와다-가츠마타는 그녀가 바퀴에게 준 과당이나 포도당 같은 먹이가 감각기의 단맛 뉴런을 자극하는지 쓴맛 뉴런을 자극하는지를 분석했다. 화면에 나타나는 진폭이 좁으면 "쓴맛" 뉴런이 자극되어, 바퀴벌레가 "쓴맛"을 인지한 것이었다. 진폭이 조금 넓으면 "단맛" 뉴런이 자극되어, 바퀴가 "단맛"을 인지한 것이었다. 와다-가츠마타는 바퀴벌레 2,000마리를 대상으로 1마리당 5개의 감각기로 이 정교한 실험을 반복했다. 이 바퀴들 중 절반은

T164 개체들이었고, 나머지는 야생형이었다.

이 연구에는 3년 이상이 걸렸다. 그동안 와다-가츠마타는 바퀴벌레들과 머리를 맞대고 앉아 실험을 계속했다. 바퀴들은 그녀를 바라보고, 그녀는 바퀴들에게 단 것을 주었다. 그러면 바퀴들이 그 단 것에 대해서 보이는 반응이 화면에 미세한 진동으로 표시되었다. 와다-가츠마타는 이 결과들을 컴퓨터에 저장하고 백업을 해두었다. 이 실험은 포도당 혐오성 독일바퀴(줄스의 T164 독일바퀴)들과 포도당을 보면 정신없이 달려가는 보통 독일바퀴들 모두를 대상으로 이루어졌다. 각 바퀴들의 감각기를 하나씩 검사하는 데에 하루가 꼬박 걸리고는 했다. 인내심과 끈기가 필요한 실험이었고, 그것이 모두 바닥났을 때에는 무엇인가가 조금 더 필요했다. 이 모든 것은 줄스와 코비, 그리고 이제 와다-가츠마타까지도 T164 개체들을 이해하기 위한 열쇠가 그들이 포도당을 맛볼 때에 뇌에서 일어나는 작용과 관련이 있으리라고 생각했기 때문이다.

와다-가츠마타의 실험 결과는 천천히 축적되었다. 결정적인 순간 같은 것은 없었다. 마침내 해답이 너무 분명해서 더 이상의 실험이 필요 없게 되었다. T164 바퀴와 야생형 바퀴 모두 과당을 단맛으로 인지했다. 일본에서 와다-가츠마타가 연구한 바퀴들이 서로의 성적 신호를 단맛으로 인지한 것과 같은 방식이었다. 과당은 단맛 뉴런을 자극했다. 야생형 바퀴는 포도당도 단맛으로 인지했다. 이 모든 것이 예상대로였다. 그런데 중요한 것은 다음의 발견이었다. 줄스가 도시에서 도시로 옮길 때마다 데리고 다녔던 바퀴들, 즉 그를 과거의 삶과 이어주는 끈이었던 T164 표본들은 포도당을 쓴맛으로 인지했다.[38]

어떻게 이런 일이 있을 수 있었을까? 유일한 가능성은 T164호에 맨 처음 놓았던 포도당을 사용한 바퀴벌레 미끼가 너무 치명적이어서 대부분의—하지만 전부는 아닌—바퀴벌레가 죽었다는 것이다. 그리고 살아남은 일부 바퀴벌레들은 이 미끼 자체를 쓴맛으로 인지하는 유전자 혹은 유전자군을 가지고 있었기 때문에 미끼를 피할 수 있었다. 이런 사건은 단 한 번이면 충분했다. 그 한 번의 사건으로부터 모든 T164 독일바퀴들이 생겨났을 수도 있다. 여전히 모호한 점들이 남아 있기는 했지만 시간이 지나면서 이 가설에도 새로운 사실들이 더해졌다. 예를 들면 와다-가츠마타는 T164에서 살아남은 바퀴들이 포도당을 혐오한다는 사실뿐 아니라 포도당보다는 과당을 이용한 미끼를 놓는 지역에서는 바퀴들이 과당을 쓴맛으로 인지하도록 진화했다는 사실도 밝혀냈다. 이것은 우리의 행위에 기초하여 바퀴들의 진화를 예측할 수 있다는 뜻이다. 다만 어떤 종류의 유전자 때문에 T164 바퀴들이 포도당을 쓴맛으로 인지하게 되었는지는 아직 알아내지 못했다.

와다-가츠마타는 연구실로 돌아왔다. 줄스는 소중한 T164 바퀴들을 돌보는 일을 그녀에게 넘겨주었다. 줄스는 은퇴를 고려 중이며, 와다-가츠마타의 경력은 이제 막 시작되었다. 이제 이 바퀴들은 그녀의 업적이 될 것이다. 와다-가츠마타는 이 바퀴들을 데리고 당분에 대한 혐오성의 진화가 바퀴의 성생활에 어떤 영향을 미치는지를 연구 중이다. 그녀가 노스캐롤라이나 주립대학교로 오기 전에 했던 연구와 코비, 줄스와 함께한 연구를 통합한 것이다. 그녀가 장기적으로 얻고자 하는 해답과 그 배경이나 세부 사항들은 아직 밝혀지지 않았다. 과학은 느리고 힘겨운 과정이다. 명확한 그림을 파악하려면 그녀의 연구 경력 전부를 바쳐야 할 수도 있다. 하지만 단기적인 해답은 얻었다. 바로 포도당을 싫어하는 바퀴일수록 짝짓기를 할 확률이 적다는 것이다. 수컷은 암컷을 유혹하려고 하지만 그들이 보내는 달콤한 화학적 신호에는 포도당이

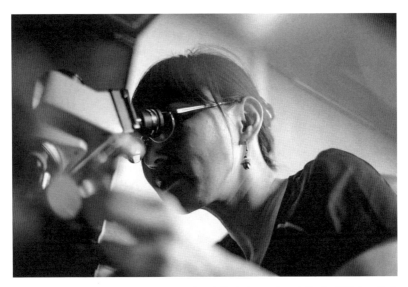

그림 9.3 아야코 와다-가츠마타가 연구실에서 현미경으로 바퀴벌레들을 관찰하고 있다. (by Lauren M. Nichols.)

포함되어 있어서 성적인 달콤함보다는 쓴맛이 느껴지게 된다. 그 결과 암컷은 종종 교미를 거부하고 가버리고는 한다. 누가 그녀를 탓할 수 있겠는가? 암컷 바퀴는 쓴맛이 느껴지는 수컷과의 교미를 피할 확률이 더 높기 때문에 집 안에 사는 수컷은 이성을 유혹하는 매력과 생존 확률을 맞바꾼 셈이다. 따라서 이론상으로는 포도당을 넣은 바퀴벌레 미끼를 쓸 경우 교미 확률이 적은 수컷이 우세해지므로 수많은 실내 바퀴의 개체 수를 줄일 수 있게 된다. 하지만 실제로는 그다지 매력적이지 않은 수컷 바퀴들도 수백만 마리 정도의 자손은 충분히 낳을 수 있다.

T164 독일바퀴 연구가 우리에게 바퀴벌레의 진화에 관해서, 또는 똑똑하고 끈기 있는 과학자가 도저히 알아낼 수 없을 것 같은 일을 알아내는 방식에 관해서만 가르쳐주는 것은 아니다. 군사 전문가가 과거의

전투를 연구하여 미래를 대비하듯이 우리도 우리가 벌이고 있는 독일 바퀴와의 전투를 통해서 인류의 진화적 미래를 예측해볼 수 있다.

진화생물학자들은 먼 미래를 예측하거나 그것에 관해서 글을 쓰는 일에는 거의 시간을 투자하지 않는다. 예측하기가 조심스러워서가 아니라 진화적 미래가 전적으로 인류의 운명에 달려 있기 때문일 것이다. 진화생물학자들은 모든 종은 결국 멸종한다는 것을 알고 있다. 인류도 마찬가지일 것이다. 우리가 사라진 후에도 언제나 그랬듯이 진화는 계속될 것이다.[39] 언제나 그랬듯이 가끔은 재난이 발생하기도 할 것이다. 하지만 과거에 대규모 멸종이나 변화가 일어난 후에는 언제나 그랬듯이 결국 더 다양한 생물들이 생겨날 것이다. 우리가 없어도 미래는 진화생물학의 일반적인 원칙에 따라서 진행될 것이다. 그런 식의 생명관에는 인류의 종말에 대한 공포도 있지만 우리가 없어도 생명은 계속될 것이라는 사실, 우리가 상상도 하지 못한(그리고 살아남아서 보지도 못할) 형태의 생물들을 만들어내리라는 사실이 주는 일종의 위안도 있다.

인류가 존재하는 동안 어떤 일이 일어날지를 생각하는 것은 더 까다롭다. 우리가 내리는 결정과 우리가 세상에 일으키는 혁신에 너무 많은 것이 달려 있기 때문이다. 의도하지 않았더라도, 그리고 그다지 체계적이지 못하더라도 이제 우리는 지구에서 일어나는 진화의 상당수를 좌우하고 있다. 이 점에 비추어 가장 쉽게 예상할 수 있는 결과는 우리가 지난 수백 년간 해온 것과 동일한 선택들을 계속할 때에 일어나게 될 일들이다. 이것은 우리가 지난 1,000년, 1만 년, 심지어 2만 년 넘게 거듭해온 선택이기도 하다. 바로 문제를 일으키는 종, 혹은 생김새가 불쾌하고 눈에 잘 띄는 종을 점점 더 강력한 무기들로 죽이는 것이다.

이것은 상상하기 쉬운 미래이다. 우리가 새로운 화학물질들을 무기로 사용하면 그 어느 때보다 행동적, 화학적으로 방어 수단을 갖춘 병원체와 해충들이 진화하고, 우리에게 이로울 수도 있는 종들은 경쟁에서 뒤처지게 될 것이다(그나마 살아 있기라도 한다면 말이다). 해충들은 내성을 지니게 되겠지만 생물 다양성의 나머지를 이루는 종들은 그렇지 못할 것이다. 우리는 우리도 모르는 사이에 나비, 꿀벌, 개미, 나방 등의 풍부한 야생종과 내성을 가지는 소수의 종을 맞바꾸게 될 것이다. 내성을 가지게 된 생물들의 외골격은 독성물질이 침투하지 못하게 막아주는 장벽으로 덮여 있을 것이고, 개개의 세포들마다 독성물질이 들어오지 못하게 막아주는 운반체 혹은 내부로 들어온 독성물질을 안전하게 보관할 수 있는 특수한 지방체를 갖추게 될 것이다. 바퀴벌레처럼 그들 또한 우리가 미끼에 사용하는 물질이 든 먹이나 심지어 성 페로몬까지 포기할지도 모른다. 이것은 이미 일어나고 있는 일이지만 그 속도가 더 빨라지고, 그 양상은 더욱 극단적이 될 것이며, 전 세계적인 현상이 될 것이다. 우리가 사는 공간을 점점 더 균질하게 만들고 그 안의 기후를 점점 더 통제할수록, 즉 우리가 실내 생활을 점점 더 안락하게 만들수록, 실내에 사는 다른 생물들의 삶도 점점 더 안락해질 것이다.

찰스 다윈이 자연선택의 과정과 그 결과인 진화를 가장 명확하게 목격했던 갈라파고스 제도에서는 인간에 대한 두려움이 없는 동물들이 진화했지만, 우리 주변에서 진화하는 종들은 그와 반대로 인간과 인간의 공격을 피하는 방법을 잘 아는 조그만 군대나 다름없다. 실내 해충들은 계속 야행성일 것이다. 그들은 우리가 없는 시간, 우리가 주의를 기울이지 않는 시간에만 활동하게 될 것이다(우리는 해충을 발견하면 죽이기 때문이다). 이런 일도 이미 어느 정도는 진행되었다. 빈대는 인간이 동굴에서 살던 시절의 박쥐 빈대로부터 진화했다. 박쥐 빈대는 주행성으로 박쥐들이 잠든 시간에 박쥐의 피를 빤다. 반면 빈대는 야행성으로 진화해서 우리가 자고 있을 때에 우리의 피를 빤다. 많은 바퀴벌레들과 쥐들도 그렇게 야행성이 되었다. 또한 이런 생물들은 더 작은 틈으로 드나들 수 있도록 진화할 것이다. 우리가 건물의 틈새들을 막으면 막을수록 이들의 크기는 더 작아질 것이다. 가장 확실한 미래의 모습은 지금 집 안에서 발견되는 수천 종의 동물들, 각기 흥미로운 역사를 가지고 있고 대부분 인간에게 아무런 나쁜 영향도 미치지 않는 이 동물들이 사라지고, 그들의 자리를 우리가 한 행위의 결과, 즉 수천 종의 작고, 내성이 있고, 잘 잡히지 않는 독일바퀴, 빈대, 이, 집파리, 벼룩들이 차지하게 되는 것이다. 우리는 우리가 불을 켜는 순간 수많은 다리로 잽싸게 도망치고, 우리가 자리를 뜨거나 불을 끄면 바로 다시 모여드는 작은 군대들에 둘러싸이게 될 것이다.

10

고양이가 끌고 들어온 것들

이해시킬 방법이 없습니다. 지금 내 안에서 일어나는 일을
누구도 이해할 수 없을 겁니다. 나 자신에게조차 설명할 수가 없습니다.
—프란츠 카프카, 『변신(*Die Verwandlung*)』

어느 집에서든 고양이가 자연사하면, 그 집에 사는 모두가 눈썹을 민다.
—헤로도토스

독일바퀴의 경우에서 보듯이 우리는 집 안에 사는 동물들을 가능한 한
없애려고 한다. 그러나 아주 중요한 예외가 하나 있다. 바로 우리의 반
려동물들이다. 반려동물들은 이로운 존재이다. 우리를 건강하고 행복
하게 해주기 때문이다. 그 대가로 우리는 그들에게 먹이를 주고, 쓰다
듬어주고, 인간의 아이들보다 더 자주 산책을 시킨다. 모호함으로 가득
한 생물계에서 반려동물들만은 유일하게 모호하지 않고, 확실하게 이
로운 존재이다. 혹은 그렇게 보인다. 우리가 반려동물과 함께 집 안으
로 들어오는 생물들에 대해서 생각해보기 전까지는 말이다. 그 사실을
생각하기 시작하면 모든 것이 갑자기 (다시 한번) 복잡해진다.

　반려동물이라고 하면 대부분의 사람들은 자신들의 집에서 키우는 동

물을 떠올린다. 처음 키웠던 동물, 혹은 힘든 시기를 함께 보낸 동물들 말이다. 하지만 생태학자인 나는 반려동물이라고 하면 과학계에서 내가 처음 얻었던 일자리인 딱정벌레 연구직이 떠오른다. 학부생이던 열여덟 살에 나는 원숭이를 돌보는 인턴직에 지원했다가 떨어진 후에 다시 딱정벌레를 돌보는 인턴직에 지원해서 합격했다. 그리하여 캔자스대학교의 대학원생으로 학위 논문을 쓰고 있던 짐 다노프버그의 연구를 돕게 되었다.[1] 짐은 리오메토품속(*Liometopum*)의 개미 종과 함께 사는 딱정벌레들을 연구하고 있었다. 이 개미들은 겁을 먹으면(개미 연구자들이 손가락으로 찌를 때마다) 감귤류, 살구, 그리고 살짝 달콤한 블루치즈와 비슷한 냄새를 발산한다. 돌들을 뒤집거나 노간주나무, 피논 소나무 덤불 아래를 뒤져보면 사막의 지하에 커다란 둥지를 짓고 사는 이 개미들을 찾을 수 있다. 밤에도 손전등 없이 냄새만으로 찾아낼 수 있는데, 다만 이때는 방울뱀을 만날 위험을 감수해야 한다.

리오메토품 개미들과 함께 사는 딱정벌레들은 개미들이 실용적인 목적으로 키우는 반려동물이다. 이 딱정벌레들은 개미로부터 먹이와 주거지를 얻어내는 능력을 진화시켰다. 개미들은 군집 속의 동료들을 달랠 때에 특수한 물질을 분비한다. 예를 들면 이 물질은 위험이 지나간 후에 군집을 진정시키는 데에 도움을 준다. 그런데 딱정벌레들도 개미들이 분비하는 물질과 비슷한 화학물질을 분비한다. 이 물질은 개미들에게 인간이 개를 쓰다듬을 때에 얻는 것과 비슷한 위안과 기쁨을 준다. 딱정벌레들은 고양이가 여러분의 다리에 몸을 비비거나 개가 쓰다듬어 달라고 몸을 들이미는 것처럼 개미에게 몸을 비비기도 한다. 그리고 이렇게 함으로써 개미들의 냄새를 몸에 묻혀 개미들과 비슷한 냄새를 풍긴다. 개미들과 같은 냄새를 풍기면 개미들에게 잡아먹히지 않는다. 개미들은 행동이나 냄새가 가까운 친척 같지 않으면 거의 무엇이든 잡아먹는다(이웃 군집에 속한 먼 친척을 거리낌 없이 먹어치우곤 한다). 딱정벌레들은 개미들을 진정시키고, 눈에 띄지 않게 개미들의 먹이를 몰래 먹으며 돌아다닌다. 이런 딱정벌레 종들 중 일부는 숙주인 개미들 앞에 앉아서 "앞발"을 내밀고 먹이를 달라고 간청하기도 한다.

딱정벌레들은 개미의 먹이를 빼앗아 먹기 때문에 개미들에게 해롭다고 할 수도 있다. 그러나 어쩌면 초기 인류 사회의 개나 고양이처럼, 이들이 개미들이 먹지 않는 찌꺼기를 먹고 사는 것일 수도 있다. 딱정벌레들이 개미들의 쓰레기 더미 안에 사는 해충과 병원체를 먹어치운다면 개미들에게 이로운 일일 것이다. 짐과 나는 딱정벌레들이 일반적으로 이 개미들에게 이로운지 해로운지를 실험해보기로 했다.[2] 우리는 딱정벌레가 들어 있는 필름 통과 들어 있지 않은 필름 통 안에 개미들을 넣고 이들이 각기 얼마나 오래 살아남는지를 조사했다. 이 실험의 애로사항은 짐의 차를 타고 돌아다니면서 해야 했다는 점이다(개미와 딱정벌레가 있는 장소들을 찾아 이리저리 이동했기 때문이다). 딱정벌레와 함께 있는 개미들은 그 반대의 경우보다 더 오래 사는 것처럼 보였다. 우리는 딱정벌레가 개미들을 차분하게 만들어서 심한 공포에 에너지를 낭비하는 일을 막아주는 것일지도 모른다는 가설을 세웠다. 개미들이 공포를 느끼는 것은 당연했다. 필름 통 안에 갇혀 자신들이 뿜어내는 절박함의 냄새와 우리가 풍기는 땅콩버터 냄새에 절은 채 오래된 자동차를 타고 사막을 돌아다녀야 했으니 말이다. 이 실험 결과는 적어도 특정 조건에서는 딱정벌레가 개미들에게 이로울 수도 있다는 점을 알려주었다.

개미와 딱정벌레를 대상으로 한 실험도 쉽지는 않았지만 인간과 반려동물을 대상으로 동일한 실험을 하는 것은 더욱 어렵다. 누구도 (더 이상은) 인간과 개를 거대한 통 안에 넣고 개와 함께 있는 인간이 그렇지 않은 인간보다 더 오래 사는지 실험해도 좋다는 허가를 해주지 않을 것이다. 실제로 개와 고양이가 (혹은 같은 목적으로 집에서 기르는 돼지와 페럿, 심지어 칠면조가) 건강과 행복 면에서 우리에게 이로운 영향을 미치는지를 알아내는 일은 까다롭다. 장애인 안내견이나 암 진단견 등 특수한 역할을 수행하는 개들은 분명히 인간에게 직접적인 도움을 준다. 하지만 일반적으로 집에서 키우는 개나 고양이는 어떨까? 소수의 연구에 따르면 개를 기르는 것은, 그리고 그보다는 효과가 덜하지만 고양이를 기르는 것도 사람의 스트레스와 불안, 외로움을 줄여준다고 한다. 우리가 딱정벌레들이 개미에게 미치는 영향이라고 생각했던 것과 비슷하다. 이것은 개, 고양이, 심지어 돼지나 칠면조까지 우리가 심리적으로 의지하는 동물의 숫자가 점점 늘어가는 이유이다. 한 연구에 따르면 개를 기르는 사람은 그렇지 않은 사람보다 심장마비 이후 회복 가능성이 더 높은 것으로 나타났다. 반면 고양이를 기르는 사람들은 그렇지 않은 사람보다 회복 확률이 더 낮았다.[3] 하지만 이런 종류의 연구들은 수가 적고, 서로 유사하며, 상대적으로 소수의 사람들을 대상으로 이루어진 경우가 많다. 또한 개와 고양이가 우리의 삶에 미치는 다른 영향들은 고려하지 않았다. 이 동물들이 집파리나 독일바퀴와 마찬가지로 우리를 병들게 만들 수 있는 생물들, 그리고 어쩌면 우리를 건강하게 해줄 수 있는 생물들도 집 안으로 들여올 가능성을 설명하지 않은 것이다.

고양이가 데려온 생물들 중에 기생충인 톡소포자충(*Toxoplasma gondii*)이 있다.[4] 톡소포자충은 다른 생물들이 반려동물에 묻어서 우리의 삶 속으로 들어오는 방식, 그리고 반려동물이 우리에게 이로운지 해로운지 알아내는 일의 까다로움을 모두 보여주는 전형적인 사례이다. 인간과 관련된 톡소포자충의 역사는 1980년대에 시작되었다. 그 무렵 글래스고에서 한 무리의 연구자들이 톡소포자충에 감염된 생쥐들을 연구하고 있었다. 감염된 쥐들이 그렇지 않은 쥐들에 비해서 과도한 활동성을 보인다는 점을 발견한 그들은 그 원인이 톡소포자충인지를 알아보기로 했다. 그래서 쥐들에게 쳇바퀴를 주고, 연구자들 중 한 명인 J. 헤이라는 학생이 각 쥐가 쳇바퀴를 돌리는 횟수를 세었다. 첫 사흘간 감염되지 않은 쥐들은 2,000회 이상 쳇바퀴를 굴렸다. 대단한 숫자였다! 쥐들은 도무지 가만히 있지를 않았다. 그런데 감염된 쥐들은 그 두 배를 돌렸다. 게다가 시간이 지날수록 격차는 더욱 커졌다. 실험 22일째, 감염되지 않은 쥐들이 4,000회를 돌릴 동안 감염된 쥐들은 무려 1만3,000회를 돌렸다. 마치 극단적인 설치류적 열정에 사로잡힌 것 같았다. 연구자들은 쥐들의 뇌에서 무엇인가 흥미로운 일이 일어나고 있는 것이 분명하다고 생각했다. 그러나 그들은 여기서 한 단계 더 나아가서, 감염된 쥐들의 과잉 활동성이 생존을 위한 기생충의 적응 결과일지도 모른다는 가설을 세웠다. 어쩌면 기생충이 쥐들을 지나치게 활동적인 상태로 만들어서 고양이에게 잡아먹힐 확률을 높이는 것일 수도 있었다. 톡소포자충은 고양이의 몸 안에서만 생애의 마지막 주기를 보낼 수 있기 때문이다.[5] 하지만 연구는 여기까지만 진행되었다. 연구자들은 이런 내용을 발표하고 다른 학자들이 연구해볼 만한 가설을 제안했다. 이것만으로도 충분히 기이한 가능성이었다. 그리고 10년 후에 야로슬라프 플레그르 덕분에 훨씬 더 기이한 사실들이 밝혀졌다.

플레그르는 프라하에서 태어나 프라하에서 일하고 있다. 프라하에서 진화생물학자가 되는 데에 필요한 단계들을 밟았으며, 몇몇 훌륭한 연구를 하고, 박사 학위를 취득하고, 받기 어려운 상들까지 탄 이후, 프라하 카렐 대학교의 교수가 되었다. 이곳에서 플레그르는 기생충 연구를 시작했다. 처음에는 트리코모나스증을 일으키는 질편모충(Trichomonas vaginalis)을 연구하다가 1992년 초부터 톡소포자충에 매료되었다. 플레그르는 쳇바퀴를 돌리는 과잉 활동성 쥐들에 관한 헤이의 연구를 읽었다. 그리고 헤이의 가설대로 톡소포자충이 자신들의 목적을 위해서 생쥐의 뇌를 조종하는 것이라고 확신했다. 그는 쥐들이 스토브 아래에서 뛰어나와 고양이에게 잡아먹히곤 하는 전 세계의 집 안에서 이런 일들이 벌어지고 있으며, 이것이 톡소포자충에게 유리하게 작용한다고 생각했다. 왜 플레그르가 헤이의 주장을 그렇게 쉽게 믿었는지는 알 수 없다. 그리고 왜 그가 자기 자신도 과잉 활동성 쥐들처럼 톡소포자충에 감염된 것이 아닐까 생각했는지는 더 모를 일이다.

플레그르는 자신이 하는 비정상적인 행동들의 목록을 작성하기 시작했다. 그는 실제로 자신이 기생충에 감염된 쥐 같다고 느꼈다. 러닝머신 위에서 다른 사람들보다 더 빨리 뛰거나 하는 것은 아니었지만, 그가 만약 쥐였다면 죽임을 당하기 더 쉽고, 야생에서 살고 있었다면 대형 고양잇과 동물에게 잡아먹히기 더 쉬울 행동들을 했다. 어쩌면 톡소포자충은 쥐들을 더 활동적으로 만들 뿐 아니라 위험을 덜 회피하게 하며, 플레그르에게도 같은 영향을 미치고 있는지도 몰랐다. 그는 쿠르디스탄에서 주변에 총알들이 날아다니는 상황에 처한 적이 있었지만 그때도 죽음을 겁내지 않았다. 프라하에 돌아온 후에는 차들을 겁내지 않았다. 마치 기생충에 감염된 쥐들이 눈에 잘 띄는 장소로 뛰쳐나오듯

그림 10.1 연구실에 있는 야로슬라프 플레그르의 모습. (Still from *Life on Us*, directed by Annamaria Talas, credit Annamaria Talas.)

이, 날카로운 브레이크 소리와 빵빵대는 경적 소리가 한꺼번에 울리는 와중에도 자동차들 사이를 쏜살 같이 뛰어다니곤 했다. 공산주의 정권 시절에도 그는 논란의 소지가 있는 생각들을 공개적으로 밝히는 것을 두려워하지 않았다. 그렇게 한 사람들이 투옥되거나 그보다 더한 일들을 당했다는 증거들이 충분했는데도 말이다. 이 모든 것을 어떻게 설명해야 할까? 플레그르는 자신이 기생충에 감염되어 카프카의 『변신』에 나오는 그레고르처럼 자신의 의지를 넘어선 하나의 역할을 수행하고 있는 것이 분명하다고 생각하기 시작했다.

플레그르는 이런 생각을 하고 얼마 지나지 않아 자신을 직접 톡소포자충에 노출시켜보기로 결심했다. 그 결과 자신의 혈액에 그 기생충에 대한 항체가 있다는 사실을 알게 되었다. 정말로 감염이 되었던 것이다. 그는 어떤 행동이 자기 자신의 의지에 의한 것이고, 어떤 행동이 기생충에 의한 충동적인 행동이었는지 궁금해졌다. 이런 무모한 생각, 즉 기생충이 자신을 조종하고 있을지도 모른다는 생각을 하는 것 자체가 기생충의 영향을 보여주는 상징처럼 보였다. 각국의 연구자들로부터 무시를 당하기 쉬운 생각이었다. 솔직히 모든 것이 터무니없어 보였다. 그러나 그가 사는 프라하는 오래 전부터 대담한 사상들의 발상지였다.

플레그르가 톡소포자충에 관심을 가지기 시작한 때는 과학자들이 이 기생충에 대해서 조금씩 알아가고 있을 무렵이었다. 헤이와 동료들이 언급한 것처럼 톡소포자충은 생쥐(*Mus musculus*)를 감염시키지만, 시궁쥐(*Rattus norvegicus*)와 곰쥐(*Rattus rattus*) 등 집 안의 다른 설치류도 감염시킨다.[6] 돼지, 양, 염소, 심지어 도마뱀붙이도 감염시킬 수 있다. 이런 동물들이 이 기생충의 난포낭(oocyst : 알 껍질과 유사한 것으로, 고대 그리스어로 "알"을 뜻하는 oon과 자루 또는 주머니를 뜻하는 kyst에서 유래)이 들어 있는 흙이나 물을 무심코 먹으면 몸 안에 기생충이 들어가게 된다. 그리고 숙주 안에서 한 편의 그리스 연극과도 같은, 그리스어로 묘사할 수 있는 극적인 사건이 시작된다. 위 속의 효소가 난포낭의 단단한 벽을 부수면 포자소체(sporozoite : 그리스어로 "씨앗"을 뜻하는 sporo와 "동물"을 뜻하는 zoite에서 유래) 형태의 기생충이 동물의 장으로 방출된다. 장에 들어온 포자소체는 상피세포에 침입하여 그 안에서 빠른분열소체(tachyzoite : 그리스어로 "빠르다"는 뜻의 tachy에서 유래)로 변화하고, 이것이 빠르게 분열하면서 주변의 세포가 죽고 파괴된다. 그 결과 빠른분열소체는 혈류를 통해서 퍼져나가 체내의 다른 조직 세포들 안에 자리를 잡는다. 숙주의 면역체계가 마침내 대응을 시작하면 톡소포자충은 느린분열소체(badyzoite : 그리스어로 "느리다"는 뜻의 brady에서 유래)라는 새로운 형태로 바뀐다. 그리고 숙주의 뇌, 근육, 기타 조직의 세포 안에 숨어서 천천히, 참을성 있게 숙주가 포식자에게 잡아먹히기만을 기다린다.

톡소포자충이 기다리는 이유는 고양이의 장 안에서 생애 주기를 마무리하기 위해서이다. 톡소포자충은 원생생물이다.[7] 많은 원생생물이 그렇듯이 이들도 교미를 하여 난포낭을 생산하려면 매우 구체적인 조건들이 갖춰져야 한다. 흙 속이나 설치류, 도마뱀붙이의 몸 안에서는 교미나 난포낭 생산을 할 수 없다. 돼지나 소의 몸 안에서도 마찬가지이다(이런 동물의 몸속에서도 톡소포자충이 발견된다). 까다로운 조건이다. 오로지 고양잇과 동물의 장 상피세포 안에서만 사랑을 하고 결실을 맺을 수 있는 것이다(사람들은 온라인 데이트도 힘들다고 하는데 말이다). 어떤 종류의 고양이인지는 상관없는 듯 보이지만, 어쨌든 고양이여야 한다. 지금까지 고양잇과 동물 17종의 몸 안에서 교미를 하는 톡소포자충이 발견되었다. 톡소포자충의 생애 주기는 이렇듯 특정한 순서대로 발생하는 비교적 특이한 상황들에 크게 의존하고 있다. 이런 의존성은 이 기생충의 삶에서 매우 중요하고 결정적인 요소이다.

톡소포자충의 수컷과 암컷이 고양이의 장에서 만나 교미하면 마침내 새로운 난포낭들이 생산된다. 이 난포낭은 고양이의 배설물이 다니는 장 속의 고속도로를 타고 내려가 바깥으로 배출된다. 작은 고양이의 똥덩어리 하나에 최대 2,000만 개의 난포낭이 들어 있다. 이 난포낭은 씨앗만큼 영속성이 강해서 몇 달씩, 심지어 최대 1년까지 눈에 띄지 않은 채 숨어서 쥐나 다른 동물들이 먹어주기를 기다린다. 지구에는 약 10억 마리의 고양잇과 동물이 있다. 따라서 10마리 중 1마리만 톡소포자충에 감염되어 이 기생충을 밖으로 내보냈다고 가정해도 무려 300조 개의 톡소포자충 난포낭이 누군가가 먹어주기를 기다리고 있을지도 모른다. 아무리 적게 잡아도 은하계에 있는 별의 숫자의 760배가 넘는 톡소포자

충 난포낭이 모여 꿈틀거리는 기생충의 은하계를 이루고 있는 셈이다.[8]

생쥐, 쥐, 고양이가 많은 시기나 장소, 이를 테면 고대 메소포타미아의 곡물 저장소 주변에서는 기생충이 생애 주기를 완료할 수 있었을 확률이 높다. 그렇더라도 중간 숙주가 고양이에게 더 쉽게 먹히도록 만들어서 성공 확률을 높일 수 있었던 계통의 기생충들이 생존에 더 유리했을 것이다. 헤이는 이 모든 것을 어느 정도 수준까지 추론했으며, 그의 아이디어는 몇 년간의 후속 연구 끝에 사실로 밝혀졌다. 정말로 기생충들이 쥐를 조종하고 있었던 것이다.

플레그르가 맨 처음 자신이 기생충에 감염되었을 것이라고 생각하던 무렵, 인간은 집 안에서 고양이의 배설물을 통해서 톡소포자충에 자주 노출되고 있었다. 앞에서 이야기한 대로 자연에서 톡소포자충의 난포낭은 고양이의 배설물을 통해서 흙이나 물속으로 들어가 새로운 주기를 시작할 준비를 한다. 그러나 집 안에서는 이 난포낭들이 고양이 화장실 안으로 배출된다. 그리고 때로는 그 수가 아주 많을 때도 있다.[9] 만약 임신한 여성이 자기도 모르게 이 난포낭들을 삼키게 되면 위에서 난포낭들이 터져 열리면서 거기서 나온 기생충이 장 내벽 세포 안에서 무성분열로 증식한 후에 혈류로 쏟아져서 다른 조직에까지 침범한다. 불행히도 이 기생충은 어머니의 혈류와 태아의 혈류를 구분하지 않고 침투하여 태아의 몸속에까지 들어간다. 아직 자체적인 면역체계를 갖추지 못한 태아는 어머니로부터 항체를 빌려오지만, 염증성 T세포와 같은 면역세포는 빌려오지 않는다. 이것이 문제가 되는 이유는 보통 염증성 T세포가 톡소포자충을 저지해주기 때문이다. 따라서 태아의 몸 안에서 톡소포자충은 아무 방해 없이 증식할 수 있으며, 이는 태아의 지적 장애, 청각 장애, 발작, 망막 손상 등으로 이어질 수 있다. (오래 전에 일어난 감염은 태아에게 별로 위험하지 않다. 오래 전에 감염된 기생충은 혈액을 통해서 돌아다니지 않고 어머니의 근육이나 뇌 속의 세포 안에 자리를 잡았을 가능성이 높기 때문이다.) 그런 일이 흔하지는 않지만 그렇다고 아주 드물지도 않다.[10] 수년간의 톡소포자충 연구 끝에 얻은 결론은 이것이었다. 이 기생충은 쥐, 생쥐, 고양이의 몸속을 거치며 생애 주기를 완료하지만, 우연히 고양이 배설물을 통해서 임신부의 몸에 들어가면 위험한 영향을 미칠 수 있다.

그러나 플레그르는 임신부를 비롯해서 인간과 접촉하는 톡소포자충의 형태와 쥐를 감염시키는 형태가 동일하다는 사실을 알고 있었다. 적어도 이론상으로는 이 기생충이 뇌 세포에 자리를 잡을 경우 쥐에게 미치는 것과 똑같은 영향을 인간에게도 미칠 수 있었다. 즉, 이 기생충이 뇌에 들어오면 적어도 이론상으로는 인간의 행동을 조종할 수 있는 것이다. 하지만 믿기 어려운 이야기였다. 쥐와 생쥐의 뇌는 상대적으로 작기 때문에 미세한 원생생물에 조종당할 수도 있지만 인간의 뇌는 크다. 확장된 이마엽과 그로 인해서 가능해진 의식적 사고는 인간만의 특징이며, 그 덕분에 우리는 불과 치즈 커드와 컴퓨터를 발명할 수 있었다. 우리는 복잡한 생각들을 표현하고, 자신의 결정에 따라서 행동한다. 우리는 단순히 몸의 생화학적 작용에 휘둘리지 않는다. 미세한 동물의 욕망에 따라 움직이기에는 우리는 너무 영리하고 의지가 강하다. 플레그르를 제외한 거의 모두가 그렇게 생각했다.

톡소포자충 같은 기생충이 인간에게 미치는 영향을 연구할 방법을 찾기란 쉽지 않다. 문제는 우리가 보통 특정한 병원균의 영향 또는 치료법을 연구할 때에 쥐나 생쥐를 모델 생물로 삼는다는 점이다. 인간을 대상으로 실험하는 것을 피하기 위해서 우리는 설치류를 데리고 씨름한다. 분류학적으로 설치류가 속한 쥐목은 인간이 속한 영장목과 비교적 가까운 관계에 있다. 따라서 우리의 세포와 생리, 심지어 면역체계까지도 설치류의 그것과 매우 비슷하다. 워낙 비슷해서 어떤 화학물질이 쥐나 생쥐에게 특정한 영향을 미친다면, 우리에게도 같은 영향을 미칠 가능성이 매우 높다. 흥미롭게도 개와 고양이가 우리의 건강에 미치는 이로운 영향에 관한 논의는 가능한 반면 생쥐, 시궁쥐, 혹은 초파리에 관해서는 그런 논의가 이루어지지 않는다. 우연히 인간과 함께 전 세계로 퍼져나간 이 동물들은 인간의 생리를 연구하는 데에 아주 중요한 역할을 하게 되었다. 우리는 인간을 이해하기 위해서 이 동물들을 연구한다. 이 동물들은 우리의 거울이다. 그러나 톡소포자충 연구의 문제는 우리가 이 기생충이 쥐의 행동에 어떤 영향을(그것이 적응의 결과든 아니든 간에) 미친다는 사실을 이미 알고 있다는 점이었다. 톡소포자충에 감염된 쥐는 더 활발해졌다. 다만 인간에게도 같은 일이 일어나리라고 상상하기가 어려울 뿐이었다. 그럼 다음 단계는 무엇일까? 톡소포자충 잠복감염으로 밝혀진(즉 면역체계 안에 이 기생충과 접촉한 흔적이 있는) 사람은 치료할 수 있었다. 하지만 문제는 숙주의 세포 안에서 천천히 자라는 형태의 톡소포자충(느린분열소체)을 죽이는 방법, 또는 세포 안에 톡소포자충이 살고 있는 사람과 이 기생충이 자리를 잡기 전에 면역체계를 통해서 없애버린(하지만 그 싸움의 흔적은 지니고 있는) 사람을 구별할 방법을 아무도 모른다는 것이었다. 또다른 문제는 플레그르에게 그런 연구를 할 만한 연구비가 없다는 것이었다. 그에게는 제한된 봉급과 시간이 있을 뿐이었다. 그는 감염된 사람과 감염되지 않은 사람을 비교하는 기존의 방법을 사용하기로 결정했다. 상관관계가 곧 인과

234

관계는 아니지만 어쨌든 시작점, 즉 전에는 보이지 않았던 것을 들여다 볼 창문(그것이 아무리 뿌옇더라도)으로 삼을 수는 있었다.

플레그르가 수행한 상관 연구는 쉽지 않았지만 비용이 적게 들었다. 그는 많은 사람들의 행동을 조사하여, 그들이 어떻게 각기 다른 성격적 특성을 획득했는지, 얼마나 위험 회피적인지, 위험한 행동과 관련된 문제(예를 들면 자동차 사고 같은)를 겪을 확률이 얼마나 높은지 알아보고 싶었다. 그는 중세의 상인처럼 집집마다 찾아다니며 자신의 터무니없는 아이디어를 설명하고 혈액 검사를 실시했다. 그는 프라하 곳곳을 돌아다니는 것보다는 좀더 간단한 방법을 택했다. 자신이 있는 대학 학과 건물만 돌아다닌 것이다. 그의 논문에 참여한 사람들 대부분은 카렐 대학교 과학부의 교수, 직원, 학생들이었다. 플레그르는 남성 동료 195명, 여성 동료 143명을 대상으로 총 187개의 문항으로 이루어진 '카텔의 16개 성격 요인(PF) 검사'를 실시했다. 1940년대에 개발된 이 검사는 전 세계적으로 온정성, 쾌활성, 사회적 대담성, 지배성 등 16개 성격 요인의 등급을 평가하는 데에 사용된다. 플레그르와 그의 공동 연구자(두 사람도 연구 대상이 되었다)만 제외하고 나머지 참가자들은 모두 이 검사를 받기 전에 자신이 톡소포자충에 감염된 적이 있는지를 몰랐다. 그는 성격 검사와 함께 피부 반응 검사도 실시하여 각 참가자의 톡소포자충 감염 여부를 확인했다. 톡소포자충 항원을 주입했을 때에 48시간 후 면역 반응이 일어나서 주입한 자리가 작게 부풀어오르면 그 사람은 과거에 톡소포자충에 감염된 적이 있는 것으로 간주되었다.[11] 그렇다고 해서 반드시 참가자의 몸속에 톡소포자충이 남아 있다거나 혹은 그 기생충이 세포에 침입한 적이 있다는 뜻은 아니었다. 다만 한때 충분히 많은 양의 톡소포자충을 흡입하여 그 사람의 면역체계가 그것을 물리치기 위해서 싸운 적이 있다는 뜻이었다. 이 연구는 1992년부터 1993년까지 14개월간 진행되었다. 플레그르의 카렐 대학교 동료들은 그를 괴짜라고 생각했지만 그래도 실험에는 참여해주었다(그러면서 자신들의 삶에 관해서 자세하게 알려주었다).

플레그르는 데이터를 분석하면서 자신처럼 톡소포자충에 노출된 적이 있는 사람들은 그렇지 않은 사람들과 다르다는 사실을 발견했다. 감염이 되었던 사람들은 위험을 무릅쓰는 경향이 더 높았고('사회적 대담성' 부분에서 높은 점수를 얻었다), 규칙을 더 잘 어기며, 더 성급하고 그래서 위험할 수도 있는 결정들을 내렸다. 남성과 여성 모두 감염이 되었던 사람들과 그렇지 않은 사람들의 성격 유형이 달랐다. 더 자세히 들여다볼수록 이 자료는 플레그르에게 인간 세계의 중요한 특성들을 설명해주는 것처럼 보였다. 실험 참가자들이 그의 동료들이었으므로 이 결과가 설명해주는 것은 그의 세계였다. 예를 들면 톡소포자충 항원에 음성을 보인 그의 동료 교수 29명 중에는 지도자가 많았다. 즉 천천히, 신중하게 결정을 내리는 사람들이었다. 이 29명 중 10명은 학과장이나 학장, 부학장이었다. 반대로 톡소포자충에 감염된 교수들 중에서는 1명만이 지도자 역할(학과장)을 맡아본 적이 있었다.[12] 이후의 연구 결과도 비슷한 패턴을 보였다. 예를 들면 플레그르는 톡소포자충에 감염된 사람이 교통사고를 당한 비율이 그렇지 않은 사람보다 2.5배나 더 높다는 사실을 발견했다(나중에 터키의 연구팀이 수행한 두 건의 독립적인 연구, 그리고 멕시코와 러시아에서 이루어진 연구에서도 동일한 결과가 나왔다).[13]

용기를 얻은 플레그르는 더욱 강력하게 자신의 생각을 주장했다.[14] 분명히 무엇인가가 있었다. 하지만 그는 사람들이 무슨 말을 할지도 알고 있었다. 사람들은 톡소포자충에 노출된 사람들의 성격이 처음부터 달랐을 것이라고 반박할 것이다. 예를 들면 대담한 성격의 사람들이 기생충에 감염될 확률이 더 높다고 말이다. 그도 그런 가능성을 공식적으로는 배제할 수 없었지만, 동시에 왜 성격이 대담할수록 고양이 배설물 안에서 발견되는 기생충에 더 많이 노출되는지는 이해할 수 없었다. 성격이 대담한 사람들이 고양이를 더 많이 기르거나 자신도 모르게 고양이 배설물을 섭취할 가능성이 높다는 것은 지나친 생각 같았다.[15] 그러나 지나쳐 보이는 것은 플레그르 자신의 생각도 마찬가지였다.

인간이 언제 처음으로 톡소포자충과 접촉했는지는 알 수 없다. 한 가지 가능성은 농업이 시작되기 전까지는 이 기생충과의 만남이 극히 드물었으리라는 것이다. 농업의 시작과 함께 우리는 곡물을 저장하기 시작했다. 저장된 곡물은 곡물을 먹고 사는 수많은 곤충과 생쥐들을 먹여 살렸다. 곡물은 돈이었고, 생쥐들은 돈을 먹어치웠다.[16] 쥐들이 늘어나자 고양이들도 늘어났고, 농부들은 지속적으로 고양이의 도움을 받기 위해서 이 동물들을 길렀다. 고양이를 기르기 시작하자 고양이 배설물과의 접촉도 늘어났고 톡소포자충에 노출되는 빈도도 증가했다.[17] 기원전 7500년경, 키프로스 섬의 고양이 한 마리가 인간과 함께 얕은 구덩이 안에 묻혔다. 이 고양이는 조각조각 썰리지도, 요리되지도 않은 채 단정하게 웅크린 모습으로 묻혔는데, 많은 문화권에서는 사람의 시체를 이런 모습으로 매장한다. 키프로스가 원산지인 고양이는 없으니 이 고양이(혹은 그 조상)는 인간들과 함께 배를 타고 이 섬으로 온 것이 분명했다. 죽은 고양이 옆에 있던 사람은 보석과 장신구와 함께 묻힌 것을 볼 때, 부와 권력을 가진 사람이었다. 이런 매장의 형태는 오래전부터 인간과 고양이의 관계에 숭배, 혹은 적어도 존중의 요소가 포함되어 있었음을 보여준다.[18] 특히 이 고양이는 이미 길들여져 있었을 것이다(물론 뼈만 보고 확신하기는 어렵지만 말이다).

키프로스 섬에 있던 것과 같은 초기 농업 정착지에서 인간은 톡소포자충과 처음 접촉했을지도 모른다. 고양이와 함께 묻힌 사람도, 그 고양이도 모두 이 기생충에 감염되어 있었을지도 모른다. 한편으로는 인류가 선사시대부터 톡소포자충에 노출되기 시작했을 가능성도 있다. 수렵 채집을 하던 인류가 쥐들처럼 우연히 흙을 통해서 톡소포자충을 섭취했을지도 모른다. 또는 조리하지 않은 고기를 통해서 섭취했을 수도 있다(우리는 세포 안에 톡소포자충이 살고 있는 돼지나 양의 고기를 먹음으로써 이 기생충에 노출되기도 한다). 우리의 조상들은 커다란 고양잇과 동물에게 잡아먹히는 일이 드물지 않았기 때문에 그때마다 기생충들이 선호하는 최종 목적지에 닿을 수 있게 도와주었다. 우리 조상들, 특히 어린 아이들은 우리가 상상하는 것보다 훨씬 더 자주 고양잇과 동물의 먹이가 되었다. 하지만 두 번째 시나리오가 사실이라고 해도 어쨌든 농업이 시작되고 고양이들이 우리가 사는 집 안으로 들어오면서 인류와 톡소포자충의 접촉, 감염이 증가했을 것이다. 어느 쪽이든 플레그르의 가설이 맞다면, 이 기생충은 아주 오래 전부터 우리의 행동에 영향을 미쳐왔을 것이다. 즉 플레그르는 단지 이 기생충이 현재 우리에게 미치는 영향뿐만 아니라 수 세대에 걸쳐 우리 조상들에게 미쳐온 영향에 관해서도 생각하고 있었다. 예를 들면 칭기즈 칸도 톡소포자충에 감염되어 있었을지 모른다. 어쩌면 콜럼버스도.

플레그르가 톡소포자충이 과거부터 현재까지 인간에게 영향을 미쳐온 여러 가지 방식을 고민하고 있을 무렵, 다른 생물학자 몇 명도 이 기생충이 설치류에 미치는 영향을 조용히 연구하고 있었다. 그중에 조앤 웹스터가 있었다. 웹스터는 인간이 아닌 동물들이 퍼뜨리는 병원체 분야의 전문가이다(웹스터는 자신을 인수[人獸] 공통 전염병학자라고 부른다). 플레그르처럼 웹스터도 에든버러에서 헤이가 했던 연구를 이어가기로 결정했다. 그러나 플레그르와는 달리 직접 실험을 해보기로 했다. 헤이는 생쥐를 대상으로 실험을 했지만, 웹스터는 실험용 시궁쥐를 연구했다. 생쥐의 몸속과 마찬가지로 시궁쥐의 몸속에서도 톡소포자충은 혈류에서 무성적으로 분열한 뒤에 몸 전체로 퍼져나가 심장 같은 근육 세포나 뇌 세포로 들어간다. 뇌 세포에 들어온 톡소포자충은 난포낭을 생성하고 그 상태로 오랫동안, 심지어 숙주가 죽을 때까지 머물러 있을 수도 있다. 웹스터는 신중한 실험을 거듭하여 시궁쥐도 생쥐처럼 이 기생충에 감염되었을 때에 더 활동적으로 변한다는 사실을 증명했다.[19] 감염된 쥐들은 평소에는 무서워하던 고양이 오줌 냄새도 겁내지 않게 되었다. 생쥐들의 과잉 활동성과 마찬가지로 시궁쥐들의 이런 변화 또한 고양이에게 잡아먹힐 확률을 더 높인다.[20] 자연은 개미가 딱정벌레를 사랑하게 만들기도 하고, 쥐와 생쥐가 포식자의 입으로 곧장 걸어 들어가게 만들기도 한다.

웹스터는 톡소포자충이 쥐들에게 이런 변화를 일으키는 방식을 서서히 알아가기 시작했다. 이 기생충은 숙주의 뇌로 들어가면 도파민의 전구체(前驅體, precursor)를 생성하고,[21] 이것이 다른 화학물질과 결합하여 우리가 아직 알아내지 못한 메커니즘에 의해서 쥐나 생쥐가 더 활동적이고, 고양이 오줌 냄새를 덜 무서워하며, 그럼으로써 고양이에게 더 쉽게 잡아먹히도록 만드는 것으로 추정된다. 고양이가 먹는 종들은 실내와 실외 모두에서 살 수 있기 때문에, 실내와 실외의 고양이 모두 톡소포자충의 숙주가 된다.[22]

웹스터의 연구 이후 톡소포자충뿐만 아니라 숙주의 행동을 조종하는 여러 기생충들에 관한 연구가 이어졌다. 이제 우리는 기생충이 숙주를 조종하는 일이 흔하다는 사실을 알고 있다. 진균은 개미의 뇌를 조종하고, 말벌은 거미를 조종하고, 촌충은 등각류를 조종한다. 그러나 웹스터를 포함하여 톡소포자충을 연구했던 그 누구도 플레그르처럼 이 기생충이 인간에게 영향을 미치는 방식에 초점을 맞추지는 않았다.

웹스터의 일자리는 그녀에게 톡소포자충과 인간을 연구할 수 있는 기회를 주었다. 임피리얼 컬리지 의과대학의 교수인 그녀는 인간의 질병을 전공한 동료들 사이에서 일한다. 그러나 플레그르가 하고 있던 상관 연구는 그녀의 동료들에게는 미심쩍어 보였다. 웹스터가 비슷한 연구를 한다고 해도 마찬가지일 터였다. 웹스터가 동료들에게 그 연구가 흥미롭다거나 그 연구를 이어가는 것이 중요하다는 사실을 반드시 납득시켜야 하는 것은 아니었지만, 만약 그들의 이해를 구할 수 있다면 도움이 될 수 있었다. 학계는 학자가 얻은, 그리고 잃어버리기도 쉬운 존경의 토대 위에 세워진다. 자신의 연구에 대한 동료들의 존경이나 지원, 협력을 잃게 되면, 앞으로 필요할지도 모를 호의 또한 얻을 수 없게 된다(그리고 학자들에게는 거의 언제나 그런 호의가 필요하다). 그러나 그 연구가 웹스터의 동료들에게 미심쩍다는 사실만큼이나 문제인 것은 웹스터 자신에게도 마찬가지라는 점이었다. 그녀는 실험과 가설 검증에 익숙했는데, 톡소포자충과 인간의 관계는 실험적으로 연구될 수 있는 측면이 많지 않았다. 그녀는 윤리적인 이유로 사람들에게 톡소포자충을 주입할 수 없었다. 이 기생충이 일단 세포 안에서 자리를 잡으면 그것을 없앨 수 있는 방법은 누구도 알지 못했다(따라서 감염을 시킨 후에 치료하고 그 결과를 관찰할 수 없었다). 그러나 그녀는 연구를 계속하면서 하나의 가능성을 포착했다. 플레그르는 이 기생충이 행동뿐만 아니라 정신 건강에도 영향을 미칠지 모른다는 가설을 세웠다. 플레그르의 연구에 기초하여 스탠리 의학 연구소의 심리학자인 E. 풀러 토리, 존스홉킨스 대학교 의학 센터의 소아과 교수인 로버트 욜큰은 톡소포자충이 조현병의 부분적인, 혹은 전적인 원인일지도 모른다고 주장했다.[23] 조현병과 톡소포자충 감염 모두 특정한 가계에서 중점적으로 나타나는 경향이 있었지만 전적으로 유전적인 질환으로는 보이지는 않았다(오히려 유전자보다는 그들이 사는 집과 더 관련이 있었다). 또한 조현병 증상을 통제하는 약물은 때로 환자들의 세포 안에 숨어 있던 톡소포자충들을 없애주는 것으로 보였다. 이러한 관찰 결과를 보면서 웹스터는 하나의 아이디어를 떠올렸다. 그녀는 조현병 치료제가 톡소포자충을 억제하거나 죽이는 방식으로 작용하는 것은 아닐까 생각했다.

웹스터는 실험을 해보았다. 실험은 그녀의 전문 분야이다. 그녀는 49마리의 쥐에게 톡소포자충을 경구(經口) 주입했다. 그리고 추가로 통제 집단이 될 39마리의 쥐에게는 소금물을 경구 주입했다. 감염된 쥐들과 통제 집단은 다시 각 4개의 그룹으로 나누었다. 한 그룹은 더 이상 처치를 하지 않았고, 한 그룹은 발프로산(기분 안정제)을, 한 그룹은 할로페리돌(항정신병제)을 투약했으며, 가장 수가 많은 나머지 한 그룹에게는 기생충을 죽이며 특정 조건에서는 톡소포자충도 죽이는 것으로 알려진 피리메타민을 투약했다. 그후 웹스터는 이 쥐들을 한 마리씩 가로 1미터, 세로 1미터의 우리 안에 넣었다. 이 우리의 각 모서리에 서로 다른 냄새를 풍기는 네 가지 액체를 15방울씩 떨어뜨렸다. 한 모서리에는 쥐들 자신의 오줌 15방울에 적신 나뭇조각을 두었다. 또다른 모서리에는 그냥 물에 적신 나뭇조각을 두었다. 세 번째 모서리에는 토끼 오줌을 적신 나뭇조각을 두었다. 쥐들은 토끼를 두려워하거나 토끼에게 끌릴 이유가 없기 때문에 토끼 오줌에 별 반응을 보이지 않을 것이라는 생각에서였다. 그리고 마지막 모서리에는 고양이 오줌을 적신 나뭇조각을 두었다. 웹스터는 세계적인 명문대학교에서 일하면서 매우 중요한 발견들을 해낸 사람이었지만, 이제는 매일 오줌 목록을 작성해야 할 처지가 되었다. 우리를 설치하고 쥐들을 한 마리씩 풀어준 후, 그녀와 팀원들은 각 모서리에서 쥐들이 보내는 시간의 비율을 관찰하고 기록했다. 88마리의 쥐를 대상으로 총 444시간 동안 이 일을 계속해서 반복했다. 관찰 결과로부터 얻은 데이터를 정리하자 총 260,462줄이나 되었다. 웹스터는 시간을 들여 그 수를 세었다. 데이터의 줄 수는 감염되지 않은 쥐들이 자신들의 오줌이나 토끼 같은 다른 무해한 동물의 오줌 냄새처럼 익숙하고 "안전한" 냄새 근처에 모여서 더 많은 시간을 보냈다는 사실을 보여주었다. 톡소포자충에 감염되지 않은 쥐들은 고양이 오줌이 묻은 곳을 현명하게 피해갔다. 그러나 톡소포자충에 감염되었으면서도 약을 먹지 않은 쥐들은 다르게 행동했다. 그들은 고양이 오줌이 묻은 모서리에 더 자주 들어갔고 그 냄새가 보내는 위험 신호를 전혀 알지 못하는 것처럼 그 자리에 자주 머물러 있었다. 놀랍게도 톡소포자충에 감염되었지만 조현병 약이나 항기생충제를 먹은 쥐들은 감염되지 않은 쥐와 비슷하게 행동했다. 톡소포자충에 감염되었지만 어떤 약도 먹지 않은 쥐들에 비하면 고양이 오줌이 묻은 구역에 덜 들어갔으며, 들어간다고 해도 오래 머물지 않았다. 즉 치료가 된 것이다.[24]

웹스터는 2006년, 조현병과 조현병 치료제, 톡소포자충에 관한 논문을 발표했다. 이 연구는 매우 흥미로웠지만 여전히 인간이 아니라 쥐에 국한되어 있었다. 인간에 관한 연구를 하려면 상관 연구만으로는 부족했다(적어도 그녀는 그렇게 생각했다). 실험 연구만으로도 부족하기는 마찬가지였다. 그러나 또다른 옵션으로 종단(縱斷) 연구가 있었다. 톡소포자충에 감염된 개인들이 시간이 지나면서 감염되지 않은(하지만 다른 조건들은 비슷한) 사람들에 비해서 조현병에 걸릴 확률이 더 높은지를 추적해보는 것이었다. 이것은 웹스터가 주로 하던 연구 방식도, 전문 분야도 아니었지만 누군가 그런 연구를 할 방법을 찾아낸다면, 그녀의 연구 결과를 확장하여 마침내 의사들의 주목을 받게 해줄 수도 있는 명쾌한 실험이 될 터였다. 그런 연구에 적합한 데이터를 가지고 있을 만한 곳을 짐작하기란 쉽지 않았다. 서로 다른 시점의 건강 정보뿐만 아니라 그 시점의 혈액 샘플까지 포함된 데이터가 필요했다. 전 세계에서 그런 데이터를 가지고 있을 만한 유일한 단체는 미국 군대였다.

　미군은 모든 신병의 건강 정보를 수집하고 혈액 샘플을 채취한다. 월터 리드 육군 연구소의 전염병학자인 데이비드 니부어는 이 데이터들을 연구해서 정말 조현병이 톡소포자충 감염과 관련이 있는지 알아보기로 했다. 니부어는 군 데이터베이스를 뒤져서 1992년부터 2001년 사이에 조현병 진단을 받아 육군, 해군, 공군에서 의병 제대한 180명의 군인들을 찾아냈다. 그리고 동료들과 함께 조현병 진단을 받은 군인 1명당 조현병이 아닌 군인 3명을 더 찾아냈다. 이 통제 집단은 나이, 성별, 인종, 복무 분야 면에서 조현병 진단을 받은 환자들과 동일했다. 연구자들은 군에서 채취한 혈청 샘플을 관찰하여 조현병에 걸린 사람들이 통제 집단보다 조현병 발병 전에 톡소포자충에 감염된 비율이 더 높은지를 조사했다. 실제로 그러했다. 조현병으로 제대한 군인들은 조현병 진단을 받지 않은 군인들보다 과거에 톡소포자충 양성 반응을 보인 비율이 현저히 높았다.[25] 니부어와 동료들은 톡소포자충에 노출된 사람이 그렇지 않은 사람들보다 삶의 어느 시기에 조현병이 걸릴 위험이 24퍼센트나 높다는 사실을 발견했다. 여러분이 톡소포자충에 감염된 적이 있다면 그렇지 않은 사람보다 조현병에 걸릴 확률이 24퍼센트이상 높다는 것이다. 시간과 반복은 니부어와 동료들의 연구에 미세한 차이들을 더했다. 톡소포자충에 관한 논문들의 수가 늘어났다. 지금까지 조현병과 톡소포자충의 관계를 다룬 54건의 연구가 이루어졌다. 그중 5건을 제외하면 전부가 톡소포자충이 조현병 발병 확률을 높인다는 사실의 증거들을 찾아낸 연구였다.[26]

이제 돌이켜 생각해보면 플레그르가 잡은 방향이 옳았던 것으로 보인다. 톡소포자충은 쥐와 생쥐의 뇌만큼이나 인간의 뇌에도 영향을 미치는 것으로 추정된다. 영향을 받는 영장류가 우리뿐인 것은 아니다. 최근 연구에 따르면 우리와 가까운 친척인 침팬지도 톡소포자충에 감염되면 고양잇과 동물의 오줌 냄새, 특히 표범의 오줌 냄새에 더 끌린다는 것이 밝혀졌다.[27] 톡소포자충에 감염된 인간, 혹은 적어도 감염된 인간 남성은 그렇지 않은 남성보다 고양이 오줌 냄새를 좋아할 확률이 더 높다.[28]

톡소포자충에 감염된 적이 있는 사람들의 비율은 매우 높다. 그중 일부는 근육 세포 안에 기생충들이 꿈틀거리며 숨어 있는 고기를 완전히 익히지 않고 먹어서 감염된 것이다. 하지만 대부분은 고양이를 통해서 감염된다. 톡소포자충 감염은 얼마나 흔할까? 프랑스에서는 국민의 50퍼센트 이상이 잠복 감염의 징후를 보인다. 이 기생충의 존재로 이 나라 국민들의 행동을 상당 부분 설명할 수도 있다. 프랑스인들이 포도주와 육류, 담배를 그토록 즐기는 것은 문화 때문이 아니라 그들이 지닌 기생충이 위험을 신경 쓰지 않기 때문인 것이다. 그러나 프랑스인들이 아닌 사람들이 너무 우쭐해하지 않도록 다른 나라의 감염률 또한 높다는 사실을 언급해야겠다. 독일인의 40퍼센트, 미국에서도 모든 성인의 20퍼센트 이상이 톡소포자충에 감염된 적 있다. 전 세계적으로는 20억 명 이상이 생애의 어느 시점에 이 기생충에 감염된 적이 있다.[29]

톡소포자충은 그 자체로도 물론 중요한 연구 과제이다. 이들은 아마도 인간의 몸 안에 가장 흔한 기생충이거나, 최소한 커다란 영향을 미치는 기생충 중에서는 가장 흔할 것이다. 우리가 실험실에서 연구하는 모낭충은 톡소포자충보다 더 흔하지만(우리가 샘플을 채취한 모든 성인에게 모낭충이 있었다),[30] 이 기생충은 우리에게 어떤 부정적인 영향도 미치지 않는 것으로 보인다. 악영향을 미치는 기생충들 중에서는 오랫동안 간과되어왔던 톡소포자충이 가장 흔한 종으로 추정된다. 그러나 생쥐, 고양이, 톡소포자충, 그리고 고양이의 다른 기생충들의 이야기는 동물들을 집 안에 들이는 일의 복잡성에 관하여 더욱 폭넓은 깨달음을 준다. 우리는 간절한 마음으로 집 안의 곤충과 미생물들은 해롭고, 반려동물들은 이롭다고 결정해버린 듯하다. 하지만 현관문으로 고양이를 받아들일 때, 그 고양이 안에 숨어 있는 톡소포자충도 함께 들어온다. 톡소포자충은 단독으로 이동하지 않는다. 그리고 톡소포자충보다도 더 연구가 이루어지지 않은 10여 종의 생물이 고양이 친구들과 함께 집 안으로 들어온다. 고양이를 기르는 사람들, 고양이 오줌 냄새에 이상하게 끌리는 평범한 사람들에게만 일어나는 일이 아니다. 우리가 집 안에 다른 실내 동물들을 들여놓을 때에도 매우 유사한 일들이 일어난다.

지난 1만2,000년간 우리는 고양이, 페럿, 개, 기니피그, 심지어 애완용 오리까지 많은 동물들을 집 안에 들여놓았다. 이 동물들은 각자 다른 종을 데리고 들어왔다. 고양이는 톡소포자충과 함께 왔고, 기니피그는 벼룩을 데리고 들어온 것으로 보인다. 하지만 개들, 아, 개들이야말로 벌레, 곤충, 세균 등의 종합 선물 세트와도 같은 존재이다.

7년 전, 나는 우리 실험실의 학생들에게 각종 반려동물과 관련된 기생충들의 데이터베이스를 구축하는 일을 맡겼다. 반려동물별로 완전한 목록을 만드는 것이 목표였다. 메러디스 스펜스가 집에서 기르는 개의 몸에 사는 생물들의 목록을 만드는 일을 맡았다. 나는 메러디스가 이 작업을 마치고 나면 다른 사람이 고양이에 관해서, 또다른 사람이 토끼에 관해서, 그런 식으로 계속 이어갈 수 있을 줄 알았다. 그러나 우리는 개 다음으로 넘어가지 못했다. 메러디스는 개의 기생충 목록 작성에만 1년, 다시 2년, 다시 3년을 보냈다. 그동안 그녀는 노스캐롤라이나 주립대학교에서 학사 학위를 받고, 동물 병원에서 일하다가 다시 학교로 돌아와 대학원에 입학하고 지금은 박사 과정을 거의 다 마친 상태이다. 메러디스는 지금도 개의 몸 안팎에서 사는 생물들의 목록을 작성하고 있다.[31] 목록은 그 정도로 길다. 그중에는 물론 벼룩이나 벼룩의 몸에 사는 기생충 바르토넬라(Bartonella)처럼 충분히 예상 가능한 종들도 있다.[32] 또한 에키노코쿠스속(Echinococcus)의 촌충처럼 무시무시한 머리를 가진 벌레들도 잔뜩 포함되어 있다.

분류학상으로 개들은 육식동물로, 고양이와 마찬가지로 식육목에 속한다. 그러나 우리가 알다시피 개들은 톡소포자충의 최종 숙주가 아니다. 개의 장도 고양이의 장과 비슷하지만 이 기생충들에게는 기본적으로 덜 매력적인 공간이다. 개들에게는 나름대로 또다른 기생충들이 많이 있다. 예를 들면 에키노코쿠스속의 촌충은 개의 장 속이 딱 좋은 환경이라고 느낀다. 개들은 에키노코쿠스 촌충의 "최종" 혹은 "종결" 숙주이다. 이것은 재미없는 과학 용어로 "이 벌레들이 교미를 하고, 알을 낳고, 죽는 곳"이라는 뜻이다.

에키노코쿠스 촌충에 관해서는 이제 막 밝혀지기 시작했다. 현재 에키노코쿠스에 관한 우리의 지식은 우리가 1980년에 톡소포자충에 관해서 알고 있던 수준에 불과하다. 촌충의 대부분은 개든, 고양이든, 상어든 간에 육식동물을 최종 숙주로 삼지만 그중 어떤 종을 숙주로 삼을지에 관해서는 까다롭다. 에키노코쿠스 성충은 개를 특히 선호한다. 개도 고양이처럼 육식동물이기 때문에 에키노코쿠스 촌충이 고양이의 몸 안에서도 교미를 할 수 있을 것이라고 생각할지도 모른다. 하지만 그것은 불가능하다(톡소포자충이 개의 몸 안에서 짝짓기를 할 수 없는 것과 마찬가지이다). 이 기생충에게는 개의 장 속이 자신들에게 딱 맞는 환경인 것이다.

에키노코쿠스 촌충 두 마리가 개의 몸속에서 교미를 해서 낳은 알은 개의 배설물에 섞여 몸 밖으로 빠져나간다. 그리고 바깥에서 기다린다. 초식동물들은 종종 자기도 모르게 풀과 함께 소량의 개똥을 먹는다. 이것은 잘 알려져 있지 않은 사실 중의 하나이다. 이런 동물들은 대개 염소나 양이다. 염소와 양이 드문 곳에서는 사슴이나 왈라비가 개똥을 섭취하기도 한다. 이렇게 해서 초식동물의 몸속으로 들어간 에키노코쿠스의 알은 위에서 부화된다. 새로 태어난 유충은 동물의 몸속으로 퍼져나가 낭포에 싸인 채 장기나 혹은 뼈 속에 자리잡는다. 초식동물이 죽으면 이 낭포를 우연히 먹은 개들이 이 기생충에 노출된다. 같은 방식으로 인간도 양 같은 초식동물을 먹었을 때에 에키노코쿠스 촌충 유충에 감염될 수 있다. 촌충의 유충은 양의 몸속에서와 마찬가지로 인간의 몸속에서도 낭포를 형성할 수 있다. 다만 인간의 몸속에서는 낭포가 성장을 멈추지 않고 농구공 크기까지 자라날 수 있다. 이 촌충에 감염된 양고기를 먹는 것은 몸속에서 에키노코쿠스 낭포를 기르는 방법으로는 좀더 근사한 쪽에 속한다. 그보다 덜 근사한 방법은 우연히 이 촌충의 알이 들어 있는 개똥을 소량 섭취하는 것이다. 이런 일은 여러분의 바람보다 훨씬 더 자주, 이를테면 개가 여러분의 얼굴을 핥을 때에 발생한다. 우리가 사는 세계는 살아 있고, 또 지저분하다.

에키노코쿠스 촌충의 이야기는 이런 의문을 불러일으킨다. 이 기생충도 감염된 양이나 인간을 조종하여 개에게 더 끌리게 만들까? 개를 좋아하는 사람들은 이 촌충의 생화학적 작용에 사로잡혀 개를 좋아하는 것일까? 알 수 없는 일이다. 지금쯤은 여러분도 깨달았겠지만 우리의 일상 속 야생의 세계에서는 이상한 일들이 종종 일어난다.

광견병 바이러스처럼, 개를 감염시키는 일부 기생충과 병원체는 일부 지역(혹은 특정 시대)에만 흔할 뿐 적어도 오늘날에는 대부분의 지역에서 보기 드물어졌다. 에키노코쿠스는 메러디스 스펜스가 정리한 개 기생충 목록에서 가장 흔한 종에 속하고, 많은 지역에서 볼 수 있지만 그보다 더 흔한 종은 바로 심장사상충(Dirofilaria immitis)이다. 현재 메러디스 스펜스는 개의 심장사상충을 연구 중이다. 초기에 정리한 목록이 이 연구의 시작에 도움이 되었다. 심장사상충은 선충이다. 이들은 살아 있는 개의 심장과 폐동맥 안에 침입하여 그 안에서 빽빽하게 자라나 혈액의 정상적인 흐름을 막는다. 미국에 사는 개의 최대 1퍼센트가 심장사상충에 감염된 적이 있다. 일부 국가에서는 개의 절반 이상이 감염 이력을 가지고 있다. 심장사상충은 모기를 통해서 개의 몸속으로 들어간다. 이들은 모기의 몸속에 있다가 모기가 개를 무는 순간 재빨리 모기의 주둥이 쪽으로 헤엄쳐 내려와 모기가 물어서 생긴 상처 속으로 들어간다. 그리고 그 상처를 통해서 개의 피하조직으로 기어들어간 다음 근섬유를 타고 이동하여 심장과 연결되는 혈관 속으로 들어간다. 이들은 심장에 닿을 때까지 여러 번 탈피하여 성충이 된다. 이 성충들은 심장 안에서 교미를 한다. 개 심장사상충의 진화에 관해서는 자세히 연구된 적이 없었다. 다른 심장사상충 종의 진화에 관해서도 마찬가지였다. 메러디스는 모기에 초점을 맞추고 있기 때문에 한동안 심장사상충의 진화라는 주제에는 관심을 돌리지 않을 것이다. 하지만 관심을 가질 사람에게는 멋진 연구 과제가 될 것이다(나의 추측으로는 지금 여러분의 집 주변에도, 아직 이름이 붙여지지 않은 여러 심장사상충 종들이 모기의 몸을 타고 돌아다니고 있을 것이다). 개 심장사상충은 대개 인간의 심장에는 침입하지는 않는다. 워낙 드문 사례여서(1년에 수천 건도 아니고 수백 건 정도이다) 이 증상을 발견한 의사들이 환자 주변에 모여서 사진을 찍을 정도이다. 인간의 심장에서 교미를 하는 심장사상충은 단 한 번 발견되었으며, 대부분은 인간의 몸속에서 긴 여행을 하다가 폐동맥 안에서 앞으로도 뒤로도 가지 못하고 갇혀서 죽고 만다. 더 드물게는 눈이나 뇌, 고환의 혈관에 갇혀 죽기도 한다. 다시 말하지만 이런 사례는 드물다.[33]

그러나 인간이 심장사상충에 노출되는 일 자체는 드물지 않다. 많은 사람들이 개 심장사상충에 대한 항체를 가지고 있는데 이것은 많은 (어쩌면 대부분의) 사람들이 한 번쯤은 개 심장사상충을 지닌 모기에 물려본 적이 있다는 뜻이다. 이 기생충은 사람들의(어쩌면 여러분의) 피부를 뚫고 들어가는 데에는 성공했지만 면역체계에 의해서 죽임을 당했을 것이다. 이들의 침입 시도를 물리친 사람들은 생활하면서 그 어떤 변화도 느끼지 못한다. 하지만 최근의 연구 결과에 따르면, 이 기생충에 한 번만 노출되어도 면역 건강에 변화가 생기고, 노출되지 않았던 사람들에 비해서 천식을 유발하는 항체 생성이 더 촉진된다고 한다. 다시 말해서 여러분의 면역체계가 모기를 통해서 들어온 기생충을 죽인다고 해도 그 기생충의 흔적이 마치 유령처럼 우리의 몸에 남아서 기침, 재채기, 호흡 곤란을 더 많이 일으킨다는 뜻이다.[34] 우리가 개 심장사상충을 지닌 모기에 자주 물리는 것은 우리의 삶에 개들을 들여놓았기 때문이다. 심장사상충이 우리의 주변 환경에 존재하는 것은 개들이 거기에 있기 때문이다(코요테나 늑대가 있는 곳에도 심장사상충이 있을 수 있지만 그런 동물이 개보다 많은 지역은 거의 없다). 꼭 개를 직접 키우지 않아도 심장사상충이 몸 안에 들어올 수 있다. 근처에 개들이 있기만 해도 충분하다. 개에게서 흔하게 발견되는 기생충은 약 20종에 달하며, 이들은 야생 늑대에서 비롯된 개들의 혈통과 여러분 집 밖의 환경과 관계가 있다. 또한 메러디스의 목록을 통해서 밝혀졌듯이 집에서 기르는 개에게서 가끔씩 발견되는 기생충도 10여 종쯤 더 있다.

　나는 톡소포자충, 에키노쿠스 촌충, 심장사상충의 기초 생태가 놀랍고도 흥미롭다고 생각한다. 하지만 누구나 그렇듯이 그들에게 감염되는 것은 피하고 싶다. 개나 고양이를 집 안에 들여놓으면 감염의 위험이 높아진다. 다행히도 이런 감염으로 인한 가장 심각한 결과는 (조현병, 촌충, 고환 속에서 죽어 있는 심장사상충 등) 대부분의 지역에서 드물게 나타난다. 또한 개와 고양이들이 지니는 위험의 일부는 그 주인들이 취하는 예방 조치를 통해서 개선될 수 있다. 예를 들면 개들의 심장사상충은 치료제를 사용해서 그 발생을 줄일 수 있다(다만 치료제를 사용하면 그 약에 대한 심장사상충의 내성이 진화하는 속도 또한 빨라진다). 하지만 톡소포자충이 가져올 수 있는 좋지 않은 결과에 대한 예방책은 아직까지 없다.

내가 반려동물을 기르는 것의 이득과 흔히 발생하는 손해 사이의 균형을 맞추는 방법을 알고 있다고 주장하려는 것은 아니다. 그 해답은 궁극적으로 우리가 어디에서 어떻게 살아가느냐에 달려 있다. 어떤 지역에서는 고양이가 여전히 쥐와 생쥐로부터 곡물을 지킬 수 있게 도와준다. 다른 어떤 지역에서는 여전히 개들이 양들을 지키며 양치기의 일을 돕는다. 하지만 현대 서양에서 이 동물들의 역할은 대개 인간의 친구가 되어주는 것이다. 친구로서 이들의 가치는 친구에 대한 우리의 욕구, 우리의 외로움과 절망에 비례하여 점점 커지고 있다. 우리가 점점 도시화되고 고립될수록 이 동물들이 그런 도움을 더 많이 제공할 것이다. 또한 우리가 점점 도시화되고 자연과 동떨어질수록 우리를 이로운 종들과 연결시켜주는 또다른 종류의 혜택을 제공할지도 모른다.

우리는 노스캐롤라이나 주 롤리와 더험의 주택 40채를 조사하면서 반려동물이 집 안의 세균 종에 미치는 유익한 영향을 먼저 고려했다. 우리는 이 연구의 참가자들에게 개를 기르는지 여부를 물어보았다. 개와의 동거 여부에 따라서 실내 세균의 종류가 40퍼센트 가까이 차이가 났다.[35] 개가 이 정도로 커다란 영향을 미치는 이유는 개를 키우는 집 안에 토양 미생물이 더 많기 때문이기도 했다. 우리는 단순히 개들이 바깥에서 토양 미생물을 묻혀서 들어오는 것이라고 생각했지만 최근의 연구들을 통해서 다양한 포유류 종의 털 속에도 토양 미생물들이 살고 있다는 사실이 밝혀졌다.[36] 포유류의 털 속에 사는 미생물 군집과 일반적인 토양 미생물 군집이 겹칠 가능성도 있다. 또한 개들은 토양 세균뿐 아니라 침과 관련된 세균, 개들에게는 흔하지만 사람에게는 그만큼 흔하지 않은(그래서 알아보기 쉬운) 몇 종류의 분변성 세균도 집안 곳곳에 남겨놓았다.

주택 1,000채에서 데이터를 수집한 후에 우리는 고양이가 집 안 세균에 영향을 미치는지 여부도 조사해보았다. 고양이도 역시 영향을 미쳤다. 우리가 완전히 파악하지는 못한 이유들로 인하여 고양이가 있는 집에는 일부 곤충과 연관된 세균들을 포함하여 몇몇 세균종의 수가 더 적었다.[37] 어쩌면 벼룩을 없애는 목걸이, 물약, 파우더 등의 형태로 고양이에게 주는 살충제 때문에 곤충들과 곤충들의 몸에 사는 세균이 죽기 때문인지도 모른다(다만 이것은 개를 키우는 집도 마찬가지일 것이라고 여겨졌다). 혹은 고양이가 곤충들을 잡아먹어서 그 세균들을 없애는 것일 수도 있다. 그러나 고양이는 수백 가지의 세균종이 집 안으로 들어올 수 있도록 길을 열어준다. 개들과 마찬가지로 이 종들의 대부분은 고양이의 몸—피부, 털, 배설물, 침—과 관련된 것으로 추정되었다. 다만 고양이는 토양 미생물을 묻혀서 들어오지는 않는 듯했다. 고양이의 몸집이 더 작기 때문일 수도 있고, 고양이는 발을 닦기 때문일 수도 있다. 아직은 알 수 없다.

　나는 인류의 역사에서 원생생물이나 벌레처럼 개나 고양이가 데리고 들어오는 일반적인 세균종이 우리에게 부정적인 영향을 미친 시점도 여러 번 있었을 것이라고 추측한다. 하지만 그런 순간이 흔하지는 않다. 다양성 가설이 주장하듯이, 오늘날에는 전 세계 대부분 지역에서 세균이나 기생충의 존재만큼이나 부재로 인해서 질병에 걸릴 가능성도 높다. 적당한 세균에 충분히 노출되지 않은 어린아이에게 개나 고양이가 데리고 들어오는 세균과의 접촉은 아미시파가 사는 집 안의 생물 다양성이 높은 먼지를 들이마시는 것과 같은 도움을 줄 수도 있다. 최근의 연구에 따르면 개를 키우는 사람, 특히 개와 함께 사는 집에서 태어난 어린아이는 알레르기, 습진, 피부염에 걸릴 위험이 더 낮다고 한다. 이 분야의 논문들을 종합적으로 검토한 결과 반려동물과 함께 사는 어린 이들은 아토피 피부염에 걸리는 비율이 더 낮다는 사실을 알 수 있었다.[38] 유럽에서도 비슷한 연구를 통해서 특히 일부 지역에서 개를 키우는 사람의 알레르기 발병률이 더 낮아진다는 사실이 밝혀졌다.[39] 여러 연구 결과들을 볼 때, 고양이도 개들과 비슷한 효과를 가져오지만 그 효과가 더 약하고 지속성이 덜한 경향이 있다.[40]

인간이 야생의 생물 다양성과 동떨어져서 살게 된 지역에서는 개와 고양이가 우리의 면역체계에 이로운 영향을 미칠지도 모른다. 개와 고양이는 우리의 면역체계에 두 가지 방식으로 작용할 수 있다. 일단 이들이 데리고 들어오는 세균종이 우리에게 부족한 세균과의 접촉을 보충해줄 수 있다. 우리는 생물학적 다양성과 워낙 분리되어 살고 있기 때문에 개의 발에 묻은 소량의 이물질과 접촉하는 것만으로도 도움이 될 수 있다. 또한 아이들의 장 속에 있는 개와 고양이의 분변성 박테리아가 뜻하지 않게 이로운 영향을 미칠 수도 있다. 집에 개를 키우는 아이들은 개의 배설물이 묻어 있는 음식을 바닥에서 주워 먹거나 방금 다른 개의 엉덩이에 입을 맞추고 온 개에게 "입맞춤"을 받는 과정에서 개의 장내 세균을 섭취하게 된다.[41] 개는 (그리고 그 정도는 덜하지만 고양이도) 생물학적으로 다양한 세균과의 전반적인 접촉뿐 아니라 우리에게 꼭 필요하지만 잃어버렸던 장내 세균을 획득할 기회를 제공할 수도 있다. 특정한 장내 세균이 없으면 다양한 건강상의 문제들(크론병부터 염증성 장 질환까지)이 발생할 수 있다는 사실은 이미 충분히 증명되어 있다. 만약 이 배설물 섭취 가설이 옳다면 제왕절개로 태어나서 필요한 세균을 모두 얻지 못한 아이들에게는 개가 더욱 이로운 영향을 미칠 수 있으리라는 예상이 가능하다.[42] 그리고 실제로 그런 것으로 보인다. 분변성 미생물의 원천이 더 많은 집, 이를 테면 손가락이 지저분한 형제자매와의 접촉이 잦은 집에서는 개들이 미치는 영향이 덜 두드러지리라는 예측도 가능하다. 실제로 개들은 형제자매가 있는 아이들의 알레르기와 천식에는 영향을 덜 미친다. 나는 지금까지 나온 증거들이 전반적으로, 개들이 다양한 토양 미생물을 들여오고, 우리가 잃어버린 분변성 미생물들을 우리에게 제공함으로써 이로운 영향을 준다는 생각을 뒷받침해준다고 본다. 하지만 이런 도움이 이로운 이유는 우리가 야생의 자연과 떨어져 살고 있기 때문이다. 자연과 너무 동떨어져 있기 때문에 개가 묻히는 약간의 먼지와 배설물조차도 일종의 해결책이 되는 것이다. 이런 결과와 에키노코쿠스, 심장사상충의 사례를 함께 생각하면, 개를 기르는 것의 결과는 그 개들이 데리고 들어오는 생물의 종, 그 종이 세균인지 벌레인지, 만약 벌레라면 어떤 벌레인지에 따라 달라지는 것으로 보인다. 때로 우리는 간단한 결정들을 통해서 우리의 삶을 개선하고 싶어하지만, 생물 다양성은 복잡하기 이를 데 없는 문제이다.

사실 우리는 개나 고양이, 혹은 그보다는 드물지만 페럿, 작은 돼지나 거북을 우리 집 안에 들여놓을 때의 일반적인 결과를 아직 알지 못한다. 개와 고양이가 우리를 건강하게 만드는지를 알아내는 것도 쉽지 않다면, 우리 집 안이나 몸에서 가끔씩 발견되는, 또다른 출처들에서 온 수십만 종의 세균 가운데 어떤 종이 우리에게 필요한 것인지를 알아낸다는 것이 얼마나 어려운지 이해할 수 있을 것이다. 그러나 사람들은 포기하지 않고 시도해왔다. 1960년대에는 의사들이 금방이라도 미국 전역의 아기들의 몸에, 그리고 병원과 집 안에 세균의 정원을 가꿀 것처럼 보였다. 그리고 그들은 실제로 그렇게 했다.

11

아기 몸의 정원

우리는 이제 존재를 위한 투쟁에 관해서 조금 더 자세히 논해볼 것이다.
—찰스 다윈

향기로운 꽃은 더디고 잡초는 빠르다.
—윌리엄 셰익스피어

우리는 진보를 꿈꾼다. 그리고 그것이 기술적인 진보일 것이라고 상상
한다. 우리는 현재가 과거보다, 미래가 현재보다 더 나을 것이라고 생
각한다. 하지만 우리 주변, 특히 집 안의 생물들을 통제하는 일에 관해
서는 그렇지 않다. 위험한 병원균을 통제할 수 있게 된 것은 커다란 진
보였지만, 그것이 지나친 나머지 우리에게 이로운 종들까지 죽이고 말
았다. 그리고 우리도 모르는 사이에, 문제를 일으키는 종들—벽 속에
사는 곰팡이, 샤워기 헤드 안에 숨어 있는 새로운 병원균, 그리고 문
아래로 뛰어다니는 독일 바퀴 등—이 살기에 유리한 집들을 지었다.
한편 언제나 또다른 방법, 또다른 길은 존재했다. 우리는 여러 해 전,
우리에게 이로운 실내 종들의 성장을 촉진하는 방법을 알아냈다. 이것
은 위험한 제안처럼 보일지도 모르지만 우리가 만들어낸 세계보다는

덜 위험하다. 게다가 이미 시도된 적도 있다. 그것도 신생아의 피부에서 말이다. 그리고 성공을 거두었다.

이 모든 것은 1950년대 후반에 시작되었다. 80/81형 황색포도알균이라는 병원균이 미국의 병원들에서 빠르게 번져가고 있었다.[1] 이 병원균은 병원을 다녀간 사람들, 그리고 그 사람들이 집으로 돌아갔을 때에 그들의 가족들까지도 위협하는 균이었다. 특히 아기들에게 위험했는데 당시의 한 연구는 이것이 "어떤 미생물보다도 병원에서 일어날 수 있는 심각한 감염의 원인이 될 가능성이 높은 균"이라고 기록했다.[2]

80/81형 황색포도알균(이후에는 80/81이라고만 부르겠다)은 사람의 코나 배꼽에 자리를 잡는데, 일단 정착하고 나면 완전히 없애는 것이 거의 불가능했다. 당시 주로 사용된 항생제인 페니실린에 내성을 가지고 있었기 때문이다. 페니실린이 처음 상용화된 것은 1944년이었다. 이 항생제는 모든 종류의 병원균에 효과를 발휘하지는 못했다(예를 들면 결핵균인 미코박테륨 투베르쿨로시스는 스트렙토미케스[Streptomyces]균이 만드는 항생제인 스트렙토마이신이 발견된 뒤에야 통제할 수 있었다). 그러나 황색포도알균의 병원성 균주에는 효과를 발휘했다. 그러다가 80/81이 진화했다. 이들은 더 이상 페니실린으로 죽일 수 없었다.[3] 게다가 놀라울 정도로 빠르게 번져나가고 있었다.

1959년, 다른 많은 병원들처럼 뉴욕의 프레스비터리안 와일 코넬 병원의 신생아실에도 80/81이 흔했다. 다른 병원들과의 차이점이 있다면 이 병원에는 80/81 문제에 관한 해결책을 찾아내기로 결심한 하인츠 아이헨발트와 헨리 샤인필드가 있다는 것이었다.[4] 아이헨발트는 코넬 대학교 코넬 의료 센터의 소아과 의사였고, 샤인필드는 같은 과에 새롭게 임명된 조교수였다. 이 두 사람은 공동 연구를 통해서 완전히 새로운 의술과 완전히 새로운 실내 생물 통제법을 도입했다.

아이헨발트와 샤인필드는 프레스비터리안 와일 코넬의 신생아실을 꾸준히 연구했다. 두 사람은 매일 집에 가기 전에 신생아실에서 80/81의 존재 여부를 확인했다. 자신들이 무엇을 찾고 있는지를 정확히 설명할 수는 없었지만, 일단 발견하면 알 수 있을 터였다. 지루한 작업이었지만 그 지루함은 일종의 의식이 되었다. 그리고 그 의식이 흥미로운 관찰 결과로 보답을 하기 시작했다.

관찰을 통해서 알게 된 첫 번째 사실은 프레스비터리안 와일 코넬에서 가장 많은 감염이 발생한 신생아실 모두에 같은 간호사가 들어온 적이 있다는 것이었다. 나중에 이 간호사의 콧속에 80/81이 살고 있었음이 확인되었다(이후에는 이 간호사를 "80/81 간호사"라고 부르겠다). 80/81 간호사가 어디를 가든 그곳에서는 감염이 일어나는 것처럼 보였다. 그녀가 원인인 것이 분명했다. 병원 신생아실에는 감염이 매우 흔한 만큼, 병을 옮기는 간호사도 흔했다. 병원에서 이 간호사를 해고하면, 그녀가 신생아실에 미치는 피해도 끝난다. 사건 종결인 셈이다. 처음에는 이런 식으로 해결이 되었다. 샤인필드와 아이헨발트가 나중에 쓴 대로 80/81 간호사는 "제거되었다." 그러나 프레스비터리안 와일 코넬의 이야기는 아직 끝이 아니었다.

80/81 간호사는 총 68명의 아기와 접촉했다. 그중 37명은 태어난 당일에, 31명은 태어난 지 24시간이 지난 생후 2일째에 접촉했다. 생후 24시간 안에 접촉한 37명 중 4분의 1은 80/81에 감염되었다. 그러나 생후 24시간이 지난 후에 접촉한 31명의 아기는 아무도 80/81에 감염되지 않았다. 대신 이 아기들의 코 안에는 무해한 황색포도알균 균주를 포함해 다른 세균주들이 자리잡고 있었다. 여기에 신생아의 몸과 운명

에 관한 미스터리가 숨어 있었다. 왜 생후 24시간 안에 80/81 간호사와 접촉했던 아기들은 80/81에 감염되고, 그보다 딱 하루 더 산 아기는 감염되지 않았을까? 이 두 그룹의 아기들을 비교하면서 아이헨발트와 샤인필드는 어떤 일이 일어나고 있는지를 직감했다. 이런 직감은 성공으로 이어지기도 하지만 연구 경력을 망치기도 한다.[5]

아이헨발트와 샤인필드는 자신들이 관찰한 패턴을 설명할 수 있는 두 가지 가설을 생각했다. 두 가설 중에서 좀더 평범한 첫 번째 가설은 시간이 지나면서 일종의 면역적 성숙을 통해서 신생아가 자기 방어를 더 잘할 수 있게 된다는 것이었다. 그래서 하루 더 산 아이들은 80/81이 정착하기 전에 죽여버릴 수 있었던 것이다. 이것을 "강한 아기 가설"이라고 부르기로 하자. 과학자들은 원래 재미없고 부적절한 가설이라도 무시해서는 안 되지만, 실제로는 그렇게들 한다. 아이헨발트와 샤인필드도 마찬가지였다. 이 가설은 지루했다.

아이헨발트와 샤인필드의 두 번째 가설은 이상하고 조금은 터무니없었지만 훨씬 더 흥미로웠다. 두 사람은 태어난 지 더 오래된 아기의 몸에 다른 균주가 정착할 기회가 더 많은 것은 아닐까 생각했다. '좋은' 포도알균 균주가 마치 '힘의 장(force field)'처럼 작용하여 80/81처럼 새롭게 들어오는 병원균에 대한 저항력을 제공하는 것일지도 모른다. 샤인필드가 "세균의 간섭"이라고 이름 지은 이 가설은 옳았으며, 이것은 이로운 세균들을 병원과 집 안의 표면, 몸 위에 심을 수 있을지도 모른다는 완전히 새로운 가능성을 제시해주었다.

이런 아이디어를 발전시키면서 두 과학자는 "신생아의 황색포도알균 감염은 평범한 사건"이며 "언제나 조만간 일어날 수 있는" 사건이라는 사실을 알고 있었다.[6] 이것은 충분히 증명된 사실이었다. 그때까지 이루어진 여러 연구들에 의해서 건강한 성인의 피부에는 미생물층이 덥수룩한 카펫처럼 덮여 있다는 사실이 밝혀져 있었다. 코와 배꼽을 비롯한 몇몇 부위를 덮고 있는 빽빽한 생물막 속에는 거의 언제나 황색포도알균 종들이 포함되어 있다. 팔뚝이나 등 같은 다른 부위들은 포도알균의 다른 종들, 코리네박테륨속과 미크로코쿠스속의 종들, 그밖에도 피부 위의 다른 독재자들이 지배하고 있다.[7] 포유류가 두터운 세균층에 덮여 있는 것은 평범한 일이다(다만 이제 우리는 이 층을 이루는 생물의 종들이 포유류의 종류에 따라서 크게 달라진다는 사실을 알게 되었다). 벌거벗고 있을 때조차 우리는 외투를 입고 있는 셈이며, 이것은 우리 집 안의 표면들도 마찬가지이다. 우리는 또한 자궁 속의 아기들은 피부에 (혹은 장이나 폐 속에) 미생물이 없다는 것을 알고 있다. 태어나는 과정에서 아기들의 몸에 세균이 자리잡는 것이다.

이런 맥락에서 아이헨발트와 샤인필드는 생후 하루가 넘은 아기의 피부에, 특히 코와 배꼽에 새롭게 자리잡은 미생물 외투가 다른 미생물이 자리잡거나 번성하는 것을 막아주는 것일지도 모른다고 생각했다. 더 구체적으로 말하면 병원균들이 자리를 잡기 전에 유익한 황색포도알균 균주가 공간과 양분을 차지하여 병원균들과의 경쟁에서 이기는 것인지도 모른다고 말이다.[8] 생태학자들은 이 시나리오를 "착취 경쟁(exploitative competition)"이라고 부른다. 또한 착취 경쟁을 통해서 병원균이 자리를 잡는 것을 막을 뿐만 아니라, 이미 차지한 공간에서 "박테리오신(bacteriocin)"이라는 항생물질을 생성하여 늦게 도착한 세균들을 저지하거나 심지어 죽이는 것일 수도 있었다.[9] 생태학자들은 이것을 "간섭 경쟁(inteference competition)"이라고 부른다.[10] 두 종류의 경쟁 모두 자연에 흔하며, 초원의 식물이나 우림의 개미들 사이에서 많이 관찰된다.

그러나 몸 위와 건물 안의 세균들 사이에서도 이런 경쟁이 일어난다는 생각은 당시로서는 파격적이었다. 선례가 없는 것은 아니었지만 그래도 비주류적인 발상이었다. 정신 나간 소리를 넘어 이단에 가까웠다.

당시에 의학, 특히 감염을 다루는 의학은 해로운 종이나 균주가 문제를 일으키기 시작할 때에 그것을 죽이는 일에 초점을 맞췄다. 존 스노가 런던 소호에서 오염된 우물을 발견한 이후, 루이 파스퇴르가 개개의 병원균 종들이 질병을 일으킬 수 있다는 이론(배종설)을 확립한 이후로 언제나 그랬다. 유익한 세균종을 찾아보거나 질병이 오히려 세균의 부재로 인해서 발생할 수도 있다는 사실을 고려해본 사람은 거의 아무도 없었다.[11] 연구의 중심은 병원균과 병원균을 죽이는 방법이었다. 우리가 야생동물을 길들이기 전, 덩치 큰 짐승들을 오직 피하거나 죽이려고만 했던 시절과 유사한 사고방식이었다. 아이헨발트와 샤인필드는 다르게 생각했다. 그들은 효과적인 의학, 더 나아가 인간의 건강에 관하여 좀더 전체론적인 생명관이 필요할 수도 있으리라고 생각했다.

두 사람은 동료인 존 리블과 함께 실험을 고안했다. 이들은 80/81이 거의 없는 신생아실에 있던 신생아가, 수용된 신생아의 절반 이상이 80/81에 감염된 신생아실로 옮겨지면 어떤 일이 일어나는지 알고 싶었다. 옮겨진 아기는 출생 후에 몸에 먼저 자리잡은 다른 세균들의 보호를 받게 될까? 프레스비터리안 와일 코넬 병원에서 이 실험이 실시되었다. 16시간 동안 80/81이 없는 신생아실에 있었던 아기들을 80/81이 아주 흔하게 발견되는 신생아실로 옮긴 것이다. 결과는 명확했다. 80/81이 없는 신생아실에 처음 수용되었던 아기들은 단지 하루 더 살았을 뿐인데도 80/81로부터 안전했다.[12]

이것은 영리한 실험이었다(비록 윤리적으로는 미심쩍지만 말이다).

이 실험은 유익한 세균이 병원균을 막아주는 역할을 할 수도 있다는 점을 보여주었다. 이런 세균들은 병원균들과의 경쟁에서 이기거나 심지어 병원균들을 죽이기도 하는 것으로 보였다. 하지만 동시에 또다른 가능성들도 다양하게 열렸다. 그중에는 "지루하기 그지없는" 강한 아기 가설도 있었다. 아이헨발트와 샤인필드는 완벽한 실험을 해보기로 했다. 아기의 몸 위에 정원을 가꾸기로 한 것이다. 단순히 병원균에게 불리할 뿐만 아니라 유익한 종들에게는 유리하도록 의도적으로 조성한 정원이었다.

이 정원은 샤인필드가 캐럴라인 디트마라는 간호사에게서 분리한 세균주를 사용해서 꾸며졌다. 그녀는 80/81에 감염되지 않은 아기들이 있는 신생아실에 출입했던 간호사였다. 디트마의 콧속에는 황색포도알균 502A라는 균주가 서식하고 있었다. 502A 균주는 건강한 신생아실에 있던 40명의 아기들에게서 발견된 것과 같은 종류였으며, 샤인필드와 아이헨발트는 이 균주가 안전하며 간섭 능력이 있다고 믿었다. 두 사람은 디트마의 502A를 2년간 연구했다. 이 균주는 아기나 아기 가족들의 몸에 어떤 질병도 일으키지 않는 듯했다. 나중에야 디트마의 502A가 감염을 일으키지 않는 이유가 코의 점액을 뚫고 들어가거나 혈류 속으로 들어갈 능력이 없기 때문이라는 사실이 밝혀졌다. 이들이 혈류 속으로 들어가기만 한다면 다른 세균종처럼 질병을 일으킬 수 있다.[13] 아이헨발트와 샤인필드는 502A 연구를 계속하던 도중이었는데도 이 균주를 아기들에게 접종해보기 시작했다. 먼저 저농도로 시작했고, 이 세균이 "장악을" 하려면 더 많은 수가 필요하다는 사실이 확실해지자 약 500개의 세균 세포를 접종했다.[14] 약 1년 후까지, 502A는 여전히 접종을 받은 아기들 대부분의 코 안에 살고 있는 듯했다(배꼽에는 수가 더 적었는데 그 이유는 단지 추정만 해볼 수 있을 뿐이다). 게다가 그 아기들의 어머니들의 몸에도 502A가 자리잡기 시작했다.[15] 아이헨발트와 샤인필드가 한 일이 무엇이든 그 효과는 지속될 것처럼 보였다. 아직 알아내지 못한 것은 502A의 정착이 80/81의 정착을 막아주는지의 여부였다.

아이헨발트와 샤인필드는 대담하게 다음 단계를 시도해보기로 했다. 그들은 미국 전역에서 80/81이 흔하게 퍼져 있는 병원들을 찾아냈다. 아니, 더 정확히 말하자면 그 병원들이 아이헨발트와 샤인필드를 찾아냈다고 해야 할 것이다. 첫 번째 병원은 신생아 전문가인 제임스 M. 서덜랜드 박사가 일하고 있던 신시내티 종합병원이었다. 서덜랜드가 먼저 아이헨발트와 샤인필드에게 전화를 걸어 도움을 청했다. 1961년 가을, 서덜랜드의 병원에는 80/81이 돌았다. 신생아 40퍼센트의 몸에 이 해로운 세균주가 서식하고 있었다. 얼마 후 샤인필드는 캐럴라인 디트마의 502A 샘플을 가지고 오하이오 주로 출발했다. 신시내티에서 샤인필드와 서덜랜드는 각 신생아실에 있는 신생아들 중 절반의 콧구멍 또는 탯줄을 자른 부위(혹은 둘 다)에 방어 역할을 해줄 것으로 추정되는 502A를 접종했다. 나머지 절반의 아기들에게는 접종을 하지 않았다. 어느 신생아에게 어떤 처리를 할 것인지는 무작위로 선택했다. 새로 태어난 아기를 병원의 3개의 신생아실 중에서 어느 곳에 배치할지를 무작위로 정하는 것과 마찬가지였다. 그리고 샤인필드와 동료들은 유익할 것으로 추정되는 황색포도알균을 접종받은 신생아들의 80/81 감염률이 감소하는지를 관찰했다. 말하자면 하나의 종(작물)을 심고, 이것이 다른 종(잡초)을 물리치기를 기대한 것이다. 이들은 농사를 짓고 있었다. 그리고 농부들처럼 뿌린 대로 거두기를 바랐다. 자신들이 가꾼 것이 형편없는 잡초들(그리고 감염된 아기들)로 가득한 밭이 아니기를 말이다.

이 연구의 결과는 중요했다. 80/81을 비롯해 전 세계의 병원에 존재하는 여러 병원균들에 감염된 신생아들에게 중요했고, 그 신생아들이 병원에서 나와 돌아가게 될 집들에도 중요했다. 당시로서는 수십만 혹은 수백만 명의 목숨이 달린 일이었을지도 모른다. 특히 신생아 1,000명 중 25명이 병원에 있을 때나 집에 도착한 직후에, 주로 감염으로 인해서 목숨을 잃는 미국에서는 더욱 그러했다.

서덜랜드와 샤인필드는 실험 결과를 오래 기다릴 필요가 없었다. 유익할 것으로 추정되는 황색포도알균 502A를 접종한 아기들 가운데 몸속에 병원균 80/81이 자리잡은 비율은 단 7퍼센트에 불과했다. 이들 중에서도 80/81의 정착이 병원 안에서 이루어진 경우는 없었다. 모두 아기가 집으로 간 후에 일어났다. 아마도 집 안 어딘가에 숨어서 살고 있던 80/81 세균이 자리를 잡은 것으로 보였다. 502A가 7퍼센트의 정착을 막아내지 못했다는 사실은 이상적이지 못했지만(물론 정착률이 0퍼센트인 것이 이상적이다) 중요한 것은 502A를 접종받지 못한 아기들과 비교했을 때의 결과였다. 이로운 502A를 접종받지 않은 아기들의 몸에 병원균 80/81이 정착할 확률이 5배나 더 높았다. 아이헨발트와 샤인필드에 대한 서덜랜드의 믿음이 구체적인 결과로 보상을 받은 것이었다.[16] 간호사 디트마에게서 얻은 세균주인 502A를 심은 아기들은 대부분의 경우 위험한 잡초인 80/81을 막아낼 수 있었다.

샤인필드는 곧 다시 길을 떠났다. 아이헨발트에게는 이 병원 저 병원을 오갈 시간이 없었지만 새로 임명된 조교수인 샤인필드에게는 가능했다. 그는 텍사스에서도 같은 실험을 했는데 결과는 전과 비슷하거나 더 희망적이었다. 502A를 접종받은 아기들 가운데 몸에 병원균 80/81이 자리잡은 비율은 4.3퍼센트에 불과했다. 그에 반해서 502A를 접종

받지 않은 143명의 신생아 중에서 39.1퍼센트(거의 절반)가 80/81 또는 그와 가까운 관계의 종에 감염되었다. 신시내티에서처럼 정원 조성이 효과를 발휘하는 듯 보였다. 아이헨발트와 샤인필드는 조지아 주에서도(이 실험 결과는 "조지아의 유행병"이라는 제목의 논문에 기록했다), 그 다음에는 루이지애나 주("루이지애나의 유행병")에서도 이 실험을 반복했다.[17]

몸에 자기 방어를 위한 정원을 조성하는 일은 분명히 효과가 있는 듯했다. 502A는 효과적이고 안전하게 병원 내의 문제가 있는 병원균들을 방어해주었다. 그러나 이것만으로는 충분하지 않았다. 샤인필드와 아이헨발트는 다른 시도를 해보기로 했다. 이제부터는 상황이 매우 잘못될 가능성이 있었다. 두 사람은 신시내티와 텍사스에서 샤인필드가 연구를 진행한 후에 신생아실에서 80/81이 완전히 사라졌다는 사실을 발견했다. 그래서 다른 종의 간섭을 이용해서 병원에서 80/81을 영구적으로 없앨 수 있을지를 알아보기로 했다.

샤인필드는 병원과 병원을 오가며 신생아들에게 황색포도알균 502A를 접종했다. 그는 더 이상 통제 집단을 이용하지 않았다. 이제 그의 목적은 아기들을 치료하거나 혹은 애초부터 감염되지 않도록 만드는 것이었다. 결과는 놀라웠다. 1971년까지 미국 전역에서 4,000명의 신생아들에게 502A를 심는 데에 성공했고, 그로 인해서 병원 내 80/81의 감염률이 감소했을 뿐만 아니라 일부 병원에서는 이 병원균을 완전히 없앨 수 있었다. 다 사라졌다. 끝난 것이다. 이 결과에 기초하여 하인츠 F. 아이헨발트는 다음과 같은 결론을 내렸다. "심각한 포도알균성 질병이 유행할 때 502A를 사용하는 것은 가장 즉각적이고, 안전하고, 효과적으로 유행병을 종결시킬 수 있는 방법이다. 수천 명의 아기들을 통해서 이것이 완벽하게 안전한 방법임을 보여줄 만한 데이터는 충분히 확보했다고 생각한다."[18] 황색포도알균 502A를 몸에 심는 방법이 어떻게 황색포도알균 80/81과 같은 병원균을 막아주는지는 시간이 더 흐른 후에 밝혀졌다. 이로운 포도알균 균주는 병원균들이 생물막을 형성하는 것을 막아주는, 다시 말해서 집을 짓는 일을 방해하는 효소를 생산한다. 또한 다른 세균들을 죽이는 박테리오신도 생산한다. 502A는 박테리오신을 이용해서 이미 자신들이 정착한 곳에 들어오려는 어떤 종이든 죽일 수 있다.[19] 어쩌면 (자신도 모르게) 숙주의 면역체계를 작동시켜서 추가적으로 세균이 정착하기 어렵도록 만드는 것인지도 모른다.[20]

이 연구가 발표되자 즉각적으로 열띤 반응을 몰고왔다. 전 세계의 병동에서 병동으로 전파할 수 있을 만한 방법처럼 보였다. 가정에도 적용하여 사람들과 집 안 표면에 접종할 수도 있었다. 의사들은 황색포도알균 감염으로 인한 질환을 겪고 있는 성인들에게도 502A를 접종하기 시작했다. 성인을 대상으로 한 절차는 더 복잡했다. 신생아에게 했던 것처럼 502A를 접종하기 전에 먼저 항생제를 사용해서 콧속의 모든 병원균을 없애야 했다(작물을 심기 전에 잡초를 제거하는 것과 비슷하다). 성공률은 80퍼센트 정도였다. 샤인필드, 아이헨발트와 동료들은 502A를 통해서 완전히 새로운 의학적 접근법을 발명했다. 게다가 간섭이라는 개념은 단지 신생아의 피부에 단일 세균종이 정착하는 문제를 훨씬 뛰어넘는 중요성을 가지고 있었다.

1959년, 영국의 생태학자 찰스 엘턴은 『동식물 침입의 생태학(*The Ecology of Invasions by Animals and Plants*)』이라는 책에서 초원, 숲, 호수의 생태가 다양할수록 새롭게 도입된 잡초, 해충, 병원균의 침략을 받을 가능성이 줄어든다고 주장했다.[21] 샤인필드와 아이헨발트의 의견과 매우 유사하게 엘턴은 다양성이 높은 생태계를 침범하는 동물들은 "자신들이 찾아낸 번식 장소를 누군가가 점유하고 있거나, 먹이를 다른 종이 먹고 있거나, 은신처 안에 다른 동물이 숨어 있으면 그들을 공격하고, 공격을 당하며, 많은 경우 제거된다"고 썼다. 또한 그는 생태계의 다양성이 높을수록 침입종이 제거될 확률이 높아지고, 포식자나 병원체가 침입자를 먹이로 삼거나 죽일 가능성도 높아진다고 생각했다. 즉 생태계의 다양성이 높을수록 침입에 대한 저항력도 높아진다는 것이다. 약 60년간의 후속 연구를 통해서 이런 패턴이 언제나 들어맞지는 않는다는 것이 밝혀졌다. 다만 대개 들어맞는 것은 사실이다. 일반적으로 과장을 잘 하지 않는 경향이 있는 생태학자들도 생물학적 다양성이 높은 생태계가 침략을 이겨내는 능력이 "지구 생명을 지탱하는 체계"의 핵심이라고 설명한다.[22] 미역취 꽃이 자라는 지역은 그 안에 사는 미역취나 초식동물의 종류가 다양할수록 침입하기 어려워진다.[23] 엘턴의 가설은 식물과 포유류 사이의 패턴을 설명하기 위한 것이었다. 하지만 신체와 집에도 적용 가능하다. 우리의 일상에서 피부 또는 다른 부위에 2종, 혹은 아예 10여 종쯤의 생물을 의도적으로 키운다면 간섭 효과가 더 커질지도 모른다. 샤인필드와 아이헨발트의 학생들과 그 학생의 학생들이 여러분이나 여러분 아기의 몸, 혹은 여러분의 침실 안에 다양한 생물이 사는 정원을 기른다고 상상해보라.

물론 포유류와 미역취 줄기 사이에서 통하는 방법이 미생물에게는 통하지 않을지도 모른다. 엘턴의 가설을 가장 명쾌하게 시험해볼 수 있는 방법은 서로 다른 수의 종을 포함하는 미생물 군집들을 만들어보는 것이다. 서로 다른 사람의 몸이나 집 안의 서로 다른 표면마다 자연스럽게 차이가 나는 미생물 군집의 다양성을 모방하는 것이다. 그런 다음 그 군집들에 침입종을 도입해서 다양성이 높은 군집일수록 침입종의 정착이나 지속적인 서식이 어려운지를 관찰해보면 된다. 엘턴의 생전에는 이런 실험이 이루어지지 않았다(그는 1991년에 사망했다). 그러나 여기서 시간을 조금 빨리 감아 더 최근의 연구를 살펴보자. 7년 전, 얀 디르크 판 엘사스가 이끄는 네덜란드의 연구팀이 그와 같은 실험을 실시했다. 그들은 신생아의 피부가 아닌 페트리 접시에서 실험을 했는데, 1960년대 이후 의료 윤리에 대한 우리의 시각이 완전히 바뀌었기 때문이다.

판 엘사스와 동료들은 살균한 흙이 든 플라스크 안에 세균의 먹이를 넣고, 그 안에 총 균수는 동일하게 맞추되 그것을 구성하는 세균주의 숫자만 각기 달리하여 집어넣었다. 세균주들은 모두 네덜란드 초원의 흙 속에서 분리한 것이었다.[24] 한 플라스크에는 세균주 5개, 또다른 플라스크에는 세균주 20개가 있었다. 100개의 세균주가 든 플라스크도 있었다. 그리고 마지막으로 생물 다양성이 어마어마하게 높은 실제 흙을 넣었다. 그 안에는 수천 종의 생물이 들어 있었다. 세균이 전혀 없고 세균의 먹이만 들어 있는 플라스크가 통제 집단으로 쓰였다. 연구팀은 각 군집 안에 (악명 높은) 대장균의 비병원성 균주를 집어넣고 그후 60일간의 변화를 관찰했다. 80/81처럼 대장균도 침입자였다. 다양성이 높은 군집일수록 대장균이 정착하고 서식하기 어려울 것으로 예측되었다. 공간과 핵심 자원, 그리고 다른 세균이 생산하는 자원을 두고 경쟁이 벌어질 것이다. 또한 다양성이 높은 군집일수록 일부 세균주가 항생물질을 생산하여 새로 들어온 종이 제대로 기회를 가져보기도 전에 없애버릴 가능성도 높아진다. 군집의 좋은 자리들은 모두 경쟁관계의 세균이 점유하고 있거나 유독할 것이다.

판 엘사스와 동료들이 따로 분리해 기른 대장균은 번성했다. 여러분 집 안의 살균된 표면에서도 쿠키 부스러기든 각질이든 미생물의 먹잇 감이 약간만 쌓이면 같은 일이 일어날 것이다. 실험 시작 후에 60일 넘게 대장균의 수는 안정적으로 높게 유지되었다. 그러나 판 엘사스가 5개의 세균주가 자라고 있는 흙에 대장균을 집어넣자 대장균의 성장 속도는 느려지고 더 빨리 사라지기 시작했다. 20개 혹은 100개의 균주 가 자라고 있는 흙에 집어넣자 더 빨리 사라졌다. 그리고 생물 다양성 이 어마어마하게 높은 실제 흙에 넣자 샘플 안에서 대장균을 찾아보기 조차 어려워졌다. 세균이 다양할수록 대장균이 번성하기가 더 어려웠 다. 판 엘사스는 다양성이 높은 세균 군집은 다양성이 낮은 군집보다 균주의 수가 많아서 다양한 종류의 자원을 더 효율적으로 사용하는 것 도 이런 현상의 원인이 된다는 사실을 밝혀냈다.[25] 대장균이 사용할 자 원이 줄어들기 때문이다. 판 엘사스는 흙에서 실제로 일어날지도 모르 는 일과 더 유사한 결과를 얻기 위해서 또다른 방법을 사용했다. 흙에 서 얻은 수천 종의 세균과 세균을 죽이는 바이러스들이 함께 있는 군집 을 만든 것인데, 이렇게 하자 그 효과는 더욱 컸다.

판 엘사스가 얻은 결과를 토대로 논리적으로 추론한다면, 우리 몸이 나 집 안의 표면들도 생물 다양성이 낮고 생물의 수가 적을수록(그래서 병원균과 경쟁할 상대가 적을수록) 병원균이 정착하기 좋다. 다만 세균 의 먹이가 존재하고, 집 안에 생물이 아예 없지는 않아야 하는데 어떤 집에서든 이런 조건은 충족되기 마련이다. 이 얼마나 급진적인 생각인 가! 샤인필드와 아이헨발트가 사용한 접근법을 확장하여 우리 주변의 세계에도 적용할 수 있다. 우리의 몸과 집 안의 생물 다양성을 높여서 병원균의 침입을 막는 것이다. 곤충에게도 같은 방법을 적용해야 한다

(거미든 기생 말벌이든 지네든 집 안에 더 다양한 곤충들이 있으면 집 파리나 독일바퀴 같은 해충들을 더 잘 막을 수 있다). 게다가 생물 다양성 가설에 따른다면, 다양한 세균과의 접촉이 증가하면서 우리 몸의 면역체계가 더 잘 작동하게 되는 이득도 얻을 것이다. 엘턴의 생태학적 통찰을 현실에서 직접적으로 활용할 수 있는 방법이었다.

샤인필드와 아이헨발트의 "엘턴적" 접근법이 성공을 거두자, 이것이 병원에서 병원으로, 심지어 일반 가정으로까지 퍼져나갔는데 여러분에게는 왜 그토록 낯설게 들리는지 궁금할지도 모르겠다. 왜 아기의 몸이나 집 안에 정원을 가꾼다는 이야기를 한번도 들어본 적 없는지 말이다. 여러분이 그런 이야기를 들어본 적 없는 이유는 1960년대부터 현대 의학이 다른 길을 택했기 때문이다.

초기의 성공 이후 아이헨발트와 샤인필드의 이론은 커다란 인기를 끌었다. 미래가 될 아이디어였다! 그러다가 문제가 생겼다. "좋은" 황색포도알균 502A가 주삿바늘을 통해서 신생아의 혈액으로 들어가는 사고가 발생하여 한 명이 사망한 것이다. 어떤 세균이든 혈류로 들어가면 감염을 일으킬 수 있다. 일단 혈류에 들어가면 선과 악, 적과 아군을 가르는 일반적인 규칙은 사라져버린다. 또한 이로운 포도알균의 접종 몇 건이 피부 감염을 일으키기도 했다(100분의 1 정도의 확률이었다). 항생제로 치료할 수 있는 감염이었지만, 어쨌든 감염이었다. 중요한 것은 이런 사례가 문제인가 문제가 아닌가가 아니라 그보다 더 심각한 문제가 발생할 가능성이 있는가였다. 그럴 가능성은 있었다.

연구 초기에 아이헨발트는 자신과 샤인필드가 몇 가지 가능한 방법들 가운데 하나를 선택했다는 점을 밝힌 바 있다. 병원균에 간섭하여 정착을 막아줄 이로운 균주를 심는 방법도 있었지만, 몸을 다시 야생의 상태로 되돌리는 방법도 있었다. 우리 조상들의 몸이 그랬으리라 여겨지는 것처럼 다양한 세균들이 (병원균만 빼고) 서식하도록 만드는 것이다. 또는 감염이 일어났을 때 포도알균(또는 다른 병원균들)을 죽이는 "다양한 근절책을 이용할" 수도 있었다. 즉 정원을 꾸미거나, 다시 야생 상태로 돌아가거나, 아예 죽이는 방법이 있었다. 아이헨발트가 언급한 세 번째 방법에는 두 가지 문제점이 있었다. 일단 병원균들이 결국에는 이 근절책에 대한 내성을 진화시키리라는 것이었다. 또한 병원균들을 근절하려고 시도하면 좋은 균과 나쁜 균을 모두 죽이게 되기 때문에 장기적으로 볼 때, 나쁜 균이 재침입하기가 쉬워진다.[26] 이것은 우리가 우리 주변의 종들을 관리하기 위한 선택을 내릴 때에 자주 처하게 되는 상황이기도 하다.

아이헨발트와 샤인필드의 연구에도 불구하고 병원, 의사, 환자들은 세 번째 방법, 즉 죽이는 쪽을 택했다. 이것은 더 세련된 방법, 인간이 항생제든 살충제든 제초제든 간에 언제나 더 새로운 화학물질들로 우리 주변의 세계를 통제할 수 있는 원대한 미래의 일부처럼 보였다. 문제점들이 있기는 하지만 나중에는 해결할 수 있으리라고 생각했다. 세 번째 방법은 얼핏 보기에는 더 간단해 보이기도 했다. 항생제인 메티실린은 가격도 저렴해졌고 병원에서도 쉽게 구할 수 있었다. 항생제를 사용하는 것은 간편했다. 무엇인가를 기르거나 접종하거나 정원을 가꾸거나 할 필요가 없었다. 2세대 항생제의 첫 번째 물결이었던 메티실린은 세균의 침입이 더욱 어렵도록 설계된 합성 항생제였다. 황색포도알균 80/81도 메티실린으로 치료가 가능했다.

그러나 해충과 잡초가 살충제와 제초제에 적응한 것처럼 결국 세균도 새 항생제에 적응하게 되리라는 사실은 처음부터 (아이헨발트와 샤인필드뿐 아니라) 모두가 알고 있었다. 항생제 페니실린을 발견한 알렉산더 플레밍도 1945년 노벨상 수상 연설에서 이 점을 지적했다.[27] 항생제를, 특히 신생아에게 사용하면 병원균을 죽이기 쉽지만 그다지 유익해 보이지 않는 특이한 세균들이 서식하기에 유리해진다는 것은, 이미 많은 과학자들이 알고 있는 사실이었다. 샤인필드도 자신의 연구에서 이 점을, 마치 모두가 알고 있을 것이 분명한 뻔한 사실처럼 언급했다. 즉 항생제 사용이 초기에 성공적이었던 것은 명백한 사실이지만 장기적으로 보면 문제점 또한 명백했다. 항생제는 사용하기 쉽지만 우리 몸의 안팎에서 우리에게 유익한 영향을 미치는 미생물들을 포함한 다른 미생물들에게는 부작용을 가져오며, 병원균이 결국 내성을 진화시키게 되면 쓸모가 없어진다. 항생제를 가장 필요할 때에만 적당히 사용하면 내성이 진화하는 데에 오랜 시간이 걸릴 것이다. 반대로 무분별하게 사용하면 내성이 훨씬 더 빠르게 진화할 것이다. 항생제 사용의 이런 측면들을 모두 인식한 상태에서 세균을 아예 없애는 방법이 선택되었다. 그리고 대개는 항생제가 절대적으로 필요한지 필요하지 않은지에 관한 고민도 없이 빈번하게 사용되었다.

플레밍을 비롯한 과학자들은 내성의 진화 가능성은 예상했지만 그 방법은 예상하지 못했다. 우리는 이제 세균들이 항생제에 적응해가는 방법들을 잘 알고 있다. 많은 수의 세균들 중 일부 개체가 항생제를 더 잘 견딜 수 있게 해주는 돌연변이를 겪는다(혹은 발달시킨다). 이 세균들은 강한 경쟁력이 없어도 생존할 수 있다. 항생제가 그들과 경쟁하는 종들을 없애주기 때문이다. 항생제를 사용하면 이런 돌연변이가 시작되고 그 발생률이 증가한다는 사실은 이제 실험실에서도 증명할 수 있다. 예를 들면 마이클 베임, 로이 키쇼니와 하버드 의과대학의 동료 연구자들은 최근 가로 60센티미터, 세로 120센티미터의 긴 접시에 담긴 한천 배지에 세균의 먹이를 넣어 세균을 기르는 실험을 했다. 연구자들은 이 실험에서 세균에게 속임수를 썼다. 직사각형의 페트리 접시에 든 한천의 일부에 항생제를 섞은 것이다. 그리고 항생제가 섞이지 않은 페트리 접시의 왼쪽과 오른쪽 끝에 세균을 집어넣었다. 접시의 중앙 쪽으로 갈수록 항생제의 농도가 증가하다가 정중앙에서는 임상적으로 사용되는 농도보다 훨씬 더 높아진다. 미생물 세계에서는 거의 핵폭탄급 농도라고 할 수 있다. 그런 다음 연구자들은 시간이 흐르면서 일어나는 변화를 촬영했다.

먼저 항생제가 없는 한천에서 세균주가 성장했다. 그리고 한천을 마치 잔디처럼 완전히 뒤덮었다. 그러자 그 구역의 먹이가 부족해졌고 세균들은 분열을 멈추었다. 항생제가 없는 구역 바로 너머에 먹이가 있었지만 거기에는 항생제가 섞여 있었다. 이러한 상황에서 항생제가 섞인 먹이를 먹기 위해서 모험을 감행할 수 있는 세균은 다음 세대까지 살아남을 확률이 높고, 살아남는다면 먹이를 독점하게 될 것이다. 그리고 처음에 항생제 없이 풍부한 먹이를 먹으며 자랐던 세균들만큼은 아니더라도 잘 살 수 있을 것이다. 실험 초기에 페트리 접시에 있는 세균 세포 중에는 항생제에 대처할 수 있게 해주는 유전자를 지닌 세포가 하나도 없었다. 모든 세균 세포가 항생제에 취약했다. 계속 그런 식으로 유지될 수도 있었고, 만약 그랬다면 이 세균은 항생제가 섞인 구역 가장자리에서 성장을 멈추고 실험도 끝났을 것이다. 하지만 그들은 멈추지 않았다.

세균이 성장하는 짧은 시간 동안에 돌연변이가 일어났다. 세대당 몇 번뿐이었지만 세대가 워낙 빠르게 바뀌면서 곧 낮은 농도의 항생제 배지에서도 자랄 수 있는 세균이 생겨났고, 몇 개의 균주가—돌연변이와 교미, 생존을 통해서—항생제를 견딜 수 있게 되었다. 이들은 빠른 속도로 낮은 농도의 항생제가 들어 있는 한천의 먹이를 먹어치웠고, 다시 한 번 배가 고파졌다. 그러나 얼마 지나지 않아 한 개체에게서 높은 농도의 항생제가 포함된 한천에서도 서식할 수 있게 해주는 돌연변이가 발생했다. 또 한 번의 돌연변이 덕분에 얼마 후에는 높은 농도의 항생제가 든 한천에서도 세균들이 살 수 있게 되었고, 마침내 한천 전체가 먹이가 되고 세균의 세포들로 뒤덮이게 되었다. 이 모든 과정, 이 놀랍도록 천재적이고 중대한 진화의 걸작이 완성된 것은 11일 만의 일이었다. 단 11일이었다.[28]

11일도 빠른 시간처럼 느껴지지만 병원에서 일어나는 일에 비하면 속도가 느린 편이다. 병원과 집 안의 세균은 돌연변이가 일어나기를 기다리지 않는다. 그들은 항생제에 저항성을 띠는 유전자를 다른 세균으로부터 빌려올 수 있다. 즉 현실에서는 이 모든 진화가 11일보다 더 빨리 일어난다는 뜻이다. 이것이 바로 아기들에게 비병원성 세균을 접종하는 방법이 중단되고 항생제의 사용이 보편화된 이후 반복적으로 발생해온 일이다.

항생제를 남용한 결과, 병원에서 내성을 지닌 병원균이 일으키는 문제는 처음 80/81이 출현했던 1950년대보다 더 심각해졌다. 신생아들 사이에서뿐만 아니라 전체적으로 상황이 더 나빠졌다. 처음에는 (전부는 아니더라도) 일부 80/81 균주를 페니실린으로 죽일 수 있었다. 1960년대 말에는 거의 모든 황색포도알균 감염이 페니실린에 내성을 지니는 균주에 의해서 발생했다. 얼마 지나지 않아 일부 황색포도알균 균주가 메티실린을 포함한 다른 항생제에도 내성을 진화시켰다. 1987년에는 미국 내 황색포도알균 감염의 20퍼센트가 페니실린과 메티실린 모두에 내성을 지니는 균주에 의해서 일어났다. 1997년에는 그 비율이 50퍼센트가 넘었고, 2005년에는 60퍼센트가 되었다. 내성균에 의한 감염의 비율뿐만 아니라 총 감염 수도 증가했다. 미국뿐 아니라 전 세계적으로 세균이 내성을 지니는 항생제의 숫자도 늘어났다. 이제는 감염을 일으키는 많은 포도알균 균주가 카바페넴(carbapenem)처럼 의사들이 정말 심각한 상황에서만 최후의 수단으로 사용하는 항생제 외에는 거의 모든 물질에 내성을 가지고 있다.[29] 심지어 최후의 수단인 항생제에 내성을 갖춘 균주에 의한 감염도 발생한다. 이런 감염으로 인해서 미국에서만 1년에 수십억 달러의 의료비용이 발생하고, 수만 명이 사망하고 있다.[30] 미국뿐 아니라 전 세계 대부분 지역에서도 비슷한 추세이다. 황색포도알균만이 아니다. 결핵을 일으키는 세균(미코박테륨 투베르쿨로시스)과 대장균, 살모넬라처럼 장 감염을 일으키는 세균들 사이에서도 내성을 지닌 종류가 점점 늘어나고 있다. 내성률의 증가 원인이 오직 인간에 대한 항생제 남용 때문인 경우도 있지만, 인간과 가축 모두에 대한 남용이 원인이 되는 경우도 있다. 돼지와 소가 더 빨리 살이 찌도록 만들기 위해서 이들에게 항생제를 투여하기 때문이다.[31]

진화의 필연성과 항생제 남용의 결과에 대한 이해도의 증가에도 불구하고, 내성 세균의 급증에 대한 많은 병원들의 대응책은 미생물과 더욱 격렬한 전쟁을 벌이는 것이었다. 손 씻기의 중요성이 강조되기 시작했는데, 이것은 좋은 변화였다. 적어도 나쁜 방법은 아니었다. 우리가 아는 한 비누를 이용한 손 씻기는 피부의 정상적인 세균층에는 영향을 미치지 않고 오로지 새로 묻은 세균만을 씻어낸다. 병원에서는 이것이 병원균일 확률이 높다. 그러나 항생제의 예방적인 사용으로 "탈집락 (decolonization)"이라고 불리는 무차별적인 병원균 대처법 또한 증가했다. 탈집락은 수술이나 투석을 받는 환자, 혹은 중환자실 환자의 비강(鼻腔)에 항생제를 도포하여 모든 황색포도알균을 제거하는 방법이다.[32] 단기적으로는 이 방법을 채택한 병원들에 도움이 되었지만 장기적으로는 그 결과가 명백해 보인다. 탈집락 요법으로 인해서 환자들의 코에는 병원의 세균이 서식하게 될 것이고, 내성의 진화가 촉진될 것이다. 의학의 역사가 환자들의 몸에서 재연되는 것이다. 하지만 이번에는 무엇인가가 다르다.[33] 우리가 항생제를 사용하고 연구에 투자하는 방식 때문에 세균이 항생제에 대한 내성을 진화시키는 속도가 새로운 항생제의 발견 속도를 앞지르고 있으며, 이런 추세가 뒤집힐 확률은 적어 보인다. 하지만 아이헨발트와 샤인필드의 연구 이후 의학계에서는 인체와 병원, 가정 내의 병원균 통제를 위해서 항생제 외의 다른 방법을 거의 쓰지 않고 있다. 세균뿐만 아니라 집 안의 곤충, 진균을 통제하는 방법도 비슷하다. 우리에게는 다른 방법이 필요하다.

샤인필드와 아이헨발트의 프로그램을 다시 시작하기는 어려울 것이다. 집이나 병원에 정원을 가꾸기 위한 노력을 더 의욕적으로 시작하기는 더 어려울 것이다. 위험에 대한 우리의 시각이 정원 가꾸기의 위험을 강조하고 전쟁의 위험은 대체로 무시하는 쪽으로 바뀌었기 때문이다. 이것은 좋지 않은 소식이다. 하지만 좋은 소식도 있다.

　살충제에 내성이 있는 곤충처럼 항생제에 내성이 있는 세균들도 경쟁력이 약하다. 야생에서는 이런 내성 생물의 대부분이 나약한 존재이다. 생태학자들은 환경이 만성적으로 척박해서 다른 생물은 잘 살기 힘든 환경에서만 생존하는 이런 종을 "황무지 종"이라고 부른다. 판 엘사스는 토양 미생물 군집의 다양성이 높으면 그 안에 사는 대장균의 수가 적고 정착에도 어려움을 겪는다는 사실을 알아냈다. 그러나 판 엘사스가 연구한 대장균은 항생제에 내성이 없었다. 만약 항생제 내성이 있는 균이었다면 다양성이 높은 군집 내에서 살아남기가 더 힘들었을 것이다. 항생제 내성 세균도 독일바퀴처럼 우리가 만들어낸 현대적인 환경에 맞춰 자신들의 생태를 변화시켰다. 이들은 빠르게 성장하여 경쟁자와 바이러스, 포식자는 없고 항생제만 있는 우리의 몸과 집 안을 장악한다. 내성 생물은 이런 환경에서 번성할 수 있다. 그러나 내성을 가지게 해주는 유전자가 생성하는 물질들은 세균에게 큰 대가를 치르게 한다. 세균이 대사와 분열에 사용할 수도 있는 에너지를 그 물질들에 써야 하기 때문이다. 경쟁이 없는 환경이라면 더 느리고, 자원이 많이 드는 생활을 하더라도 상관없다. 하지만 경쟁이 존재하는 곳에서는 내성 생물의 느린 생활방식은 불리한 조건으로 작용한다. 이것은 가장 심각한 항생제 내성 세균들이 종종 병원 안에서만 서식하는 이유 중의 하나이기도 하다. 병원에서 이들은 끊임없이 항생제의 도전을 받는다. 항생제에 내성이 없는 세균이 빠르게 제거되기 때문에 경쟁을 할 세균들이 없어진다. 항생제가 더 이상 사용되지 않을 때에도 경쟁은 발생하지 않는다. 따라서 내성 미생물은 그 어떤 곳보다 병원에서 훨씬 잘 자라며, 마치 실내에 사는 독일바퀴처럼 경쟁에서 해방되어 인간의 공격에 저항력을 가지게 된다. 이런 종들은 경쟁자를 만나면 무너진다. 다양성 앞에서는 살아남을 수 없는 것이다. 그들은 오직 우리가 우리의 몸과 집 안에 만들어놓은 독특한 환경에서만 번성할 수 있다. 그렇다면 환경을 개선하기 위해서 반드시 우리 주변의 생명체 전체를 인위적으로 가꿀 필요 없이 약간만 야생 상태로 되돌리면 된다는 뜻이다. 우리는 생활 속에서 병원체와 멀어지고 생물 다양성을 회복할 수 있는 결정적인 방법을 찾아내야 한다. 치명적인 병원체와 싸울 수 있게 도와줄 생물 다양성, 알레르기와 천식 같은 만성 염증성 질환과 싸울 수 있게 도와줄 생물 다양성을 회복해야 한다. 생물 다양성을 회복해야 하는 이유는 그밖에도 많다. 그리고 그 일은 아주 간단할 수도 있다. 현재 우리가 초래한 상황이 워낙 심각하기 때문에, 잃어버린 균형을 되찾는 것만으로도 강력한 해결책이 될 수 있을지도 모른다. 그리고 어쩌면 우리가 나아가야 할 새로운 방향의 아이디어를 의외의 장소와 의외의 사람들에게서 찾아야 할지도 모른다. 주방 같은 장소와 제빵사 같은 사람들에게서 말이다.

12

생물 다양성의 맛

나는 실내의 삶에 관해서는 어떤 것도 추천할 수 없다.
—짐 해리슨, 『정말 푸짐한 점심식사(*A Really Big Lunch*)』

우여곡절 많은 한 남자의 이야기를 들려주소서. 무사 여신이여,
그가 어떻게 떠돌아다니고 어떻게 길을 잃었는지를.
—호메로스, 『오디세이아(*The Odyssey*)』

수많은 종류의 식물들, 덤불에서 노래하는 새들, 이리저리 날아다니는 다양한
곤충들, 축축한 땅을 기어다니는 벌레들이 한데 얽혀 있는 둑을 생각하면,
그리고 서로 너무 다르면서 서로에게 너무 복잡한 방식으로 의존하고 있는
이 정교한 형태들이 모두 우리 주변에서 작용하는 법칙에 의해서
만들어졌다고 생각하면 참으로 흥미롭다.
—찰스 다윈, 『종의 기원(*On the Origin of Species*)』

언젠가 우리 인간들은 우리의 집 안과 몸에 필요한 종들을 직접 기르게
될지도 모른다. 어쩌면 우리에게 가장 필요한 종들을 완벽하게 관리하
여 건강하고, 아름답고, 숭고하기까지 한 수확물을 매일 거둬들일 수
있을지도 모른다. 그렇게 하려면 빈틈없는 솜씨와 더불어, 우리의 몸과
집 안에 사는 (전부는 아니더라도) 대부분의 종에 관한 충분한 지식이

필요하다. 하지만 너무 큰 기대는 하지 않는 것이 좋다. 여러분이 집 안팎에 퍼뜨릴 수 있는 세균이 든 병이나 단지가 곧 판매되지 않으리라는 보장은 없다. 아마도 그렇게 될 것이다. 다만 그런 세균이 정말로 유익할지는 알 수 없을 것이다. 우리는 정원을 가꾸는 대신 우리의 집을 야생 상태로 되돌려야 한다. 선택적으로라도 야생의 자연을 다시 집 안에 들여놓아야 한다.

나는 지금 우리와 함께 살아가는 종들에 대해서 아무런 통제력도 가지지 못하는 삶으로 돌아가자고 말하는 것이 아니다. 그보다는 균형이 필요하다고 주장하는 것이다. 우리에게는 병원균이 적게 함유된 식수가 필요하다. 개인에게서 개인에게로 병원균이 퍼지는 것을 막으려면 손 씻기도 필요하다. 백신이 존재하는 병원균에 대해서는 모두가 백신 접종도 해야 한다. 세균 감염이 발생했을 때에 이를 치료할 항생제도 필요하다. 깨끗한 물과 위생시설, 백신, 항생제를 갖추지 못한 세계 여러 지역에서는 이 모든 필요성이 그 어느 곳에서보다 명백하다. 그러나 우리가 이 모든 것을 완수해서, 가장 위험한 짐승들을 길들이고 난 후에는 우리 주변에서 나머지 생물들이 다양하게 번성하도록 하는 방법 또한 찾아야 한다. 안톤 판 레이우엔훅처럼 우리의 일상 속에 있는 세균, 진균, 곤충들에게서 기쁨과 경이로움을 발견해야 한다.

우리의 삶 속에 다양한 생물들을 다시 들여놓게 되면, 생물 다양성을 보존하는 데에 도움이 되기 때문에 그로부터 더 많은 혜택을 얻을 수도 있게 된다. 식물과 토양의 다양성은 우리의 면역체계가 제대로 작동하도록 도와준다. 수도 설비 내의 생물 다양성은 물속에 병원균이 서식하는 것을 막는 데에 도움이 된다. 우리가 신경을 쓰기만 한다면, 집 안팎의 생물 다양성은 우리의 아이들에게 경이로움을 일깨워주는 역할도

할 수 있다. 레이우엔훅과 나에게 그랬던 것처럼 말이다. 다양한 거미와 기생 말벌, 지네는 해충 구제에 도움을 준다. 집 안의 생물 다양성은 새로운 종류의 맥주를 만들거나 쓰레기를 에너지로 바꾸는 등 여러 가지 용도로 활용할 수 있는 효소, 유전자, 종을 찾아낼 수 있는 기회를 제공하기도 한다. 위험한 종을 막는 동시에 생물 다양성을 지키는 것이 무슨 로켓 과학처럼 엄청난 일은 아니다. 그보다는 빵이나 김치를 만드는 일에 더 가깝다. 최근에 나는 조 권과 그의 어머니 권수희와 함께 점심식사를 하면서 그 사실을 떠올렸다.

조와 그의 어머니, 그리고 나는 함께 앉아 한국 요리에 관한 이야기를 나누었다. 조는 유명한 밴드인 에이빗 브라더스의 첼리스트로 전 세계에 이름이 알려져 있다. 블루그래스 장르의 영향을 받은 록 음악을 연주하는 에이빗 브라더스에서 조는 그들의 음악을 지탱해주는 저음부 연주를 맡고 있다. 하지만 적어도 롤리에서 조는 음식에 대한 사랑으로도 유명한 사람이다. 밴드 투어 중에 장기간 여유가 생기면 조는 하루 종일 돼지고기를 구우면서 보내기도 한다. 조와 그의 돼지고기는 꽤 유명해서 사람들이 그저 조가 종일 요리를 하는 동안 함께 앉아 있기 위해서 찾아오기도 할 정도이다. 돼지고기 구이에는 시간이 꽤 걸린다. 돼지의 사랑스러움과 우주의 장엄함을 모두 생각해보기에 충분한 시간이다.

그러나 그날 내가 그들과 함께 앉아 있었던 것은 조의 음악이나 요리 때문이 아니라 조의 어머니의 요리 때문이었다. 조의 어머니인 수희는 한국에서 자랐고, 그곳에서 해물파전, 짜장면, 떡볶이 등의 한국 전통 요리를 배웠다. 그 음식들을 만드는 데에 필요한 기술을 배웠고, 음식에 사랑을 담는 법을 배웠다. 그녀는 손으로 직접 요리를 만들었다. 보통 한국 음식에는 사람의 손길이 굉장히 많이 들어간다. 손으로 배추를 버무리고, 손으로 생선을 소금에 절인다. 손으로 재료들을 만지고 손질하는 방식이 매우 섬세하고 사람마다 다르다는 점이 매우 한국적이면서도 대단히 개인적인 특징이다.

집 안의 생물과 한국 음식을 만드는 일은 별 상관이 없겠지만 딱 한 가지, "손맛"이라는 중요한 개념과는 연관이 있다. 손맛은 음식 자체가 아니라 만드는 사람이 음식에 부여하는 맛을 가리킨다. 말 그대로 손으로 내는 맛이지만, 상징적으로는 만드는 사람이 누구인지, 그 사람이 어떻게 만지고, 다루고, 요리를 하는지가 모두 손맛에 일조한다. 이런 개념에서 영감을 얻은 나는 조와 그의 어머니와 함께 한 가지 가설을 실험해보고 싶어졌다. 한국 요리사(전통적으로는 한국 여성이 이 역할을 맡는다)가 만든 음식이 그녀의 여동생이나 사촌이 만든 음식과 다른 맛을 내는 것은 어쩌면 그녀의 몸에 있는 미생물 때문일지도 모른다는 것이었다.

조와 수희와 나는 점심식사와 음료를 주문해서 먹으면서 대화를 나누기 시작했다. 나는 조의 어머니가 손맛에 대해서 어떻게 생각하는지, 그 단어가 그녀에게 어떤 의미를 가지는지 알고 싶었다. 한국 요리에는 그 어떤 나라의 요리보다도 발효 식품이 많다. 발효란 세균이나 진균이 당을 화학적으로 분해하여 기체와 산, 알코올, 또는 그 혼합물을 생산하는 과정을 가리킨다. 발효 과정에서 독특한 맛과 향이 더해지는데, 이를 테면 요구르트의 산성과 시큼한 맛이 여기에 속한다. 부산물로 알코올이 생성될 경우에는 사람을 취하게 만든다. 또한 다른 미생물들에게 유독한 성질을 띠기도 한다. 알코올은 대부분의 병원균을 죽인다. 산성물질도 마찬가지이다. 런던에 콜레라가 유행할 때에 맥주를 마신 사람들은 물을 마신 사람보다 콜레라로 인한 사망률이 낮았다. 맥주 속의 알코올 성분 때문에 물보다 더 안전한 음료가 된 것이다. 요구르트도 산성이어서 다른 미생물이 정착하지 못하기 때문에 안전하게 먹을 수 있다. 산도의 단계는 0부터 14까지 있다. pH가 7인 물질은 중성이고, 7보다 높은 물질은 염기성이며, 7보다 낮은 물질은 산성이다. 요구르트의 pH는 보통 4 정도로 개코원숭이의 장내 pH와 비슷하다.[1] 사워도우 스타터, 김치, 사워크라우트의 산도도 비슷하다. 산을 생산하는 발효 미생물(락토바실루스속의 종이 보통 여기에 속한다)은 산에 강하지만 대부분의 다른 종은 그렇지 않다. 일본의 나토와 같은 일부 발효 식품은 알칼리성인데, 이 알칼리성도 산성과 비슷하게 병원균을 막아준다. 알코올이 존재하거나 산성, 알칼리성이 높은 환경에서도 (대개 느린 속도로) 자라게 해주는 유전자를 지닌 종은 거의 대부분이 병원균에게 요구되는 유전자, 즉 빠른 성장을 가능하게 해주는 유전자를 가지고 있지 않다. 그러므로 발효는 우리가 먹는 음식에 유익한 효과를 가지는 종들을 심는 방법일 뿐만 아니라 병원균을 몰아낼 수 있는 방법이기도 하다. 발효 음식은 스스로 잡초를 솎아내는 생태계이다.

발효의 많은 장점 때문에 대부분의 문화권에서는 발효 음식을 만들어왔다. 내 책상에는 전 세계 수천, 수만 가지 발효 식품의 목록이 놓여 있는데, 그중 대부분은 연구가 되지 않은 식품들이다.[2] 몇몇 발효 식품, 이를 테면 발효시킨 상어 고기라든가 바다표범의 뱃속에 바다쇠오리를 채워넣어 발효시킨 식품 같은 것들은 그 맛에 적응하는 데에 시간이 조금 걸린다. 하지만 많은 발효 식품은 서양인들의 미각에도 익숙하다. 빵, 식초, 치즈, 포도주, 맥주, 커피, 초콜릿, 사워크라우트 모두 발효 식품이다. 우리는 의식하든 의식하지 않든 항상 발효 식품을 먹고 있다.

가장 복잡하고 생물학적으로 다양한 발효 식품 중에 한국의 김치가 있다. 김치는 한국인의 주식이다. 한국인들은 보통 1년에 약 36킬로그램의 김치를 먹는다. 김치를 만들 때에는 먼저 배추를 갈라서 소금에 절인다. 그리고 몇 시간 후 소금을 씻어내고 배추를 더 가르거나 잘라서 찹쌀, 새우젓(역시 발효 식품이다), 생강, 마늘, 양파, 무로 걸쭉하게 만든 양념을 넣고 손으로 직접 섞는다. 이 양념은 손가락을 사용해서 배춧잎 하나하나에 힘주어 발라야 한다. 주무르고, 젓고, 털고, 다시 새롭게 바른다. 그리고 그 결과물을 항아리(작은 것도 있고 엄청나게 큰 것도 있다)에 담아 발효시킨다. 이것이 기본적인 방법이지만 세부 과정은 종류별로 많은 차이가 있다. 서로 다른 양념, 서로 다른 채소, 서로 다른 절차를 통해서 수백 가지의 김치가 만들어진다. 어쩌면 김치를 만드는 사람의 수만큼 다양한 김치가 존재하는지도 모른다.

나는 개인적으로 김치의 맛을 좋아한다. 모든 인간은 단맛, 신맛, 짠맛, 쓴맛, 그리고 감칠맛을 느끼는 미각 수용기를 가지고 있다. 감칠맛 수용기는 최근에야 발견되었다(따라서 여러분이 학교에서는 들어보지 못했을지도 모른다). 이 수용기는 여러 육류 요리를 비롯한 일부 짭짤한 식품들에서 나는 맛을 감지한다. 식품 첨가물인 MSG(글루탐산모노나트륨)가 그토록 맛있는 이유는 우리의 감칠맛 수용기를 자극하기 때문이다. 김치는 채소를 기반으로 한 식품들 중에서는 드물게 감칠맛 수용기를 만족시키는 식품이다(태양 건조 토마토도 여기에 속한다). 나는 김치 하면 기쁨이 떠오른다. 김치를 먹을 때면 기쁨을 느끼기 때문이다. 하지만 수희가 어렸을 때, 김치는 그렇게 기쁨만 주는 음식이 아니었다. 김치는 고된 노동을 의미했다. 배추는 11월이면 수확기였다. 배추와 함께 김치의 재료가 되는 무도 마찬가지였다. 배추와 무를 대량으로 수확한 후에 고추를 비롯한 다른 재료와 섞어야 했다. 배추와 무로 만드는 김치가 중요한 이유는 겨울 내내 밥과 함께 먹는 채소와 단백질로서 주된 영양 공급원이기 때문이었다. 수희가 어렸을 때 한국의 겨울은 춥고 길었다. 김치는 맛도 있었지만 겨울을 버텨내기 위한 생존수단이기도 했다. 또한 다른 발효 식품과 마찬가지로 식품을 저장하는 수단이었다. 채소를 장기간 보관할 수 있기 때문이었다. 김치는 조의 어머니 말대로 "손맛"이 가장 강한 음식이기도 했다. 어떤 사람이 만드느냐에 따라 김치는 각기 다른 손맛을 냈다.

수희는 때때로 김치 만드는 법을 사람들에게 가르친다. 그때마다 그녀는 미리 썰어둔 재료로 많은 사람들과 함께 김치를 만들었다. 만드는 방식은 모두 같았다. 같은 재료를 사용하고, 강습생 모두 강사인 수희의 손동작을 따라했다. 하지만 그 움직임은 동일하지 않았다. 손이 움직이는 방식, 채소를 잡고 다루는 방식은 사람마다 달랐다.

수희에 따르면 몇 주일이 지나고 김치가 완성되었을 때, 모든 김치의 맛이 각기 달랐다고 한다. 만든 사람에 따라서 어떤 김치는 더 달고, 어떤 김치는 더 시었다. 어떤 김치는 살짝 과일 향이 났고, 어떤 김치는 그것이 덜했다. 이 이야기를 들으면서 나는 더욱 흥미를 느꼈다. 이미 내 앞의 음식에는 손도 대지 않고 있었다. 그런 손맛이 어느 정도는 김치를 만드는 사람들의 몸과 집 안에 사는 미생물 때문일 것이라는 확신이 들기 시작했다. 김치에는 다양한 종류의 미생물이 있다. 그중 일부는 배추나 무 자체에서 왔을 가능성이 높다. 하지만 인체에 사는 것으로 알려진 미생물들도 있다. 예를 들면 락토바실루스는 김치 안에 존재하는 주요 미생물이다. 심지어 포도알균도 있을 수 있다.[3] 락토바실루스는 인체에 매우 흔한 미생물로, 우리의 장에서 사는 종과 균주도 있고 질에서 사는 종류도 있다. 포도알균은 인간의 피부에 사는 미생물이다. 이들은 종과 속마다 서로 다른 효소, 단백질을 생산하고 서로 다른 맛을 낸다. 이런 미생물들이 음식에 각기 다른 특성을 부여한다.

수희가 집안의 여자로서 겨울에 일을 도울 때에는 언제나 날이 추웠다. 배추를 담가 절이는 물도 차가웠다. 모든 것이 찼다. 하지만 김치는 꼭 만들어야 했기 때문에 그녀는 커다란 통을 앞에 두고 끊임없이 일을 했다. 그것은 확실히 즐거운 일은 아니었다고, 수희는 회상했다. 하지만 그러한 창조와 발효는 그녀를 이루는 일부분이기도 했다.

수희의 어린 시절, 그녀의 집에는 겨울 김치뿐 아니라 다른 발효 식품도 많았다. 여름에는 또다른 채소로 김치를 담갔다. 게가 잘 잡히거나 저렴할 때는 게를 발효시켰다. 생선도 마찬가지였다. 수희의 집이 아니면 근처의 다른 집에서라도 언제나 무엇인가가 발효되고 있었다. 때로는 콩을 고유의 미생물로 발효시켜 된장이나 간장을 만들었고, 때로는 특수한 세균을 이용해 발효시킨 청국장도 만들었다.[4] 고추도 발효시켜 양념으로 쓸 고추장을 담갔다. 발효 식품은 가장 혹독한 계절까지 보관해둘 수 있었다. 그런 식품을 발효시킬 때면, 그 안에 든 미생물이 집 안의 모든 표면으로 쏟아져 나왔을 것이고, 공중으로도 피어올랐을 것이다. 아마도 수희의 집 안의 미생물, 수희(그리고 다른 가족들)의 몸에 사는 미생물, 그리고 식품 자체의 미생물이 하나의 덩어리가 되어 있었을 것이다. 어쩌면 김치의 맛은 미생물에 의한 손맛뿐 아니라 한국에는 없는 단어인 "집맛"으로 이루어지는지도 모른다. 어쩌면 손맛과 집맛이 하나로 합쳐져서 김치와 여러 식품들이 정기적으로 발효되는 집 안에 사는 모든 사람들의 일상과 건강에 영향을 미치는지도 모른다. 나는 우리의 집 안과 몸에 유익한 종들이 더 많이 살 수 있도록 하는 방법을 찾으려고 노력해왔다. 그런데 김치가 그 해답 중 하나일지도 모른다는 생각이 들었다.

조 권과 그의 어머니와 이야기를 나눈 후 나는 손맛, 집맛, 그외에도 존재할 가능성이 있는 여러 가지 맛의 생태를 이해하기 위한 새로운 연구를 시작하고 싶어졌다. 김치는 우리의 몸과 주변에 있는 미생물들이 우리의 음식에 어떤 영향을 미치는지를 보여주는 좋은 예이다. 그러나 우리가 하게 될 첫 번째 대규모 식품 연구의 이상적인 후보로는 보이지 않았다. 김치는 그 맛에 적응이 필요한 음식으로 특정한 문화, 역사, 환경에 매여 있기 때문이다. 대신 치즈를 연구할 수도 있었다. 김치처럼 치즈도 여러 종의 미생물을 이용해서 만든다. 예를 들면 프랑스의 미몰레트 치즈는 인체 세균과 치즈진드기(Tyrophagus putrescentiae)의 세균으로 만든다.[5] 인체 미생물과 치즈파리(Piophila casei)의 투명하고 꿈틀거리는 유충으로 만드는 사르데냐의 유명한 치즈인 카수 마르주(casu marzu)를 연구할 수도 있었다.[6] 그러나 이런 치즈는 김치와 마찬가지로 생물학적으로 매우 복잡하며 과학자보다는 요리사와 제빵사가 더 잘 아는 음식이다. 모든 사람이 관심을 가질 만한 음식도 아니다(사실 카스 마르주는 생산과 판매 자체가 불법이다. 여전히 구할 수는 있지만 말이다). 우리는 인체와 집 안의 미생물들과 관련이 있으면서도, 실험하기 쉽고, 거의 모든 사람이 좋아할 만한 식품으로 시작해야 했다. 우리가 선택한 것은 빵이었다.

발효시킨 빵이 부풀어오르는 것은 반죽 안의 미생물이 생산한 이산화탄소가 반죽 속의 공기 주머니 안에 갇히기 때문이다. 발효된 빵을 반으로 잘랐을 때에 보이는 구멍들은 글루텐으로 이루어진 돔 안에 갇힌 효모들이 호흡한 결과이다. 미생물이 없으면 빵 반죽은 이산화탄소를 생산하지 못하고, 글루텐이 없으면 빵 반죽은 미생물이 생산한 이산화탄소를 붙잡아두지 못한다. 보리로 만든 최초의 빵에는 글루텐이 충분하지 않아서 발효가 이루어지지 않았다.[7] 그러다가 기원전 2000년경, 이집트의 제빵사들이 엠머 밀을 이용하여 빵을 만드는 법을 개발했다. 엠머 밀에는 글루텐이 함유되어 있기 때문에 엠머 밀로 만든 반죽은 적절한 미생물만 있으면 부풀어오를 수 있었다.[8] 무발효 빵에서 발효 빵으로의 변화는 이집트 미술에서도 확인할 수 있다. 초기 이집트 그림에는 납작한 빵이 등장하지만 더 나중에는 비슷한 장면에서 둥글고 부풀어오른 빵이 등장한다. 이 빵을 부풀어오르게 해주는 미생물이 바로 효모였다. 전통적인 빵의 효모는 이산화탄소를 생산한다. 한편, 그런 초기 빵 속의 세균은 빵에서 신맛이 나게 했을 것이다. 거의 모든 전통 발효 빵은 약간의 신맛을 내고, 이 신맛은 (극히 소수의 예외를 제외하면) 보통 요구르트에서 발견되는 것과 같은 종류의 세균, 즉 락토바실루스로 인한 것이다. 고대 이집트인들이 빵 속의 효모와 세균을 어떻게 통제했는지는 모르지만,[9] 이집트 그림 속의 부풀어오른 빵 묘사 덕분에 그들이 그것에 성공했다는 사실은 확실히 알 수 있다.

오늘날에는 발효 빵을 만드는 데에 사용되는 미생물 군집을 스타터(starter)라고 부른다. 스타터의 재료는 간단하다. 보통 밀가루와 물을 통 안에 담아두면,[10] 밀가루 안의 미생물들이 전분을 발효시킨다.[11] 여기에 밀가루와 물을 지속적으로 넣어주면 스타터는 일종의 안정 상태에 도달한다. 거품이 일고 끈적이는 산성 혼합물 안에 단순한 구성의 미생물 군집이 살아 있는 형태이다. 콤부차, 사워크라우트, 김치의 경우처럼 스타터의 산도가 높을수록 병원균의 생존 확률은 낮아진다.[12] 이것은 우리가 우리 주변의 생물들을 통제할 때에 일반적으로 기대할 수 있는 결과이다. 우리에게 유익한 종들에게 유리한 환경을 만들어주는 동시

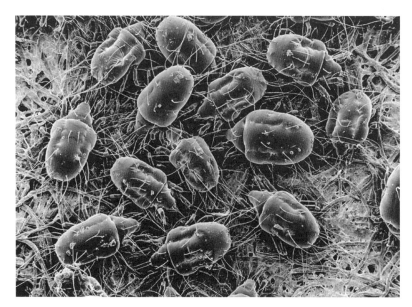

그림 12.1 치즈진드기들이 치즈 제조 장인의 수습생 역할을 열심히 수행하고 있다. (by USDA Agricultural Research Service, USA.)

에 문제를 일으키는 종들을 막을 수 있는 간단한 방법인 것이다.[13] 그렇다면 스타터는 우리의 연구에 딱 맞는 이상적인 미생물 군집일 것이다. 생물학적으로 다양하고, 그 다양성을 통해서 병원체들을 막을 수 있기 때문이다.

100년 전만 해도 모든 발효 빵은 세균과 효모가 섞인 스타터를 사용해서 만들었다. 그러나 이제는 아니다. 1876년, 배종설(개별적인 병원균이 질병을 일으킬 수 있다는 이론)의 창시자인 프랑스의 과학자 루이 파스퇴르는 맥주와 포도주를 만드는 일부 미생물이 빵도 부풀어오르게 할 수 있다는 사실을 발견했다. 얼마 후에 덴마크의 곰팡이 연구자인 에밀 크리스티안 한센은 맥주의 발효 과정에 핵심적인 역할을 하는 미생물이 사카로미케스(*Saccharomyces*)라는 사실을 알아냈고, 나중에 사카로미케스 케레비시아이(*Saccharomyces cerevisiae*)로 새로운 종류의 빵을 만들 수 있다는 사실이 밝혀졌다. 신맛이 나지 않고, 세균에 의존하지 않으면서도, 여전히 부풀어오르는 빵이었다. 과학자들은 사카로미케스를 실험실에서 대량으로 단독 배양하여 동결 건조 상태로 전 세계에 운송할 방법을 찾아냈다. 동결 건조된 효모는 빵 생산량을 늘릴 수 있게 해주었다. 오늘날 여러분이 상점에서 구입하는 빵의 대부분은 몇 종류의 밀, 그리고 대규모로 배양되어 제빵 회사들에 판매되는 한 종의 효모로 만들어진다.[14] 이 효모는 다양한 이름으로 불리지만 사실 그 안에서는 다양성을 찾아볼 수 없다. 여러분이 영양학자가 아니라고 해도 집에서 직접 만드는 사워도우에서 걸쭉한 흰 빵 덩어리로 바뀌는 과정에서 맛이나 영양 측면의 진보가 일어나는 것은 아니라는 사실은 알 수 있을 것이다. 산업적 규모로 생산되는 빵을 꼭 이런 식으로 제조할 필요는 없지만, 대부분이 이렇게 만들어진다. 우리는 일상적으로 먹는 빵의 다양성, 그 질감과 맛, 영양, 미생물의 다양성을 잃어버렸다.

다행히 많은 가정과 빵집의 제빵사들이 오래된 스타터를 계속 기르고, 새로운 스타터도 꾸준히 만들고 있다. 100년 전, 혹은 1,000년 전의 제빵사들처럼 이들은 밀가루와 물을 섞어놓고 기다린다.[15] 선조들이 스타터를 만들 때에 사용했던 방식을 단계별, 동작별로 그대로 따라 하기도 하고, 온라인에서 찾아낸 방법을 보고 자신만의 스타터를 만들기도 한다. 어느 쪽이든 먼저 밀가루와 물을 섞어둔 후에 미생물이 정착하기를 기다려야 한다. 그리고 그 미생물들을 돌본다. 스타터는 가정마다, 빵집마다 다르게 만들어지고는 하는데 그 이유는 아무도 정확히 모른다. 여러 스타터 속에서 60종 이상의 젖산균과 대여섯 종의 효모가 발견되었다. 우리는 연구를 통해서 스타터들이 각기 다른 이유를 알아보기로 했다. 연구는 두 부분으로 나누어 진행했다. 첫 번째 부분은 실험으로, 먼저 14개국의 제빵사 15명에게 같은 재료로 같은 스타터를 만들도록 했다. 통제되지 않은 요소는 제빵사의 몸과 그들의 집 또는 빵집 안의 공기뿐이었다. 우리는 내가 권수희와 대화를 나누면서 떠올린 가설을 시험해보기로 했다. 제빵사의 몸과 그들의 집이나 빵집 안에 있는 미생물들이 스타터의 미생물들에도 영향을 미칠 것이라는 생각이었다. 연구의 두 번째 부분은 조사로, 이를 통해서 전 세계의 스타터 속 미생물들의 현황을 파악하기로 했다.

첫 번째 실험을 진행하기 위해서 우리는 벨기에 생비스에 있는 퓨라토스 빵맛 연구 센터와 손을 잡았다. 2017년 봄, 우리는 퓨라토스 사의 도움으로 14개국의 제빵사 15명에게 동일한 사워도우 스타터 재료들을 보냈다. 제빵사들은 각자 이 밀가루와 물을 섞고 기다렸다. 그리고 스타터가 살아 움직이기 시작하면 우리가 보낸 밀가루를 계속 공급했다. 늦여름 무렵, 우리는 이 스타터들 안에 있는 미생물들을 동정하여 밀가루, 물, 제빵사의 손, 집 등에서 온 미생물인지를 확인했다. 여기서 "우리"란 효모의 생태와 진화 분야의 전문가인 앤 매든과 나를 말한다.

스타터 재료를 제빵사들에게 보내는 동시에 우리는 연구의 두 번째 부분에 착수했다. 전 세계 스타터들의 현황 조사였다. 우리는 이스라엘, 오스트레일리아, 태국, 프랑스, 영국 등 각국에서 스타터를 공유해줄 사람들을 참여시켰다. 그리고 전 세계의 샘플에서 오직 한 지역이나 한 가정에만 존재하는 새로운 종류의 스타터 미생물을 찾아낼 수 있으리라고 생각했다. 생비스에서 진행한 실험이 제빵사를 제외한 모든 요소들을 일정하게 유지했을 때에 스타터들이 서로 얼마나 달라지는지에 집중했다면, 전 세계 조사는 어떤 요소도 통제하지 않고 온갖 스타터들의 다양성 그대로를 밝히기로 했다. 조사 참가자들은 사워도우 스타터와 제빵을 통해서 전통과 미생물의 보존에 한몫을 하고 있는 사람들이었다. 말하자면 그들은 빵 속 미생물의 유익한 생물 다양성을 관리하는 큐레이터들이었다. 전 세계 조사를 담당할 연구팀은 규모가 크고 여러 분야의 전문가들로 구성되어야 했다. 다시 한번 노아 피어러가 참여했고, 그밖에 식품 미생물 전문가로 앤 매든, 리즈 랜디스, 벤 울프, 에린 맥케니, 곡물 미생물 전문가로 로리 샤피로, 염기 서열 분석 담당자로 안젤라 올리베이라가 참여했다. 식품에 얽힌 사람들의 이야기를 기록하는 일은 매슈 부커가 맡았고 리 셸과 로렌 니컬스도 여러 가지 일을 도와주었다. 그밖에도 수많은 사람들이 참여했는데 누구보다 사워도우 스타터를 공유해준 제빵사들의 도움이 컸다. 가정에서 빵을 만드는 사람들과 전문 제빵사들이 사워도우를 보내주고 제조 단계도 하나하나 설명해주었다. 그동안 우리가 진행한 그 어떤 프로젝트보다도 참여자가 많았다.

전 세계 조사에서 스타터에 관한 사람들의 이야기를 들으면서 우리가 품은 의문들은 점점 더 늘어났다. 많은 스타터들이 수백 년에 이르는 역사가 있었다. 그중 대부분은 이름도 가지고 있었다. 사람들은 스타터에 관해서 이야기할 때면 무슨 반려동물을 말하듯이 했지만, 애착의 정도는 그보다 더 깊었다. 한 어머니가 기르는 스타터가 어쩌면 그녀의 어머니, 할아버지, 심지어 증조할아버지가 기르던 것일지도 몰랐다. 사람들은 스타터를 마치 불멸에 가까운 존재인 가족의 일원처럼 묘사했다. 예를 들면 "허먼"이라고 불리는 스타터를 제공한 한 여성은 다음과 같은 글을 함께 보냈다.

1978년, 부모님이 알래스카에 다녀오시는 길에 사워도우를 무척 좋아하는 저를 위해서 사워도우 스타터를 하나 가지고 돌아오셨어요. 100년도 넘은 스타터였죠. 저는 그 스타터에 다시 물과 먹이를 주고 양을 늘려서 사용하기 시작했습니다. 스타터는 살아 있는 생물이니까 허먼이라는 이름을 붙이고 냉장고 안에 넣어두었죠. 그 안에서 그는 오랫동안 살았습니다. 그때부터 우리는 늘 허먼을 이용해서 빵과 롤, 와플 등을 구워왔죠. 하지만 이야기는 여기서 끝이 아니랍니다. 1994년, 우리 가족에게 큰 영향을 미친 두 가지 사건이 일어났어요. 첫 번째 사건은 노스리지 지진이었습니다. 우리가 사는 지역에 엄청난 피해를 입힌 지진이었죠. 두 번째 사건은 지진 직전에 일어났습니다. 처음으로 허먼이 분홍색으로 변한 거예요![16] 끔찍한 일이었습니다. 세균이 우리의 소중한 허먼에 침입했으니 이제 버려야 한다는 뜻이었으니까요. 하지만 큰 걱정은 하지 않았습니다. 제 친구도 허먼을 약간 가지고 있었으니까요. 지진을 겪고 얼마 후에 저는 친구에게 허먼을 얻으러 갔습니다. 그런데 제 부탁을 들은 친구가 고개를 떨구더군요. 알고 보니 지진이 있은 후 친구의 남편이 집 안을 정리하다가 냉장고 안쪽에서 희끄무레한 회색의 뭔가 끈적이는 물질이 들어 있는 병을 발견하고는, 오래돼서 상한 음식인 줄 알고 버렸다는 거예요! 또다시 끔찍한 일이 일어나고 만 거죠. 우리 가족은 암담해졌습니다. 사랑하는 가족의 일원을 잃은 기분이었어요. 새로운 스타터를 사거나 만들려고 해보았지만 허먼과 똑같은 향이나 맛이 나지 않았죠. 그러다가 1993년 말, 저희 어머니가 돌아가셨습니다. 손님 접대를 즐기시던 어머니는 돌아가시기 얼마 전까지도 여름 별장에서 파티를 열 계획을 세우고 계셨어요. 그래서 다음 해인 1994년 8월, 저는 아버지와 형제자매들, 그리고 남편과 함께 부모님의 여름 별장에 가서 어머니가 계획하고 있던 파티를 열기로 했습니다. 그곳에 도착했더니, 어머니가 아프셔서 급하게 떠나시는 바람에 냉장고가 굉장히 지저분해져 있더라고요. 냉장고 앞에 앉아서 물건들을 정리하던 저는 웃기 시작했습니다. 그리고 울음을 터뜨렸죠. 그 안에 있던 뭉클하고 끈적이는 덩어리를 보자마자 알아차렸거든요. 어머니가 제가 언젠가 드렸던 허먼 병을 보관해두고 계셨다는 것을요! 우리 아이들은 진짜 허먼이 맞을까 의심했지만 뚜껑을 여는 순간 허먼의 톡 쏘는 듯한 독특한 냄새가 코를 찌르던걸요. 꼭 어머니가 하늘에서 손을 뻗어 우리에게 허먼을 돌려주신 것 같았어요! 이제 저는 네 병의 허먼을 가지고 있습니다. 우리 아이들과 여러 친구들에게도 허먼을 나눠주었죠. 만약을 대비해서 말이에요. 제 바람은 허먼에 얽힌 사연들이 집안 대대로 계속 늘어나는 것이랍니다.

허먼의 주인을 포함한 조사 참가자들에게는 궁금한 점이 많았다. 그들은 스타터가 시간이 지나면 변하는지 알고 싶어했고, 자신들의 스타터에 든 미생물이 100년 전의 것과 같은 종류인지를 알고 싶어했다. 보관 온도가 스타터를 변화시키는지, 빵을 더 시거나 혹은 덜 시게 만드는 스타터를 어떻게 하면 만들 수 있는지도 궁금해했다.

　전 세계 조사를 통해서 확보한 스타터들을 연구하면서 우리는 이런 질문에 최대한 대답을 해보기로 했다. 스타터들 안에 존재하는 미생물을 동정하면 그 계보를 추적할 수 있을지도 몰랐다(어쩌면 반대로 각각의 세균종 혹은 효모종들이 스타터에서 죽거나 정착하기를 너무 자주 반복한 결과, "할머니의 스타터"는 더 이상 할머니와는 관련이 없다는 사실을 밝혀낼 수 있을지도 몰랐다). 지형, 기후, 연령, 재료, 그밖의 많은 요소들이 스타터에서 발견되는 미생물종에 어느 정도까지 영향을 미치는지 알아보고 싶었다. 스타터에 서식하는 미생물들은 지역마다 다를지도 몰랐다. 어떤 지역의 미생물들로는 스타터를 만들 수 없을 수도 있었다. 예를 들면 열대 지방에서는 전통적인 사워도우 스타터를 만들 수 없다고 여겨져왔는데, 이것이 사실인지를 연구해본 사람은 아직까지 없는 듯하다(열대 지방의 제빵사들을 제외한다면 말이다).

한편 우리는 생비스의 실험에서 제기된 의문들을 계속 파고들었다. 애초에 사워도우의 미생물들은 어디에서 오는 것일까? 사워도우를 만들려면 밀가루와 물을 섞어야 한다. 상점에서 파는 종이 백에 포장된 저가의 밀가루와 수돗물을 섞든, 제빵사가 손으로 직접 갈아서 만든 밀가루와 첫 번째 보름달이 뜬 후에 민들레 잎에 맺힌 이슬을 섞든 말이다. 그러면 어디선가 펑! 하고 세균과 곰팡이가 적절히 섞인 혼합물이 만들어지는 것이다.

2017년 8월, 15명의 제빵사들이 15개의 실험용 스타터를 가지고 생비스로 왔다. 그중에는 젊은 제빵사도, 나이가 든 제빵사도 있었다. 하루에 수천 개의 상점으로 바게트를 공급하는 제빵소에서 일하는 사람도, 하루에 수백 덩어리의 빵을 파는 사람도 있었다. 또한 그보다는 적게 팔지만 더 비싸고 유명하고 맛있는 빵을 만드는 사람도 있었다. 일부 제빵사들은 빵의 종류에 맞춰 여러 개의 스타터를 사용했고, 또다른 제빵사들은 단 하나의 스타터만 사용하면서 그 스타터가 사람인 양 이름까지 붙여서 부르고 있었다. 모두 좋은 빵에 대한 깊고, 열정적이고, 강박적인 애정을 품은 사람들이었다. 우리는 퓨라토스 빵맛 연구 센터에서 이들을 만났다. 건물 문이 잠겨 있어서 제빵사들은 센터 밖에 모여서 기다리고 있었다. 여러 가지 언어로 초조한 분위기의 대화들이 이어졌다. 제빵사들이 초조한 이유는 그들이 갓 만든 실험용 스타터로 다음 날 빵을 만들어야 했기 때문이다. 이 스타터는 그들이 평소에 사용하던 것이 아니었다. 제빵사들은 맛없는 빵을 만들고 싶지 않았고, 질이 낮은 스타터를 만든 것이 아닌지 불안해했다.

빵맛 센터의 문이 열리고 우리는 모두 안으로 들어갔다. 간단한 소개를 한 후에 앤과 나는 스타터들에서 샘플을 채취하기 위해서 테이블에 스타터들을 올려놓았다. 그러자 (한 발 물러서서 지켜볼 것이라고 생각했던) 제빵사들이 가까이 몰려들어 스타터를 들여다보았다. 그들은 자신들이 주도하는 상황, 스타터보다는 스타터로 만든 결과물로 평가받는 데에 익숙한 사람들이었다. 제빵사들은 그 자리에서 바로 자신들의 스타터를 돌보고, 먹이를 주고 싶어했다.[17] 그리고 어떻게 하면 더 나은, 더 완벽한 스타터를 만들 수 있었을지에 관해서 이야기했다. 그들이 의견을 나누는 동안 앤 매든은 장갑을 꼈다. 나도 장갑을 끼고 공책을 꺼냈다. 그리고 샘플 채취를 시작했다. 나는 스타터들이 살고 있는 용기를 하나씩 열었다. 그리고 각 용기 안에 면봉을 깊숙이 집어넣었다가 꺼내서 살균된 케이스 안에 담았다. 이 절차를 수행하는 동안 우리는 이미 사워도우들이 각기 다르다는 것을 알 수 있었다. 어떤 것은 굉장히 신 냄새가 났고, 또 어떤 것은 단내가 났으며, 다른 어떤 것은 조금 밍밍한 냄새가 났다. 앤과 나는 샘플 채취가 끝난 후에 제빵사들에게 스타터에 먹이를 주어도 좋다고 말했다. 제빵사들은 안도한 기색이었다. 스타터들도 기쁜 듯이 부글거리며 눈에 띄게 부풀어오르기 시작했다.

제빵사들이 벨기에 맥주(수도사들이 세균과 효모의 혼합물을 사용해서 양조한 것이었다)를 마시고 빵에 관한 노래(정말이다)를 부르며 밤을 보내는 동안, 스타터들도 새로 얻은 먹이를 포식했다. 다음 날 아침에 앤과 나는 샘플 채취를 위해서 제빵사들을 찾아갔다. 앤이 천천히 한명 한명의 손에서 샘플을 채취했다. 손의 모든 금과 갈라진 틈까지 꼼꼼히 훑었다.

샘플 채취가 끝난 후, 우리는 제빵사들에게 스타터로 반죽을 만들도록 했다. 제빵사들은 모두 같은 방식으로 반죽을 만들었다. 모두 같은 단계를 따라 만들었다고 하는 편이 옳을 것이다. 반죽을 다루는 방식은 합의되어 있지 않았고 매우 개인적이어서 그후에 일어난 일들은 제빵사에 따라 달랐다. 어떤 제빵사들은 반죽을 조심스럽게 다루고 부드럽게 굴렸지만 또 어떤 제빵사들은 손이 거칠었다. 어떤 빵은 애지중지 다루어졌지만 다른 어떤 빵은 찰싹찰싹 얻어맞았다. 어떤 제빵사는 스푼을 썼지만 어떤 제빵사는 그럴 생각조차 하지 않았다.[18] 결국 실험은 제빵사들의 전통과 방식의 차이에 좌우될 수밖에 없었다.

마지막 날 밤, 퓨라토스 사는 빵과 맥주의 시식 행사를 열었다. 모든 빵들이 세팅된 후에 우리는 빵 껍질의 냄새를 하나씩 맡았다. 빵을 손으로 꼭 쥐어보고, 껍질 안쪽의 냄새도 맡았다. 빵을 귓가에 대고 손으로 꼭 쥘 때에 어떤 소리가 나는지, 혹은 소리가 나지 않는지를 들어보았다. 손가락으로 찔러서 탄성도 확인했다. 빵만 씹어보기도 하고, 맥주 한 모금과 함께 먹어보기도 했다. 빵마다 조금씩 다른 미생물들의 맛을 음미했다.

이 무렵 우리는 김치와 마찬가지로 빵을 통해서도 집 안의 숨겨진 생태를 확인할 수 있다고 믿게 되었다. 우리는 연구를 통해서 집집마다 사람마다 지니고 있는 미생물들이 어떻게 다른지를 알게 되었는데, 그런 미생물들이 스타터에도 들어갈 것이라고 생각했다. 만약 그렇다면 알게 모르게 빵에서도 매일 우리 주변을 떠도는 미생물들의 맛이 날 것이다. 육안으로 볼 수 없는 종들도 맛으로 느낄 수 있다. 빵 한 덩어리, 맥주 한 잔, 김치나 치즈 한 조각 속에서 우리 주변의 종들이 우리를 대신해서 일으키는 작용을 짐작할 수 있다. 프랑스어로 어떤 장소의 토양, 다양한 생물, 역사와 얽힌 맛을 테루아르(terroir)라고 부른다. 무엇인가를 먹고 마실 때, 우리는 그런 테루아르를 맛보게 된다. 생태학자들은 생물 다양성에 의한 이런 경험을 좀더 건조하게 "생태계 서비스"의 결과라고 부른다. 우리의 집 안팎의 생물 다양성이 제공하는 생태계 서비스에는 다양한 생물들이 불러일으키는 경이로움도 포함된다. 생물 다양성이 우리의 면역체계에 가져다주는 이로움도 포함된다. 꼽등이 장 속의 미생물을 활용한 산업 폐기물 처리 같은 신기술 개발의 가능성도 포함된다. 대수층의 생물 다양성을 이용한 수돗물의 정화처럼 특정 지역에서 누릴 수 있는 혜택도 포함된다. 나는 그런 것들을 생각하면서 빵과 맥주를 차례차례 먹고 마셨다. 그런 것을 생각하면서 "빵을 위하여", "미생물을 위하여" 건배를 했다. 그런 것을 생각하면서 생비스 연구의 자료로 무엇을 밝혀낼 수 있을지를 고민했다. 제빵사들은 다시 노래를 부르기 시작했다. "빵을 위하여, 미생물을 위하여!" 그리고 빵과 맥주가 모두 맛있는 집을 위하여. "빵을 위하여, 미생물을 위하여!" 그리고 우리 모두가 건강한 집을 위하여. "빵을 위하여, 미생물을 위하여!" 그리고 우리가 아직 발견하거나 연구하지 않은 야생종들, 우리 주변을 몰래 떠다니며 우리가 이제 막 알아내기 시작한 서비스들을 제공하는 종들로 가득한 삶을 위하여. 빵과 미생물과 야생의 삶을 위하여.

생비스 실험의 이야기는 한동안 멈춰 있었다. 사워도우가 만들어지고, 빵이 구워지고, 채취한 샘플들이 나의 공동 연구자인 노아 피어러의 콜로라도 대학교 연구실로 옮겨지고, 그곳에서 DNA 염기 서열 분석을 통한 동정을 실시하기로 했다. 콜로라도에는 생비스의 샘플들과 전 세계 조사 샘플들이 나란히 보관되어 있다. 나는 이것이 이 책을 출판할 무렵에 이야기할 수 있는 전부일 것이라고 생각했다. 그러나 만일을 대비해서 노아에게 서둘러달라고 재촉했다. 노아는 연구실 기술자인 제시카 헨리를 재촉했고, 제시카는 노아의 연구실에 새로 들어온 학생인 안젤라 올리베이라를 재촉했다. 2017년 12월, 안젤라가 우리에게 생비스와 전 세계 조사에서 나온 결과 모두를 보내주었다. 대개 그 결과를 완전히 분석하는 데에는 몇 달이 걸린다. 그러나 앤 매든과 나는 너무 들떠서 지체할 수가 없었다. 나는 독일에 있었고, 시간은 한밤중이었다. 앤 매든은 보스턴에 있었고, 그녀에게는 아직 긴 하루가 남아 있었다. 우리는 곧장 분석에 착수했다.

제빵사들에게 생비스 프로젝트에 관해서 이야기할 때, 우리는 그들의 스타터 샘플을 이용한 연구가 까다로울 것이라는 점을 강조했다. 아주 정확한 말은 아니었다. 생비스 실험이나 전 세계 조사의 일부분이 잘못될 수도 있다고 말하는 편이 나았을 것이다. 그러면 신뢰할 수 있는 결과를 얻지 못할 것이고, 그 모든 노력이(물론 무척 즐겁기는 했지만) 과학적으로 쓸모가 없는 것이 되고 만다. 한 가지 실패 요인은 샘플에서 충분한 DNA를 얻지 못하는 것이었다. 이런 일은 여러 가지 원인으로 일어날 수 있지만 다행히 발생하지 않았다. 또다른 실패 요인은 나나 앤의 피부에 있는 미생물이나 혹은 "살균된" 면봉의 용기가 제조되는 과정에서 들어간 미생물로 인해서 샘플이 오염되는 것이었다. 그러나 이런 통제 요소들을 점검한 우리는 오염이 없다는 사실을 확인할 수 있었다. 이런 유형의 실험에는 더 시시한 실패 요인들도 많다. 샘플 운송이 아예 이루어지지 않을 수도 있다(연구 샘플의 경우 늘 이런 일

이 발생한다). DNA가 운송 과정에서 손상될 수도 있다. 샘플의 염기
서열 분석이 기술적 결함, 사람의 실수, 그밖의 알 수 없는 원인에 의해
서 잘못될 수도 있다. 그런 일도 일어나지 않았다. 샘플은 제대로 도착
했다. 상자가 찌그러지지도 않았고 샘플이 쏟아지지도 않았다. 염기 서
열 분석은 정상적으로 이루어졌다. 데이터 처리도 문제없이 수행되었
다. 우리에게는 적절한 운과 노력, 그리고 더 많은 운이 따르는 것 같았
다. 그러나 우리가 가장 걱정한 것은 그런 것들이 아니라 연구 결과,
특히 생비스의 실험 결과가 아무런 결론으로도 이어지지 못하는 것이
었다. 우리가 제빵사들에게 이야기하지 않은 사실은 실험 결과가 나오
더라도 그들의 손과 생활, 그리고 빵집이 스타터에 영향을 미치는지의
여부를 말해줄 수 없을지도 모른다는 것이었다. 실제로 제빵사의 손이
스타터에 큰 영향을 미쳤다고 해도 온갖 다른 변동 요인들 때문에 그
사실을 확신할 수 없을지도 몰랐다. 다행히 그런 일도 일어나지 않았다.

데이터를 분석하기 시작하면서 우리는 생비스 스타터에서 발견된 세
균과 진균이 전 세계 조사에서 나온 미생물들의 부분집합이라는 사실
을 발견했다. 전 세계 조사에서 우리는 수백 종의 효모와 수백 종의 락
토바실루스 관련 종들을 찾아냈다. 스타터의 생물 다양성은 토양, 주택,
인간의 피부와 비교하면 낮았지만 식품학자나 제빵사들이 알고 있던
것보다는 높았다. 지역별로 서로 다른 미생물이 존재하기도 했다. 예를
들면 한 진균은 거의 대부분 오스트레일리아에서만 사는 종이었다. 그
균이 오스트레일리아의 빵에 독특한 맛을 부여하는 것일까? 그럴지도
몰랐다.

생비스에 온 15명의 제빵사들이 만든 스타터에서는 17종의 효모와
22종의 락토바실루스 종 세균을 찾아냈다. 생비스 스타터의 세균과 진

균의 다양성은 어느 정도 예상된 바였다. 비교적 적은 수의 스타터에서 샘플을 채취하고 스타터 제조에 사용되는 재료를 통제했기 때문이다. 그 다음으로 우리는 제빵사들의 손에서 채취한 샘플의 분석 결과를 살펴보았다.

기존의 연구들을 통해서 우리는 모든 사람의 손(코, 배꼽, 폐, 장 등 몸의 모든 표면들과 마찬가지로)이 미생물 층으로 덮여 있다는 사실을 알고 있었다. 손을 씻을 때에 그 미생물들이 전부 떨어져나갈 것이라고 생각하기 쉽지만 그렇지 않다. 누군가의 손에서 미생물 샘플을 채취하고, 손을 문질러 씻은 다음 다시 채취해서 비교해보면 미생물의 전체적인 구성은 그대로인 것을 볼 수 있다. 이런 실험을 최초로 해본 사람이 노아 피어러였다. 그 결과는 명백했고 지금도 여전히 이견의 여지가 없다. 손 씻기는 병원균의 전파 위험을 막아주기 때문에 매년 수많은 사람들의 목숨을 구하고 있지만, 손의 미생물을 전부 없애주기 때문에 그런 것은 아니다. 손 씻기는 손에 새롭게 앉았지만 아직 정착하지는 못한 미생물들만 제거해주는 것으로 보인다. 예를 들면 과학자들이 실험을 위해서 비병원성 대장균을 사람들의 손에 접종한 후에 비누와 물로 씻게 했을 때는 대장균의 대부분이 제거되었다. 물의 온도는 중요하지 않았고, 씻는 시간도 (20초만 넘는다면) 중요하지 않았다. 또한 항균 비누보다는 일반적인 비누가 대장균을 제거하는 데에 더 효과적이었다.[19] 그러니 여러분도 원래 하던 대로 보통 비누와 물로 손을 씻으면 된다.

노아와 다른 연구자들이 수행한 연구에서 손에 가장 흔한 미생물은 스타필로코쿠스(포도알균 : 일반적으로 피부에 많이 서식하고 치즈에는 흔하지만 빵에는 흔하지 않은 종류이다)와 코리네박테륨(겨드랑이 냄새를 유발하는 종류), 프로피오니박테륨(*Propionibacterium*)에 속하는 종들이었다.[20] 락토바실루스도 존재했는데, 우리는 이 락토바실루스와 관련 종들이 사워도우 제조에 도움을 주는지도 모른다고 생각했다. 그러나 일반적으로 손에는 락토바실루스가 드물다. 노아의 연구에서는 남성의 손 미생물의 약 2퍼센트, 여성의 손 미생물의 약 6퍼센트 정도를 차지했다.[21] 손에는 진균도 있을 수 있지만 그렇게 수가 많지도, 종류가 다양하지도 않다. 우리는 제빵사들의 손에서도 비슷한 결과를 기대했다. 다른 결과가 나올 이유가 없어 보였다. 손은 손이니까 말이다. 그리고 결과를 확인했다.

우리가 가장 먼저 놀란 것은 제빵사들의 손이 우리가 그 전에 관찰했던 손과 완전히 달랐기 때문이다. 제빵사들의 손 세균의 평균 25퍼센트, 최대 80퍼센트가 락토바실루스 관련 종들이었다. 그와 비슷하게, 제빵사들의 손에 사는 거의 모든 진균은 사카로미케스처럼 사워도우 스타터에서 발견되는 효모들이었다. 우리는 이런 일이 가능하다는 사실조차 몰랐고 완전히 이해할 수도 없었다. 나는 제빵사들이 밀가루(와 스타터) 속에 손을 넣고 워낙 많은 시간을 보내다 보니 그들이 다루는 세균과 진균들이 손에 서식하게 되었을 것이라고 추측했다. 제빵사들의 손에 사는 락토바실루스 균과 사카로미케스 효모가 각자 산과 알코올을 생성함으로써 다른 미생물들과의 경쟁에서 이겼을 가능성도 생각할 수 있다. 이런 미생물 군집 덕분에 제빵사들은 다른 사람들보다 병에 덜 걸리는지도 모른다. 이것은 추측에 불과하지만 이런 새로운 결과는 우리를 여러 새로운 길들로 안내했다. 나는 식품을 다루는 모든 사람들의 손에 독특한 미생물들이 서식하고 있는지 궁금하다. 또한 더 많은 사람들이 요리를 하던 100년 전, 혹은 5,000년 전쯤에는 식품의 미생물과 손의 미생물 사이의 연속성이 지금보다 더 크지 않았을까 궁금하다. 궁금한 것이 많으니 앞으로 더 많은 실험을 해야 할 것이다. 게다가 놀라운 결과는 이것만이 아니었다.

스타터에 어떤 세균이 있는지를 살펴본 우리는 밀가루에 있는 거의 모든 세균이 스타터에도 있다는 사실을 발견했다. 밀가루 세균을 전부 포함하는 스타터는 없었지만, 그중 대부분의 종이 적어도 하나 이상의 스타터에 존재했다. 밀가루를 통해서 스타터로 들어간 종들 중에는 씨앗 안에서 발아를 도와주는 미생물도 포함되어 있었고(곡물을 갈아도 이 미생물들은 살아남았다), 밀이 자라난 토양의 미생물도 있었다. 하지만 주를 이루는 것은 락토바실루스 종을 포함하여 밀과 밀가루의 당분을 먹고 사는 종들이었다. 효모의 분석 결과도 비슷했다. 우리가 스타터에서 발견한 효모의 절반 정도는 밀가루에서 온 것이었다. 스타터에는 물에 서식하는 것으로 보이는 세균이나 효모는 없었다. 물에서 보통 발견되는 미생물들은 스타터에 없었다. 예를 들면 금을 정제하는 세균인 델프티아도 없었고, 미코박테륨도 없었다. 따라서 스타터들이 서로 다른 이유는 사용하는 물이 서로 달라서가 아니다. 그렇다면 왜 각기 다른 스타터가 만들어졌을까?

이런 차이는 부분적으로는 밀가루에 우연히 어떤 종이 정착하게 되느냐에 달려 있다. 부분적으로는 제빵사의 손 때문이기도 하다. 우리가 세웠던 가설대로 제빵사의 손과 생활은 그들이 만드는 스타터에 영향을 미쳤다. 각 스타터 안의 세균들은 다른 제빵사의 손보다도 그 스타터를 만든 제빵사의 손에 사는 미생물들과 일치했다. 그 정도는 덜하지만 진균의 경우도 마찬가지였다. 제빵사들의 손에서 나온 세균과 진균이 (그리고 아마도 세균과 진균이 내는 "손맛"도 함께) 스타터에 들어간 것이다. 우리가 모집한 제빵사 중 한 명의 스타터에는 흔하지 않은 진균종인 비케르하모미케스(*Wickerhamomyces*)가 들어 있는 것으로 알려져 있었다. 그 제빵사가 우리의 실험에서 만든 스타터에도 같은 진균이 들어 있었고, 이 진균은 그의 손에도 있었다. 그 진균이 포함된 스타터는 그의 스타터뿐이었고, 손에 그 진균이 살고 있는 사람도 그 사람뿐이었다. 우리는 밀가루, 물, 제빵사의 손에서 나오지 않은 효모와 세균들도 발견했다. 빵을 만드는 장소와 관련이 있을 가능성이 높은 미생물들이 었다.

동일한 재료(미생물은 제외하고)로 만든 스타터를 이용해서 빵을 굽자, 스타터의 차이가 빵맛에도 영향을 미친 것을 알 수 있었다. 전문가들이 빵을 시식한 결과 어떤 스타터로 만든 빵은 더 시큼했고, 어떤 스타터로 만든 빵은 더 부드러웠다. 각 빵마다 독특한 "미생물의 맛"이 있었다. 우연과 더불어 밀가루, 제빵사의 손, 빵집 안의 미생물들이 만든 결과였다. 전 세계 조사에서 수집한 더 다양한 스타터들로 빵을 만든다면 한층 더 독특한 빵들을 만들 수 있을 것이다. 우리가 지금까지 알아낸 사실들은 스타터 안의 미생물종이 빵맛에 중요한 영향을 미치며, 그 미생물의 원천에 대한 여러 가지 추정들이 모두 어느 정도는 옳았음을 의미한다. 그러나 다시 생각해보아야 할 것이 있다. 우리가 처음 집과 신체, 빵 사이의 관계에 관한 질문을 던진 방식에는 현재 우리의 음식과 생활 속에서 더 일반적으로 일어나고 있는 것처럼 보이는 일에 관한 중요한 무엇인가가 빠져 있다. 빵을 만들 때에는 우리의 몸과 집 안의 미생물들이 스타터를 형성한다. 하지만 스타터 또한 우리 손의 (그리고 어쩌면 집 안의) 미생물 군집을 형성한다. 그렇다면 빵을 만드는 것은 서로 연관되어 있는 이 모든 과정들을 통해서 우리가 먹는 음식, 우리의 몸, 우리의 집 안 전체에 특정한 종류의 생물 다양성을

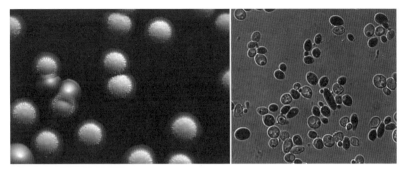

그림 12.2 효모인 비케르하모미케스 아노말루스(*Wickerhamomyces anomalus*)의 군집(왼쪽)과 개별적인 세포들(오른쪽). (by Elizabeth Landis.)

복원하는 행위이다. 우리가 사워도우 스타터를 만들 때 우리의 몸과 집이 빵에 풍미를 부여하고, 동시에 밀가루와 스타터와 빵은 우리의 몸과 집의 생태계를 풍부하게 만든다. 꼭 사워도우 스타터만 그런 것은 아니다. 치즈, 사워크라우트, 김치 등 집에서 발효할 수 있는 온갖 식품들도 마찬가지일 것이다.

연구가 이 지점에 이를 때까지 내가 동료들과 함께 집 안에서 발견한 종의 수는 약 20만 종에 달할 것으로 추정된다. 각기 다른 시기에 각기 다른 방법으로 수행한 연구(게다가 종의 정의도 학문의 분과와 연구 방법 등에 따라서 달라진다)에서 발견된 종들의 수를 정확히 합산하기는 어렵지만 20만 종 정도면 합당한 추정치이다. 그중 4분의 3 정도는 먼지, 몸, 물, 음식, 장내에서 발견된 세균들일 것이다. 4분의 1은 진균이다. 절지류, 식물 등 그밖의 분류군이 나머지를 차지한다. 바이러스의 수는 아직 세어보지도 않았다. 그러나 어떤 집은 생물 다양성이 매우 높고, 다른 집은 매우 낮고, 어떤 집에는 유익해 보이는 종들이 대부분이고, 다른 집에는 유해한 종들이 더 많다. 나는 우리에게 유익한 종들로 가득 찬 건강한 집을 짓는 방법을 알아낸 건축가, 건축기사 등의 이야기로 이 책을 마무리할 수 있으리라고 생각했다. 그러나 이 책을 위한 조사에 수천 시간을 쏟았지만, 그런 사람들도, 그런 건물도 찾아내지 못했다. 물론 생물 다양성 확보에 좀더 유리한, 새롭고 혁신적인 집과 도시들도 있다. 하지만 그런 결과는 미래 지향적인 기술이 아니라 단순성으로의 원시적인 회귀를 통해서 얻은 것이다. 좀더 지속 가능한 자재로 좀더 열린 구조의 집을 짓는 것이다. 그것도 물론 좋은 일이지만 만병통치약은 될 수 없다.

내가 처음부터 깨달았어야 했던 사실이 있다. 건축을 하나의 해결책으로 간주할 경우의 문제점 중 하나는 가장 혁신적인 건축가들이 제공하는 결과물이 대부분 적은 수로, 한정된 지역에서, 비싼 비용을 치러야만 제공된다는 것이다. 그런 혁신은 "우리"라는 커다란 집단에 포괄적으로 제공될 가능성이 적다. 나는 당분간은 내가 원하는 만큼 완벽한 생물 다양성을 누릴 수 있는 새 집을 짓지 못할 것이다. 사실 내가 이 책에 관해서 이야기했을 때, 사람들이 궁금해했던 것은 완벽한 집을 짓는 방법이 아니었다. 그것은 "집 안의 생물 연구가 당신의 생활방식을 어떻게 바꾸었는가?"였다.

그 질문에 대해서는 간단한 대답들이 있다. 나는 이제 창문을 더 자주 열어놓는다. 최대한 중앙 냉방장치를 켜지 않으려고 애쓴다. 식기세척기 안에 사는 진균들이 집 안 곳곳에 뿌려지는 것을 막기 위해서 시간만 있다면 직접 손으로 설거지를 한다.[22] 집 안에 물기가 생기면 어떻게든 말린다. 개를 기를까 생각했지만, 그러지 않았다(우리는 여행을 너무 많이 다닌다). 우리 집 고양이를 살짝 못마땅하게 바라보며 늦은 밤이면 혹시 그 녀석이 내게 톡소포자충을 옮기지는 않았을까 생각하며 많은 시간을 보냈다. 뜰에 과일 나무들을 심었다. 우리 집과 다른 사람들의 집에서 곤충들을 더 많이 관찰하게 되었다. 아들과 함께 앉아 그 곤충들을 그렸다. 물론 각 곤충들에게 어떤 쓸모가 있을까 생각하기도 했다(지금은 좀벌레가 지닌 가능성에 몰두하고 있다). 정수 처리를 거치지 않은 오래된 대수층에서 나오는 물이 제공하는 놀라운 서비스에 감사하기 시작했다. 생물 다양성이 높은 수돗물의 "테루아르"를 즐기게 되었다. 지역 농가에서 생산된 신선식품도 더 많이 구입한다. 그런 식품은 여전히 농가에서 나온 미생물로 덮여 있을 가능성이 있기 때문이다. 이 모든 것이 내게 일어난 변화이다. 샤워기 헤드는 바꾸지 않았지만 거기에서 나오는 물을 좀더 미심쩍게 바라보게 되었다.

나는 제빵사들에게서도 영감을 얻어, 아이들과 함께 더 많은 사워도우 빵을 만들기 시작했다. 서로 다른 스타터로 여러 가지 실험도 시작했다(흥미로운 진균이 붙는지 확인하기 위해서 스타터 하나를 바깥에 가지고 나가보기도 했다). 스타터에서 얻은 교훈을 통해서 유익한 종을 늘리면서도 병원균을 막을 수 있는 간단한 방법, 조화와 절제의 기술이 있을지도 모른다는 생각을 하게 되었다. 이런 통찰로 내 삶 자체가 바뀌지는 않았지만 삶을 생각하는 방식은 바뀌었다. 제빵사들이 내게 미친 가장 큰 영향은 제빵사들의 손이 사워도우의 세균과 진균에 덮여 있다는 뜻밖의 관찰 결과로부터 왔다. 제빵사들의 피부는 그들의 일상적인 행위를 반영한다. 사실 우리 모두의 피부는 우리의 일상, 그리고 우리 집 안에 사는 종들을 반영한다. 중세에는 신이 사람들의 심장 안에서 살면서 그 안에 모든 선행과 죄악을 기록한다는 믿음이 있었다. 오늘날 우리가 아는 심장은 감정이 없는 펌프에 불과하다. 하지만 우리의 몸과 집 안의 생물 다양성은 정말로 그러한 삶의 기록이다. 제빵사들의 손이 그들이 빵을 만들며 보낸 시간의 척도인 것과 마찬가지이다. 제빵사들은 자신들의 손이 스타터의 세균에 덮여 있다는 사실을 알게되자 자신들 중 누가 그런 세균을 가장 많이 가지고 있는지를 알고 싶어했다. 그것은 "누가 가장 빵에 푹 빠져 살았는가?"라는 뜻이었다.

나는 여기에서 큰 교훈을 얻었다. 우리 집 안의 종들은 우리 삶의 척도이다. 우리 조상들은 자신들이 보고 쫓아다니고 두려워했던 종들을 동굴 벽화로 기록해놓았다. 우리가 사는 집의 벽에 쌓인 먼지 또한 우리가 매일 접하는 종들의 기록이다. 우리가 어떤 종들을 접하고 어떤 종들을 접하지 못하는지, 우리가 어떻게 시간을 보내는지를 보여주기 때문이다. 나는 우리 집의 먼지가 보여주었으면 하는 삶의 모습을 알고 있다. 그것은 다양한 생물에 둘러싸여 있는 삶, 실내뿐만 아니라 실외에서도 가족들과 많은 시간을 보내는 삶, 풍부한 생물 다양성과 그들이 제공하는 혜택에 노출된 삶, 내 주변의 생물종들이 최초의 미생물학자였던 안톤 판 레이우엔훅이 느꼈던 것과 같은 경이로 나의 일상을 가득 채우는 삶이다. 레이우엔훅은 대부분의 생물이 무해하거나 유익하며, 어느 곳이든 연구되지 않은 생물들이 대다수라는 사실을 알고 있었다. 그는 자신을 둘러싼 다양한 생물들에 관한 연구가 막 시작되던 시대에 살았다. 그것은 우리도 마찬가지이다.

감사의 말

감사의 말들을 읽을 때면 나는 그 책을 쓴 사람의 비법이 조금이라도 적혀 있지 않은지 찾아보고는 한다. 만약 여러분도 그런 비법을 찾고 있다면, 이 책에 관해서 한 가지 확실하게 말할 수 있는 것은 내가 쓴 그 어떤 책보다도 저녁 식탁에서 많은 아이디어를 얻었다는 사실이다. 이 책 속의 많은 이야기들은 내 아내 모니카 산체스와 아이들과 함께 우리 주변의 생물들에 관한 대화를 하다가 떠오른 것이다. 이 책에 등장하는 많은 배경들 또한 우리 집과 세계 곳곳의 집들, 우리가 머물렀던 여러 장소들, 우리가 방문했던 많은 유적지에서 보낸 시간들에서 비롯된 것이다. 집의 역사를 배우기 위해서 나와 아이들은 10여 개 국가의 고대 집터를 찾아갔다. 여러 박물관들을 돌며 고대의 집을 재현해놓은 전시물을 구경했다. 아직 연구된 적 없는 숨겨진 로마의 저택들을 찾아 함께 크로아티아 농촌의 들판을 누비며 뛰어다녔다. 좀벌레를 찾아 진흙 동굴 속에 처음 들어가보기도 했다. 빵에 관한 노래를 부르는 제빵사들에 둘러싸여 하루 종일 계속되는 빵 만들기 실험도 구경했다. 물론 뒷마당의 개미, 지하실의 꼽등이, 사워도우의 미생물 등 수많은 주제에 관한 새로운 연구를 시작하는 데에도 도움을 주었다.

가족의 도움을 받아 집필했다는 것이 첫 번째 비법이라면 두 번째 비법은 내 연구실이나 다른 기관의 연구실에서 나와 함께 일하는 수십 명, 어쩌면 수백 명의 사람들로부터 도움을 받았다는 것이다. 과학자들이 "연구실"이라고 말할 때는 말 그대로 높은 벤치가 있고, 사람과 설비들로 가득 찬 연구 공간을 의미하기도 한다. 그러나 생태학자들이 보통 말하는 연구실의 뜻은 다르다. 생태학자가 하는 일의 상당수는 비용이 적게 들고 복잡한 기계보다는 진흙 한 양동이 정도만 필요한 일들이기 때문이다. 우리에게 연구실이란 때로 물리적 공간을 공유하기도 하지만, 대개는 전 세계 곳곳에 흩어져 있는 연구자들의 모임을 가리킨다. 내 연구실은 공통의 목표로 연결된 브레인들의 모임이다. 또한 새롭고 아름다운 발견들을 해내고, 그런 발견에 대중들을 참여시키는 데에 전념하는 사람들의 모임이기도 하다. 내 연구실 안에서 이루어지는 연구와 사고는 콜로라도(노아 피어러의 연구실), 매사추세츠(벤 울프의 연구실), 샌프란시스코(미셸 트라우트와인의 연구실) 등 대여섯 곳의 연구실에서 이루어지는 연구, 사고와 연결되어 있다. 이 네트워크에 속한 사람들이 이 책의 모든 장(章)의 집필에 도움을 주었다. 본문에서 이미 소개한 사람들도 있지만 그렇지 않은 사람들도 많다. 그들의 이름이 빠진 이유는 대개 그들이 거의 모든 부분에 중요하게 참여했기 때문에 정확히 어떤 역할을 했는지를 설명하기 어려워서이다. 이것이 과학의 까다로운 측면이다. 우리는 언제나 누가 무엇을 했느냐는 질문을 받지만 그 점을 명확히 분류하는 데에는 어려움을 겪는다.

　이 책의 집필을 가능하게 해주었지만 본문에는 등장하지 않거나 잠깐만 언급되는 사람들을 여기에 소개하고 싶다. 내 연구실에 함께 들어온 안드레아 럭키와 지리 훌크르는 새로운 집단을 연구에 끌어들일 수 있게 해주었다. 안드레아는 "개미 무리" 프로젝트를 통해서 일반인들을 개미 연구에 참여시켰다. 안드레아, 지리, 그리고 대학원생 브리트네 해킷은 "배꼽의 생물 다양성" 프로젝트를 시작하여 전 세계의 배꼽 샘플을 수집함으로써 우리의 피부에 어떤 미생물이 흔하거나 드문지, 그리고 그 이유는 무엇인지를 연구했다. 같은 시기에 메그 로우먼은 노스캐롤라이나 자연과학 박물관에 합류하여 자연 연구 센터를 이끌게 되었다. 메그는 대중들을 참여시키는 일에 깊은 관심과 열정을 품고 있었다. 우리는 그녀를 통해서 개미와 배꼽 연구의 첫 단계를 밟을 수 있었다. 메그와 함께 한 연구는 당시 과학대학 학장이었던 댄 솔로몬과 노스캐롤라이나 자연과학 박물관장인 벳시 베넷의 도움을 받았다. 두 사람이 정치적, 재정적 기반을 마련해준 덕에 일반인들과 어마어마한 규모의 연구를 수월하게 해낼 수 있었다. 개미나 배꼽에 관한 연구는 이 책에는 거의 소개하지 않았지만 우리가 집 안에서 하게 될 많은 연구와 이 책의 집필의 바탕이 되어준 연구였다.

그후 안드레아와 지리는 함께 플로리다 대학교로 옮겼다. 그들이 떠나기 전에 나는 일반인과 대학원생들의 연구 참여를 이끌어줄 사람으로 홀리 메닝거를 고용했다. 홀리는 전 세계 사람들에게 연락을 취해서 우리가 하는 연구에 참여시키는 일을 담당했다. 또한 내가 자금이나 시간, 인력도 없이 또다른 정신 나간 프로젝트를 연구실로 끌고 들어올 때에는 이성적인 의견을 내주기도 했다. 홀리가 없었다면 집 안 생태에 관한 우리의 연구는 이루어지지 못했을 것이다. 그녀는 이제 미네소타 벨 박물관의 대중 참여 및 과학 학습 부문의 책임자이다. 이 박물관과 미네소타 주 전체가 운이 좋았다고 할 수 있겠다. 홀리가 이 책에 자주 등장하지 않는 이유는 그녀가 모든 부분에서 중요한 역할을 했기 때문이다. 그녀가 사회적, 지적 기초를 잡아준 덕분에 우리는 수천 명의 사람들과 함께 연구를 진행할 수 있었다.

시간이 지나면서 홀리는 (미네소타로 가기 전부터) 새로운 역할들을 맡기 시작했다. 노스캐롤라이나 주립대학교 대중과학 클러스터(일반인들의 과학 활동 참여를 위해서 힘쓰는 교수들의 모임)의 조직을 돕는 일도 그중 하나였다. 로렌 니컬스와 리 셸, 닐 맥코이는 대중들의 연구 참여를 위해서 많은 일을 했다. 로렌과 닐은 이 책에 나오는 시각 자료 대부분과 우리가 집 안의 생물들에 관해서 설명할 때에 사용할 많은 자료들을 만들었다. 로렌은 이 책의 집필을 위한 사전조사도 도와주었는데, 그녀 덕분에 느슨한 실마리들뿐만 아니라 단단히 짜여 있는 듯이 보이지만 잡아당기면 바로 풀어질 실마리들도 따라갈 수 있었다. 로렌은 이 책을 읽고 또 읽으며 인용구들을 정리하고 단서들을 추적했다. 까다로운 문장들을 다시 검토하고, 복잡한 과학적 내용을 풀어서 설명할 수 있게 해주었다. "아아아, 교열본이 왔는데 닷새 만에 책 전체를 다시 검토해야 돼. 지금 하는 일 좀 잠깐 미룰 수 있어?" 같은 제목의 이메일에도 답장을 보내주었다. 고마워요, 로렌. 리 셸은 책 전체를 읽고 연구 참여자들이 가장 듣고 싶어했던 대답들을 넣을 수 있게 도와주었다. 그는 우리 프로젝트의 참가자 수천 명이 집 안 생물들에 관해서 알고 싶어하는 것들을 조사했는데, 그 질문에 대한 답들이 이 책에 담겨 있다. 여러분이 듣고 싶었던 답들도 이 책에 있기를 바란다.

우리 연구실 사람들뿐 아니라 다른 많은 동료 연구자들의 도움도 받았다. 이제부터는 내가 그들에게 은혜를 갚아야 할 것 같다. 노아 피어러에 관해서는 이미 본문에서 언급했다. 공동 연구자로서 뛰어난 자질을 갖춘 그가 나와 함께해준 것에 매우 감사한다. 노아는 이 책 전체를 꼼꼼히 읽고 내가 걱정하는 부분들을 다시 검토해주었다. 카를로스 골러는 내 연구실에 정식으로 합류한 적은 없지만 우리가 하는 흥미로운 연구에 자주 참여한다. 카를로스는 대학생들을 연구에 참여시킬 방법을 고안하는 데에 도움을 주었다. 조너선 아이젠은 책을 읽고 모든 부분에 대한 비평을 해주었다. 로라 마틴은 인류가 생태계에 미치는 영향의 역사에 관해서 생각해보도록 도와주었다. 캐서린 카델러스, 케이티 플린, 션 멘케는 이 책이 대학 강의에 적합하게 쓰일 수 있는 방법에 관한 신중한 의견들을 제시해주었다.

이 책에 소개된 많은 과학자들, 그리고 이 책과 관련된 분야에서 일하는 과학자들에게서도 도움을 받았다. 그들은 이 책의 각 장을 읽고, 바보 같은 나의 질문들에 대답해주었다. 레슬리 로버트슨은 델프트를 방문한 나와 이틀을 함께 보내며 레이우엔훅과 그의 업적에 관한 대화와 의견을 나눠주었다. 더그 앤더슨도 레이우엔훅에 관한 장을 읽고 그가 인간적으로 어떤 사람이었을지를 생각해보는 데에 도움을 주었다. 데이비드 코일과 제나 랭은 국제우주정거장에 사는 미생물들에 관해서 설명해주었다. 샤워기 헤드에 관한 장은 노아의 연구실 학생인 매트 게버트의 의견 덕분에 더 나아졌다. 나는 매트를 만나본 적은 없지만, 멋진 연구를 하는 사람이라는 것은 알고 있다. 젠 혼다는 미코박테리아의 의학미생물학적 측면을 고려하도록 도와주었다. 알렉산더 허빅과 요하네스 크라우제는 인간과 관련된 미코박테륨 종의 오랜 역사를 알려주었다. 크리스토퍼 로리는 미코박테륨 종이 가져다주는 혜택에 관해서 가르쳐주었다. 크리스티안 그리블러는 대수층의 장대함에 관한 설명으로 나를 감탄시켰으며, 샤워기 헤드에 관한 장을 검토해주기도 했다. 페르난도 로사리오 오르티스도 같은 장을 읽고 정수 처리에 관한 내용을 쓰는 데에 도움을 주었다.

일카 한스키는 이 책을 보지 못했다. 하지만 나는 일카와 주고받은 이메일들을 통해서 그의 연구를 생각해볼 수 있었고, 일카는 내가 자신의 연구에 관해서 쓴 장의 예전 원고를 읽었다. 일카를 직접 만난 것은 내가 대학원생이던 시절에 한 번뿐이었다. 내 연구실 동료인 사샤 스펙터와 나는 그와 쇠똥구리 이야기를 나누고 싶어서 안달이 나 있었는데, 실제로 만난 그는 우리를 실망시키지 않았다. 오랜 시간이 흐른 후에 다시 연락이 닿아 집 안의 생물들에 관해서 이야기하게 될 줄은 상상도 하지 못했다. 일카의 제자였던 니클라스 왈버그는 일카의 이야기를 올바르게 쓸 수 있도록 도와주었다. 타리 하텔라와 레나 본 헤르첸은 내가 자신들의 연구를 이해할 수 있도록 도와주었고, 카렐리아 연구의 배경도 설명해주었다. 메건 토메스, 햘마르 퀴엘, 피오나 스튜어트, 알렉스 피얼은 야생 침팬지의 생태와 고대 인류의 생태를 연관지어 생각할 수 있게 해주었다. 에린 맥케니는 식품과 분변에 관한 비평적인 시각을 제공했다.

꼽등이에 관한 장에는 나와 그 연구를 함께해준 거의 모든 사람들의 이름이 등장한다. 그들 모두 그 장을 읽어주었다. 고마워요, MJ 엡스, 스테파니 매슈스, 에이미 그룬덴. 제니퍼 워너그린과 줄리 어반은 내가 곤충과 관련된 세균의 진화에 관해서 생각하는 것을 몇 번이고 도와주었다. 제네비브 본 펫징어와 존 혹스는 동굴 안에 살았던 고대인들에 관한 이야기를 검토하는 것을 도와주었다. 진균에 관한 장은 비르기테 안데르센 덕분에 더 나아졌다. 우주정거장에 관한 나의 생각에 맞장구를 쳐주고는 했던 그녀는 많은 사람들이 힘들게 생각하는 일들을 해내는 사람이다. 비르기테는 내가 집 안 진균의 기초 생태에 관해서 신중하게 생각해볼 수 있도록 해주었으며, 스타키보트리스처럼 유해한 균조차 나름의 아름다움을 가지고 있다는 사실을 상기시켜주었다. 마틴 타우벨은 집 안의 스타키보트리스가 미치는 영향과 우리가 무엇을 알고 무엇을 모르는지에 관해서 생각하도록 도와주었다. 레이철 애덤스는 나에게 집 안 진균들 가운데 무엇이 살아서 대사작용을 하고 무엇이 죽어 있는지에 관해서 우리가 얼마나 알고 있는가를 생각해보는 과제를 안겨주었다. 내가 우주정거장으로 주의를 돌리도록 이끌어준 사람도 레이철이었다.

곤충에 관한 장은 매트 버튼, 에바 파나지오타코풀루, 피오트르 나스크레츠키, 앨리슨 베인, 미샤 렁, 키스 베일리스가 읽고 조언을 해주었다. 특히 매트는 여러 번 도움을 주었다. 고마워요, 매트. 미셸 트라우트와인은 집 안 생물 연구를 함께 시작한 약 5년 전부터 나와 때때로 이 책에 관한 대화를 나누었다. 집 안 절지동물에 관한 우리의 연구, 그리고 절지동물과 생명에 관한 우리의 대화는 미셸이 아직 노스캐롤라이나 자연과학 박물관에 있을 때부터 시작되었다. 미셸이 캘리포니아 과학 아카데미로 옮긴 후에도 그런 대화를 계속할 수 있었다는 것은 내게 커다란 행운이었다. 크리스틴 혼은 생물학적 방제에서 거미가 하는 역할에 관해서 이야기해주었다. 바퀴벌레에 관한 장의 집필은 에드 바고, 워런 부스, 코비 샬, 아야코 와다-가츠마타, 줄스 실버먼 등 내 주변의 곤충학자들이 도와주었다. 대부분의 곤충학자들조차 좋아하지 않는 해충들을 통제할 방법을 알아내는 데에 연구 시간의 일부 혹은 전부를 쏟는 사람들이다. 줄스의 제자인 엘리너 스파이서 라이스는 줄스 실버먼에게 독일바퀴 연구가 얼마나 중요한 의미를 가지는지를 알려주었다. 내가 이 책을 쓰는 동안 우리 학과의 책임자였던 데릭 에이데이와 해리 대니얼스에게도 감사를 표한다.

하인츠 아이헨발트에 관한 장을 쓰기 시작한 것은 5년도 더 전의 일이다. 하지만 그다지 마음에 들지 않았다. 페테르 요르겐센과 스콧 캐럴이 이끄는 국립 사회환경 종합 센터(SESYNC)의 연구 그룹에 합류한 후에 나는 아이헨발트의 실험이 어떻게 우리 사회가 택하지 않은 길을 열어주었는지를 이해하게 되었다. SESYNC와 스콧, 특히 페테르에게, 그리고 디디어 베르늘리를 포함한 연구 그룹 모두에게 깊은 감사의 마음을 전한다. 세균과 같은 방식으로 생각을 하는 크리티 샤르마에게도 감사를 표한다. 식견을 나눠주고, 나를 헨리 샤인필드와 연결해주기도 한 폴 플래닛에게도 고마움을 전한다. 헨리는 자신의 이야기를 기꺼이 들려주면서 이 장을 제대로 쓸 수 있게 도와주었다. 친절한 그는 여전히 꿈을 꾸는 사람이다.

야로슬라프 플레그르, 애나마리아 탈라스, 톰 길버트, 롤런드 케이스, 데이비드 스토치, 메러디스 스펜스, 마이클 레이스킨드, 커스틴 젠슨, 리처드 클롭턴, 조앤 웹스터 모두 개와 고양이에 관한 장을 읽고 검토를 도와주었다. 오랫동안 개의 기생충과 병원균 목록을 정리해온 메러디스 스펜스에게 감사를 표한다(메러디스의 프로젝트에 영감을 준 니마 해리스에게도 마찬가지이다). 이제 성과가 나타나기 시작했어요, 메러디스! 네이트 샌더스, 닐 그랜섬, 브라이언 라이크, 베누아 게나르, 마이크 개빈, 젠 솔로몬, 조애나 리쿠, 애닛 리처, 앤 매든은 법의학, 말벌, 효모, 비둘기 역설에 관한 장의 검토를 도와주었는데 이 장은 나중에 삭제되었다. 원래 이 책은 20만 단어 분량이었는데, 이것은 내게 허락된 분량보다 집 안 생물에 관해서 할 이야기가 훨씬 많았다는 뜻이다. 노스캐롤라이나 주립대학교 도서관과 그곳에서 일하는 분들에게도 특별히 감사드린다. 캐런 사콘은 책 전체를 읽고 유용한 의견들을 제시해주었다. 조 권과 그의 어머니, 조시 베이커, 스테판 카펠, 애스펀 리스, 앤 매든, 에밀리 메이네키는 식품에 관한 장의 집필을 도와주었다. 이 책은 내 에이전트인 빅토리아 프라이어가 거르고, 찌르고, 재촉해서 나온 결과물이다. 고마워요, 토리. 또한 담당 편집자인 TJ 켈러가 초인적인 선별 능력을 발휘한 결과이기도 하다. TJ는 나의 첫 책인 『살아 있는 모든 것(Every Living Thing)』의 편집도 맡았는데, 다시 한번 함께 일하게 되어서 기쁘다. 캐리 나폴리타노에게도 커다란 감사를 전한다. TJ와 캐리는 출판계에 종사하는 많은 사람들이 그렇듯이, 언제나 읽고 편집할 것은 너무 많고 시간은 별로 없는 상태에서도 이 책을 만드는 과정을 신중하고 꼼꼼하게 조율해주었다. 훌륭한 교열 담당자인 콜린 트레이시, 크리스티나 팔라이아는 잘못된 문장들을 고치고, 문제가 될 수 있는 구절들을 수정하고, 전반적으로 모든 글자와 쉼표, 마침표, 콜론들이 적절하게 배치될 수 있도록 도와주었다. 이 책을 쓸 수 있게 지원해준 슬로언 재단에도 감사의 말을 드린다. 특히 폴라 올슈스키에게 감사드린다. 나는 이 책을 쓰는 동안 독일 통합 생물 다양성 연구 센터(iDiv)에서 안식년 연구비를 지원받았고, 그곳의 과학자들과 대화를 나누며 많은 도움을 얻었다. 존 체이스, 니코 아이젠하워, 마튼 윈터, 스탠 하폴, 티파니 나이트, 엔리케 페레이라, 알레타 본, 오로라 토레스 등 iDiv의 여러 과학자들은 내가 기초 생태학적 이론과 통찰에 기초하여 집 안의 생태를 재검토할 수 있도록 해주었다.

마지막으로 오랫동안 우리의 프로젝트에 참여해준 수많은 분들에게 무한한 감사를 전한다. 수천 명의 사람들이 집 안을 연구하는 우리 프로젝트에 도움을 주었다. 그들은 우리의 호기심을 위해서 자신들의 생

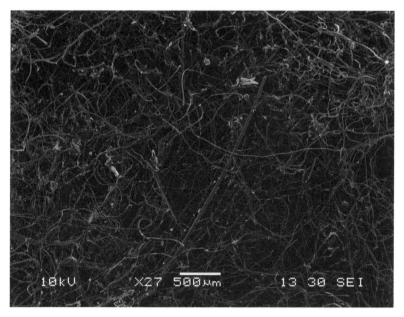

먼지의 현미경 사진. 먼지가 수많은 것들로 이루어져 있듯이, 이 책도 수없이 많은 사람들의 영향을 받아 나온 결과물이다. (콜로라도 대학교 볼더 캠퍼스의 나노재료 특성화 시설의 도움을 받은 앤 매든의 이미지.)

활을 공개해가면서 아주 기이한 연구에 함께해주었다. 그들의 질문은 우리의 연구 방향들을 바꾸어놓았다. 우리에게 영감을 주고, 몇 번이고 거듭해서 발견의 기쁨, 더 나아가 대중과 함께하는 발견의 기쁨을 일깨워준 사람들이다. 그들에게 감사드린다.

주

프롤로그

1. N. E. Klepeis, W. C. Nelson, W. R. Ott, J. P. Robinson, A. M. Tsang, P. Switzer, J. V. Behar, S. C. Hern, and W. H. Engelmann, "The National Human Activity Pattern Survey (NHAPS): A Resource for Assessing Exposure to Environmental Pollutants," *Journal of Exposure Science and Environmental Epidemiology* 11, no. 3 (2001): 231. 예를 들면 캐나다의 조사 결과는 다음을 참고하라. C. J. Matz, D. M. Stieb, K. Davis, M. Egyed, A. Rose, B. Chou, and O. Brion, "Effects of Age, Season, Gender and Urban-Rural Status on Time-Activity: Canadian Human Activity Pattern Survey 2 (CHAPS 2)," *International Journal of Environmental Research and Public Health* 11, no. 2 (2014): 2108-2124.

1 경이

1. 미생물학자이자 역사학자인 레슬리 로버트슨은 레이우엔훅이 사용했던 것과 같은 현미경을 이용하여 그가 발견했을 법한 규조류, 보르티켈라, 시아노박테리아 등의 미생물과 다양한 세균종을 관찰할 수 있었다. 이런 연구를 하려면 레이우엔훅 자신이 그랬던 것처럼 인내심과 호기심, 그리고 조명과 표본 제작에 관한 모든 경우의 수를 시도해볼 의욕을 갖춰야 한다. L. A. Robertson, "Historical Microbiology: Is It Relevant in the 21st Century?" *FEMS Microbiology Letters* 362, no. 9 (2015): fnv057 참조.

2. 레이우엔훅이 현미경을 사용하던 무렵, 그의 수입의 대부분은 아마도 그가 맡고 있던 시 공무원 자리에서 나왔을 것이다. 그 직업 덕분에 레이우엔훅은 자신의 집념을 채우기에 충분한 여가 시간을 확보할 수 있었다.

3. 레이우엔훅은 스레드 카운터(thread counter)라고 불리는 이 렌즈를 사용해서 아마(亞麻), 양모, 직물 등을 관찰했을 것이다. L. Robertson, J. Backer, C. Biemans, J. van Doorn, K. Krab, W. Reijnders, H. Smit, and P. Willemsen, *Antoni van Leeuwenhoek: Master*

of the Minuscule (Boston: Brill, 2016) 참조.

4. 현재 '프로젝트 구텐베르크'를 통해서 온라인에서 무료로 볼 수 있는 이 책에는 (https://www.gutenberg.org/files/15491/15491-h/15491-h.htm) 크고 작은 세계의 경이가 담겨 있다.

5. 새뮤얼 피프스는 이 책을 '내가 평생 읽은 책 중 가장 독창적인 책'이라고 불렀다. R. Hooke, *Micrographia: Or Some Physiological Descriptions of Minute Bodies Made by Magnifying Glasses with Questions and Inquiries Thereupon* (J. Martin and J. Allestrym, 1665) 참조.

6. 당시 사람들은 벼룩이 번식을 한다는 사실조차 믿지 않았다. 사람들은 벼룩이 소변, 먼지 그리고 벼룩 자신의 배설물로 이루어진 걸쭉한 덩어리 속에서 자연적으로 발생한다고 생각했다. 레이우엔훅은 벼룩의 짝짓기(몸집이 작은 수컷이 암컷의 배 밑에 매달려 있는 모습)를 기록했다. 수컷의 정자와 성기에 대해서도 기록했다(그는 생애 내내 자신의 정자를 포함해 30종이 넘는 동물들의 정자를 기록으로 남겼다). 그리고 암컷이 낳은 알들을 발견했으며, 부화 중인 알을 스케치하고, 유충을 관찰하고, 변태 과정을 목격했다. 그리고 이들의 짝짓기, 수정, 알, 발달 과정이 1년에 7, 8번 정도 일어나리라고 추정했다. 레이우엔훅은 누가 보든 말든 신경 쓰지 않고 어린아이가 애완용 개구리를 데리고 다니듯이 가방에 벼룩의 알을 넣고 어디든 돌아다녔다. Robertson et al., *Antoni van Leeuwenhoek* 참조.

7. 더 흐라프의 편지 전문은 여기에서 읽을 수 있다. M. Leeuwenhoek, "A Specimen of Some Observations Made by Microscope, Contrived by M. Leeuwenhoek in Holland, Lately Communicated by Dr. Regnerus de Graaf," *Philosophical Transactions of the Royal Society* 8 (1673): 6037-6038 참조.

8. 레이우엔훅의 타이밍은 적절했다. 당시는 과학의 초점이 오래된 문헌의 검토와 추상적인 사고로부터 관찰로 옮겨가기 시작하던 시기였다. 프랑스의 철학자 르네 데카르트에게서 영향을 받은 새로운 세대의 과학자들은 관찰을 통해서 가장 효과적으로 새로운 진실을 발견할 수 있다고 믿었다.

9. A. R. Hall, "The Leeuwenhoek Lecture, 1988, Antoni Van Leeuwenhoek 1632-1723," *Notes and Records the Royal Society Journal of the History of Science* 43, no. 2 (1989): 249-273.

10. 액포는 식물, 동물, 원생생물, 진균, 심지어 세균의 세포도 사용하는 훌륭한 저장 도구이다. 액포 안에는 양분과 노폐물을 저장할 수 있으며, 그 안의 환경은 세포의 나머지 부분과는 다르게 유지된다. 이런 측면에서 액포는 인류 초기 문명의 점토 그릇이나 갈대 바구니와 비슷하다. 서로 다른 종들이 서로 다른 시기에 서로 다른 용도로 사용하는 다용도 용기인 셈이다.

11. 레이우엔훅이 살았던 델프트는 집 안 연구의 중심지였다. 다만 과학자들이 아니라 화가들에 의한 연구였다. 델프트의 화가들이 주로 묘사한 것은 도시의 풍경과 실내의 모습

이었다. 그들은 레이우엔훅이 관찰했을 법한 생물의 주요 서식지들을 묘사했다. 피터르 더 호흐는 정원 풍경을 많이 그렸다. 카럴 파브리티우스는 새장 안에 든 오색방울새를 그린 그림으로 유명하지만 델프트의 풍경도 그렸다. 그리고 유명한 얀 페르메이르는 세 개의 방을 반복해서 그리면서 그 안에서 일종의 정물처럼 정지되어 있는 소수의 사람들을 묘사했다.

12. 레이우엔훅의 집이 있던 부지는 한번도 발굴된 적이 없다. 사라진 현미경, 표본 등 거의 모든 것이 그 안에 있을지도 모른다. 이 부지에는 현재 세련된 커피숍이 들어서 있다. 레슬리 로버트슨과 나는 그 커피숍의 새롭게 깐 바닥을 드릴로 뚫어 그 아래 묻혀 있는 레이우엔훅의 유물들을 찾아보자고 주인을 설득해보았지만 거절당했다. 나는 그 후 며칠간 그 커피숍의 창문을 통해서 레이우엔훅이 그토록 많은 시간을 보냈던 뒷마당을 내다보며 지냈다.

2 지하실의 온천

1. 「다섯 번째 왕국: 진균이 세상을 만든 방법(The Fifth kingdom: How Fungi Made the World)」이라는 제목의 이 다큐멘터리는 진균과 그들의 진화, 그 중요성을 다루었다. 나는 온천 앞에 서서 화산활동과 미생물을 배경으로 진균의 진화에 관해서 이야기했다.

2. 과학자들이 짜증나서 그랬을 수도 있다! 하지만 내 생각에는 바쁜 스태프들이 완벽한 간헐천을 찾는데 정신이 팔린 나머지 인원수를 세어보지도 않고 가버렸던 것 같다.

3. Geyser(간헐천)은 아이슬란드어로 온천을 뜻하는 단어이다. 브록의 흥미로운 자서전을 읽고 싶다면 다음의 책을 찾아볼 것. T. D. Brock, "The Road to Yellowstone—and Beyond," *Annual Review of Microbiology* 49 (1995): 1-28 참조.

4. 고세균은 세균처럼 수십억 년 전에 진화한 생물이다. 세균처럼 단세포이고, 세균처럼 핵이 없다. 하지만 공통점은 이것이 전부이다. 고세균의 세포와 세균의 세포는 인간의 세포와 식물의 세포만큼이나 다르다. 고세균은 1900년대 중반에 발견되었다. 다양한 종류가 있지만 주로 극단적인 환경의 서식지에서 발견된다(모두 그런 것은 아니다). 이들은 절대 인간에게 기생하지 않는다. 상대적으로 느리게 성장하는 경우가 많고, 대사 능력 면에서 놀라운 다양성을 보인다. 나는 세균을 사랑하고 그들에게서 끊임없이 놀라움과 매혹을 느끼지만 고세균은 더욱 놀라운 존재이다. 거의 생명의 역사만큼이나 오래되었으며, 결코 해를 끼치지 않고, 기본적인 생태학적 과정을 수행하는 이 생물에 관해서는 지금까지 연구가 별로 이루어지지 않았다. 우리가 최근에 밝힌 바와 같이 이들은 때로 여러분의 배꼽처럼 일상과 가까운 장소에서 살고 있기도 하다. 레이우엔훅은 고세균을 보지 못했다. 우리가 레이우엔훅보다는 배꼽을 많이 들여다보았다는 의미이다. J. Hulcr, A. M. Latimer, J. B. Henley, N. R. Rountree, N. Fierer, A. Lucky, M. D. Lowman, and R. R. Dunn, "A Jungle in There: Bacteria in Belly Buttons Are Highly Diverse, but Predictable," *PloS One* 7, no. 11 (2012): e47712.

5. 화학 무기 영양 생물(chemolithotroph)은 무기물질을 산화시켜 에너지를 얻는 생물이다.

6. 세균이든 원숭이든 모든 종에게는 종명과 속명이 붙는다. 속은 종이 속하는 더 넓은 분류군이다. 인간인 우리의 종명은 사피엔스(*Sapiens*)이며 속명은 호모(*Homo*)이다. 즉 우리는 호모 사피엔스이다. 종끼리의 경계는 모호할 때가 많은데, 속의 경우는 더하다. 이론상으로는 과학자들이 영장류의 속과 세균의 속의 연대가 비슷하도록 명명하고 분류해야 한다고 생각할 수도 있다. 실제로는 각 분야의 과학자들마다 한 속에 얼마나 많은 종을 포함시켜야 하는지를 결정하는 방식이 서로 다르다. 세균의 속은 보통 많은 종을 포함하고 더 오래된 편이다(테르무스속은 수천만 년 이상 되었을 것이다.) 우리와 더 비슷한 생물들의 속은 더 적은 종을 포함하며 덜 오래된 경우가 많다. 이것은 세균과 영장류 사이의 차이가 아니라 오로지 미생물학자와 영장류학자들의 선호도 차이 때문이다. 생물의 속명과 종명은 여러분이 이 책의 본문에서 보듯이 언제나 이탤릭체로 쓴다. 다만 종명이 아직 붙여지지 않은 경우에는 종명이 들어갈 자리는 빼고 속명만 이탤릭체로 표시한다. 예를 들면 *Thermus* X1(테르무스 X1)에서 X1은 새로운 종을 의미하지만 아직 종명이 결정되지 않은 것이다. 척추동물, 식물뿐만 아니라 대부분의 생물군에 속하는 많은 종들이 이런 임시 명칭을 가지고 있다. 그 존재는 알려졌지만 아직 아무도 정식으로 명명하지 않았기 때문이다.

7. 테르무스 아쿠아티쿠스를 길러냈을 때, 사실 브록의 원래 목표는 자신이 "분홍색 세균"이라고 부르던, 더 높은 온도에서 사는 종을 배양하는 것이었다. 그러나 결국 이 세균을 배양하는 데에는 실패했고, 그후에도 성공한 사람은 없는 것으로 보인다. 최초의 테르무스 연구에 관해서는 다음을 참고할 것. T. D. Brock and H. Freeze, "*Thermus aquaticus* gen. n. and sp. n., a Nonsporulating Extreme Thermophile," *Journal of Bacteriology* 98, no. 1 (1969): 289–297.

8. R. F. Ramaley and J. Hixson, "Isolation of a Nonpigmented, Thermophilic Bacterium Similar to *Thermus aquaticus*," *Journal of Bacteriology* 103, no. 2 (1970): 527.

9. 나중에는 경제학 분야에서 이 생태학 용어를 가져다 쓰게 되었다.

10. T. D. Boylen and K. L. Boylen, "Presence of Thermophilic Bacteria in Laundry and Domestic Hot-Water Heaters," *Applied Microbiology* 25, no. 1 (1973): 72–76.

11. J. K. Kristjánsson, S. Hjörleifsdóttir, V. Th. Marteinsson, and G. A. Alfredsson, "*Thermus scotoductus*, sp. nov., a Pigment-Producing Thermophilic Bacterium from Hot Tap Water in Iceland and Including Thermus sp. X-1," *Systematic and Applied Microbiology* 17, no. 1 (1994): 44–50.

12. Kristjánsson et al., "*Thermus scotoductus*, sp. nov.," 44–50.

13. 브록이 자신의 저작을 통해서 거듭 강조한 핵심 사항 중의 하나는 그와 동료들이 1970년대, 1980년대에 발견한 극한 미생물들이 산업 분야에서 계속 이용되어왔음에도 불구하고 야생에 사는 이런 생물들의 생태 연구를 이어간 연구자들은 거의 없다는 것이다. Brock, "The Road to Yellowstone," 1–28 참조.

14. D. J. Opperman, L. A. Piater, and E. van Heerden, "A Novel Chromate Reductase from

Thermus scotoductus SA-01 Related to Old Yellow Enzyme," *Journal of Bacteriology* 190, no. 8 (2008): 3076–3082. 미생물은 끝없이 놀라움을 선사하는 존재이다. 최근에는 테르무스 스코토둑투스의 새로운 균주가 필요에 따라 화학 영양 생물로 자랄 수도 있다는 사실이 밝혀졌다. 이를 과학 용어로는 혼합 영양 생물(mixotroph)이라고 한다. S. Skirnisdottir, G. O. Hreggvidsson, O. Holst, and J. K. Kristjansson, "Isolation and Characterization of a Mixotrophic Sulfur-Oxidizing *Thermus scotoductus*," *Extremophiles* 5, no. 1 (2001): 45–51.

15. 왜 그토록 많은 세균들이 여전히 배양 불가능한지에 관해서는 다음을 참고할 것. S. Pande and C. Kost, "Bacterial Unculturability and the Formation of Intercellular Metabolic Networks," *Trends in Microbiology* 25, no. 5 (2017): 349–361.

16. "대용량"이란 한 번에 많은 일을 할 수 있다는 뜻이다. "대용량 염기 서열 분석법"은 많은 생물들의 염기 서열을 한꺼번에 분석할 수 있는 방법이다. "차세대 염기 서열 분석법"이라고도 불리는데 이런 기술이 워낙 빨리 발달하는 탓에 이제는 최신식 기술들 사이에서 벌써 너무 "구세대적"으로 느껴지지만 용어가 만들어질 당시에는 불가피한 선택이었다.

17. 샘플 안에서 DNA가 아닌 물질을 제거하는 방법에는 대개 몇 단계가 더 추가되지만 여기에서는 대략적으로만 설명했다.

18. 브록과 그의 동료들, 동시대 과학자들의 연구를 시작으로 더 많은 탐사가 이루어지면서 여러 호열성 미생물과 초호열성 미생물의 발견으로 이어졌다. 더불어 이러한 미생물들이 지니고 있는, 각자 조금씩 다른 능력을 가진 여러 효소들도 발견되었다. 예를 들면 피로코쿠스 푸리오수스(*Pyrococcus furiosus*)에게서 발견된 중합효소는 Taq와 같은 방식으로 작용하지만 고온에서 더욱 안정적이다.

19. 일반적인 염기 서열 분석 방법으로는 샘플 속 생물과 이미 존재하는 종명을 바로 연결시키지 못한다. 대신 테르무스 1, 테르무스 2 등 속(屬)으로 묶인 목록을 얻게 된다. DNA 서열의 유사성에 따라서 이런 분류 단위로 묶게 되는데, 미생물학자들은 종과 완전히 일치하지는 않는 이것을 조작 분류 단위(operational taxonomic units, OTU)라고 부른다. 때로는 하나의 OTU에 여러 종이 포함될 때도 있고, 그 반대의 경우도 있다(두 개의 OTU가 하나의 종에 속하기도 한다). 우리가 미생물에 이름을 붙이는 방법은 여전히 조금 체계적이지 못하다. 따라서 오래된 방법과 새로운 방법을 조화시킨 또다른 생물 분류 방식을 개발하기 전까지는 비록 불완전하더라도 OTU가 도움을 줄 수 있다.

20. 최근 레지나 빌피스세스키는 이 기술을 이용하여 온수기에서 테르무스 스코토둑투스 외의 또다른 호열성 세균들을 찾아보았다. 그 결과 대개 온천에서만 발견되는 대여섯 종을 찾아냈다. 그중 몇 종은 아직 배양이 불가능하지만 발견은 가능하다.

3 보이지 않는 세계

1. 하도 오래 걷다 보니 그 세 가지를 전부 써버려서 오직 달빛에 의지해서 연구소까지 돌아온 적도 여러 번 있었다. 독사들로 가득한 울창한 숲속을 그렇게 돌아다니다니 어리

석은 짓이었다.

2. S. H. Messier, "Ecology and Division of Labor in *Nasutitermes corniger*: The Effect of Environmental Variation on Caste Ratios" (PhD diss., University of Colorado, 1996).

3. B. Guénard and R. R. Dunn, "A New (Old), Invasive Ant in the Hardwood Forests of Eastern North America and Its Potentially Widespread Impacts," *PLoS One* 5, no. 7 (2010): e11614.

4. B. Guénard and J. Silverman, "Tandem Carrying, a New Foraging Strategy in Ants: Description, Function, and Adaptive Significance Relative to Other Described Foraging Strategies," *Naturwissenschaften* 98, no. 8 (2011): 651–659.

5. T. Yashiro, K. Matsuura, B. Guenard, M. Terayama, and R. R. Dunn, "On the Evolution of the Species Complex *Pachycondyla chinensis* (Hymenoptera: Formicidae: Ponerinae), Including the Origin of Its Invasive Form and Description of a New Species," *Zootaxa* 2685, no. 1 (2010): 39–50.

6. 이 개미에 관한 논문은 1954년에 나온 1편뿐이다. M. R. Smith and M. W. Wing, "Redescription of Discothyrea testacea Roger, a Little-Known North American Ant, with Notes on the Genus (Hymenoptera: Formicidae)," *Journal of the New York Entomological Society* 62, no. 2 (1954): 105–112. 요즘 캐서린이 무엇을 하고 있는지 몰라서 알아보았더니 현재 엘패소 동물원의 사육사로 일하고 있다고 한다. 대형고양잇과 동물에 대한 캐서린의 관심은 나의 방해도 이겨낼 정도로 강력했던 것이다.

7. 현재 플로리다 대학교의 조교수로 있는 안드레아 럭키가 시작하고 주도한 연구였다. A. Lucky, A. M. Savage, L. M. Nichols, C. Castracani, L. Shell, D. A. Grasso, A. Mori, and R. R. Dunn, "Ecologists, Educators, and Writers Collaborate with the Public to Assess Backyard Diversity in the School of Ants Project," *Ecosphere* 5, no. 7 (2014): 1–23.

8. 언젠가 사람의 배꼽이나 집 안을 연구하게 되리라고는 생각도 하지 못했던 오래 전에 노아와 나는 지리 훌크르가 이끄는 나무좀 연구에 함께 참여한 적이 있었다. 지리는 이 딱정벌레들이 여기저기 데리고 다니며 새끼들의 먹잇감으로 기르던 진균과 세균을 연구하고 있었다. 이런 인연 덕분에 노아와 내가 함께 연구를 시작할 수 있게 되었다. J. Hulcr, N. R. Rountree, S. E. Diamond, L. L. Stelinski, N. Fierer, and R. R. Dunn, "Mycangia of Ambrosia Beetles Host Communities of Bacteria," *Microbial Ecology* 64, no. 3 (2012): 784–793 참조.

9. 처음에는 주로 지인들을 참여시켰지만 프로젝트가 커지면서 참가자의 범위가 점점 더 넓어지고, 넓어지고, 또 넓어졌다.

10. H. Holmes, *The Secret Life of Dust: From the Cosmos to the Kitchen Counter, the Big Consequences of Small Things* (Hoboken, NJ: Wiley, 2001).

11. 이것은 노아의 실험실 기술자인 제시카 헨리가 곧 면봉 4,000개의 끝부분을 잘라내어 4,000개의 유리병에 담아야 했다는 뜻이다. 미안해요, 제시카. 미안하고 고마워요.

12. 어떤 곳에서는 집 안의 생물들이 우리가 머물렀던 장소를 정확히 보여주기도 한다. 글래스고 대학교의 생태학자이자 진드기 전문 생물학자인 매트 콜로프의 연구를 생각해 보자. 콜로프는 매일 밤 자신의 침대에서 샘플을 채취하여 연구해보기로 했다. 그리고 자신이 잠든 동안 침대의 9군데에서 온도와 습도를 측정해줄 장비를 설치했다. 콜로프에 따르면 이 침대는 15년 된 매트리스를 깐 15년 된 더블베드였다. 콜로프가 잠을 자는 동안 측정 장비는 매 시간 매트리스의 데이터를 수집했다. 콜로프는 온도와 습도가 더 높은 곳에서 더 많은 진드기가 발견되리라고 예상했다. 그런데 그렇지 않았다. 그는 자신의 몸이 머물렀던 곳에는 온도와 상관없이 언제나 진드기가 더 많다는 사실을 발견했다. 총 18종의 진드기가 나왔다. 그중에는 집먼지진드기도 있고, 집먼지진드기의 포식자도 있었다. 모두 콜로프가 잠을 잔 자리 밑에 숨어 그의 몸에서 떨어져 내리는 조각을 먹으며 살고 있었다. 비슷하게 미생물도 우리가 대부분의 시간을 보내는 장소에 가장 많이 살고 있으리라고 추측할 수 있다. 콜로프는 자신의 침대 위 생물 다양성이 그토록 높은 이유는 매트리스가 오래된 탓이라고 보았다. M. J. Colloff, "Mite Ecology and Microclimate in My Bed," in *Mite Allergy: A Worldwide Problem*, ed. A. De Weck and A. Todt (Brussels: UCB Institute of Allergy, 1988), 51-54 참조.

13. 나중에 사람의 배꼽 안에 사는 생물들을 연구할 때에도 비슷한 일이 있었다. 꽤 유명한 저널리스트였던 참가자의 배꼽 안에 대부분 음식과 관련된 세균들만 가득했던 것이다. 우리로서는 설명할 방법이 없었다. 삶의 어떤 미스터리들은 과학의 범위를 넘어서곤 한다.

14. P. Zalar, M. Novak, G. S. De Hoog, and N. Gunde-Cimerman, "Dishwashers—a Man-Made Ecological Niche Accommodating Human Opportunistic Fungal Pathogens," *Fungal Biology* 115, no. 10 (2011): 997-1007.

15. 121 균주라고 불리던 이 종은 원래 수온이 섭씨 130도까지 올라가는 심해의 열수구 근처에서 발견되었다. 이들은 그 전까지 생물이 생존할 수 있으리라고는 상상도 하지 못했던 온도에서도 살아갈 수 있다. 고압 멸균기는 마치 압력솥처럼 높은 압력을 주어 온도가 약 121도(화씨 250도) 이상으로 유지되도록 함으로써 모든 생물, 특히 실험실의 장비들을 오염시키는 세균을 모두 없애는 기계이다. 121 균주는 고압 멸균기 안에서도 24시간 이상 생존하고 번성할 수 있었다. 대부분의 고압 멸균기의 멸균 주기는 한두 시간 정도밖에 되지 않는다. K. Kashefi and D. R. Lovley, "Extending the Upper Temperature Limit for Life," *Science* 301, no. 5635 (2003): 934-934 참조.

16. 우리는 나중에 아파트의 문은 이런 경향이 덜하다는 사실을 밝혀냈다(아파트 안의 다른 모든 것들도 마찬가지이다). R. R. Dunn, N. Fierer, J. B. Henley, J. W. Leff, and H. L. Menninger, "Home Life: Factors tructuring the Bacterial Diversity Found within and between Homes," *PLoS One* 8, no. 5 (2013): e64133 참조.

17. B. Fruth and G. Hohmann, "Nest Building Behavior in the Great Apes: The Great Leap Forward?" *Great Ape Societies*, ed. W. C. McGrew, L. F. Marchant, and T. Nishida

(New York: Cambridge University Press, 1996), 225; D. Prasetyo, M. Ancrenaz, H. C. Morrogh-Bernard, S. S. Utami Atmoko, S. A. Wich, and C. P. van Schaik, "Nest Building in Orangutans," *Orangutans: Geographical Variation in Behavioral Ecology*, ed. S. A. Wich, S. U. Atmoko, T. M. Setia, and C. P. van Schaik (Oxford: Oxford University Press, 2009), 269-277.

18. 세발가락나무늘보는 약 3주일에 한 번씩 배설을 위해서 안전한 나무 위에서 위험한 숲의 바닥으로 내려온다. 이때 나무늘보의 털 속에 사는 나방들은 나무늘보의 똥 안에 알을 낳는다. 나방의 유충은 그 똥 안에서 성장을 마친다. 그리고 성숙해지면 나무 위로 날아올라 나무늘보의 털 안에 자리를 잡는다. 세발가락나무늘보 한 마리의 몸에는 약 4-35마리의 나방이 살 수 있다. 역시 나무늘보의 털 속에서 자라는 조류는 이 나방들로부터 영양분을 얻어 번성한다고 한다. 그리고 나무늘보는 이 조류를 먹어서 영양을 보충한다. 조류에는 나뭇잎보다 지질이 풍부하기 때문이다. J. N. Pauli, J. E. Mendoza, S. A. Steffan, C. C. Carey, P. J. Weimer, and M. Z. Peery, "A Syndrome of Mutualism Reinforces the Lifestyle of a Sloth," *Proceedings of the Royal Society* B 281, no. 1778 (2014): 20133006 참조.

19. 예를 들면, M. J. Colloff, "Mites from House Dust in Glasgow," *Medical and Veterinary Entomology* 1, no. 2 (1987): 163-168 참조.

20. 침팬지는 잠자리 안에서 배설을 하지 않는다. 또한 먹이를 버리는 일이 많지 않으며, 거의 매일 밤 새로운 잠자리를 만든다. 이 모든 습성들이 침팬지의 몸과 연관된 미생물이나 기타 생물들이 축적되는 것을 막는 데에 도움을 줄 것이다. D. R. Samson, M. P. Muehlenbein, and K. D. Hunt, "Do Chimpanzees (*Pan troglodytes schweinfurthii*) Exhibit Sleep Related Behaviors That Minimize Exposure to Parasitic Arthropods? A Preliminary Report on the Possible Anti-vector Function of Chimpanzee Sleeping Platforms," *Primates* 54, no. 1 (2013): 73-80. For Megan's study, see M. S. Thoemmes, F. A. Stewart, R. A. Hernandez-Aguilar, M. Bertone, D. A. Baltzegar, K. P. Cole, N. Cohen, A. K. Piel, and R. R. Dunn, "Ecology of Sleeping: The Microbial and Arthropod Associates of Chimpanzee Beds," *Royal Society Open Science* 5 (2018): 180382. doi:10.1098/ rsos.180382 참조.

21. H. De Lumley, "A Paleolithic Camp at Nice," *Scientific American* 220, no. 5 (1969): 42-51.

22. 호미니드가 약 170만 년 전 유럽으로 이동할 때 은신처를 만드는 능력이 없었으리라고는 상상하기 어렵다. 문제는 최초의 집들의 재료가 되었을 나뭇가지, 나뭇잎, 진흙 등이 잘 보존되지 않는다는 점이다. 하지만 단순한 잠자리에서 바람을 막아주는 은신처로, 다시 투박한 돔형의 집으로 발전하는 데에는 그렇게 많은 단계가 필요하지 않다.

23. L. Wadley, C. Sievers, M. Bamford, P. Goldberg, F. Berna, and C. Miller, "Middle Stone Age Bedding Construction and Settlement Patterns at Sibudu, South Africa," *Science*

334, no. 6061 (2011): 1388-1391.

24. J. F. Ruiz-Calderon, H. Cavallin, S. J. Song, A. Novoselac, L. R. Pericchi, J. N. Hernandez, Rafael Rios, et al., "Walls Talk: Microbial Biogeography of Homes Spanning Urbanization," *Science Advances* 2, no. 2 (2016): e1501061.

25. 인간은 집 안의 유익한 종들은 죽이면서 해로운 종들의 생존은 유리하게 해주곤 한다. 집 안의 흰개미들은 정반대의 작용을 한다. 예를 들면 코프토티르메스속(*Coptotermes*)의 흰개미는 어두운 곳에서도 더듬이를 흔들어 자신의 몸이나 둥지 안에 붙은 진균의 냄새를 맡을 수 있다. 그리고 그렇게 발견한 진균의 포자는 먹어치워서 없앤다. 흰개미의 장 안에서 진균은 배설물 안에 감싸이게 되는데, 이것이 마치 진주를 둘러싼 진주층 안에 든 촌충의 낭포처럼 효과적인 살생물제 역할을 해준다. 그런 다음 흰개미는 자신들의 배설물과 항균성을 띠는 침 그리고 흙으로 둥지의 벽을 짓는다. 진균들은 그 벽 안에 갇힌 채 살아간다. 발견, 섭취, 건설이라는 습성을 통해서 흰개미들은 가장 심각한 적이 거의 존재하지 않는 동시에 자신들의 소화를 도와주는 미생물을 포함한 다른 종들은 해를 끼치지 않고 계속 살아갈 수 있는 환경을 조성했다. A. Yanagawa, F. Yokohari, and S. Shimizu, "Defense Mechanism of the Termite, *Coptotermes formosanus* Shiraki, to Entomopathogenic Fungi," *Journal of Invertebrate Pathology* 97, no. 2 (2010): 165-170 참조. A. Yanagawa, F. Yokohari, and S. Shimizu, "Influence of Fungal Odor on Grooming Behavior of the Termite, *Coptotermes formosanus*," *Journal of Insect Science* 10, no. 1 (2010): 141. A. Yanagawa, N. Fujiwara-Tsujii, T. Akino, T. Yoshimura, T. Yanagawa, and S. Shimizu, "Musty Odor of Entomopathogens Enhances Disease- Prevention Behaviors in the Termite *Coptotermes formosanus*," *Journal of Invertebrate Pathology* 108, no. 1 (2011): 1-6도 참조.

26. D. L. Pierson, "Microbial Contamination of Spacecraft," *Gravitational and Space Research* 14, no. 2 (2007): 1-6.

27. 세균의 경우에는 그렇다. 진균에 대해서는 다시 이야기할 것이다. Novikova, "Review of the Knowledge of Microbial Contamination," 127-132 참조. N. Novikova, P. De Boever, S. Poddubko, E. Deshevaya, N. Polikarpov, N. Rakova, I. Coninx, and M. Mergeay, "Survey of Environmental Biocontamination on Board the International Space Station," *Research in Microbiology* 157, no. 1 (2006): 5-12도 참조.

28. 장기적인 연구를 통해서 10여 가지 속의 세균들이 발견되었는데 그중 가장 흔한 것은 겨드랑이 세균(코리네박테륨)과 여드름 세균(프로피오니박테륨)이었다. A. Checinska, A. J. Probst, P. Vaishampayan, J. R. White, D. Kumar, V. G. Stepanov, G. R. Fox, H. R. Nilsson, D. L. Pierson, J. Perry, and K. Venkateswaran, "Microbiomes of the Dust Particles Collected from the International Space Station and Spacecraft Assembly Facilities," *Microbiome* 3, no. 1 (2015): 50 참조.

29. S. Kelly, *Endurance: A Year in Space, a Lifetime of Discovery* (New York: Knopf,

2017), 387.

4 결핍이 부르는 병

1. 론 풀리엄의 논문에서 처음 언급되었다. H. R. Pulliam, "Sources, Sinks, and Population Regulation," *American Naturalist* 132 (1988): 652–661 참조.

2. 댄 잔젠은 일부 세균이 풍기는 불쾌한 냄새가 노폐물이 아니라 자신의 먹이를 우리가 먹는 것을 막기 위한 수단이라고 주장했다. 평화로운 식사를 위해서 악취를 풍긴다는 것이다. 가끔 나는 비행기에서 내 옆자리에 앉은 사람들도 같은 전략을 쓰는 것 같다는 생각이 든다. D. H. Janzen, "Why Fruits Rot, Seeds Mold, and Meat Spoils," *American Naturalist* 111, no. 980 (1977): 691–713 참조.

3. 우리가 어떤 냄새를 역겨운 것으로 인식하는지는 우리의 진화적 과거와 문화에 달려 있다. 문화는 우리가 특정한 냄새(예를 들면 어묵 냄새 같은 것)에 관해서 생각하는 방식을 좌우한다. 그러나 진화 또한 냄새에 의해서 촉발되는 뇌 속의 신호가 불쾌한 것으로 지각되느냐의 여부를 결정한다. 이런 지각이 언제나 종 특정적(species specific)이라는 사실은 주목할 만하다. 우리가 혐오감을 느끼는 지독한 냄새가 쇠똥구리나 터키콘도르에 게서는 전혀 다른 반응을 이끌어낸다.

4. 이것은 엄밀히 말하면 집 안 생태에 관한 사례라고 할 수는 없지만 모든 사람이 공동 우물에서 물을 퍼다 쓰면 도시 전체의 생태가 집 안에까지 영향을 미친다.

5. 콜레라 유행이 약화되는 원인 중의 하나는 바이러스(비브리오파지)가 비브리오 콜레라를 공격하기 때문이다. 비브리오 콜레라가 늘어나면 비브리오파지도 늘어나서 결국에는 비브리오 콜레라의 개체수가 급감한다. 그러다가 비브리오파지의 개체수가 줄면 다시 비브리오 콜레라의 개체수가 늘어날 수 있게 된다. 인도의 갠지스 강에서는 비브리오 콜레라와 비브리오파지의 개체수가 계절에 따라서 증감하며, 콜레라 환자 수도 마찬가지이다. S. Mookerjee, A. Jaiswal, P. Batabyal, M. H. Einsporn, R. J. Lara, B. Sarkar, S. B. Neogi, and A. Palit, "Seasonal Dynamics of Vibrio cholerae and Its Phages in Riverine Ecosystem of Gangetic West Bengal: Cholera Paradigm," *Environmental Monitoring and Assessment* 186, no. 10 (2014): 6241–6250 참조.

6. 지금도 매년 수백만 명의 사람들이 콜레라로 사망하기 때문에 이런 시스템을 모두가 누릴 수 있도록 해야 한다. 문제는 더 이상 이 질병의 원인이나 해결책을 알아내는 것이 아니라 어떻게 하면 세계의 모든 사람들에게 그 해결책과 깨끗한 식수를 공급할 것인가 이다. 더 이상 독기로 인해서 발생하는 수수께끼의 질병을 예방하는 것이 문제가 아니라 전 세계적인 불평등과 지정학적 딜레마가 문제인 것이다.

7. I. Hanski, *Messages from Islands: A Global Biodiversity Tour* (Chicago: University of Chicago Press, 2016).

8. 일종의 예감이라도 한 것처럼 하텔라는 이 글에서 단 23편의 논문만을 언급했는데 그중 2편이 한스키의 논문이었다. T. Haahtela, "Allergy Is Rare Where Butterflies Flourish

in a Biodiverse Environment," *Allergy* 64, no. 12 (2009): 1799-1803 참조.

9. United Nations, *World Urbanization Prospects: The 2014 Revision. Highlights* (New York: United Nations, 2014), https://esa.un.org/unpd/wup/publications/files/wup2014-highlights.pdf.

10. E. O. Wilson, *Biophilia* (Cambridge, MA: Harvard University Press, 1984).

11. 다음 논문 속의 인용문과 논의를 참고할 것. M. R. Marselle, K. N. Irvine, A. Lorenzo-Arribas, and S. L. Warber, "Does Perceived Restorativeness Mediate the Effects of Perceived Biodiversity and Perceived Naturalness on Emotional Well-Being Following Group Walks in Nature?" *Journal of Environmental Psychology* 46 (2016): 217-232.

12. R. Louv, *Last Child in the Woods: Saving Our Children from Nature-Deficit Disorder* (Chapel Hill, NC: Algonquin Books, 2008).

13. D. P. Strachan, "Hay Fever, Hygiene, and Household Size," *BMJ* 299, no. 6710 (1989): 1259.

14. L. Ruokolainen, L. Paalanen, A. Karkman, T. Laatikainen, L. Hertzen, T. Vlasoff, O. Markelova, et al., "Significant Disparities in Allergy Prevalence and Microbiota between the Young People in Finnish and Russian Karelia," *Clinical and Experimental Allergy* 47, no. 5 (2017): 665-674.

15. L. von Hertzen, I. Hanski, and T. Haahtela, "Natural Immunity," *EMBO Reports* 12, no. 11 (2011): 1089-1093.

16. 이 프로젝트는 유리한 조건에서 시작했음에도 불구하고 결국 실패로 끝났다. 잔젠은 자금이 부족한 상태에서 소수의 헌신적인 친구들이 도와준 현장 조사와 분류만으로 연구를 이끌어야 했다. J. Kaiser, "Unique, All-Taxa Survey in Costa Rica 'Self-Destructs,'" *Science* 276, no. 5314 (1997): 893 참조. 말할 필요도 없이 연구는 완료되지 못했고, 아마 앞으로도 그럴 것이다.

17. 예를 들면 롤리에서 똑같은 조사를 한다면, 세균은 말할 것도 없고 수백, 어쩌면 수천 가지의 다세포 종이 포함되는 어마어마하게 힘든 작업이 될 것이다.

18. I. Hanski, L. von Hertzen, N. Fyhrquist, K. Koskinen, K. Torppa, T. Laatikainen, P. Karisola, et al., "Environmental Biodiversity, Human Microbiota, and Allergy Are Interrelated," *Proceedings of the National Academy of Sciences* 109, no. 21 (2012): 8334-8339.

19. H. F. Retailliau, A. W. Hightower, R. E. Dixon, and J. R. Allen. "*Acinetobacter calcoaceticus*: A Nosocomial Pathogen with an Unusual Seasonal Pattern," *Journal of Infectious Diseases* 139, no. 3 (1979): 371-375.

20. N. Fyhrquist, L. Ruokolainen, A. Suomalainen, S. Lehtimäki, V. Veckman, J. Vendelin, P. Karisola, et al., "*Acinetobacter* Species in the Skin Microbiota Protect against Allergic Sensitization and Inflammation," *Journal of Allergy and Clinical Immunology* 134, no. 6 (2014): 1301-1309.

21. Fyhrquist et al., "*Acinetobacter* Species in the Skin Microbiota," 1301-1309.

22. Ruokolainen et al., "Significant Disparities in Allergy Prevalence and Microbiota," 665–674.

23. Fyhrquist et al., "*Acinetobacter* Species in the Skin Microbiota," 1301–1309.

24. L. von Hertzen, "Plant Microbiota: Implications for Human Health," *British Journal of Nutrition* 114, no. 9 (2015): 1531–1532.

25. 우리가 아는 것이 거의 없기 때문에 해답은 여전히 복잡해 보인다. 예를 들면 메건은 나미비아 힘바족의 전통 가옥 안과 미국의 주택 안의 감마프로테오박테리아 비율을 비교해보았다. 한스키와 동료들의 예상대로라면 미국의 주택 안보다 수풀 속에 진흙과 배설물로 지어진 힘바족의 집 안에서 감마프로테오박테리아가 더 많이 발견되어야 한다. 하지만 결과는 반대였다. 이런 연구가 쉬웠다면 이미 결론이 났을 것이다.

26. M. M. Stein, C. L. Hrusch, J. Gozdz, C. Igartua, V. Pivniouk, S. E. Murray, J. G. Ledford, et al., "Innate Immunity and Asthma Risk in Amish and Hutterite Farm Children," *New England Journal of Medicine* 375, no. 5 (2016): 411–421.

27. T. Haahtela, T. Laatikainen, H. Alenius, P. Auvinen, N. Fyhrquist, I. Hanski, L. Hertzen, et al., "Hunt for the Origin of Allergy—Comparing the Finnish and Russian Karelia," *Clinical and Experimental Allergy* 45, no. 5 (2015): 891–901.

5 생명의 냇물에서 하는 목욕

1. J. Leja, "Rembrandt's 'Woman Bathing in a Stream,'" *Simiolus: Netherlands Quarterly for the History of Art* 24, no. 4 (1996): 321–327.

2. 노아도 나도 잊고 있었지만 내 이메일을 뒤져보니 샤워기 헤드 연구에 관한 우리의 대화는 이것이 두 번째였다. 그러나 첫 번째 연구는 흐지부지되었고, 메일 교환도 끊겨 있었다. 노아로부터 온 이 이메일은 예전에 품었던 열정의 부활인 셈이었다.

3. 덴마크의 물속에 사는 무척추동물에 관한 더 완벽한 목록에는 패충류, 편형동물, 키클롭스속의 종들, 투비펙스속의 종들, 갯지렁이, 단각류, 회충 등이 포함된다. S. C. B. Christensen, "*Asellus aquaticus* and Other Invertebrates in Drinking Water Distribution Systems" (PhD diss., Technical University of Denmark, 2011) 참조. S. C. B. Christensen, E. Nissen, E. Arvin, and H. J. Albrechtsen, "Distribution of *Asellus aquaticus* and Microinvertebrates in a Non-chlorinated Drinking Water Supply System—Effects of Pipe Material and Sedimentation," *Water Research* 45, no. 10 (2011): 3215–3224도 참조.

4. 우리가 이 사실을 아는 것은 카를로스 골러와 노스캐롤라이나 주립대학의 학생들이 수행한 연구 덕분이다. 카를로스는 현재 수도꼭지들을 하나씩 뒤지며 이 독특한 세균의 새로운 종류를 찾고 있다. 그는 수천 명의 학부생들에게 혹시 그들의 집 수도꼭지 안에 새로운 생물이 없는지 관찰해줄 것을 부탁했다. 그 결과 델프티아 아키도보란스뿐만 아니라 델프티아속의 많은 종들을 찾아냈으며, 그중 상당수는 과학계에 아직 알려지지 않은 종이었다.

5. 여러분 치아의 플라크와 비슷하다.

6. 생물막은 미생물들이 단단히 뭉쳐서 일상적인 위험, 이를 테면 인간이 끼칠 수 있는 피해로부터 보호받을 수 있게 해준다. 생물막 안의 세균을 죽이는 데에 필요한 항균 물질의 농도는 플랑크톤처럼 물속에 자유롭게 떠다니는 생물을 죽이는 데에 필요한 농도보다 최대 1,000배가량 높다. P. Araujo, M. Lemos, F. Mergulhao, L. Melo, and M. Simoes, "Antimicrobial Resistance to Disinfectants in Biofilms," in *Science against Microbial Pathogens: Communicating Current Research and Technological Advances*, ed. A. Mendez-Vilas, 826–834 (Badajoz: Formatex, 2011).

7. L. G. Wilson, "Commentary: Medicine, Population, and Tuberculosis," *International Journal of Epidemiology* 34, no. 3 (2004): 521–524.

8. K. I. Bos, K. M. Harkins, A. Herbig, M. Coscolla, N. Weber, I. Comas, S. A. Forrest, J. M. Bryant, S. R. Harris, V. J. Schuenemann, and T. J Campbell, "Pre-Columbian Mycobacterial Genomes Reveal Seals as a Source of New World Human Tuberculosis," *Nature* 514, no. 7523 (2014): 494–497. S. Rodriguez-Campos, N. H. Smith, M. B. Boniotti, and A. Aranaz, "Overview and Phylogeny of Mycobacterium tuberculosis Complex Organisms: Implications for Diagnostics and Legislation of Bovine Tuberculosis," *Research in Veterinary Science* 97 (2014): S5–19도 참조.

9. W. Hoefsloot, J. Van Ingen, C. Andrejak, K. Ängeby, R. Bauriaud, P. Bemer, N. Beylis, et al., "The Geographic Diversity of Nontuberculous Mycobacteria Isolated from Pulmonary Samples: An NTM-NET Collaborative Study," *European Respiratory Journal* 42, no. 6 (2013): 1604–1613.

10. J. R. Honda, N. A. Hasan, R. M. Davidson, M. D. Williams, L. E. Epperson, P. R. Reynolds, and E. D. Chan, "Environmental Nontuberculous Mycobacteria in the Hawaiian Islands," *PLoS Neglected Tropical Diseases* 10, no. 10 (2016): e0005068. 샤워기 헤드 미생물에 관한 초기의 중요한 연구들 중 다음 연구도 참고할 것. L. M. Feazel, L. K. Baumgartner, K. L. Peterson, D. N. Frank, J. K. Harris, and N. R. Pace, "Opportunistic Pathogens Enriched in Showerhead Biofilms," *Proceedings of the National Academy of Sciences* 106, no. 38 (2009): 16393–6399.

11. 나의 연구실의 로렌 니컬스에게 이메일을 보내서 그 일을 해달라고 부탁했다는 뜻이다. 로렌은 그 이메일을 리 셀에게 보냈다. 그리고 리와 로렌은 그 이메일을 다시 줄리 시어드(덴마크에서 활동하는 우리 연구 그룹에 속한 대학원생)와 공유했다.

12. 노아를 믿지 않은 10번 중 1번은 내 요도의 미생물군 샘플 채취를 요청했을 때였다. 그것만은 사양한다.

13. 일반적으로 물속의 환경이 성장에 적합할수록 그 안에 존재하는 종의 수가 더 적은 것으로 보인다. 생물 다양성이 가장 높은 물은 흐르는 냉수이고 그 다음은 흐르는 온수, 그 다음은 고여 있는 물이다. 그리고 생물막 안의 생물 다양성이 가장 낮다. M. Reimann,

B. Vriens, and F. Hammes, "Biofilms in Shower Hoses," *Water Research* 131 (2018): 274–286의 그림 4b 참조.

14. 현대의 대학은 단과 대학들로 구성되어 있다(예를 들면 내가 있는 대학교는 인문사회과학 대학[CHASS], 농업생명과학 대학[CALS] 등 많은 단과 대학들로 이루어져 있다). 각 단과 대학의 책임자는 학장이다. 하지만 학장 혼자 일하지는 않는다. 그 또는 그녀의 밑에는 부학장이 있다. 부학장도 혼자 일하지 않는다. 그들에게는 학과장이 있다. 어떤 곳에는 부학과장도 있다. 모든 벼룩에게는 더 작은 벼룩이 붙어 있듯이 각 장의 밑에는 또 더 낮은 직위의 장이 있다.

15. E. Ludes and J. R. Anderson, "'Peat-Bathing' by Captive White-Faced Capuchin Monkeys (*Cebus capucinus*)," *Folia Primatologica* 65, no. 1 (1995): 38–42.

16. P. Zhang, K. Watanabe, and T. Eishi, "Habitual Hot Spring Bathing by a Group of Japanese Macaques (Macaca fuscata) in Their Natural Habitat," *American Journal of Primatology* 69, no. 12 (2007): 1425–1430.

17. 독일 라이프치히에 위치한 막스 플랑크 연구소에서 할마르 퀴엘과 나눈 대화를 통해서 알게 된 사실이다. 퀴엘과 그의 동료들은 침팬지를 관찰하며 많은 시간을 보냈다.

18. 손 씻기와 깨끗한 식수에 비해 목욕이나 샤워는 위생보다 미의식, 문화와 더 관련이 깊다. 장기 우주 계획의 가능성을 검토하던 NASA는 우주 비행사들이 같은 옷을 입고 오랜 시간을 보내야 한다는 사실을 깨달았다. 그들은 몸을 씻지도, 옷을 갈아입지도 않은 채 훈련과 실제 임무에 며칠, 그리고 다시 몇 주일을 보내야 했다. 옷은 낡고, 피부에는 종기가 생겼다. 피지가 뭉쳐서 단단해지기 시작했다. 즉 여러분이 손을 씻고 몸을 깨끗이만 관리하면 너무 자주 샤워나 목욕을 할 필요가 없지만, 그래도 우주 비행사들보다는 자주 씻어야 한다는 뜻이다. 적어도 그 우주 비행사들보다는 자주 씻어야 한다. 다음의 장을 참조하라. "Houston, We Have a Fungus" in M. Roach, *Packing for Mars: The Curious Science of Life in the Void* (New York: W. W. Norton, 2011).

19. 예를 들면, W. A. Fairservis, "The Harappan Civilization: New Evidence and More Theory," *American Museum Novitates*, no. 2055 (1961) 참조.

20. 지금 생각하면 아주 현대적인 사건이지만, 로마의 코모두스 황제는 수많은 군중들 앞에서 타조와 대결을 벌인 적이 있다. 타조는 줄에 묶여 있었고, 황제는 알몸이었다. 타조를 해치운 코모두스는 그 머리를 맨 앞에 앉아 있던 원로원 의원들 앞에서 높이 들어올렸다. 의원 중 한 명인 디오는 나중에 이때를 자신의 인생에서 가장 힘든 순간 가운데 하나였다고 묘사했다. 웃음을 참기 위해서 어마어마한 의지력을 발휘해야 했던 것이다. 심지어 웃음을 터뜨리지 않으려고 자신이 쓰고 있던 월계관에서 월계수 잎을 뜯어 입 안에 넣기까지 했다. M. Beard, *Laughter in Ancient Rome: On Joking, Tickling, and Cracking Up* (Oakland: University of California Press, 2014) 참조.

21. G. G. Fagan, "Bathing for Health with Celsus and Pliny the Elder," *Classical Quarterly* 56, no. 1 (2006): 190–207.

22. 과거에는 소아시아의 도시였고 지금은 터키에 속하는 사갈라소스에서 발굴된 로마 시대 목욕탕의 변소에서는 회충(아스카리스속[*Ascaris*])의 알과 원생생물인 글라르디아 두오데날리스(*Glardia duodenalis*)의 흔적이 나왔다. F. S. Williams, T. Arnold-Foster, H. Y. Yeh, M. L. Ledger, J. Baeten, J. Poblome, and P. D. Mitchell, "Intestinal Parasites from the 2nd-5th Century AD Latrine in the Roman Baths at Sagalassos (Turkey)," *International Journal of Paleopathology* 19 (2017): 37-42.

23. 르네상스 시대 초기에 이탈리아와 북유럽에서는 물속에 있는 남성의 누드화가 인기를 끌었다. 그리스와 로마 시대의 묘사를 연상시키는 장면이었지만 거의 대부분 몸을 씻기 보다는 그냥 헤엄을 치는 남성의 모습을 소재로 했다. 알브레히트 뒤러(1471-1528)의 판화 한 장은 예외에 속하는데, 이 판화에서 뒤러는 자신과 세 명의 친구들이 독일에 있는 남성용 목욕탕 안에 있는 모습을 묘사했다. 이런 목욕탕은 목욕과 사교의 용도 모두로 사용되었다. 다만 뒤러의 판화가 제작되기 직전 뉘른베르크의 목욕탕들이 매독의 전파로 문을 닫은 것을 보면 목욕만큼이나 사교의 용도도 컸던 것 같다. S. S. Dickey, "Rembrandt's 'Little Swimmers' in Context," in *Midwest Arcadia: Essays in Honor of Alison Kettering* (2015), doi:10.18277/makf.2015.05 참조.

24. 바이킹만은 예외였다. 바이킹들은 잔인한 침략자들로, 그들의 군사적 승리는 그 잔인함 과 무기, 그리고 빠른 배를 바탕으로 했다. 또한 그들은 농부이기도 했다. 바이킹에 관해 서는 이 두 가지 특징이 잘 알려져 있고 기록으로도 많이 남아 있다. 하지만 바이킹들이 치장에 매우 신경을 썼다는 사실은 잘 알려져 있지 않다. 그들은 배를 타고 나가기 전에 잿물로 만든 비누를 사용해서 머리를 탈색했다(바이킹의 후손인 현대의 덴마크인들도 머리를 탈색한 채 자전거를 타고 코펜하겐을 누빈다). 또한 잿물로 만든 비누로 몸도 씻고 옷도 빨았다. 그 결과 바이킹의 몸과 옷은 암흑시대 다른 민족들의 그것과는 매우 달랐다. 영국 여왕의 몸보다 바이킹들의 몸에 이가 더 적었을 것이다.

25. F. Geels, "Co-evolution of Technology and Society: The Transition in Water Supply and Personal Hygiene in the Netherlands (1850-930)—Case Study in Multi-level Perspective," *Technology in Society* 27, no. 3 (2005): 363-397.

26. 그렇다, 병에 든 생수에도 세균이 있다. 그러니까 그냥 세균을 사랑하는 법을 배우는 것이 낫다. S. C. Edberg, P. Gallo, and C. Kontnick, "Analysis of the Virulence Characteristics of Bacteria Isolated from Bottled, Water Cooler, and Tap Water," *Microbial Ecology in Health and Disease* 9, no. 2 (1996): 67-77. 일부 연구에서는 병에 든 생수에 수돗물보다 더 높은 농도의 세균이 포함되어 있다는 사실이 밝혀지기도 했다. J. A. Lalumandier and L. W. Ayers, "Fluoride and Bacterial Content of Bottled Water vs. Tap Water," *Archives of Family Medicine* 9, no. 3 (2000): 246.

27. 지구상에서 얼음이 아닌 액체 상태 민물의 94퍼센트는 지하수이다. C. Griebler and M. Avramov, "Groundwater Ecosystem Services: A Review," *Freshwater Science* 34, no. 1 (2014): 355-367.

28. 생물 다양성이 높은 대수층 안 바이러스의 운명은 조금 더 낫다(어떤 원생생물은 바이러스를 부숴서 열고 그 세포 안에 자신의 아미노산을 집어넣기도 한다).

29. 대수층 안에서 병원체가 죽는 방법들을 더 자세히 알고 싶다면 다음을 참고하라. J. Feichtmayer, L. Deng, and C. Griebler, "Antagonistic Microbial Interactions: Contributions and Potential Applications for Controlling Pathogens in the Aquatic Systems," *Frontiers in Microbiology* 8 (2017).

30. 점점 더 많은 곳에서(그리고 이대로만 간다면 앞으로 더욱더 많은 곳에서) 정수 처리장의 다양한 생태학적, 화학적 절차를 거쳐서 폐수를 수돗물로 바꾸고 있다.

31. F. Rosario-Ortiz, J. Rose, V. Speight, U. Von Gunten, and J. Schnoor, "How Do You Like Your Tap Water?" *Science* 351, no. 6276 (2016): 912-914.

32. 우리는 실험실에서 물 시음을 통해서 이런 요소들 중에서 어떤 것이 물맛에 가장 큰 영향을 미치는지(그리고 어떤 미생물이 물에 특별한 맛을 부여하는지도) 알아보면 어떨까 의논한 적이 있다. 아직 실행에 옮기지는 못했지만 가능한 일이다. 다음에 여러분이 물을 마시게 되면 그 맛을 음미해보라. 그리고 그 맛이 "토관 안에서 오래 묵은" 느낌의 맛인지, 혹은 "갑각류의 희미하고 달콤한 맛"인지를 생각해보라.

33. L. M. Feazel, L. K. Baumgartner, K. L. Peterson, D. N. Frank, J. L. Harris, and N. R. Pace, "Opportunistic Pathogens Enriched in Showerhead Biofilms," *Proceedings of the National Academy of Sciences* 106, no. 38 (2009): 16393-16399.

34. S. O. Reber, P. H. Siebler, N.C. Donner, J. T. Morton, D. G. Smith, J. M. Kopelman, K. R. Lowe, et al., "Immunization with a Heat-Killed Preparation of the Environmental Bacterium Mycobacterium vaccae Promotes Stress Resilience in Mice," *Proceedings of the National Academy of Sciences* 113, no. 22 (2016): E3130-3139.

6 너무 많아서 생기는 문제

1. S. Nash, "The Plight of Systematists: Are They an Endangered Species?" October 16, 1989, https://www.the-scientist.com/?articles.view/articleNo/10690/title/The-Plight-Of-Systematists—Are-They-An-Endangered-Species-/. 더 최근에 나온 같은 주제의 글도 참고할 것. L. W. Drew, "Are We Losing the Science of Taxonomy? As Need Grows, Numbers and Training Are Failing to Keep Up," *BioScience* 61, no. 12 (2011): 942-946.

2. 이런 데이터의 분석은 인내심과 코딩, 비전, 그리고 다시 추가적인 인내심이 필요한 어마어마하게 힘든 작업이다. 현재 애리조나 대학교에 있는 앨버트 바버란이 이 작업을 수행했다. A. Barberan, R. R. Dunn, B. J. Reich, K. Pacifici, E. B. Laber, H. L. Menninger, J. M. Morton, et al., "The Ecology of Microscopic Life in Household Dust," *Proceedings of the Royal Society B: Biological Sciences* 282, no. 1814 (2015): 20151139 참조. A. Barberan, J. Ladau, J. W. Leff, K. S. Pollard, H. L. Menninger, R. R. Dunn, and N. Fierer, "Continental-Scale Distributions of Dust-Associated Bacteria and Fungi,"

Proceedings of the National Academy of Sciences 112, no. 18 (2015): 5756-5761도 참조. 궁극적으로는 진균뿐 아니라 지의류를 포함해서 진균과 상리 공생관계를 맺고 있는 생물들도 조사해볼 수 있을 것이다. E. A. Tripp, J. C. Lendemer, A. Barberan, R. R. Dunn, and N. Fierer, "Biodiversity Gradients in Obligate Symbiotic Organisms: Exploring the Diversity and Traits of Lichen Propagules across the United States," *Journal of Biogeography* 43, no. 8 (2016): 1667-1678 참조.

3. 우리 팀의 누구도 진균 분류학 교육을 받은 적이 없기 때문에 배양에 성공하더라도 우리가 찾아낸 새로운 종에 이름을 붙일 수 없다. 새로운 종의 명명에는 비르기테와 같은 기술을 갖춘 사람이 필요한데 비르기테처럼 기술을 갖춘 사람들은 보통 굉장히 바쁘다.

4. V. A. Robert and A. Casadevall, "Vertebrate Endothermy Restricts Most Fungi as Potential Pathogens," *Journal of Infectious Diseases* 200, no. 10 (2009): 1623-1626.

5. 우리가 집 안에서 찾아낸 DNA의 주인인 진균의 상당수는 죽어 있었을 것이다. 우연히 집 안으로 흘러들어와 자리를 잡았다가, 우리가 사는 침실이나 주방 같은 적대적인 환경을 견디지 못하고 죽은 것이다. 이런 진균들은 증식하지도 못하고, 대사를 통해서 우리를 질병에 걸리게 하는 새로운 물질을 생산하지도 못한다. 알레르기 유발 항원을 생산하지 못하는 이 진균들은 우리가 발견할 수는 있어도 그다지 중요하지는 않은 유령 같은 존재들이다. 집 안에 있는 다른 진균종들은 포자 상태로 조용히 숨은 채 성장할 수 있는 적절한 환경이 갖춰지기만을 기다리고 있다. 먹이와 물의 완벽한 조합, 혹은 많은 경우 그저 적당한 양의 물만 있으면 된다.

6. N. S. Grantham, B. J. Reich, K. Pacifici, E. B. Laber, H. L. Menninger, J. B. Henley, A. Barberan, J. W. Leff, N. Fierer, and R. R. Dunn, "Fungi Identify the Geographic Origin of Dust Samples," *PLoS One* 10, no. 4 (2015): e0122605.

7. 이 단순해 보이는 진술에도 예외가 있다. 러시아에서 이루어진 한 연구에서는 집 안에 사는 진균종과 인간의 피부에 사는 세균이 국제우주정거장의 외부(그렇다, 외부이다!)에 노출되고도 13개월 이상 살아남았다. V. M. Baranov, N. D. Novikova, N. A. Polikarpov, V. N. Sychev, M. A. Levinskikh, V. R. Alekseev, T. Okuda, M. Sugimoto, O. A. Gusev, and A. I. Grigor'ev, "The Biorisk Experiment: 13-Month Exposure of Resting Forms of Organism on the Outer Side of the Russian Segment of the International Space Station: Preliminary Results," *Doklady Biological Sciences* 426, no. 1 (2009): 267-270. MAIK Nauka/Interperiodica.

8. 예를 들면 호열성 세균이 자라는 데에 필요한 높은 온도에서는 배양이 이루어진 적이 없었던 것으로 보인다. 또다른 이유로 배양이 어렵거나 불가능한 세균 또는 진균을 고려하여 샘플을 채취한 적도 없었다.

9. 게다가 미르 위의 진균은 지구상의 친척들보다 네 배나 더 빠르게 증식했다. 그 이유는 미스터리로 남아 있다. N. D. Novikova, "Review of the Knowledge of Microbial

Contamination of the Russian Manned Spacecraft," *Microbial Ecology* 47, no. 2 (2004): 127-132 참조. 이 진균들은 일종의 주기를 가지는 것으로 보였다. 다만 지구의 계절과 관련이 없는 곳에서 왜 그런 주기를 가지는지는 아직 연구되지 않았다. 노비코바는 이 주기가 우주정거장 내의 방사선 수치와 관련이 있다고 생각하지만 왜 방사선 수치가 그런 식으로 진균에 영향을 미치는 확실하지 않다.

10. O. Makarov, "Combatting Fungi in Space," *Popular Mechanics*, January 1, 2016, 42-46.

11. Novikova, "Review of the Knowledge of Microbial Contamination of the Russian Manned Spacecraft," 127-132.

12. T. A. Alekhova, N. A. Zagustina, A. V. Aleksandrova, T. Y. Novozhilova, A. V. Borisov, and A. D. Plotnikov, "Monitoring of Initial Stages of the Biodamage of Construction Materials Used in Aerospace Equipment Using Electron Microscopy," *Journal of Surface Investigation: X-ray, Synchrotron and Neutron Techniques* 1, no. 4 (2007): 411-416.

13. 미르에서는 보트리티스(*Botrytis*)도 발견되었다. 포도를 감염시키는 이 균은 어쩌면 포도주를 타고 산 채로 들어왔을지도 모른다.

14. 욕실 안에 사는 또다른 분홍색 진균인 세라티아 마르케스켄스(*Serratia marcescens*)는 변기나 세면대처럼 항상 젖어 있는 장소에 흔하다. 세라티아도 미르에서 발견되었다. 이 두 가지 진균이 분홍색을 띠는 것은 자외선으로부터 보호해주는 물질 때문이다. 말하자면 진균의 선크림인 셈이다. 로도토룰라(*Rhodotorula*)는 공기 중에서 질소를 섭취할 수 있기 때문에 생물이 살 수 없을 것 같은 장소에서도 살아갈 수 있다.

15. N. Novikova, P. De Boever, S. Poddubko, E. Deshevaya, N. Polikarpov, N. Rakova, I. Coninx, and M. Mergeay, "Survey of Environmental Biocontamination on Board the International Space Station," *Research in Microbiology* 157, no. 1 (2016): 5-12.

16. 칸디다속(*Candida*)의 종들, 크립토코쿠스 오에이렌시스(*Cryptococcus oeirensis*), 페니실륨 콘켄트리쿰(*Penicillium concentricum*), 그리고 맥주 효모(사카로미케스 케레비시아이[*Saccharomyces cerevisiae*])가 여기에 포함된다. 사람이 많이 사는 집에는 로도토룰라 무킬라기노사(*Rhodotorula mucilaginosa*)와 키스토필로바시듐 카피타툼(*Cystofilobasidium capitatum*)이 더 흔했는데, 두 가지 모두 청소가 자주 이루어지는 화장실처럼 스트레스가 심한 환경에서도 잘사는 종이다.

17. 에어컨과 관련된 몇 가지 다른 진균종도 있는데 그중에는 목재를 썩게 만드는 피시스포리누스 비트레우스(*Physisporinus vitreus*)도 있다. 이런 관련성에 관해서는 연구가 더 필요하다.

18. 에어컨을 더 자주 사용할수록 그 안에 진균도 더 많이 축적된다. 진균이 에어컨을 통해서 집 안에 퍼지는 것을 막으려면 필터를 진공청소기나 비누로 닦아내는 것이 도움이 된다. 또한 에어컨은 작동 이후 첫 10분 동안 가장 많은 진균을 퍼뜨리기 때문에 어떤 과학자들은 에어컨을 켤 때마다 창문을 열 것을 추천하기도 한다. 혹은 에어컨을 아예 끄고 창문을 여는 방법도 있다. 그러면 다양한 종류의 환경 세균이 바람을 타고 들어오는

이득을 누릴 수 있다. N. Hamada and T. Fujita, "Effect of Air-Conditioner on Fungal Contamination," *Atmospheric Environment* 36, no. 35 (2002): 5443-448.

19. "내가 알기로"라고 말한 것은 종종 ISS로 실험 과제들이 올라가는데 그 안에 셀룰로스와 리그닌이 포함되어 있을 가능성이 높기 때문이다. 클린트 페닉은 내 연구실에서 박사후 연구원으로 있던 시절, 나의 친구이자 이웃인 엘리너 스파이서 라이스와 함께 주름개미속(*Tetramorium*)의 도로개미를 채집한 후에 ISS로 보내서 한동안 생활하게 하는 연구를 한 적이 있다. 이 개미들과 함께 노스캐롤라이나의 수많은 진균과 세균이 따라갔을 것이고, 그중 일부는 셀룰로스와 리그닌을 분해하는 능력이 있었을 것이다.

20. 실제로는 이들이 먼지 속에 드물었던 이유가 여러 가지 있을 수 있다. 원래 집 안에서 드문 종일 수도 있고, 염기 서열 분석 기법과 관련된 문제일 수도 있다. 하지만 어느 쪽도 그다지 흥미로운 가능성으로 판명되지는 못했을 것이다.

21. 비르기테는 카이토미움(*Chaetomium*), 페니실륨, 무코르, 아스페르길루스 속의 종들을 찾아냈다.

22. 무코르 속의 종들은 인간이 사는 집 안뿐 아니라 말벌의 둥지 안에서도 발견되었다. 진균과 집(그리고 둥지)의 관계는 어쩌면 인류의 역사보다 더 오래되었으며, 말벌이 처음 둥지를 짓던 수천만 년 전까지 거슬러올라갈 수 있을지도 모른다. A. A. Madden, A. M. Stchigel, J. Guarro, D. Sutton, and P. T. Starks, "Mucor nidicola sp. nov., a Fungal Species Isolated from an Invasive Paper Wasp Nest," *International Journal of Systematic and Evolutionary Microbiology* 62, no. 7 (2012): 1710-1714. 말벌 둥지 건축의 진화에 관한 아름다운 연구를 보고 싶다면 다음을 참고할 것. R. L. Jeanne, "The Adaptiveness of Social Wasp Nest Architecture," *Quarterly Review of Biology* 50, no. 3 (1975): 267-287.

23. 카이토미움은 미르의 표면에서 자라는 것이 발견되었지만 공기 중에는 없었다. 페니실륨 종은 미르의 곳곳에 존재했다(샘플의 80퍼센트 가까이에서 나왔다). 무코르는 미르 샘플의 1-2퍼센트 정도에 존재했다. 아스페르길루스는 미르의 표면 샘플 중 40퍼센트, 공기 샘플 중 76.6퍼센트에서 나왔다.

24. 24. P. F. E. W. Hirsch, F. E. W. Eckhardt, and R. J. Palmer Jr., "Fungi Active in Weathering of Rock and Stone Monuments," *Canadian Journal of Botany* 73, no. S1 (1995): 1384-1390.

25. 대부분의 흰개미는 리그닌을 분해할 수 없지만 그런 능력을 가진 세균과 원생생물들을 장 속에 품고 다니면서 이 문제를 해결한다. 자연에서 흰개미와 그들이 기르는 미생물의 작용은 숲과 초원의 유지에 필수적이다. 흰개미들이 분해 속도를 더 빠르게 함으로써 나무와 풀들이 더 빨리 자라기 때문에 전반적으로 더 건강하고 기능적인 생태계가 유지되는 것이다. 하지만 우리가 집을 지을 때는 이 과정을(그리고 흰개미들도) 최대한 오랫동안 막아내고 싶어한다. 과일이나 고기를 먹기 전까지 최대한 오래 싱싱하게 보관해두려는 것과 마찬가지이다.

26. 아르트리늄 파이오스페르뭄(*Arthrinium phaeospermum*), 아우레오바시듐 풀룰란스

(*Aureobasidium pullulans*), 클라도스포륨 헤르바룸(*Cladosporium herbarum*), 트리코데르마속(*Trichoderma*)의 종들, 알테르나리아 테누이시마(*Alternaria tenuissima*), 푸사륨속(*Fusarium*)의 종들, 글리오클라듐속(*Gliocladium*)의 종들, 로도토룰라 무킬라기노사(*Rhodotorula mucilaginosa*), 트리코스포론 풀룰란(*Trichosporon pullulan*)이 여기에 포함된다. 이러한 진균들은 우주정거장에도 미르에도 거의 존재하지 않았다. 우주정거장에는 나무로 만들어진 부분이 별로 없다는 사실을 생각하면 당연한 일인지도 모른다.

27. H. Kauserud, H. Knudsen, N. Hogberg, and I. Skrede, "Evolutionary Origin, Worldwide Dispersal, and Population Genetics of the Dry Rot Fungus Serpula lacrymans," *Fungal Biology Reviews* 26, nos. 2-3 (2012): 84-93.

28. 페니실륨, 카이토미움, 울로클라듐(*Ulocladium*) 등이 있었다.

29. R. I. Adams, M. Miletto, J. W. Taylor, and T. D. Bruns, "Dispersal in Microbes: Fungi in Indoor Air Are Dominated by Outdoor Air and Show Dispersal Limitation at Short Distances," *ISME Journal* 7, no. 7 (2013): 1262-1273.

30. D. L. Price and D. G. Ahearn, "Sanitation of Wallboard Colonized with *Stachybotrys chartarum*," *Current Microbiology* 39, no. 1 (1999): 21-26.

31. 타이론 헤이스와 같은 경우도 있었다. 타이론은 연구를 통해서 제초제가 동물에게 해를 끼친다는 사실을 발견했다. 그 결과 『뉴요커』지에서 레이처 아비브가 묘사한 대로 "제초제 회사들이 그의 뒤를 쫓았는데", 결코 좋은 방식으로는 아니었다("A Valuable Reputation," February 10, 2014, www.newyorker.com/magazine/2014/02/10/a-valuable -reputation 참조).

32. 비르기테는 카이토미움에 푹 빠져 있다. 비르기테가 이메일로 이야기한 바에 따르면, 이 종은 언제나 그녀의 주변에 있었다. 한번은 그녀가 초등학교 때 사진을 보내준 적이 있다. 그 사진에는 화살표가 그려져 있었는데, 그 화살표는 비르기테 자신의 사진이 붙어 있던 종이에서 자라난 카이토미움 엘라툼(*Chaetomium elatum*)을 가리키고 있었다.

33. 흥미롭게도 이중 어떤 종도 국제우주정거장에서는 발견되지 않았다. 진균이 더 많은 미르에서도 마찬가지였다.

34. M. Nikulin, K. Reijula, B. B. Jarvis, and E.-L. Hintikka, "Experimental Lung Mycotoxicosis in Mice Induced by Stachybotrys atra," *International Journal of Experimental Pathology* 77, no. 5 (1996): 213-218.

35. I. Došn, B. Andersen, C. B. W. Phippen, G. Clausen, and K. F. Nielsen, "Stachybotrys Mycotoxins: From Culture Extracts to Dust Samples," *Analytical and Bioanalytical Chemistry* 408, no. 20 (2016): 5513-5526.

36. 비르기테의 연구에 등장하는 종들인 알테르나리아 알테르나테(*Alternaria alternate*), 아스페르길루스 푸미가투스(*Aspergillus fumigatus*), 클라도스포륨 헤르바룸(*Cladosporium herbarum*) 모두 우주정거장에도 존재했다. 이 진균들은 모두 알레르기와 연관이 있다.

37. A. Nevalainen, M. Taubel, and A. Hyvarinen, "Indoor Fungi: Companions and

Contaminants," *Indoor Air* 25, no. 2 (2015): 125-156.

38. C. M. Kercsmar, D. G. Dearborn, M. Schluchter, L. Xue, H. L. Kirchner, J. Sobolewski, S. J. Greenberg, S. J. Vesper, and T. Allan, "Reduction in Asthma Morbidity in Children as a Result of Home Remediation Aimed at Moisture Sources," *Environmental Health Perspectives* 114, no. 10 (2006): 1574.

7 먼 곳만 보는 생태학자

1. 아마도 방어를 위해서 죽였을 것이다. 최근 연구에 따르면 동굴곰들은 주로 초식을 했기 때문이다. 하지만 몸집이 작은 인간의 관점에서 볼 때 동굴에서 마주친 덩치 크고 성난 곰이 아무리 초식동물이라고 해도 덩치 크고 성난 곰이기는 마찬가지였을 것이다.

2. Camel cricket(꼽등이)이라는 이름이 베구앵 형제를 동굴로 이끈 프랑수아 카멜(Francois Camel)의 이름을 따서 지어진 것이라면 근사한 이야기가 될 것이다. 여러분이 원한다면 그것이 진실인 양 이야기할 의향도 있지만 사실 꼽등이가 camel cricket이라고 불리게 된 것은 그들의 등이 낙타(camel)의 혹처럼 둥글게 굽어 있기 때문이다.

3. 현재 프랑스의 피레네 지방에서는 꼽등이가 발견되지 않는다는 점은 또다른 의문을 불러일으킨다. 이 꼽등이를 묘사한 초기 인류는 어디에서 꼽등이를 본 것일까? 한 가지 가능성은 과거에는 프랑스 피레네 지방에 꼽등이가 살았지만 지금은 살지 않게 되었다는 것이다. 하지만 유력한 가능성은 못 된다. 당시 프랑스의 동굴은 지금보다 더 추웠을 것이고 현재 프랑스에는 트로글로필루스속 꼽등이가 서식하지 않는다. 꼽등이는 훨씬 더 남쪽에서만 발견된다. 또다른 가능성은 그림을 그린 화가가 남쪽 지방에 있는 동굴에서 꼽등이를 본 후 기억에 의존해서 묘사했으리라는 것이다. 어쩌면 화가가 다른 곳에서 그림을 그린 후에 그곳으로 옮겨왔을지도 모른다.

4. S. Hubbell, *Broadsides from the Other Orders* (New York: Random House, 1994).

5. 꼽등이의 먹이로부터 꼽등이의 포식자로 이어지는 사슬은 때로 복잡하고 기이해지기도 한다. 예를 들면 모양선충(hairworm)은 꼽등이의 몸과 의지를 모두 조종할 수 있다. T. Sato, M. Arizono, R. Sone, and Y. Harada, "Parasite-Mediated Allochthonous Input: Do Hairworms Enhance Subsidized Predation of Stream Salmonids on Crickets?" *Canadian Journal of Zoology* 86, no. 3 (2008): 231-235. Y. Saito, I. Inoue, F. Hayashi, and H. Itagaki, "A Hairworm, *Gordius* sp., Vomited by a Domestic Cat," *Nihon Juigaku Zasshi: The Japanese Journal of Veterinary Science* 49, no. 6 (1987): 1035-1037 참조.

6. MJ의 추천서에도 쓰여 있듯이 그녀는 아주 재능 있는 바이올린 연주자이기도 하다. 그녀의 연주를 다음에서 확인할 수 있다. https://youtu.be/aVXG5koU9G4.

7. 연구원들이 마치 퍼레이드를 하듯이 집 안으로 들어가는 풍경에 선례가 없었던 것은 아니다. 현대 분류학의 아버지이자 집 안에서 흔히 발견되는 수많은 절지동물 종에 이름을 붙인 장본인인 린네는 실제로 탐사를 떠날 때에 악단을 앞세웠다. 그들이 함께 걸어갈 때에 연주했던 북이 지금까지 보존되어 있다. B. Jonsell, "Daniel Solander—he Perfect

Linnaean; His Years in Sweden and Relations with Linnaeus," *Archives of Natural History* 11, no. 3 (1984): 443-450 참조.

8. 곤충학자들은 곤충의 생식기를 들여다보며 많은 시간을 보낸다. 이런 현실과 곤충학자들이 애정과 감사를 표시하는 독특한 방식이 결합되어 흔치 않은 상황으로 이어지곤 한다. 예를 들면 내 친구인 댄 심벌로프는 최근 칼새의 몸에 사는 새로운 종의 이(louse)를 발견한 후에 자신의 이름을 붙였다. 이런 일에 자부심을 느끼는 것은 당연하지만 한편으로는 이 새로운 종 덴니우스 심벌로프(*Dennyus simberloff*)를 다른 근연종들과 구별시켜주는 특징이 보통 작은 생식기, 넓은 머리와 항문이라는 점도 언급하지 않을 수 없다. D. Clayton, R. Price, and R. Page, "Revision of *Dennyus* (*Collodennyus*) Lice (Phthiraptera: Menoponidae) from Swiftlets, with Descriptions of New Taxa and a Comparison of Host-arasite Relationships," *Systematic Entomology* 21, no. 3 (1996): 179-204 참조.

9. 곤충학자들에게 사후 세계라는 것이 있다면 격무에 시달리는 신이 그들의 상태를 보고 핀으로 꽂아둘지 말지를 결정하기 전까지 한동안 병 안에 갇혀 있어야 할 것이다.

10. A. A. Madden, A. Barberan, M. A. Bertone, H. L. Menninger, R. R. Dunn, and N. Fierer, "The Diversity of Arthropods in Homes across the United States as Determined by Environmental DNA Analyses," *Molecular Ecology* 25, no. 24 (2016): 6214-6224.

11. 말벌과 진딧물의 관계를 처음 관찰한 사람은 레이우엔훅이었다. 그는 델프트의 집 앞에 있는 진딧물을 관찰했다. F. N. Egerton, "A History of the Ecological Sciences, Part 19: Leeuwenhoek's Microscopic Natural History," *Bulletin of the Ecological Society of America* 87 (2006): 47-58 참조.

12. 예를 들면 E. Panagiotakopulu, "New Records for Ancient Pests: Archaeoentomology in Egypt," *Journal of Archaeological Science* 28, no. 11 (2001): 1235-1246; E. Panagiotakopulu, "Hitchhiking across the North Atlantic—nsect Immigrants, Origins, Introductions and Extinctions," *Quaternary International* 341 (2014): 59-68; E. Panagiotakopulu, P. C. Buckland, and B. J. Kemp, "Underneath Ranefer's Floors—rban Environments on the Desert Edge," *Journal of Archaeological Science* 37, no. 3 (2010): 474-481; E. Panagiotakopulu and P. C. Buckland, "Early Invaders: Farmers, the Granary Weevil and Other Uninvited Guests in the Neolithic," *Biological Invasions* 20, no. 1 (2018): 219-233 참조.

13. A. Bain, "A Seventeenth-Century Beetle Fauna from Colonial Boston," *Historical Archaeology* 32, no. 3 (1998): 38-48.

14. E. Panagiotakopulu, "Pharaonic Egypt and the Origins of Plague," *Journal of Biogeography* 31, no. 2 (2004): 269-275.

15. 이것에 대해서 더 자세히 알고 싶다면 다음을 참고할 것. J. B. Johnson and K. S. Hagen, "A Neuropterous Larva Uses an Allomone to Attack Termites," *Nature* 289 (5797): 506.

16. E. A. Hartop, B. V. Brown, R. Henry, and L. Disney, "Opportunity in Our Ignorance: Urban Biodiversity Study Reveals 30 New Species and One New Nearctic Record for Megaselia (Diptera: Phoridae) in Los Angeles (California, USA)," *Zootaxa* 3941, no. 4 (2015): 451–484.

17. E. A. Hartop, B. V. Brown, R. Henry, and L. Disney, "Flies from LA, the Sequel: A Further Twelve New Species of Megaselia (Diptera: Phoridae) from the BioSCAN Project in Los Angeles (California, USA)," *Biodiversity Data Journal* 4 (2016).

18. J. A. Feinberg, C. E. Newman, G. J. Watkins-Colwell, M. D. Schlesinger, B. Zarate, B. R. Curry, H. B. Shaffer, and J. Burger, "Cryptic Diversity in Metropolis: Confirmation of a New Leopard Frog Species (Anura: Ranidae) from New York City and Surrounding Atlantic Coast Regions," *PLoS One* 9, no. 10 (2014): e108213; J. Gibbs, "Revision of the Metallic *Lasioglossum* (Dialictus) of Eastern North America (Hymenoptera: Halictidae: Halictini)," *Zootaxa* 3073 (2011): 1–216; D. Foddai, L. Bonato, L. A. Pereira, and A. Minelli, "Phylogeny and Systematics of the Arrupinae (Chilopoda Geophilomorpha Mecistocephalidae) with the Description of a New Dwarfed Species," *Journal of Natural History* 37 (2003): 1247–267, https://doi.org/10.1080/00222930210121672.

19. Y. Ang, G. Rajaratnam, K. F. Y. Su, and R. Meier, "Hidden in the Urban Parks of New York City: Themira lohmanus, a New Species of Sepsidae Described Based on Morphology, DNA Sequences, Mating Behavior, and Reproductive Isolation (Sepsidae, Diptera)," *ZooKeys* 698 (2017): 95.

20. 다음의 책이다. H. W. Greene, *Tracks and Shadows: Field Biology as Art* (Berkeley: University of California Press, 2013).

21. I. Kant, *Critique of Judgment. 1790*, trans. W. S. Pluhar (Indianapolis: Hackett 212, 1987) 참조.

8 꼴등이가 무슨 도움이 된다고?

1. 동굴 생물의 또다른 특징은 먹이 없이도 오랫동안 생존할 수 있는 능력이다. 한 민족학자는 줄루족의 집에 좀(레피스마속[*Lepisma*]의 종으로 롤리에서도 흔히 발견된다)이 많다는 사실을 발견했다. 그는 호기심으로 이 좀을 잡아 포도주 잔 안에 가뒀고, 그 안에서 좀은 잔 바닥의 먼지 말고는 아무런 양분도 없는 상태에서 석 달 이상을 살아남았다. L. Grout, *Zulu-Land; or, Life among the Zulu-Kafirs of Natal and Zulu-Land, South Africa* (London: Trubner & Co., 1860) 참조.

2. A. J. De Jesus, A. R. Olsen, J. R. Bryce, and R. C. Whiting, "Quantitative Contamination and Transfer of Escherichia coli from Foods by Houseflies, Musca domestica L. (Diptera: Muscidae)," International Journal of Food Microbiology 93, no. 2 (2004): 259–262 참조. N. Rahuma, K. S. Ghenghesh, R. Ben Aissa, and A. Elamaari, "Carriage by the Housefly

(Musca domestica) of Multiple-Antibiotic-Resistant Bacteria That Are Potentially Pathogenic to Humans, in Hospital and Other Urban Environments in Misurata, Libya," *Annals of Tropical Medicine and Parasitology* 99, no. 8 (2005): 795‒802도 참조.

3. 진화생물학자들은 이것을 세균(공생자)이 더 나중에 하게 되는 2차 내부 공생과 구별하기 위해서 "1차 내부 공생"이라고 부른다.

4. J. J. Wernegreen, S. N. Kauppinen, S. G. Brady, and P. S. Ward, "One Nutritional Symbiosis Begat Another: Phylogenetic Evidence That the Ant Tribe Camponotini Acquired Blochmannia by Tending Sap-Feeding Insects," *BMC Evolutionary Biology* 9, no. 1 (2009): 292; R. Pais, C. Lohs, Y. Wu, J. Wang, and S. Aksoy, "The Obligate Mutualist Wigglesworthia glossinidia Influences Reproduction, Digestion, and Immunity Processes of Its Host, the Tsetse Fly," *Applied and Environmental Microbiology* 74, no. 19 (2008): 5965‒5974. G. A. Carvalho, A. S. Correa, L. O. de Oliveira, and R. N. C. Guedes, "Evidence of Horizontal Transmission of Primary and Secondary Endosymbionts between Maize and Rice Weevils (Sitophilus zeamais and Sitophilus oryzae) and the Parasitoid Theocolax elegans," *Journal of Stored Products Research* 59 (2014): 61‒65도 참조. A. Heddi, H. Charles, C. Khatchadourian, G. Bonnot, and P. Nardon, "Molecular Characterization of the Principal Symbiotic Bacteria of the Weevil Sitophilus oryzae: A Peculiar G+ C Content of an Endocytobiotic DNA," *Journal of Molecular Evolution* 47, no. 1 (1998): 52‒61도 참조.

5. C. M. Theriot and A. M. Grunden, "Hydrolysis of Organophosphorus Compounds by Microbial Enzymes," Applied Microbiology and Biotechnology 89, no. 1 (2011): 35‒43.

6. 이 종은 파이니바실루스 글루카놀리티쿠스 SLM1(*Paenibacillus glucanolyticus* SLM1)이었다. 스테파니와 에이미는 노스캐롤라이나 주립대학교의 제지용 펄프 제조 시범 시설 안에 있던 오래된 흑액 저장 탱크 안에서 이 종을 분리해냈다. 그렇다, 이 대학교에는 제지용 펄프 제조 시범 시설이 있다.

7. 그리고 자연의 능력, 특히 세균의 문제 해결 능력에 대한 강한 믿음도 근거가 되었다.

8. 미세한 선충류처럼 절지동물이 아닌 무척추동물들을 조사해볼 수도 있다. 현미경으로 보아야 하는 크기의 선충류는 집 안에 매우 높은 밀도로 존재하고 있어서 만약 이 벌레들이 눈에 보인다면 집의 뼈대를 없애도 여전히 구불구불한 벌레들로 이루어진 집의 윤곽을 볼 수 있을 것이라고 한다. 이런 생물이 지닌 가능성을 연구해볼 수도 있다. 하지만 우리는 집 안의 선충류, 완보류, 그밖의 여러 종류의 생물들에 관한 어떤 연구도 찾을 수 없었다. 분명히 존재하는 생물들인데도 그 쓸모에 대한 연구는커녕 제대로 기록조차 되어 있지 않았다.

9. F. Sabbadin, G. R. Hemsworth, L. Ciano, B. Henrissat, P. Dupree, T. Tryfona, R. D. S. Marques, et al., "An Ancient Family of Lytic Polysaccharide Monooxygenases with Roles in Arthropod Development and Biomass Digestion," *Nature Communications* 9, no. 1 (2018): 756.

10. T. D. Morgan, P. Baker, K. J. Kramer, H. H. Basibuyuk, and D. L. J. Quicke, "Metals in Mandibles of Stored Product Insects: Do Zinc and Manganese Enhance the Ability of Larvae to Infest Seeds?" *Journal of Stored Products Research* 39, no. 1 (2003): 65‒75.

11. 노스캐롤라이나 주립대학교의 코비 샬과 아야코 와다-가츠마타는 팀을 이루어 곤충들이 더듬이 청소를 위해서 사용하는 이 털들을 연구했다. 그 결과 왕개미(캄포노투스 펜실바니쿠스[*Camponotus pennsylvanicus*]), 집파리, 독일바퀴 같은 곤충들이 더듬이를 닦으면 냄새를 더 잘 맡게 된다는 사실을 발견했다. 더듬이가 지저분하면 감각도 무뎌지는 것이다. K. Böröczky, A. Wada-Katsumata, D. Batchelor, M. Zhukovskaya, and C. Schal, "Insects Groom Their Antennae to Enhance Olfactory Acuity," *Proceedings of the National Academy of Sciences* 110, no. 9 (2013): 3615‒3620.

12. E. L. Zvereva, "Peculiarities of Competitive Interaction between Larvae of the House Fly Musca domestica and Microscopic Fungi," Zoologicheskii Zhurnal 65 (1986): 1517‒1525. K. Lam, K. Thu, M. Tsang, M. Moore, and G. Gries, "Bacteria on Housefly Eggs, Musca domestica, Suppress Fungal Growth in Chicken Manure through Nutrient Depletion or Antifungal Metabolites," *Naturwissenschaften* 96 (2009): 1127‒1132도 참조.

13. D. A. Veal, Jane E. Trimble, and A. J. Beattie, "Antimicrobial Properties of Secretions from the Metapleural Glands of Myrmecia gulosa (the Australian Bull Ant)," *Journal of Applied Microbiology* 72, no. 3 (1992): 188‒194.

14. C. A. Penick, O. Halawani, B. Pearson, S. Mathews, M. M. Lopez-Uribe, R. R. Dunn, and A. A. Smith, "External Immunity in Ant Societies: Sociality and Colony Size Do Not Predict Investment in Antimicrobials," *Royal Society Open Science* 5, no. 2 (2018): 171332.

15. I. Stefanini, L. Dapporto, J.-L. Legras, A. Calabretta, M. Di Paola, C. De Filippo, R. Viola, et al. "Role of Social Wasps in Saccharomyces cerevisiae Ecology and Evolution," *Proceedings of the National Academy of Sciences* 109, no. 33 (2012): 13398‒13403.

16. 이 연구가 가능했던 것은 새롭고 흥미로운 효모들을 잘 알고, 그 소리를 듣고, 냄새를 맡고, 결국 찾아낼 수 있는 앤 매든의 능력과 존 셰파드의 맥주 양조 능력 덕분이었다. 이 연구에 대해서 더 알고 싶다면 다음의 웹사이트를 방문해보라. www.pbs.org/newshour/bb/wing-wasp-scientists-discover-new-beer-making-yeast/.

17. A. Madden, MJ Epps, T. Fukami, R. E. Irwin, J. Sheppard, D. M. Sorger, and R. R. Dunn, "The Ecology of Insect-Yeast Relationships and Its Relevance to Human Industry," *Proceedings of the Royal Society* B 285, no. 1875 (2018): 20172733.

18. E. Panagiotakopulu, "Dipterous Remains and Archaeological Interpretation," *Journal of Archaeological Science* 31, no. 12 (2004): 1675‒1684.

19. E. Panagiotakopulu, P. C. Buckland, P. M. Day, and C. Doumas, "Natural Insecticides

and Insect Repellents in Antiquity: A Review of the Evidence," *Journal of Archaeological Science* 22, no. 5 (1995): 705-710.

9 바퀴벌레의 골칫거리는 사람이다

1. R. E. Heal, R. E. Nash, and M. Williams, "An Insecticide-Resistant Strain of the German Cockroach from Corpus Christi, Texas," *Journal of Economic Entomology* 46, no. 2 (1953).

2. 몇몇 바퀴벌레 먹이와 벼룩용 스프레이/분말/알약에 사용된 물질인 피프로닐(fipronil)이 그런 경우였다. G. L. Holbrook, J. Roebuck, C. B. Moore, M. G. Waldvogel, and C. Schal, "Origin and Extent of Resistance to Fipronil in the German Cockroach, Blattella germanica (L.) (Dictyoptera: Blattellidae)," *Journal of Economic Entomology* 96, no. 5 (2003): 1548-1558 참조.

3. 이 살충제들은 워낙 강력해서 새와 아이들에게도 똑같이 위험했다(흔히 사용되는 높은 농도일 때는 더욱 그러했다). 레이첼 카슨이 『침묵의 봄(*Silent Spring*)』에서 이야기한 것도 바로 이 살충제들이었다. 하지만 이런 살충제도 독일바퀴를 죽일 만큼 강력하지는 못했다.

4. 그렇다, 플레전턴(Pleasanton)이 바퀴벌레와 다른 해충들을 연구하던 곳의 지명이다(해충을 연구하는 곳의 지명에 '쾌적한, 기분 좋은'이라는 뜻의 pleasant가 들어간다는 사실의 아이러니를 말하고 있는 것이다/옮긴이). 줄스는 이미 플레전턴에서 또다른 해충인 괭이벼룩(*Ctenocephalides felis*)을 연구하며 3년을 보낸 후였다. 괭이벼룩은 고대 이집트 아마르나의 집 안에도 존재했다. 줄스는 괭이벼룩의 유충이 피가 섞인 부모의 배설물 안에서 살아가며 주변 환경의 미생물과 대변의 미생물로부터 영양을 보충한다는 사실을 발견했다. J. Silverman and A. G. Appel, "Adult Cat Flea (Siphonaptera: Pulicidae) Excretion of Host Blood Proteins in Relation to Larval Nutrition," *Journal of Medical Entomology* 31, no. 2 (1993): 265-271. 참조.

5. 이런 이름의 대부분은 우리가 알아낸 바퀴벌레들의 역사와는 거의 아무런 관계도 없다. 예를 들면 미국바퀴의 원산지는 아프리카로 추정된다. 동양바퀴의 원산지도 아프리카로 이들은 페니키아인들과 함께, 그후에는 그리스인들과 함께, 그후에는 거의 모든 사람들과 함께 여행을 다닌 것으로 보인다. R. Schweid, *The Cockroach Papers: A Compendium of History and Lore* (Chicago: University of Chicago Press, 2015) 참조. J. A. G. Rehn, "Man's Uninvited Fellow Traveler—the Cockroach," *Scientific Monthly* 61 no. 145 (1945): 265-276도 참조.

6. 이들의 생활방식은 종마다 놀랍도록 다양하다. 많은 야생 바퀴 종은 주행성으로 낮에 활동을 하며 대개 숲속의 낙엽을 먹고 산다. 개미와 흰개미의 둥지 안에 얹혀사는 종도 많다. 어떤 종은 어미가 일종의 젖을 분비하여 새끼에게 먹인다. 어떤 종은 꽃의 수분을 돕는다. 게다가 최근의 연구에 따르면 흰개미는 바퀴의 진화 계보에서 사회성을 발달시

킨 특별한 계통이었음이 밝혀졌다. 즉 흰개미는 사회성을 기른 바퀴인 셈이다. R. R. Dunn, "Respect the Cockroach," *BBC Wildlife* 27, no. 4 (2009): 60. 참조.

7. 단위생식은 영어로 parthenogenesis이다. 그리스어로 parthenos는 '처녀'를 뜻하고 genesis 는 '창조'를 뜻한다.

8. 수리남바퀴(*Pycnoscelus surinamensis*)는 이런 습성을 극단적으로 발달시켰다. 야생에서 는 이 종의 수컷이 발견된 적이 없다. 실험실 군집 가운데에서는 가끔 수컷이 태어나지만 아무 능력도 없어서 곧 죽고 만다.

9. 물론 독일바퀴는 우리가 좋아하지 않는 나쁜 것들을 좋아하기도 한다. 이들은 시리얼, 우표, 커튼, 장정된 책, 반죽 등등 녹말 성분이 함유된 것이라면 거의 무엇이든 먹어치우 는 것으로 알려져 있다.

10. 독일바퀴는 다른 바퀴 종과 달리 혼자서는 잘 살지 못한다. 이들은 혼자가 되면 분리 증후군을 경험한다. 외로움과 약간의 존재론적 절망이 섞여 있는 것처럼 들리는 말이다. 혼자가 된 독일바퀴는 변태도, 성적인 성숙도 늦어진다. 또한 더 이상 바퀴로 살아가는 법을 모르는 것처럼 특이하게 행동하기 시작한다. 바퀴들이 일반적으로 하는 활동, 심지 어 바퀴들끼리의 교미에도 관심을 보이지 않게 된다. 독일바퀴의 외로움에 관한 자료는 아주 많지만 일단 다음을 읽어보기를 바란다. M. Lihoreau, L. Brepson, and C. Rivault, "The Weight of the Clan: Even in Insects, Social Isolation Can Induce a Behavioural Syndrome," *Behavioural Processes* 82, no. 1 (2009): 81-84.

11. 블라텔라속(*Blattella*)에 속하는 50여 종의 절반가량이 아시아에서 살고 있다.

12. 열대 아시아의 초기 농업 시대에 이런 일이 일어났을지도 모른다. 하지만 훨씬 더 나중 에 일어났을 수도 있다.

13. 독일바퀴의 가장 오래된 표본은 덴마크에서 나왔으니 덴마크인들 탓일 수도 있다. 하지 만 내 생각에 독일바퀴는 그보다 훨씬 더 일찍 유럽에 들어왔을 것으로 보인다. T. Qian, "Origin and Spread of the German Cockroach, Blattella germanica" (PhD diss., National University of Singapore, 2016). 참조.

14. 다만 바퀴벌레도 약간의 복수를 했다. 독일바퀴의 정식 명칭은 블라텔라 게르마니카 린네(*Blattella germanica* Linnaeus)이다. 종명 뒤에 붙은 Linnaeus는 명명자가 린네라는 뜻이다. 각 종에게 속명(*Blattella*)과 종명(*germanica*)을 붙이는 규칙과 마찬가지로 이 규칙 도 린네가 만든 것이다. 그 결과 독일바퀴가 어디를 가든 린네의 이름이 그 뒤에 영원히 따라다니게 되었다. 빈대, 집파리, 곰쥐(각각 *Cimex lectularis* Linnaeus, *Musca domestica* Linnaeus, *Rattus rattus* Linnaeus)를 비롯한 다른 여러 실내 종들도 마찬가지이다.

15. P. J. A. Pugh, "Non-indigenous Acari of Antarctica and the Sub-Antarctic Islands," *Zoological Journal of the Linnaean Society* 110, no. 3 (1994): 207-217.

16. 바퀴의 종류는 바깥의 기후와 지리학적 위치에 크게 좌우된다. 일부 바퀴 종은 열대 지방에서 더 잘 살고, 어떤 종은 추운 지방에서 더 잘 산다.

17. L. Roth and E. Willis, *The Biotic Association of Cockroaches*, Smithsonian Miscellaneous

Collections, vol. 141 (Washington, DC: Smithsonian Institution, 1960).

18. Qian, "Origin and Spread of the German Cockroach."

19. J. Silverman and D. N. Bieman, "Glucose Aversion in the German Cockroach, Blattella germanica," *Journal of Insect Physiology* 39, no. 11 (1993): 925-933.

20. 번식 속도가 보통 새로운 바퀴들이 건물 사이를 이동하는 속도보다 훨씬 더 빠르기 때문에 한 계통의 독일바퀴가 한 건물을 차지하면 또다른 계통은 그 다음 건물을 차지하는 경우가 많다.

21. J. Silverman and R. H. Ross, "Behavioral Resistance of Field-Collected German Cockroaches (Blattodea: Blattellidae) to Baits Containing Glucose," *Environmental Entomology* 23, no. 2 (1994): 425-430.

22. 그 예는 다음에서 볼 수 있다. J. Silverman and D. N. Bieman, "High Fructose Insecticide Bait Compositions," US Patent No. 5,547,955 (1996) 참조.

23. S. B. Menke, W. Booth, R. R. Dunn, C. Schal, E. L. Vargo, and J. Silverman, "Is It Easy to Be Urban? Convergent Success in Urban Habitats among Lineages of a Widespread Native Ant," *PLoS One* 5, no. 2 (2010): e9194.

24. S. Lengyel, A. D. Gove, A. M. Latimer, J. D. Majer, and R. R. Dunn, "Ants Sow the Seeds of Global Diversification in Flowering Plants," *PLoS One* 4, no. 5 (2009): e5480 참조. 또한 S. Lengyel, A. D. Gove, A. M. Latimer, J. D. Majer, and R. R. Dunn, "Convergent Evolution of Seed Dispersal by Ants, and Phylogeny and Biogeography in Flowering Plants: A Global Survey," *Perspectives in Plant Ecology, Evolution and Systematics* 12, no. 1 (2010): 43-55 참조. 같은 주제로 대벌레가 등장하는 독특한 연구를 보고 싶다면 다음의 논문을 보라. L. Hughes and M. Westoby, "Capitula on Stick Insect Eggs and Elaiosomes on Seeds: Convergent Adaptations for Burial by Ants," *Functional Ecology* 6, no. 6 (1992): 642-648.

25. 요한 볼프강 폰 괴테의 『파우스트』에서 악마는 스스로를 "쥐와 생쥐, 파리와 빈대, 개구리와 이의 주인"이라고 소개한다. 여기서 개구리만 빼면 현대의 주택 안에서 일어나는 자연선택을 소개하기에 딱 맞는 제목이 될 것이다. J. W. Goethe, *Faust: A Tragedy*, trans. B. Taylor (Boston: Houghton Mifflin, 1898), 1:86 참조.

26. V. Markó, B. Keresztes, M. T. Fountain, and J. V. Cross, "Prey Availability, Pesticides and the Abundance of Orchard Spider Communities," *Biological Control* 48, no. 2 (2009): 115-124. L. W. Pisa, V. Amaral-Rogers, L. P. Belzunces, J. M. Bonmatin, C. A. Downs, D. Goulson, D. P. Kreutzweiser, et al., "Effects of Neonicotinoids and Fipronil on Non-target Invertebrates," *Environmental Science and Pollution Research* 22, no. 1 (2015): 68-102 참조.

27. 우리가 집 안의 포식자들을 이용해서 해충을 통제하려고 한 최초의 종은 아니다. 둥지를 짓는 많은 종들이 그 둥지 안에 사는 다른 종들의 도움을 얻는다. 일부 부엉이는

둥지에 뱀을 물어와서 자신의 새끼를 위협하는 곤충들을 잡게 한다. 비슷하게 숲쥐의 둥지 안에서는 숲쥐를 괴롭히는 진드기를 먹고 사는 의갈(pseudoscorpion)들이 자주 발견된다. F. R. Gehlbach and R. S. Baldridge, "Live Blind Snakes (*Leptotyphlops dulcis*) in Eastern Screech Owl (*Otus asio*) Nests: A Novel Commensalism," *Oecologia* 71, no. 4 (1987): 560–563 참조. 또한 O. F. Francke and G. A. Villegas-Guzmán, "Symbiotic Relationships between Pseudoscorpions (Arachnida) and Packrats (Rodentia)," *Journal of Arachnology* 34, no. 2 (2006): 289–298 참조.

28. O. F. Raum, *The Social Functions of Avoidances and Taboos among the Zulu*, vol. 6 (Berlin: Walter de Gruyter, 1973). 네덜란드 동인도회사와 함께 남아프리카공화국 케이프타운 지역에 들어왔던 보어인들도 이 관습을 따라했다. 이들은 나중에 영국 식민지 정부와 갈등이 생기자 북쪽과 동쪽으로 이주했다.

29. J. J. Steyn, "Use of Social Spiders against Gastro-intestinal Infections Spread by House Flies," *South African Medical Journal* 33 (1959).

30. J. Wesley Burgess, "Social spiders." *Scientific American* 234, no. 3 (1976): 100–107. 이 멋진 거미는 거미줄에 걸린 죽은 파리들을 효모 농사의 터전이자 먹이로 이용하는 듯 보인다. 그리고 이 효모가 다시 살아 있는 파리들을 끌어들인다. 이 효모를 동정하거나 연구한 사람은 아직 없다. W. J. Tietjen, L. R. Ayyagari, and G. W. Uetz, "Symbiosis between Social Spiders and Yeast: The Role in Prey Attraction," *Psyche* 94, nos. 1–2 (1987): 151–158.

31. 사회적인 거미들은 서식 지역이 제한적이어서(프랑스로 들여오려는 시도가 있었음에도 불구하고) 누구나 이용할 수 있는 것은 아니다. 하지만 다른 방법도 있다. 태국의 주택 안에 사는 깡충거미는 치명적인 뎅기열을 옮기는 숲모기속(*Aedes*) 모기를 하루에 최대 120마리까지 먹어치운다. R. Weterings, C. Umponstira, and H. L. Buckley, "Predation on Mosquitoes by Common Southeast Asian House-Dwelling Jumping Spiders (Salticidae)," *Arachnology* 16, no. 4 (2014): 122–127. 참조. 케냐에서는 집 안에 사는 또다른 거미가 말라리아를 옮기는 얼룩날개모기속(*Anopheles*) 모기를 즐겨 먹는다. 특히 이미 피를 빨아서 말라리아를 옮길 가능성이 더 높은 개체를 좋아한다. R. R. Jackson and F. R. Cross, "Mosquito-Terminator Spiders and the Meaning of Predatory Specialization," *Journal of Arachnology* 43, no. 2 (2015): 123–142 참조. 또한 X. J. Nelson, R. R. Jackson, and G. Sune, "Use of Anopheles-Specific Prey-Capture Behavior by the Small Juveniles of Evarcha culicivora, a Mosquito-Eating Jumping Spider," *Journal of Arachnology* 33, no. 2 (2005): 541–548. 또한 X. J. Nelson and R. R. Jackson, "A Predator from East Africa That Chooses Malaria Vectors as Preferred Prey," *PLoS One* 1, no. 1 (2006): e132 참조.

32. G. L. Piper, G. W. Frankie, and J. Loehr, "Incidence of Cockroach Egg Parasites in Urban Environments in Texas and Louisiana," *Environmental Entomology* 7, no. 2 (1978):

289-293.

33. A. M. Barbarin, N. E. Jenkins, E. G. Rajotte, and M. B. Thomas, "A Preliminary Evaluation of the Potential of *Beauveria bassiana* for Bed Bug Control," *Journal of Invertebrate Pathology* 111, no. 1 (2012): 82-85. 또다른 연구자들도 일반적인 빈대나 열대 지방에 사는 그들의 친척인 키멕스 헤밉테루스(*Cimex hemipterus*)의 몸에 사는 진균을 연구했다. 예를 들면 다음과 같은 연구가 있다. Z. Zahran, N. M. I. M. Nor, H. Dieng, T. Satho, and A. H. A. Majid, "Laboratory Efficacy of Mycoparasitic Fungi (*Aspergillus tubingensis* and *Trichoderma harzianum*) against Tropical Bed Bugs (*Cimex hemipterus*) (Hemiptera: Cimicidae)," *Asian Pacific Journal of Tropical Biomedicine* 7, no. 4 (2017): 288-293. 한편 덴마크에서는 집파리의 번데기를 공격하는 포식 기생자를 길러서 젖소 우리 안에 풀어놓는 실험이 이루어지고 있다. 집파리와 침파리를 통제하고 이들이 근처의 주택 안으로 들어오는 것을 막기 위한 시도이다. H. Skovgård and G. Nachman, "Biological Control of House Flies Musca domestica and Stable Flies *Stomoxys calcitrans* (Diptera: Muscidae) by Means of Inundative Releases of *Spalangia cameroni* (Hymenoptera: Pteromalidae)," *Bulletin of Entomological Research* 94, no. 6 (2004): 555-567 참조.

34. D. R. Nelsen, W. Kelln, and W. K. Hayes, "Poke but Don't Pinch: Risk Assessment and Venom Metering in the Western Black Widow Spider, Latrodectus Hesperus," *Animal Behaviour* 89 (2014): 107-114.

35. 거미들이 얼마나 잘 물지 않는지를 보여주는 최근의 사례가 있다. 캔자스 주 르넥사의 한 오래된 주택에서 6개월에 걸쳐 2,055마리의 갈색은둔거미(*Loxosceles reclusa*)를 제거하는 작업이 이루어졌는데, 이 집은 물론이고 다른 집에서도 이 거미에게 물리는 사고는 한 건도 발생하지 않았다. 수천 마리의 거미가 풀려났는데도 아무도 물리지 않은 것이다. 한편 미국에서 갈색은둔거미에 물리는 사고의 대부분은 거미들이 살지 않는 지역에서 발생한 것으로 보고되었다(즉 이들을 문 것이 갈색은둔거미가 아닐뿐더러 심지어 거미조차 아니었을 가능성이 높다는 뜻이다). R. S. Vetter and D. K. Barger, "An Infestation of 2,055 Brown Recluse Spiders (Araneae: Sicariidae) and No Envenomations in a Kansas Home: Implications for Bite Diagnoses in Nonendemic Areas," *Journal of Medical Entomology* 39, no. 6 (2002): 948-951. 참조.

36. M. H. Lizée, B. Barascud, J.-P. Cornec, and L. Sreng, "Courtship and Mating Behavior of the Cockroach *Oxyhaloa deusta* [Thunberg, 1784] (Blaberidae, Oxyhaloinae): Attraction Bioassays and Morphology of the Pheromone Sources," *Journal of Insect Behavior* 30, no. 5 (2017): 1-21.

37. 코비가 이 냄새를 내는 물질을 알아냈다. 하지만 그것을 대량으로 만드는 법은 아직 알아내지 못했다. 만약 코비가 그 방법을 알아낸다면 그를 피해 다니는 것이 좋을 것이다. 그 물질이 약간이라도 몸에 묻는다면 피리 부는 소년처럼 독일바퀴들을 몰고 다니게

될 테니까 말이다.

38. A. Wada-Katsumata, J. Silverman, and C. Schal, "Changes in Taste Neurons Support the Emergence of an Adaptive Behavior in Cockroaches," *Science* 340 (2013): 972-975.

39. 인류가 상상해온 그 어떤 재난도(핵전쟁이나 가장 극단적인 기후 변화조차도) 생명의 종말을 가져오지는 못할 것이다. 숀 니가 말한 대로 우리가 지구에 저지른 모든 끔찍한 일들이 우리가 의지하고 있는 종들을 포함해서 수많은 종의 생존을 어렵게 하더라도 그런 변화가 일부 미생물들에게는 오히려 유리한 조건을 만들어주게 된다. 삼림 파괴, 기후 변화, 핵 재앙 등은 다시 한번 미생물들이 더 큰 힘을 발휘하는 세상, 초기 지구의 모습처럼 끈적거리는 물질들로 가득한 세상으로 우리를 데려갈 것이다. S. Nee, "Extinction, Slime, and Bottoms," *PLoS Biology* 2, no. 8 (2004): e272 참조.

10 고양이가 끌고 들어온 것들

1. 궁금하다면 짐의 학위 논문 중 일부를 다음에서 볼 수 있다. J. A. Danoff-Burg, "Evolving under Myrmecophily: A Cladistic Revision of the Symphilic Beetle Tribe Sceptobiini (Coleoptera: Staphylinidae: Aleocharinae)," *Systematic Entomology* 19, no. 1 (1994): 25-45.

2. 진화생물학자들이 한 종이 다른 종에 주는 이득을 분석하여 기생 관계인지 상호공생 관계인지를 결정할 때는 다윈 적응도(Darwinian fitness)라는 척도를 사용한다. 만약 한 종이 다른 종으로 인해서 생존 확률이 높아지고 그 자손들의 생존 확률까지 높아진다면 그 종에게서 이득을 얻는다고 할 수 있다. 그러나 어떤 종이 우리에게 이득을 주는지를 분석할 때, 더 이상은 이런 자연선택의 경제학을 활용해서는 안 될지도 모른다. 우리의 적응에는 도움이 되지 않는 종이라도 우리를 행복하고 "잘살게"(그것이 무슨 의미이든) 만들어준다면 현대 세계에서는 상리 공생자라고 할 수 있을지도 모른다.

3. J. McNicholas, A. Gilbey, A. Rennie, S. Ahmedzai, J.-A. Dono, and E. Ormerod, "Pet Ownership and Human Health: A Brief Review of Evidence and Issues," *BMJ* 331, no. 7527 (2005): 1252-1254.

4. 이 기생충을 처음 발견한 것은 튀니지 튀니스에 있는 파스퇴르 연구소의 과학자들이었다. 그들은 군디(*Ctenodactylus gundi*)라는 설치류의 몸에 사는 레이시마니아(*Leishmania*)라는 기생충을 찾던 중 우연히 톡소포자충을 발견하게 되었다. 이 설치류의 이름인 *Gundi*는 북아프리카 아랍어로 추정된다. *Toxoplasma*라는 이름은 그리스에서 온 것으로 *toxo*는 '활'을 뜻하고 *plasma*는 '모양'을 뜻한다. 활 모양과 비슷하다는 의미로 붙여진 이름이다. 즉, *Toxoplasma gondii*라는 이름은 군디에게서 발견된 활 모양의 기생충이라는 뜻이다.

5. J. Hay, P. P. Aitken, and M. A. Arnott, "The Influence of Congenital Toxoplasma Infection on the Spontaneous Running Activity of Mice," *Zeitschrift für Parasitenkunde* 71, no. 4 (1985): 459-462.

6. 사실상 지금까지 연구된 거의 모든, 어쩌면 모든 포유류를 감염시킨다.

7. 말라리아 원충(*Plasmodium*)을 포함하는 아피콤플렉사문(*Apicomplexa*)에 속한다.

8. 기생충의 인내력에 대해서는 다음을 참고하라. A. Dumètre and M. L. Dardé, "How to Detect *Toxoplasma gondii* Oocysts in Environmental Samples?" *FEMS Microbiology Reviews* 27, no. 5 (2003): 651–661.

9. 그뿐만이 아니다. 에이미 새비지가 주도한 연구에서 우리는 고양이 화장실 안에 아직 연구가 거의 이루어지지 않은 독특한 종이 수백 가지나 있다는 사실을 알아냈다.

10. 유럽에서는 신생아 1만 명 중 1–10명이 톡소포자충에 감염된다. 1–2퍼센트는 사망하거나 학습 장애를 겪게 되며, 4–27퍼센트는 시각 장애로 이어지는 망막 병변에 걸린다. A. J. C. Cook, R. Holliman, R. E. Gilbert, W. Buffolano, J. Zufferey, E. Petersen, P. A. Jenum, W. Foulon, A. E. Semprini, and D. T. Dunn, "Sources of *Toxoplasma* Infection in Pregnant Women: European Multicentre Case-Control Study," *BMJ* 321, no. 7254 (2000): 142–147.

11. 참가자 41명의 혈액은 비용이 많이 드는 면역학적 검사를 통해서 더 자세히 분석해보았다. 그 결과는 간단한 항원 테스트 결과와 일치했다.

12. 뇌를 조종하는 기생충에 감염되면 학과장이나 학장이 될 가능성이 줄어든다는 뜻이다. 나는 그 반대가 아닐까 싶었는데 말이다.

13. K. Yereli, I. C. Balcioğlu, and A. Özbilgin, "Is *Toxoplasma gondii* a Potential Risk for Traffic Accidents in Turkey?" *Forensic Science International* 163, no. 1 (2006): 34–37.

14. J. Flegr and I. Hrdý, "Evolutionary Papers: Influence of Chronic Toxoplasmosis on Some Human Personality Factors," *Folia Parasitologica* 41 (1994): 122–126.

15. J. Flegr, J. Havlícek, P. Kodym, M. Malý, and Z. Smahel, "Increased Risk of Traffic Accidents in Subjects with Latent Toxoplasmosis: A Retrospective Case-Control Study," *BMC Infectious Diseases* 2, no. 1 (2002): 11.

16. 저장된 곡물에 생쥐들이 끼치는 피해가 엄청난 나머지 현재 일부 곡식의 낟알들은 단단하게 변화했다. 단단한 낟알은 생쥐에게 먹혀도 살아남을 확률이 높기 때문이다. C. F. Morris, E. P. Fuerst, B. S. Beecher, D. J. Mclean, C. P. James, and H. W. Geng, "Did the House Mouse (*Mus musculus* L.) Shape the Evolutionary Trajectory of Wheat (*Triticum aestivum* L.)?" *Ecology and Evolution* 3, no. 10 (2013): 3447–3454 참조.

17. 초기의 농부들은 의도치 않게 사후 세계에 기생충을 보낸 셈이다. M. L. C. Gonçalves, A. Araújo, and L. F. Ferreira, "Human Intestinal Parasites in the Past: New Findings and a Review," *Memórias do Instituto Oswaldo Cruz* 98 (2003): 103–118.

18. J.-D. Vigne, J. Guilaine, K. Debue, L. Haye, and P. Gérard, "Early Taming of the Cat in Cyprus," *Science* 304, no. 5668 (2004): 259.

19. J. P. Webster, "The Effect of *Toxoplasma gondii* and Other Parasites on Activity Levels in Wild and Hybrid *Rattus norvegicus*," *Parasitology* 109, no. 5 (1994): 583–589.

20. M. Berdoy, J. P. Webster, and D. W. Macdonald, "Parasite-Altered Behaviour: Is the

Effect of *Toxoplasma gondii* on *Rattus norvegicus* Specific?" *Parasitology* 111, no. 4 (1995): 403-409 참조.

21. E. Prandovszky, E. Gaskell, H. Martin, J. P. Dubey, J. P. Webster, and G. A. McConkey, "The Neurotropic Parasite Toxoplasma gondii Increases Dopamine Metabolism," *PloS One* 6, no. 9 (2011): e23866.

22. V. J. Castillo-Morales, K. Y. Acosta Viana, E. D. S. Guzmán-Marín, M. Jiménez-Coello, J. C. Segura-Correa, A. J. Aguilar-Caballero, and A. Ortega-Pacheco, "Prevalence and Risk Factors of *Toxoplasma gondii* Infection in Domestic Cats from the Tropics of Mexico Using Serological and Molecular Tests," *Interdisciplinary Perspectives on Infectious Diseases* 2012 (2012): 529108 참조.

23. E. F. Torrey and R. H. Yolken, "The Schizophrenia-Rheumatoid Arthritis Connection: Infectious, Immune, or Both?" *Brain, Behavior, and Immunity* 15, no. 4 (2001): 401-410.

24. J. P. Webster, P. H. L. Lamberton, C. A. Donnelly, E. F. Torrey, "Parasites as Causative Agents of Human Affective Disorders? The Impact of Anti-Psychotic, Mood-Stabilizer and Anti-Parasite Medication on *Toxoplasma gondii*'s Ability to Alter Host Behaviour," *Proceedings of the Royal Society B: Biological Sciences* 273, no. 1589 (2006): 1023-1030.

25. D. W. Niebuhr, A. M. Millikan, D. N. Cowan, R. Yolken, Y. Li, and N. S. Weber, "Selected Infectious Agents and Risk of Schizophrenia among US Military Personnel," *American Journal of Psychiatry* 165, no. 1 (2008): 99-106.

26. R. H. Yolken, F. B. Dickerson, and E. Fuller Torrey, "*Toxoplasma* and Schizophrenia," *Parasite Immunology* 31, no. 11 (2009): 706-715.

27. C. Poirotte, P. M. Kappeler, B. Ngoubangoye, S. Bourgeois, M. Moussodji, and M. J. Charpentier, "Morbid Attraction to Leopard Urine in *Toxoplasma*-Infected Chimpanzees," *Current Biology* 26, no. 3 (2016): R98-R99.

28. 이렇게 해서 너무 많은 고양이를 키우는 남성의 행동 원인이 기생충 감염이라고 설명할 수 있게 되었다. 단 너무 많은 고양이를 키우는 여성의 경우는 설명할 수 없다. J. Flegr, "Influence of Latent Toxoplasma Infection on Human Personality, Physiology and Morphology: Pros and Cons of the *Toxoplasma*-Human Model in Studying the Manipulation Hypothesis," *Journal of Experimental Biology* 216, no. 1 (2013): 127-133. 참조.

29. 단 모든 곳에서 그런 것은 아니다. 최근까지도 고양이를 반려동물로 키우는 일이 드물 었던 중국에서는 톡소포자충 항체의 보유율이 매우 낮았다(즉 톡소포자충에 노출된 사례 가 적었다). 이런 국가에서는 톡소포자충 감염이 특정한 질병에 미치는 영향을 연구하기 가 더 쉬울지도 모른다. 감염 상황의 변화를 추적하기가 더 쉬울 테니 말이다. E. F. Torrey, J. J. Bartko, Z. R. Lun, and R. H. Yolken, "Antibodies to *Toxoplasma gondii* in Patients with Schizophrenia: A Meta-Analysis," *Schizophrenia Bulletin* 33, no. 3 (2007): 729-736. doi:10.1093/schbul/sbl050 참조.

30. M. S. Thoemmes, D. J. Fergus, J. Urban, M. Trautwein, and R. R. Dunn, "Ubiquity and Diversity of Human-Associated Demodex Mites," *PLoS One* 9, no. 8 (2014): e106265.

31. 물론 그 시간 동안 메러디스가 이 작업만 한 것은 아니다.

32. 예를 들면, F. J. Márquez, J. Millán, J. J. Rodriguez-Liebana, I. Garcia-Egea, and M. A. Muniain, "Detection and Identification of Bartonella sp. in Fleas from Carnivorous Mammals in Andalusia, Spain," *Medical and Veterinary Entomology* 23, no. 4 (2009): 393‒398 참조.

33. A. C. Y. Lee, S. P. Montgomery, J. H. Theis, B. L. Blagburn, and M. L. Eberhard, "Public Health Issues Concerning the Widespread Distribution of Canine Heartworm Disease," *Trends in Parasitology* 26, no. 4 (2010): 168‒173.

34. R. S. Desowitz, R. Rudoy, and J. W. Barnwell, "Antibodies to Canine Helminth Parasites in Asthmatic and Nonasthmatic Children," *International Archives of Allergy and Immunology* 65, no. 4 (1981): 361‒366.

35. 개들이 집 안에서 우리와 함께 사는 종들에게 미치는 이런 영향이 새로운 현상은 아니다. 곤충학자인 장 베르나르 위셰는 프랑스 파리의 인류 박물관에 있는 미라들의 보존 상태를 확인하기 위해서 최근 이집트의 엘 데이르 유적지(나일 강 삼각주의 카이로 근처, 기원전 332-30년)에서 발굴된 개 미라를 해부해보았다. 개들 중 한 마리의 위 속에는 대추씨와 무화과가 들어 있었다. 개들이 인간의 정착지에서 나는 과일을 먹었다는 뜻이다. 개들의 귀는 갈색개진드기(*Rhipicephalus sanguineus*)에 덮여 있었다. 현재 개들과 함께 전 세계에 퍼져 있는 종이다. 이 진드기들의 몸 안에는 인간에게 전파될 수 있는 병원체가 들어 있었을 가능성이 높다. 지금까지 이 종의 진드기에게서 10여 종에 달하는 병원체가 발견되었다. 이 종들이 개들을 통해서 이집트의 도시와 주택 안으로 들어오게 되었을 것이다. J. B. Huchet, C. Callou, R. Lichtenberg, and F. Dunand, "The Dog Mummy, the Ticks and the Louse Fly: Archaeological Report of Severe Ectoparasitosis in Ancient Egypt," *International Journal of Paleopathology* 3, no. 3 (2013): 165-175 참조.

36. 아르트로박테르(*Arthrobacter*), 스핑고모나스(*Sphingomonas*), 아그로박테륨(*Agrobacterium*)이 여기에 속한다.

37. A. A. Madden, A. Barberán, M. A. Bertone, H. L. Menninger, R. R. Dunn, and N. Fierer, "The Diversity of Arthropods in Homes across the United States as Determined by Environmental DNA Analyses," *Molecular Ecology* 25, no. 24 (2016): 6214‒6224; M. Leong, M. A. Bertone, A. M. Savage, K. M. Bayless, R. R. Dunn, and M. D. Trautwein, "The Habitats Humans Provide: Factors Affecting the Diversity and Composition of Arthropods in Houses," *Scientific Reports* 7, no. 1 (2017): 15347.

38. C. Pelucchi, C. Galeone, J. F. Bach, C. La Vecchia, and L. Chatenoud, "Pet Exposure and Risk of Atopic Dermatitis at the Pediatric Age: A Meta-Analysis of Birth Cohort

Studies," *Journal of Allergy and Clinical Immunology* 132 (2013): 616‒622.e7.

39. K. C. Lødrup Carlsen, S. Roll, K. H. Carlsen, P. Mowinckel, A. H. Wijga, B. Brunekreef, M. Torrent, et al., "Does Pet Ownership in Infancy Lead to Asthma or Allergy at School Age? Pooled Analysis of Individual Participant Data from 11 European Birth Cohorts," *PLoS One* 7 (2012): e43214.

40. G. Wegienka, S. Havstad, H. Kim, E. Zoratti, D. Ownby, K. J. Woodcroft, and C. C. Johnson, "Subgroup Differences in the Associations between Dog Exposure During the First Year of Life and Early Life Allergic Outcomes," *Clinical and Experimental Allergy* 47, no. 1 (2017): 97‒105.

41. S. J. Song, C. Lauber, E. K. Costello, C. A. Lozupone, G. Humphrey, D. Berg-Lyons, J. G. Caporaso, et al., "Cohabiting Family Members Share Microbiota with One Another and with Their Dogs," *Elife* 2 (2013): e00458; M. Nermes, K. Niinivirta, L. Nylund, K. Laitinen, J. Matomäki, S. Salminen, and E. Isolauri, "Perinatal Pet Exposure, Faecal Microbiota, and Wheezy Bronchitis: Is There a Connection?" *ISRN Allergy* 2013 (2013).

42. M. G. Dominguez-Bello, E. K. Costello, M. Contreras, M. Magris, G. Hidalgo, N. Fierer, and R. Knight, "Delivery Mode Shapes the Acquisition and Structure of the Initial Microbiota across Multiple Body Habitats in Newborns," *Proceedings of the National Academy of Sciences* 107, no. 26 (2010): 11971‒11975.

11 아기 몸의 정원

1. 52나 52a라고도 불렸다.

2. 혹은 적어도 공중 보건 시스템, 쓰레기 처리, 손 씻기 등이 잘 이루어지는 나라에 사는 그 어떤 미생물보다도. H. R. Shinefield, J. C. Ribble, M. Boris, and H. F. Eichenwald, "Bacterial Interference: Its Effect on Nursery-Acquired Infection with *Staphylococcus aureus*. I. Preliminary Observations on Artificial Colonization of Newborns," *American Journal of Diseases of Children* 105 (1963): 646‒654.

3. 가장 최근, 즉 수십 년 전의 연구를 기초로 한 내용이다. P. R. McAdam, K. E. Templeton, G. F. Edwards, M. T. G. Holden, E. J. Feil, D. M. Aanensen, H. J. A. Bargawi, et al., "Molecular Tracing of the Emergence, Adaptation, and Transmission of Hospital-Associated Methicillin-Resistant *Staphylococcus aureus*," *Proceedings of the National Academy of Sciences* 109, no. 23 (2012): 9107‒9112.

4. 두 사람은 전에도 그런 감염의 해결책은 병원균의 생태를 자세히 연구해보는 것이라고 주장한 적이 있었다. 이제 그 일을 실행에 옮길 때였다. H. F. Eichenwald and H. R. Shinefield, "The Problem of Staphylococcal Infection in Newborn Infants," *Journal of Pediatrics* 56, no. 5 (1960): 665‒674 참조.

5. Shinefield et al., "Bacterial Interference: Its Effect On Nursery-Acquired Infection," 646‒

654.

6. H. R. Shinefield, J. C. Ribble, M. B. Eichenwald, and J. M. Sutherland, "V. An Analysis and Interpretation," *American Journal of Diseases of Children* 105, no. 6 (1963): 683-688.

7. 나중에 내가 동료들과 함께 사람의 배꼽에서 발견한 것과 같은 세균들이었다. J. Hulcr, A. M. Latimer, J. B. Henley, N. R. Rountree, N. Fierer, A. Lucky, M. D. Lowman, and R. R. Dunn, "A Jungle in There: Bacteria in Belly Buttons Are Highly Diverse, but Predictable," *PLoS One* 7, no. 11 (2012): e47712 참조.

8. 미크로코쿠스나 코리네박테륨 같은 다른 세균 종들이 80/81을 막는 데에 도움을 주었을 가능성도 있었다. 하지만 아이헨발트와 샤인필드는 서로 관련이 있는 종들 사이의 경쟁이 관련이 적은 종들 사이의 경쟁보다 더 치열하리라고 생각했다. 여기에서 피부의 미생물은 초원이나 숲속의 식물종과도 같다. 가까운 관계의 식물일수록 생태학적으로 유사하며 경쟁을 통해서 서로를 몰아낼 가능성이 높다. J. H. Burns and S. Y. Strauss, "More Closely Related Species Are More Ecologically Similar in an Experimental Test," *Proceedings of the National Academy of Sciences* 108, no. 13 (2011): 5302-5307 참조.

9. D. Janek, A. Zipperer, A. Kulik, B. Krismer, and A. Peschel, "High Frequency and Diversity of Antimicrobial Activities Produced by Nasal Staphylococcus Strains against Bacterial Competitors," *PLoS Pathogens* 12, no. 8 (2016): e1005812.

10. 예를 들면 개미들 사이에서 간섭 경쟁의 대표적인 예를 볼 수 있다. 노보메소르 코케렐리(*Novomessor cockerelli*) 종의 개미는 경쟁자인 포고노미르멕스 하르베스테르 (*Pogonomyrmex harvest*) 종의 둥지 입구를 돌로 막아버림으로써 먹이를 찾으러 나가지 못하게 만든다.

11. 르네 뒤보는 예외였다. H. L. Van Epps, "Rene Dubos: Unearthing Antibiotics," *Journal of Experimental Medicine* 203, no. 2 (2006): 259.

12. Shinefield et al., "Bacterial Interference: Its Effect on Nursery-Acquired Infection," 646-654.

13. 이것은 폴 플래닛이라는 슈퍼히어로로 같은 이름을 가진 뛰어난 과학자와 그의 동료들이 한 연구였다. D. Parker, A. Narechania, R. Sebra, G. Deikus, S. LaRussa, C. Ryan, H. Smith, et al., "Genome Sequence of Bacterial Interference Strain Staphylococcus aureus 502A," *Genome Announcements* 2, no. 2 (2014): e00284-14.

14. 도입한 개체의 수(혹은 도입을 시도한 횟수)로 성공 여부를 예측할 수 있다는 개념은 다른 종류의 집락화에도 적용된다. 예를 들면 개미 도입종이 정착에 성공했는지를 알 수 있는 가장 좋은 예측 변수 중의 하나는 도입 횟수이다. A. V. Suarez, D. A. Holway, and P. S. Ward, "The Role of Opportunity in the Unintentional Introduction of Nonnative Ants," *Proceedings of the National Academy of Sciences of the United States of America* 102, no. 47 (2005): 17032-17035 참조.

15. 흥미롭게도 드물게 502A가 자리잡지 못한 경우가 있었는데, 대개는 다른 포도알균이

이미 아기의 코와 배꼽 안에 자리잡았기 때문이었다. Shinefield et al., "Bacterial Interference: Its Effect on Nursery-Acquired Infection," 646–654 참조.

16. H. R. Shinefield, J. M. Sutherland, J. C. Ribble, and H. F. Eichenwald, "II. The Ohio Epidemic," *American Journal of Diseases of Children* 105, no. 6 (1963): 655–662.

17. H. R. Shinefield, M. Boris, J. C. Ribble, E. F. Cale, and Heinz F. Eichenwald, "III. The Georgia Epidemic," *American Journal of Diseases of Children* 105, no. 6 (1963): 663–673. M. Boris, H. R. Shinefield, J. C. Ribble, H. F. Eichenwald, G. H. Hauser, and C. T. Caraway, "IV. The Louisiana Epidemic," *American Journal of Diseases of Children* 105, no. 6 (1963): 674–682 참조.

18. H. F. Eichenwald, H. R. Shinefield, M. Boris, and J. C. Ribble, "'Bacterial Interference' and Staphylococcic Colonization in Infants and Adults," *Annals of the New York Academy of Sciences* 128, no. 1 (1965): 365–380.

19. D. Janek, A. Zipperer, A. Kulik, B. Krismer, and A. Peschel, "High Frequency and Diversity of Antimicrobial Activities Produced by Nasal *Staphylococcus* Strains against Bacterial Competitors," *PLoS Pathogens* 12, no. 8 (2016): e1005812.

20. This is what Paul Planet thinks may be going on.

21. 이것이 폴 플래닛이 생각한 가능성이다. C. S. Elton, *The Ecology of Invasions by Animals and Plants* (London: Methuen & Co, 1958).

22. 인용은 다음을 참조하라. J. D. van Elsas, M. Chiurazzi, C. A. Mallon, D. Elhottová, V. Krištůfek, and J. F. Salles, "Microbial Diversity Determines the Invasion of Soil by a Bacterial Pathogen," *Proceedings of the National Academy of Sciences* 109, no. 4 (2012): 1159–1164. 일반적으로는 다음을 참조하라. J. M. Levine, P. M. Adler, and S. G. Yelenik, "A Meta-Analysis of Biotic Resistance to Exotic Plant Invasions," *Ecology Letters* 7, no. 10 (2004): 975–989.

23. J. M. H. Knops, D. Tilman, N. M. Haddad, S. Naeem, C. E. Mitchell, J. Haarstad, M. E. Ritchie, et al., "Effects of Plant Species Richness on Invasion Dynamics, Disease Outbreaks, and Insect Abundances and Diversity," *Ecology Letters* 2 (1999): 286–293.

24 J. D. van Elsas, M. Chiurazzi, C. A. Mallon, D. Elhottová, V. Krištůfek, and J. F. Salles, "Microbial Diversity Determines the Invasion of Soil by a Bacterial Pathogen," *Proceedings of the National Academy of Sciences* 109, no. 4 (2012): 1159–1164.

25. 판 엘사스와 그의 동료들이 얻은 결과가 우연히 대장균을 선택했기 때문에 찾아온 행운은 아니었다. 밀 뿌리 주변의 토양을 침범하는 녹농균(*Pseudomonas aeruginosa*)을 다룬 연구에서도 비슷한 결과가 나왔다. A. Matos, L. Kerkhof, and J. L. Garland, "Effects of Microbial Community Diversity on the Survival of Pseudomonas aeruginosa in the Wheat Rhizosphere," *Microbial Ecology* 49 (2005): 257–264 참조.

26. 우리는 종종 과거의 사회가 내린 결정들을 돌아보며, 나쁜 결정이 내려질 때 누군가가

경고를 한 적은 없었을까 궁금해한다. 그리고 수십, 수백, 혹은 수천 년 전 우리의 선조들은 더 현명한 선택을 내릴 만한 지식이 없었을 것이라고 단정하곤 한다. 하지만 이 경우에는 이미 충분한 지식이 있었다. 1965년, 샤인필드와 아이헨발트는 우리가 항생제에만 의존할 경우에 발생하게 될 문제들을 명확하게 제시했다. Shinefield et al., "V. An Analysis and Interpretation," 683-688 참조.

27. 플레밍은 이렇게 말했다. "무지한 사람이 충분한 양을 투여하지 않고 미생물을 치명적이지 않은 양의 약물에 노출시킴으로써 내성만 기르게 할 위험이 있습니다. 예를 들어보겠습니다. X씨가 목이 아프다고 합시다. 그래서 페니실린을 사서 투여하지만 사슬알균이 죽을 정도가 아니라 페니실린에 대한 내성을 기르게 될 정도의 양만 투여합니다. 그런 다음 아내에게 병을 옮깁니다. 폐렴에 걸린 X씨의 부인은 페니실린 치료를 받습니다. 하지만 이제는 사슬알균이 페니실린에 내성을 가지게 되었기 때문에 이 치료는 실패하고, 결국 X씨의 부인은 죽습니다. X씨 부인의 죽음에 책임이 있는 사람은 누구일까요? X씨가 페니실린을 올바르게 복용하지 않은 것이 어떻게 미생물의 특성을 바꿔놓았을까요?"

28. M. Baym, T. D. Lieberman, E. D. Kelsic, R. Chait, R. Gross, I. Yelin, and R. Kishony, "Spatiotemporal Microbial Evolution on Antibiotic Landscapes," *Science* 353, no. 6304 (2016): 1147-1151.

29. F. D. Lowy, "Antimicrobial Resistance: The Example of *Staphylococcus* aureus," *Journal of Clinical Investigation* 111, no. 9 (2003): 1265.

30. E. Klein, D. L. Smith, and R. Laxminarayan, "Hospitalizations and Deaths Caused by Methicillin-Resistant Staphylococcus aureus, United States, 1999-2005," *Emerging Infectious Diseases* 13, no. 12 (2007): 1840.

31. 왜 항생제의 사용이 소와 돼지를 더 빨리 성장시키는지는 완전히 밝혀지지 않았다.

32. S. S. Huang, E. Septimus, K. Kleinman, J. Moody, J. Hickok, T. R. Avery, J. Lankiewicz, et al., "Targeted versus Universal Decolonization to Prevent ICU Infection," *New England Journal of Medicine* 368, no. 24 (2013): 2255-2265.

33. R. Laxminarayan, P. Matsoso, S. Pant, C. Brower, J.-A. Røttingen, K. Klugman, and S. Davies, "Access to Effective Antimicrobials: A Worldwide Challenge," Lancet 387, no. 10014 (2016): 168-175. 내성 문제에 대한 정책적 해결책에 대해서 더 자세히 알고 싶다면 다음을 참고하라. P. S. Jorgensen, D. Wernli, S. P. Carroll, R. R. Dunn, S. Harbarth, S. A. Levin, A. D. So, M. Schluter, and R. Laxminarayan, "Use Antimicrobials Wisely," Nature 537, no. 7619 (2016); K. Lewis, "Platforms for Antibiotic Discovery," Nature Reviews Drug Discovery 12 (2013): 371-387.

12 생물 다양성의 맛

1. D. E. Beasley, A. M. Koltz, J. E. Lambert, N. Fierer, and R. R. Dunn, "The Evolution of Stomach Acidity and Its Relevance to the Human Microbiome," *PloS One* 10, no.

7 (2015): e0134116.

2. G. Campbell-Platt, *Fermented Foods of the World. A Dictionary and Guide* (Oxford: Butterworth Heinemann, 1987).

3. 김치는 다른 어떤 발효 식품보다도 다양성이 높은 식품이다. 한 종류의 김치에 수십, 혹은 수백 종이 포함되어 있을 뿐 아니라(그 조성은 만드는 사람에 따라 달라지는 것처럼 보인다) 김치 종류에 따라 미생물의 종류도 크게 달라진다. E. J. Park, J. Chun, C. J. Cha, W. S. Park, C. O. Jeon, and J. W. Jin-Woo Bae, "Bacterial Community Analysis During Fermentation of Ten Representative Kinds of Kimchi with Barcoded Pyrosequencing," *Food Microbiology* 30, no. 1 (2012): 197-204. 포도알균과 락토바실루스 외에도 김치 안에 흔한 세균으로는 레우코노스토크(*Leuconostoc*), 레우코노스코트과 아주 가까운 관계인 바이셀라(*Weisella*)(둘 다 냉장고 안에서 많다), 엔테로박테르(분변 미생물), 그리고 프세우도모나스(*Pseudomonas*) 등이 있다.

4. 발냄새의 원인이 되기도 하는 바실루스 숩틸리스다(국제우주정거장에서도 풍부하게 발견되었다). 한국의 발효에 대해서 더 많은 것을 알고 싶다면 다음을 참고하라. J. K. Patra, G. Das, S. Paramithiotis, and H.S. Shin, "Kimchi and Other Widely Consumed Traditional Fermented Foods of Korea: A Review," *Frontiers in Microbiology* 7 (2016).

5. 1903년도에 제작된 다큐멘터리 영화 「치즈 진드기(Cheese mite)」(찰스 어반 제작, F. 마틴 던컨 감독)를 강력하게 추천한다. 하나의 음식을 다른 음식으로 변화시키는 생물의 아름다움을 조명한 작품이다. www.youtube.com/watch?v=wR2DystgByQ.

6. L. Manunza, "Casu Marzu: A Gastronomic Genealogy," in *Edible Insects in Sustainable Food Systems* (Cham, Switzerland: Springer International, 2018).

7. 빵의 초기 역사와 고대의 제빵 기술을 재현하려는 시도에 관한 이야기가 궁금하다면 다음을 참고하라. E. Wood, *World Sourdoughs from Antiquity* (Berkeley, CA: Ten Speed Press, 1996).

8. 이 빵들은 일종의 돈이자 배급품이었으며 맥주와 마찬가지로 교환의 단위였다. 제빵은 취급하기 힘든 곡물을 저장, 거래, 판매하기 쉽고 먹기도 쉬운 음식으로 바꾸는 과정이었다. D. Samuel, "Bread Making and Social Interactions at the Amarna Workmen's Village, Egypt," *World Archaeology* 31, no. 1 (1999): 121-144 참조.

9. 이 의문을 진지하게 풀어보려고 시도한 사람도 없었다. 예를 들면 아무도 이집트식 장례를 통해서 묻힌 수많은 미라화된 빵들 속에서 오래된 DNA를 찾아볼 생각을 하지 않았다. 그러한 매장 방식은 이미 우리에게 고대인들의 일상에 관해서 많은 것을 알려주었지만 아직도 밝혀지지 않은 것이 많다. 다만 여기가 이집트인들이 생각했던 사후 세계일지는 확신할 수 없다.

10. 세부 과정은 만드는 사람에 따라서 다양하다. 어떤 사람은 증류수만 사용하고 어떤 사람은 빗물만 사용한다. 사용하는 밀가루의 종류, 스타터를 보관하는 온도, 심지어 미생물이 포함된 다른 물질을 혼합물에 추가할 것인가의 여부도 제빵사에 따라서 달라진다.

11. L. De Vuyst, H. Harth, S. Van Kerrebroeck, and F. Leroy, "Yeast Diversity of Sourdoughs and Associated Metabolic Properties and Functionalities," *International Journal of Food Microbiology* 239 (2016): 26-34.

12. 한 연구에 따르면, 재료가 된 밀가루에 엔테로박테르 속의 세균(질병을 일으킬 수 있는 분변 미생물)이 포함되어 있더라도 그 세균은 사워도우 스타터 안에서 자리잡지 못했다. 사워도우 세균과 그들이 생산하는 산성 물질 때문에 죽기 때문인 것으로 추정된다. 같은 연구에서 밀가루, 믹싱볼, 빵을 보관하는 상자 안의 세균들은 매우 다양했지만 사워도우 안에서만은 단순하고 안정적인 미생물의 정원이 자라고 있었다.

13. 냉장고와 냉동고는 발명 당시에는 새롭고 혁신적인 식품 저장 방식이었지만 보통 발효보다는 효율성이 낮다. 여러분이 구입한 모든 식품은 미생물로 가득 차 있다(진공 포장된 식품도 마찬가지이다). 그 식품을 냉장고에 넣으면 식품 속 미생물의 양분 섭취와 재생산 속도가 느려진다. 냉장고 속 식품에 붙은 유통기한 라벨은 식품 속 미생물이 추운 환경에서도 분열과 대사 작용을 통해서 음식을 장악하기까지 얼마나 걸리는지를 알려주는 척도이다. 말하자면 유통기한이란 "1월 4일까지는 미생물이 엄청나게 많지는 않다"라는 뜻이다. 하지만 정확한 기한은 그 식품이 담긴 병을 열 때마다 여러분의 주방과 손, 입김에서 어떤 미생물이 나와 식품에 자리잡느냐에 달려 있다. 즉 유통기한이란 사실 거짓말이지만 대략적으로는 들어맞는 거짓말이기 때문에 우리가 하루하루 죽지 않고 살 수 있게 도와주는 것이다.

14. 가끔 이런 빵들에 신맛을 내는 재료가 되는 락토바실루스 레우테리(*Lactobacilus reuteri*)는 원래 설치류의 배설물에서 온 것이다. 믿지 못하겠다면 다음을 읽어보기를 바란다. M. S. W. Su, P. L. Oh, J. Walter, and M. G. Ganzle, "Intestinal Origin of Sourdough Lactobacillus reuteri Isolates as Revealed by Phylogenetic, Genetic, and Physiological Analysis," *Applied and Environmental Microbiology* 78, no. 18 (2012): 6777-6780.

15. 이렇게 하면 사카로미케스 케레비시아이가 스타터에 포함되는 경우는 드물 것으로 보인다. 하지만 빵집에서 포장된 효모를 사용하면 이 균이 (믹서 위, 밀가루 안, 저장 용기 등에 자리를 잡으로써) 빵집 내부의 효모 군집의 일부가 되고 그렇게 되면 새로운 스타터들을 쉽게 "오염시킨다." 그렇다고 해도 스타터가 제 역할을 하지 못하지는 않지만 스타터 안의 다양성이 감소되고, 대량생산과 사카로미케스의 사용으로 인한 미생물의 균질화에 조금 더 기여하게 된다. F. Minervini, A. Lattanzi, M. De Angelis, G. Celano, and M. Gobbetti, "House Microbiotas as Sources of Lactic Acid Bacteria and Yeasts in Traditional Italian Sourdoughs," *Food Microbiology* 52 (2015): 66-76 참조.

16. 무엇이 허먼을 분홍색으로 만들었는지는 알 수 없다. 아마도 지진과는 관련이 없을 것이다.

17. 우리는 샘플 채취 전에 제빵사들이 스타터에 먹이를 주는 것을 막고 싶었다. 주방 안에서 스타터에 먹이를 주면 주방의 미생물들이 스타터 안으로 들어갈 가능성이 있기 때문이다.

그러나 이것은 막을 수 없는 일이었다. 하지만 그런 일이 있기 전에 샘플을 채취함으로써 각 제빵사의 활동과 신체, 집마다 다른 미생물들을 알아낼 확률을 높일 수 있었다.

18. 우리는 여러 조건들을 통제했지만 여기에는 끊임없는 노력이 필요했다. 심지어 제빵사들이 꼭 넣고 싶어서 안달이 난 다른 재료들을 빵에 넣지 못하도록 감시해야 했다(그런 재료들이 그들의 주머니와 셔츠 속에서 마치 마술처럼 나타나곤 했다). "마늘을 조금만 넣는 건 어때요? 아주 조금만요! 그럼 참깨는요?"

19. D. A. Jensen, D. R. Macinga, D. J. Shumaker, R. Bellino, J. W. Arbogast, and D. W. Schaffner, "Quantifying the Effects of Water Temperature, Soap Volume, Lather Time, and Antimicrobial Soap as Variables in the Removal of *Escherichia coli* ATCC 11229 from Hands," *Journal of Food Protection* 80, no. 6 (2017): 1022‒1031.

20. A. A. Ross, K. Muller, J. S. Weese, and J. Neufeld, "Comprehensive Skin Microbiome Analysis Reveals the Uniqueness of Human-Associated Microbial Communities among the Class Mammalia," *bioRxiv* (2017): 201434.

21. N. Fierer, M. Hamady, C. L. Lauber, and R. Knight, "The Influence of Sex, Handedness, and Washing on the Diversity of Hand Surface Bacteria," *Proceedings of the National Academy of Sciences* 105, no. 46 (2008): 17994‒17999.

22. A. Doğen, E. Kaplan, Z. Oksuz, M. S. Serin, M. Ilkit, and G. S. de Hoog, "Dishwashers Are a Major Source of Human Opportunistic Yeast-Like Fungi in Indoor Environments in Mersin, Turkey," *Medical Mycology* 51, no. 5 (2013): 493‒498.

역자 후기

지하실에서 갑자기 튀어나오는 꼽등이, 습기 찬 벽 위로 순식간에 자라나는 시커먼 곰팡이, 아무리 죽여도 끊임없이 나타나는 바퀴벌레……. 이 책에서 주로 다루는 것은 바로 이런 생물들이다. 대부분의 사람들이 진저리를 치며 혐오하거나 두려워하고, 우리가 만들어낸 안락하고 위생적인 공간에서 어떻게든 몰아내려고 애쓰는 그 작고 소름 끼치는 생물들의 세계. 무엇보다 머나먼 나라의 우림이나 초원이 아닌 바로 지금 우리가 살고 있는 현대식 주택 안에 버젓이 존재하고 있는 그 작고도 큰 세계. 이 책에는 그런 세계의 연구에 삶을 바치고 있는 여러 과학자들의 이야기가 실려 있다. 하루 종일 바퀴벌레 수천 마리의 감각기관을 들여다보거나, 남의 집을 돌아다니며 집 안 구석구석에 죽어 있는 파리와 거미들을 수집하거나, 미끌미끌한 샤워기 헤드 안의 미생물에 대해서 하염없이 생각하는 사람들.

이 책의 저자인 롭 던은 집 안에서 우리와 함께 살아가는 생물들에 대해서 우리가 얼마나 무지한지를 계속해서 강조한다. 새로운 종의 생물을 찾고 싶다면 굳이 비행기를 타고 먼 곳으로 떠날 필요도 없이 우리가 앉아 있는 소파 밑만 뒤져보아도 충분하다는 것이다. 17세기에 자신이 직접 제작한 현미경으로 눈에 보이지 않는 미생물들의 세계를 발견했던 네덜란드의 박물학자 레이우엔훅의 이야기를 소개하며 저자는 독자들을 격려한다. 장비와 기술이 그 어느 때보다 발달된 지금이라면 여러분이 꼭 과학자가 아니라도 레이우엔훅처럼 새로운 종들을 발견할 수 있다고. 그가 이렇게 자신 있게 말하는 이유는 현재 우리가 집 안의 생물들에 대해서 아는 것이 거의 없기 때문이다. 그러니 마음먹고 들여다보기만 해도 학계에 알려지지 않은 수없이 다양한 종들이 말 그대로 발에 차일 것이다. 실제로 저자는 동료들과 함께 주택 1,000채를 뒤져서 무려 8만 종의 세균과 고세균을 찾아냈다. 집 안의 절지동물들을 뒤지기 시작하자 집 1채당 최소 100종 이상이 나왔다.

문제는 대부분의 사람들이 그 사실을 알게 되었을 때 느끼는 복잡한 감정이다. 저자는 우리가 그토록 다양한 생물들과 공존하고 있다는 사실에 경이를 느끼기를 바라지만 마트에서 '99퍼센트 살균 효과'라는 문구를 찾아헤매는 사람들에게는 결코 쉽지 않은 일이다. 그러나 아무리 강력한 살충제와 세정제를 사용해도 우리는 결코 '나 홀로 집에' 있을 수 없다는 것이 이 책의 주제이다. 그리고 저자가 유머를 섞어 이야기해주는 여러 연구에 얽힌 에피소드들을 따라가다 보면 질병을 일으키는 소수의 미생물들을 죽이기 위해서 전혀 해로울 것도 없고 오히려 유익하기까지 한 종들까지 모조리 죽이려고 했던 우리의 노력이 이 세계를 어떻게 바꾸어놓았는지를 깨닫게 된다. 항생제와 알레르기와 정수 처리와 소독에 관한 여러 가지 사례들은 위생과 건강한 환경의 개념을 우리가 완전히 잘못 이해하고 있었을지도 모른다는 사실을 일깨워준다.

어쩌면 여러분은 이제 집 안에서 마주친 거미를 조금 더 상냥한 눈으로 바라보게 될지도 모르겠다. 독서, 특히 과학 책을 읽는 일의 즐거움과 보람은 바로 그런 데에 있다. 친절하고 날카롭고 성실한 누군가가 나의 의지만으로는 절대 발을 들일 리 없었을 어떤 새로운 세계의 문을 열어주기도 하는 것이다. 롭 던이 열어주는 문 뒤에는 우리 눈에 보이지 않는, 혹은 우리가 보지 않으려고 외면하는 세계가 있다. 우리의 집 안, 바로 우리가 앉고 눕고 걸어다니는 바로 그곳에 존재하는 세계이다. 그리고 그의 안내를 충실히 따라가다 보면 애초에 두 세계를 나누는 문 같은 것은 있지도 않았음을 알게 된다. 그저 우리가 고집스럽게 눈을 돌리지 않았을 뿐이다. 오랫동안 집 안의 생물들과 씨름해온 저자는 우리가 돌이키기 힘들 정도로 망쳐놓은 이 세계의 균형을 조금이나마 되찾을 방법 중의 하나가 바로 우리 코앞에 숨겨져 있을지도 모른다고 말한다. 우리가 워낙 많은 것을 망쳐놓은 탓에 아주 작은 노력만으로도 큰 변화를 가져올 수 있을 것이라고 말이다. 유난히 따뜻했던 겨울과 신종 바이러스의 유행을 겪으면서 그동안 우리가 누리고 파괴해온 것들의 결과가 그 어느 때보다 직접적인 위협으로 다가오는 지금, 우리가 자연과의 관계에서 저지른 실수들을 만회하기 위해서는 결국 이 책에서 계속 이야기하는 주제, 우리는 결코 혼자가 아니라는 사실을 깨닫는 일에서부터 시작해야 하지 않을까 싶다.

역자 홍주연

인명 색인